住房城乡建设部土建类学科专业"十三五"规划教材
全国高校园林与风景园林专业规划推荐教材

风景园林工程

许大为 ◎主 编
路 毅 刘铁冬 ◎副主编

中国建筑工业出版社

图书在版编目(CIP)数据

风景园林工程/许大为主编. —北京:中国建筑工业出
版社,2014.3(2023.1重印)
住房城乡建设部土建类学科专业"十三五"规划教材
全国高校园林与风景园林专业规划推荐教材.
ISBN 978-7-112-16216-1

Ⅰ.①风… Ⅱ.①许… Ⅲ.①园林—工程施工—高
等学校—教材 Ⅳ.①TU986.3

中国版本图书馆 CIP 数据核字(2014)第 140405 号

责任编辑:陈 桦 杨 琪
责任设计:董建平
责任校对:李美娜 赵 颖

为了更好地支持相应课程的教学,我们向采用本书
作为教材的教师提供课件,有需要者可与出版社联系。
建工书院:http:// edu. cabplink. com/index
邮箱:jckj@cabp. com. cn 电话:010-58337285
教师 QQ 交流群:617103010

住房城乡建设部土建类学科专业"十三五"规划教材
全国高校园林与风景园林专业规划推荐教材

风景园林工程

许大为 主编
路 毅 刘铁冬 副主编

*

中国建筑工业出版社出版、发行(北京海淀三里河路9号)
各地新华书店、建筑书店经销
北京鸿文瀚海文化传媒有限公司制版
北京建筑工业印刷厂印刷

*

开本:787×1092 毫米 1/16 印张:23 字数:600 千字
2014 年 10 月第一版 2023 年 1 月第八次印刷
定价:**46. 00** 元(赠教师课件)
ISBN 978-7-112-16216-1
(24974)

前言

　　风景园林是一门既古老又年轻的学科，它源于人们的生活与精神需求，融入了艺术与技术，而园林工程是将人们所追求的这种生活与精神的境遇通过技术与艺术方式得以实现的唯一手段。随着风景园林学科的不断发展，新技术、新方法和新材料在风景园林领域的不断出现与应用，以及低碳、绿色理念的融入，园林工程的理论与技术方法也在不断拓展与更新。正是基于这样的背景，本书在借鉴国内出版的经典园林工程系列著作以及相关园林工程施工技术标准与质量验收规范的基础上，将多年的教学和科研及一些工程案例进行总结和汇编。教材尽可能结合风景园林发展现状和新技术、新材料应用，将系统知识与工程案例有机结合，系统反映园林工程的新理念、新内容和新技术，同时也考虑到教材的实用与易于理解，将园林工程核心内容和基本原理呈献给读者，使读者能通过本书的学习掌握园林工程的基本理论、园林施工的技术与方法。本书共分为6章，包括土方工程、园路工程、园林给排水工程、水景工程、假山工程和园林植物种植工程。编写分工：第1章由刘铁冬编写，第2、3、5章由路毅编写，第4章由庞颖编写，第6章由吴妍编写，许大为负责全书的统稿和审核。由于编者的水平与工程实践所限，加之园林工程的复杂性，教材难免存在问题与不妥，敬请广大读者及同行专家批评指正，在此致以最真诚的谢意！

　　本书含配套课件，可发送邮件至 cabp_yuanlin@163.com 索取。

>01
contents 目录

目录 ＞02
contents

第1章 土 方 工 程

1.1 竖向设计

1.1.1 竖向设计概念及基本要求

1. 竖向设计的概念

一般来说，根据建设项目的使用功能要求，结合场地的自然地形特点、平面功能布局与施工技术条件，在研究建筑物、构筑物及其他设施之间的高程关系的基础上，充分利用地形、减少土方量，因地制宜地确定建筑、道路的竖向位置，合理地组织地面排水，有利于地下管线的敷设，并解决好场地内外的高程衔接。简单地说，这种对场地地面及建、构筑物等的高程(标高)作出的设计与安排，通称为竖向设计(或称垂直设计、竖向布置)。

2. 竖向设计的原则

在工程项目的竖向设计中，不仅要使场地设计美观，而且还应遵守如下设计原则。

1) 因地制宜

场地的竖向设计要根据现场情况因高堆山，就低挖湖，使工程达到土方工程量少、见效快、环境好的整体效果。

2) 满足建、构筑物的使用功能要求

通过对地貌和自然环境作适当调整、改造，使场地满足各建、构筑物在使用功能上对高程的要求，保证各建筑物之间有良好的联系，并合理地排除雨水。

3) 结合自然地形，减少土方量

充分利用地形、地貌的变化，根据不同标高和地形特点，合理安排各类建设，使之错落有序、层次分明，注意使设计地面标高与自然地形相适应，少动土方，将人工建设与自然生态融为一体。应力求使场地土方工程总量最小，避免深挖高填，减少挡土墙、护坡和建筑基础工程量，使填、挖方量接近平衡；并因地制宜地适当考虑分期、分区填挖平衡，以利土方的运输。岩石地段，应尽量避免或减少挖方。

4) 满足道路布局合理的技术要求

要根据地形、地貌、山川走向、建筑布局和车流密度确定场地道路布局，合理组织场地内的交通，满足建设项目的使用功能要求，并符合车辆和行人通行的有关技术要求。

5) 解决场地排水问题

由于建筑群体标高不同，使地面产生不同坡面的径流，要合理疏导，将其引向通路和排水渠，场地中大面积用地的坡面上应设截流沟，引导大量地面径流顺畅排出，防止冲刷建筑用地。用雨水管网排水系统时，雨水口形式及数量应根据汇水面积、流量、道路纵坡等确定，单侧设雨水口的道路及低洼易积水的地段，应考虑排雨水时不影响交通和路面清洁。

山地建设，应考虑防洪、排洪问题；沿江、河、湖、海或受洪水泛滥威胁的建设用地，场地标高应高于洪水位波浪线 0.5m，否则必须采取相应的防洪措施。

6）满足工程建设与使用的地质、水文等要求

充分考虑场地的工程地质、水文地质条件，满足工程建设的有关要求，避免不良地质构造（如滑坡、断层、溶洞、墓穴、崩塌、废石堆等）的不利影响，采取适当的防治措施，注意水土保持和环境保护。

7）满足建筑基础埋深、工程管线敷设的要求

场地设计地面，应保证建、构筑物的基础和工程管线有适宜的埋设深度。

3. 竖向设计的现状资料

竖向设计需取得必要的基础资料和设计依据，通过现场踏勘等工作深入了解场地及其周围地段的地形和地貌；并应与当地有关部门近年确定的数据相对照，根据设计阶段的内容、深度要求及建设项目的复杂程度，取舍各项资料。基础资料主要有如下几项。

1）地形图

比例最好为 1：500 或 1：1000 的地形测绘图，并标有 0.50～1.00m 等高距的等高线，以及 50～100m 间距的纵横坐标网和地貌情况等；在山区考虑场地外排洪问题时，为统计径流面积还要求提供 1：2000～1：10000 的地形图。

2）建设场地的地质条件资料

场地内的工程地质、水文地质资料，如：土壤与岩层、不良地质现象（如冲沟、沼池、高丘、滑坡、断层、岩溶等）及其地形特征、地下水位等情况。

3）场地平面布局

场地内建、构筑物、道路、广场以及管线的总平面布置图。

4）场地道路布置

场地道路平面图、横断面图及平曲线、超高等设计参数，与建筑场地衔接的外部道路的定线图、纵横断面图和控制点标高、纵坡度、坡长等参数。

5）场地排水与防洪方案

场地所在地区的降雨强度。建筑场地地表雨水排除的流向及出口（如流向沟渠河道、城市雨水管网的接入点位置）、容量（如沟渠河道的排水量及水位变化规律，城市雨水管线的管径等）；确定雨水流向场地的径流面积；了解排水与附近农田灌溉的关系。

在有洪水威胁的地区，要根据当地水文站或有关部门提供的水文资料，了解相应洪水频率的洪水水位、淹没范围等资料，历史不同周期最大洪水位，历年逐月最高、最低、平均水位等资料，以及当地洪痕和洪水发生时间；调查所在地区的防洪标准和原有的防洪设施等；了解流向场地的径流面积和流域内的土壤性质、地貌和植被情况等。

6）地下管线的情况

各种地下工程管线的平面布置图及其埋置深度要求、重力管线的坡度限制与坡向等。

7）取土土源与弃土地点

不在内部进行挖、填土方量平衡的场地，填土量大的要确定取土土源，挖土量大的应寻找余土的弃土地点。

4. 竖向设计的设计深度以及成果要求

与场地设计的阶段划分相一致，竖向设计通常也分为初步设计和施工图设计两个阶段。其设计深度和成果要求应符合住房和城乡建设部《建设工程设计文件编制深度的规定》，并与该阶段的工作深度、所能收集的资料、所须综合解决的问题等相适应。

1）初步设计阶段

初步设计阶段的竖向设计成果包括如下方面。

（1）设计说明书（竖向设计部分）

概述场地地形起伏、丘、川、塘等状况（如位置、流向、水深、最高和最低标高、纵坡向、最大坡度和一般坡度等）；说明与竖向设计有关的自然条件因素，如：不良地质构造、汇水面积、洪水位、气候条件（暴雨强度与历时）等。

说明决定竖向设计的依据（如城市道路和管线的标高）、场地排水与防洪要求、土方工程施工工艺要求、运输条件、地形等，以及土方平衡、取土或弃土地点等。

说明场地竖向布置方式（平坡式或台阶式）、平整方案、地表雨水排除方式（明沟或暗管系统）等。采用独立排水系统的场地，还应阐述其排放地点的地形、高程等情况。

（2）竖向布置图

此用以表达竖向设计成果的图纸，可采用与场地地形特点和竖向设计工作相适应的方法来表达。为准确表达竖向布置的初步设计，竖向设计图上必须明确标明场地的施工坐标网及其坐标值，标出施工坐标网与国家大地坐标系（或测绘坐标网）的换算公式，标明图纸方向（指北针或风玫瑰图）并绘出图例；图纸的说明栏内应注明图面标注尺寸的单位、图纸比例、所采用高程系统的名称等。

有关初步设计阶段的设计内容，竖向布置图还须标明如下内容：

① 建、构筑物的名称（或编号）、室内外设计标高；

② 场地外围的道路、铁路、河渠的位置及地面关键性标高；

③ 道路、铁路、排水沟渠的控制点（如：起点、变坡点、转折点、交叉点、终点等）设计标高及纵向控制坡度；

④ 场地平整工程的竖向控制坡度，并用坡向箭头表示地形坡向。

当场地自然地形平坦、竖向改造及土方工程量小、图面表达简单时，竖向布置图也可以不单独绘制，将有关需要表达的内容绘于场地设计总平面图上，即与总平面图合并绘制。

（3）有关技术经济指标

主要是关于室外竖向工程的工程量指标，如：沟渠、挡土墙、护坡等的长度、高度，土方工程的填方、挖方工程量等。

（4）内部作业的图纸和资料

此外，竖向改造及土方工程量较大的场地，作为设计工作的档案内容之一，还必须绘制土方图等内部作业图，并提供详细的土方量计算书。

2）施工图设计阶段

施工图设计阶段的竖向设计成果包括如下方面。

（1）设计说明（竖向设计部分）

已进行初步设计的工程，一般可以简要说明标注于竖向设计的有关图纸上，而不单独编制设计说明书。但对于按照审批意见对初步设计有重大调整的，本设计阶段应重新编制设计说明书(内容参照初步设计的要求)，计算并列出主要技术经济指标。

(2) 竖向布置图

用于综合表达施工图设计阶段竖向设计成果的图纸，可以采用相应的表达方法绘制。为指导具体的室外工程施工，竖向设计图上须明确标明场地的施工坐标网、坐标值，及其与国家大地坐标系(或测绘坐标网)的换算公式；标明图纸方向，绘出图例及补充图例。图纸的说明栏内应注明图面标注尺寸的单位、图纸比例、所采用高程系统的名称等。

有关施工图设计阶段的设计内容，竖向布置图还须标明如下内容：

① 建、构筑物的名称(或编号)、室内外设计标高。

② 场地外围的道路、铁路、河渠和桥梁、隧道、涵洞等构筑物、设施的位置及地面关键性标高。

③ 各种堆场、活动场、运动场、广场、停车场……的设计标高。

④ 场地内道路(定位轴线或路面中心)、铁路(轨顶)、排水沟渠(沟底)的控制点(如：起点、变坡点、转折点、交叉点、终点等)设计标高，以及其他设计参数(如：纵向坡度、坡长、坡向和平曲线、竖曲线要素等)。道路还应注明路拱形式(单面坡或双面坡，曲线、直线或折线形式)、超高等。

⑤ 挡土墙、护坡或土坎等构筑物的顶部、底部设计标高，典型横断面形式及尺寸。

⑥ 场地地形的竖向控制坡度与坡向(用坡向箭头表示)。当场地平整要求严格时，可采用等高距为 0.1～0.2m 的设计等高线表示地面起伏状况。

当场地自然地形平坦、竖向改造及土方工程量小、图面表达简单时，竖向布置图也可以与总平面图合并绘制。如路网复杂时，可按上述有关技术及内容要求单独绘制道路平面图。

(3) 土方图

用以表达场地地形平整方案，并具体指导场地平整施工的土方工程。与竖向布置图一样，土方图须标明场地的施工坐标网、高程系统、图纸方向、图例、比例、尺寸单位等，以及各种建、构筑物及设施的位置、标高等。

场地土方工程的表达，应与场地地形状况、土方平衡的计算方法等相适应，但应便于平整场地的施工工作。土方图通常采用方格网法表达，即：标明场地四界的施工坐标，在场地上划分出 20m× 20m 或 40m×40m 的方格网，在各方格网线交点处标明该点的原地面标高、设计标高、填挖高度等数据，并在各方格内标明填方区、挖方区的分界线及各方格的土方量、场地总土方量(表 1-1)。

土 方 平 衡 表 表 1-1

序号	项目	土方量（m³）		备注
		填方	挖方	
1	场地平整			
2	建、构筑物室内外高差			包括：室内地坪填土、地下建、构筑物挖土
3	建、构筑物基础			
4	机器设备的基础			

续表

序号	项目	土方量（m³）		备注
		填方	挖方	
5	铁路			包括：路堤填土、路堑挖土
6	道路			包括：路堤填土、路堑和路槽挖土
7	管线地沟			
8	土方损益			指土壤经挖填后的损益数
	合计			

（4）有关技术经济指标

主要是关于室外竖向工程的工程量指标，除表 1-1 所列指标外，还包括：沟渠、挡土墙、护坡等的长度、高度等。

1.1.2　竖向设计的方法

1. 竖向设计的一般步骤

1）收集、核实竖向设计的有关资料

首先要全面了解和熟悉收集来的各种现状资料，核查、认定第一手设计资料的真实度。经过现场勘察，了解、熟悉地形地貌，进行环境分析，研究对其利用和改造的各种可能性。

2）场地的总体竖向布局

竖向设计应贯穿场地设计的全过程。在场地的总体布局阶段，通过对场地地形和环境的充分研究、分析，初步拟定场地的竖向处理方案和排水的组织方式，结合场地的总体布局、道路系统和环境绿化布置、建筑群体的设计及辅助设施的安排等，作出统一安排。

3）场地的排水组织与道路的竖向布置

总平面方案初步确定后，在场地总体竖向布局的基础上，再深入进行场地的竖向高程设计。首先根据建筑群布置及场地内排水组织的要求，确定排水方向，划好分水岭和排水区域，定出地面排水的组织计划。场地内道路的竖向设计，通常根据四周道路的纵、横断面设计所提供的工程资料，按地形、排水及交通要求，确定其合理纵坡度、坡长，定出主要控制点（交叉点、转折点、变坡点）的设计标高，并应与四周道路高程相衔接。地形起伏变化较大的场地，其内部道路与四周道路连接处应作出纵断面设计。在地形比较平缓、简单的情况下，场地内道路的竖向设计可不必过多受到四周道路纵断面高度的限制。

4）确定场地地形的具体竖向布置方案

根据场地内建筑群布置、排水及交通组织的要求，具体考虑地形的竖向处理，并用设计等高线或设计标高点明确表达设计地形，正确处理与道路、排水沟、散水坡等高程控制点的关系。场地设计地形的确定必须明确以下几点。

（1）地形坡向

要求能够迅速排除地面雨水，设计地面由分水岭（线）、排水区域、集水线和水流方向构成。

（2）地面高程

设计地形的等高线和标高应尽可能接近自然地面，以减少土方量。

（3）坡度与距离

根据技术规定和规范有关坡度与坡长的要求，确定排水沟渠（或暗管）和道路坡度与坡长距离。

（4）对外衔接

明确场地用地边界线（征地线或道路红线）上的各点高程，将设计等高线与用地边界线上的等高程点平滑连接，保证场地内外地面高程的自然衔接。必要时，也可以边坡、挡土墙等设施结束于边界线处，但应保证场地雨水不得向周围场地排泄。

5）拟定建筑物室内外标高

根据场地地形的竖向设计方案和建筑的使用、经济、排水、防洪、美观等要求，合理考虑建筑、道路及室外场地之间的高差关系，具体确定建筑物的室内地坪及四角标高、室外活动场地的设计标高等。

6）土方平衡

根据地形测绘图与设计等高线计算土方量，若土方量过大，或填、挖方不平衡而土源或弃土困难，或超过技术经济指标要求时，则应调整修改竖向设计，使土方量接近平衡。应当指出，竖向设计往往需要反复修改、调整，尤其是地形复杂起伏的场地，测量的地形图往往因时间等原因与实际地形有一定的出入，应在设计之前仔细核对；而在施工中需要进行竖向设计修改的情况也是常有的事。

7）场地竖向的细部处理

包括边坡、挡土墙、台阶、排水明沟等的设计。特别在地形复杂、高差大的地段布置建筑物，为防止建筑物被雨水冲刷，应设置排洪沟，并注明排洪沟的位置及排水流向；或确定集水井位置、井底标高及其与城市管道衔接处的标高。

2. 竖向设计的常用表达方法

竖向设计常采用的基本表达方法有四种：高程箭头法、纵横断面法、等高线法、模型法。

1）高程箭头法（或称设计标高法）

这是一种简便易行的方法，即用设计标高点和箭头来表示地面控制点的标高、坡向及雨水流向；表示出建筑物、构筑物的室内外地坪标高，以及道路中心线、明沟的控制点和坡向并标明变坡点之间的距离；必要时可绘制示意断面图。

用这种方法表示竖向布置比较简单，并能快速地判断所设计的地段总平面与自然地形的关系；其制图工作量较小，图纸制作快，而且易于修改和变动，基本上可满足设计和施工要求，为较普遍采用的一种表达方式。其缺点是比较粗略，需要有综合处理竖向标高的经验；如果设计标高点标注较少，则容易造成有些部位的高程不明确，降低了准确性。

其表示的内容如下（图 1-1）：

（1）根据竖向设计的原则及有关规定，在总平面图上确定设计区域内的自然地形；

（2）注明建、构筑物的坐标与四角标高、室内地坪标高和室外设计标高；

（3）注明道路及铁路的控制点（交叉点、变坡点……）处的坐标及标高；

（4）注明明沟底面起坡点和转折处的标高、坡度、明沟的高宽比；

（5）用箭头表明地面的排水方向；

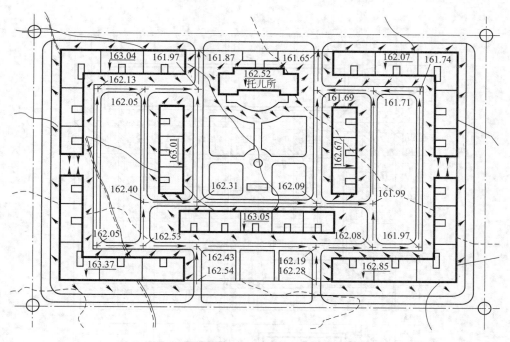

图 1-1　高程箭头法绘制的竖向设计图

(6) 较复杂地段，可直接给出设计剖面，以阐明标高变化和设计意图。

该图一般可结合在总平面图中表示。若有些地形复杂或在总平面图上不能同时清楚表示竖向设计时，可单独绘制竖向设计图。

2) 纵横断面法

此法多用于地形复杂地区或需要作较精确的竖向设计时采用。

一般先在场地总平面图上根据竖向设计要求的精度，绘制出方格网(精度越高则方格网越小)，并在方格网的每一交点上注明原地面标高和设计地面标高，即：

原地面标高

设计地面标高

然后沿方格网长轴方向绘制出纵断面，用统一比例标注各点的设计标高和自然标高，并连线形成设计地形和自然地形断面；以同样方法沿横轴方向绘出场地竖向设计的横断面。纵、横断面的交织分布，综合表达了场地的竖向设计成果。

此法的优点是对场地的自然地形和设计地形容易形成立体的形象概念，易于考虑地形改造，并可根据需要调整方格网密度，进而决定整个竖向设计工作的精度。其缺点是工作量往往较大，耗时较多(图 1-2)。

3) 等高线法

(1) 等高线定义

等高线是地面上相同高程的相邻各点连成的闭合曲线，也就是设想水准面与地表面相交形成的闭合曲线。

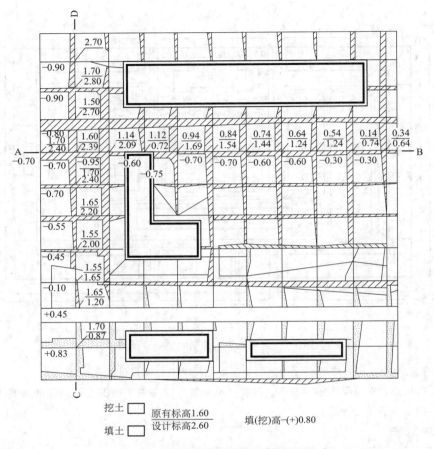

图 1-2　纵横断面法绘制的竖向设计图

挖土 □　原有标高1.60 / 设计标高2.60　填(挖)高-(+)0.80
填土 □

如图 1-3 所示，设想有一座高出水面的小山，与某一静止的水面相交形成的水涯线为一闭合曲线，曲线的形状随小山与水面相交的位置而定，曲线上各点的高程相等。例如，当水面高为 50m 时，曲线上任一点的高程均为 50m；若水位继续升高至 51、52m，则水涯线的高程分别为 51、52m。将这些水涯线垂直投影到水平面 H 上，并按一定的比例尺缩绘在图纸上，这就将小山用等高线表示在地形图上了。这些等高线的形状和高程，客观地显示了小山的空间形态。

(2) 等高线的特征

通过研究等高线表示地貌的规律性，可以

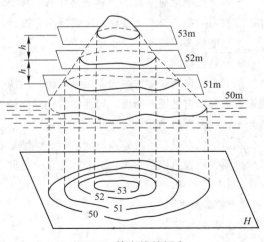

图 1-3　等高线的概念

归纳出等高线的特征，它对于地貌的测绘和等高线的勾画，以及正确使用地形图都有很大帮助。

① 同一条等高线上各点的高程相等。

② 等高线是闭合曲线，不能中断，如果不在同一幅图内闭合，则必定在其他图幅内闭合。

③ 等高线只有在绝壁或悬崖处才会重合或相交。

④ 等高线经过山脊或山谷时改变方向，因此山脊线与山谷线应和改变方向处的等高线的切线垂直相交，如图 1-4 所示。

⑤ 在同一幅地形图上，等高线间隔是相同的。因此，等高线平距大表示地面坡度小；等高线平距小则表示地面坡度大；平距相等则坡度相同。倾斜平面的等高线是一组间距相等且平行的直线。

(3) 坡度公式

$$i = h/l$$

i——坡度(%)；

h——高度(m)；

l——水平间距(m)。

(4) 典型地貌的等高线

① 山头和洼地

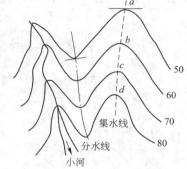

图 1-4 山脊线、山谷线
与等高线的关系

如图 1-5(a)所示为山头的等高线，图 1-5(b)所示为洼地的等高线。山头与洼地的等高线都是一组闭合曲线，但它们的高程注记不同。内圈等高线的高程注记大于外圈者为山头；反之，小于外圈者为洼地。也可以用坡线表示山头或洼地。

示坡线是垂直于等高线的短线，用以指示坡度下降的方向(图 1-5)。

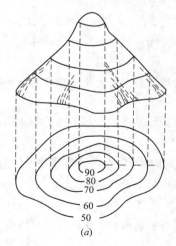
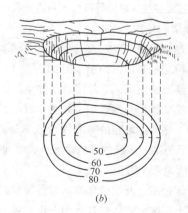

图 1-5 等高线与平面关系

(a)山头等高线；(b)洼地等高线

② 山脊和山谷

山的最高部分为山顶，有尖顶、圆顶、平顶等形态，尖峭的山顶叫山峰。山顶向一个方向延伸的凸棱部分称为山脊。山脊的最高点连线称为山脊线。山脊等高线表现为一组凸向低处的曲线(图 1-6a)。

相邻山脊之间的凹部是山谷。山谷中最低点的连线称为山谷线,如图 1-6(b)所示,山谷等高线表现为一组凸向高处的曲线。在山脊上,雨水会以山脊线为分界线而流向山脊的两侧,所以山脊线又称为分水线。在山谷中,雨水由两侧山坡汇集到谷底,然后沿山谷线流出,所以山谷线又称为集水线。山脊线和山谷线合称为地性线。

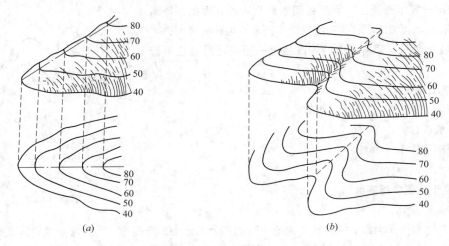

图 1-6　等高线山脊、山谷的表示

(a)山脊等高线;(b)山谷等高线

③ 鞍部

鞍部是相邻两山头之间呈马鞍形的低凹部位(图 1-7 中的 S)。它的左右两侧的等高线是对称的两组山脊线和两组山谷线。鞍部等高线的特点是在一圈大的闭合曲线内,套有两组小的闭合曲线(图 1-7)。

④ 陡崖和悬崖

陡崖是坡度在 70°以上或为 90°的陡峭崖壁,若用等高线表示将非常密集或重合为一条线,因此采用陡崖符号来表示,如图 1-8(a)、图 1-8(b)所示。

悬崖是上部突出、下部凹进的陡崖。上部的等高线投影到水平面时,与下部的等高线相交,下部凹进的等高线用虚线表示,如图 1-8(c)所示。

识别上述典型地貌的等高线表示方法以后,进而能够认识地形图上用等高线表示的复杂地貌。图 1-9 所示为某一地区的综合地貌,读者可将透视图与平面图参照阅读。

(5) 确定汇水面积

在修筑桥梁、涵洞或修建水坝等工程建设中,需要知道有多大面积的雨水往这个河流或谷地汇集。地面上某区域内雨水注入同一山谷或河流,并通过某一断面(如道路的桥涵),这一区域的面积称为汇水面积。显然汇水面积的分界线为山脊线。

如图 1-10 所示,公路 AB 通过山谷,在 M 处要建一涵洞,为了设计孔径的大小,要确定该处的汇水面积。由图看出,流往 AB 断面的汇水面积,即为 AB 断面与该山谷相邻的山脊线的连线所围成的面积(图中虚线部分)。可用格网法、平行线法或电子求积仪测定该面积的大小。

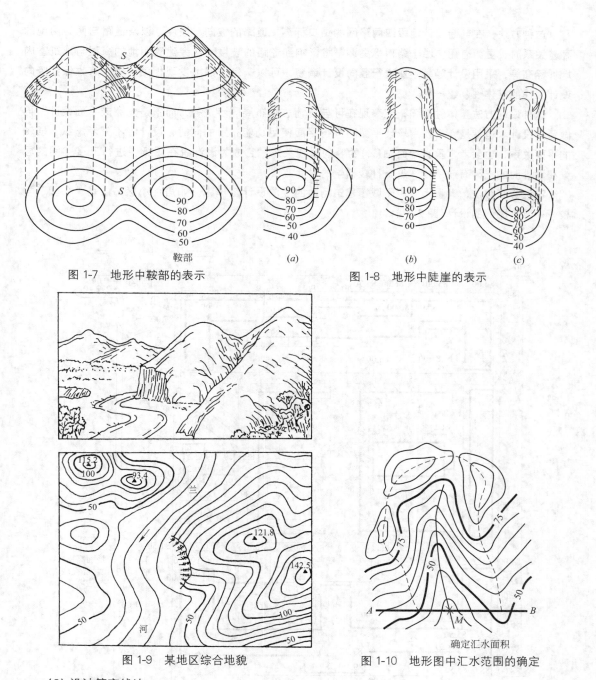

图 1-7　地形中鞍部的表示

图 1-8　地形中陡崖的表示

图 1-9　某地区综合地貌

图 1-10　地形图中汇水范围的确定

确定汇水面积

(6) 设计等高线法

设计等高线法，多用于地形变化不太复杂的丘陵地区的场地竖向设计。其优点是能较完整地将任何一块用地或一条道路的设计地形与原来的自然地貌作比较，随时可以看出设计地面挖填方情况 (设计等高线低于自然等高线为挖方，高于自然等高线为填方，所填挖的范围也清楚地显示出来)，以便于调整。

　　这种方法，在判断设计地段四周路网的路口标高，道路的坡向、坡度，以及道路与两旁用地的高差关系时，更为有用。由于路口标高调整将影响到道路的坡度、两旁建筑用地的高程与建筑室内地坪标高等，采用设计等高线法进行竖向设计调整，可以一目了然地发现相关问题，有效保证竖向设计工作的整体性、统一性。

　　这种设计方法整体性很强，还表现在可与场地总体布局同步进行，而不是先完成平面设计、再做竖向设计。也就是，在使用场地平面图进行平面使用功能布置的同时，设计者不只考虑纵、横轴的平面关系，也要考虑垂直地面轴（Z）的竖向功能关系。它成为设计者在图纸中进行三度空间的思维和设计时的一种有效手段，是一种较科学的设计方法。

　　设计等高线法，大量地应用于城镇建筑场地的竖向设计工作中，如居住小区、广场、公园、学校……及其路网的设计（图 1-11）。

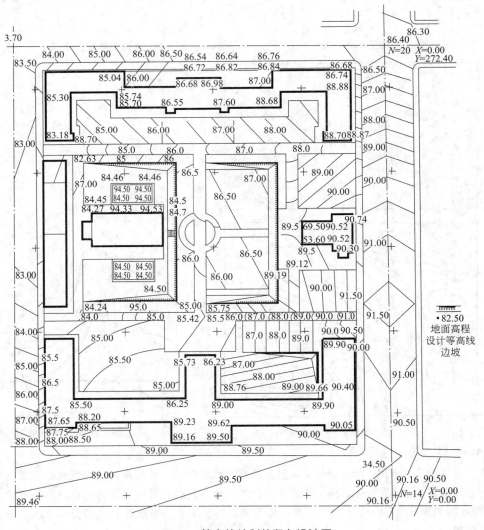

图 1-11　等高线绘制的竖向设计图

用设计等高线法进行竖向设计的步骤如下：

① 根据场地总体布局，在已确定的道路网中绘出道路控制线(或红线)以内各组成部分(轴线、控制线……)的平面图。对场地区域内各条道路作纵断面设计，确定道路轴线交叉点、变坡点等控制点的标高。根据道路横断面可求出道路控制线(或红线)的标高。

② 当所设计的地段地形坡度较大时，可根据需要布置出护坡、挡土墙等，形成台地，并注明标高。

③ 用插入法求出街道各转折点及建筑物四角的设计标高。

④ 场地人行道的坡度及线型应结合自然地形、地貌灵活布置，当坡道的纵坡大于 10% 时，可设置为不连续的坡面，或设置一部分台阶，也可辅以一定宽度的坡道，以便于自行车的上下推行。

⑤ 根据场地地形、地貌的变化，通过地形分析划分出若干排水区域，分别排向临近道路(图 1-12)。场地排水系统可采用不同的方式，如设置自然排水、管道系统排水或明沟排水等。地面坡度大时，应以石砌以免冲刷，有的也可设置沟管，并在低处设进水口。

以上步骤，可以初步确定场地的四周边线标高及内部道路、房屋四角的设计标高，再联成大片地形的设计等高线。

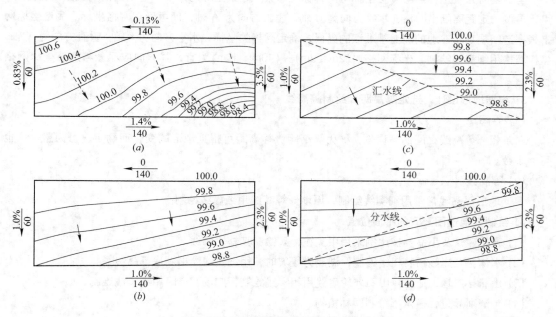

图 1-12 设计等高线的四种排水方案

(a)自然地面；(b)单向排水方案；(c)汇水排水方案；(d)分水排水方案

4) 模型法

模型法，也称沙盘法。此方法就是将项目建成后的情况制作成模型以供人们参观，例如：房地产开发项目会将整个建设区域制作成模型，供购买者参观。但此方法由于制作成本的问题，设计师不经常使用；而且模型一旦制作完好，后期修改的难度较大，故沙盘常常见于商业开发项目中。

1.1.3 竖向设计的图纸要求

竖向设计的合理安排，既是满足造景以及游人各种活动要求的重要条件，同时竖向设计图又是造园工程土方调配预算和地形改造施工的主要依据。因此，竖向设计图在总体规划中起着重要作用，它的绘制必须规范、准确、详尽。

1. 竖向设计平面图

1）选择比例，确定图幅

据用地范围、图样复杂程度及不同的规划阶段，选择适宜的比例，确定图幅并布置图面。

总体规划多用 1：1000～5000（2000）；

详细规划多用 1：1000～2000。

在详细规划阶段，在设计景点、景观建筑、广场、园路各交叉结点时，则采用 1：100～500 较适宜。对某一工程而言，常采用与平面图相同的比例与图幅。

2）画直角坐标网，确定定位轴线

坐标网有建筑坐标网与测量坐标网两种标注形式。建筑坐标网是以工程范围内的某一点为"零"点，再按一定距离画出网格，水平方向为 g 轴，垂直方向为 A 轴，便可确定网格坐标。测量坐标网是根据造园规划所在地的测量基准点的坐标，确定网格的坐标，水平方向为 r 轴，垂直方向为 X 轴，坐标网格用细实线绘制。坐标网格以（2m×2m）～（10m×10m）为宜，其方向应尽量与测量坐标网格一致。

3）根据地形设计，选定等高距，绘制等高线

（1）等高距

两条相邻等高线之间的高程差，称为等高距。等高距可根据地形的变化而确定，可为整数，也可为小数。

（2）等高线

设计地形等高线常常用细实线绘制，原地形等高线用细虚线绘制。

4）绘制其他造园要素的平面位置

（1）园林建筑及小品：按比例采用中实线，只绘制其外轮廓线。

（2）水体：驳岸线用特粗线绘制，湖底为缓坡时，用细实线绘出湖底等高线。

（3）山石、广场、道路：山石外轮廓线用粗实线绘制，广场、道路用细实线绘制。

（4）为清晰起见，通常不绘制园林植物。

5）标注排水方向、尺寸和注写标高

（1）排水方向用单箭头表示。

（2）等高线上应注写高程，高程数字处等高线应断开，高程数字的字头应朝向山头，数字应排列整齐。一般以平整地面高程定为 +0.00，高于地面为正，数字前"＋"可省略；低于地面 0.00 为负，数字前应注写"－"号。高程的单位为"米（m）"，小数点后保留两位有效数字。

（3）建筑物、山石、道路、水体等的高程标注如下：

① 建筑物：应标注室内地坪标高，以箭头指向所在位置。

② 山石：用标高符号标注最高部位的标高。

③ 道路：其高程一般标注于交汇、转向、变坡处。标注位置以圆点表示，圆点上方标注高程数字。

④ 水体：当湖底为缓坡时，标注于湖底等高线的断开处；当湖底为平面时，用标高符号标注湖底高程，标高符号下面应加画短横线和 45°斜线表示湖底。

6）注写设计说明

用简明扼要的语言，注写设计意图，说明施工的技术要求及做法等，或附设计说明书。

7）画指北针或风向频率玫瑰图，注写标题栏

根据表达需要，在重点区域、坡度变化复杂的地段，还应绘出剖面图或断面图，以表示各关键部位的标高及施工方法和要求。

2. 竖向设计立面图

在竖向设计图中，为使视觉形象更明了和表达实际形象轮廓，或因设计方案进行推敲的需要，可以绘出立面图，即正面投影图，使视点水平向所见地形、地貌一目了然，而断面图、剖面图则是地形变化按比例在纵向（以等高线与剖面线交点连接而描绘出的带有垂直向标高的坐标方向）和横向（地形水平长度坐标方向）的表达。以说明地形上地物相对位置和室内外标高的关系；同时说明植被分布及树木空间的轮廓与景观气势（包含林冠线，是指树丛和林带在立面空间构图的轮廓线），还可说明在垂直空间内地面上不同界面的处置效果（如水岸变化坡度延伸情况、垂直空间里上中下层生态群落植物配置情况等）。

1）断面图

表示经垂直于地形的剖切平面切割后，剖切面上所呈现出的物像图，如图 1-13 所示。

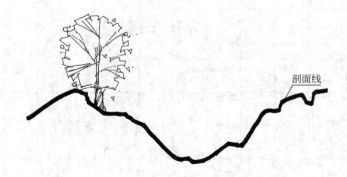

图 1-13　剖切线上呈现的物像

2）剖面图法及其种类

剖面图在竖向设计图中的表现形式有两种，可视不同场合之需而采用。

（1）剖立面图

不仅可以表示出剖切面上的景观，同时亦能表示出剖切面后可见的种种物像，如图 1-14 所示。

（2）剖面图

除表达了剖切面上的景观外，还将此剖面后的景像以透视方式一同表现于图面上，如图 1-15 所示。

图 1-14 剖立面图

剖面线

图 1-15 剖面图

1.1.4 竖向设计实例

竖向设计的成果常常以图纸的形式表达出来，图 1-16、图 1-17 是竖向设计的实例。

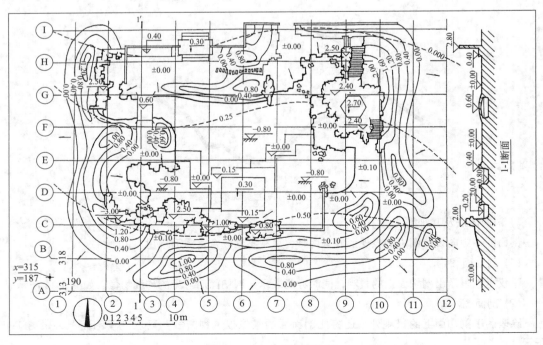

图 1-16 竖向设计实例 1

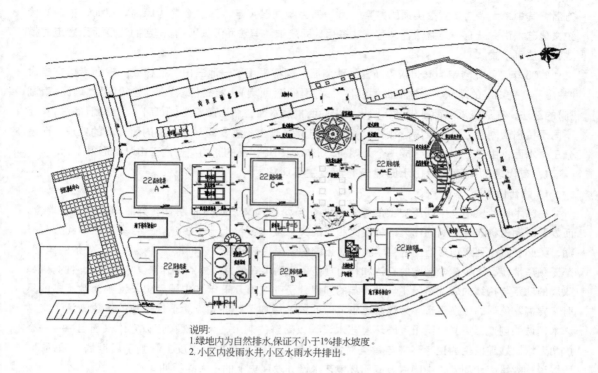

说明：
1.绿地内为自然排水,保证不小于1%排水坡度。
2.小区内没雨水井,小区水雨水井排出。

图 1-17 竖向设计实例 2

1.1.5 自然式山水地形竖向设计

人们往往用"挖湖堆山"来概括中国园林创作的特征。《画论》云："水令人远,石令人古","胸中有山方能有水,意中有水方许作山","地得水而柔,水得地而刚","山要回抱,水要萦回","水因山转,山因水活"等山水画要诀,就是我们"挖湖堆山"的理论依据。同时,明确指出掇山理水是不可分割的关系。

中国历代学者对山水的理解已有精辟论述。孔子云："智者乐水,仁者乐山"。因他看山高草木生长,鸟兽繁衍,雨露之泽,万物以成,即"水无私给予万方生灵",遂以山水喻世人之品德。宋郭熙在《林泉高致》一文中对山、水也有一番论述："山有三远,自山下而仰山巅谓之高远;自山前而窥山后谓之深远;自近山而望远山谓之平远。""高远给人以清明感,深远给人以重晦感,平远给人以仲融缥缈感。"而其对水的三远是："聚者辽阔,散者萦回,前者旷观,后者微观","近岸旷水,旷阔遥山,有烟雾","一片大明,景物至绝而微茫,缥缈者为幽远","水之三远:旷远、幽远与迷远。"郭熙对水的特性描述如下："水活物也。其形欲深静,欲柔滑,欲汪洋,欲四环,欲肥腻,欲喷薄,欲激射,欲多泉,欲远流,欲瀑布插天,欲溅,欲扶烟云而秀媚,欲照溪谷而生辉,此谓水之活体也。"

自秦始皇在长池中作三仙岛以后,历代帝王多崇"一池三山"之法,包括西藏拉萨的罗布林卡这座达赖喇嘛的夏宫,也在他的湖心宫中建成藏式的"一池三山"。湖心宫中的"一池三岛"是三个方岛，其中最大者为汉式攒尖顶的方亭，另一岛为藏式攒尖亭，第三个岛为绿岛。然而，中国的传统文化艺术讲究既有一定之法，又可一法多用，即所谓"有法而无式"，有一定的法度而无固定的模式，一法可多式。

1705 年，清乾隆帝为其母祝寿所建的清漪园，同样采用"一池三山"的模式。规划者根据当时"瓮山"、"瓮湖"的现状，一池三岛的创作，采用留堤(西堤)、留岛(藻鉴堂、治镜阁)、堆岛(南湖岛)的新法，在原瓮湖水面基础上，留出西堤向西扩展水面，留出藻鉴堂(山岛)、治镜阁(阁岛)，而不同于杭州西湖的"疏湖堆岛"；同时，在湖岛艺术处理上不重复同一个水面内留三岛的处理，而是分三个水面，由三个水面组合成一个大湖面，形成湖、堤、岛的新的"一池三山"新形象。

1. 有代表的中国自然山水园建设时期及主要风格

1）魏晋山水园

在艺术设计史中，中国历史上的魏晋南北朝与西方的文艺复兴时期有着异曲同工之重要地位，而魏晋时期这种人性觉醒的伟大的转变比西方的文艺复兴要早上一千多年。三百多年的动乱分裂时期，势必会影响到意识形态上的儒学独尊。正统儒家思想被动摇，人们敢于冲破思想上外加的禁锢，毫无顾忌地藐视正统儒学制定的礼法和行为规范，主动地在儒家之外的或外来文中探求人生的真谛。政局的动荡与持续的战乱造就了玩世不恭的知识分子呼喊出几千年来中国历史长河中为数不多的具有"异端"色彩的叛逆声音，为儒家思想沉闷的统治增加了些许亮点。于是思想的解放激活了文学艺术领域的创造，势必也给予庭园环境艺术设计以新鲜的刺激，大自然被还以它本来面目——一个广阔无垠、妙趣横生的生存环境与审美对象。这种自然审美观很大程度上影响了后世的造园活动。所以说，魏晋南北朝乃是中国古典庭园环境艺术设计发展史上的一大转折期。

2）盛唐山水园

唐朝历史揭开了中国古代最为绚丽夺目的篇章。对外是开拓疆土、军震四威，对内则是安定统一、繁荣昌盛。丝绸之路带来的不仅是商贸的繁荣，更带来了纷繁的中外文化交流。当时的长安应该是一个国际大都市，盛极一时的长安风尚代表的是无所畏惧的、无所顾忌的接纳和吸收，中外文化交流也呈现出高度繁荣的景象。社会风气开放，民间生活多姿多彩，都使得唐朝呈现出高度的文明气象。文学、绘画、书法、音乐甚至服饰都出现了少有的繁荣气象。相应的造园也大为发展，李格非在《洛阳名园记》中提到，贞观开元年间，单就东都洛阳建造的邸园就有一千多处，足见当时园林发展的盛况。文人参与造园的结果是，他们把儒、通、佛禅思想，诗情画意的意境融入造园，促进了造园开始向写意的方向发展。

3）明清山水园

从乾隆到清末，造园活动艺术水平较高，完较保留下来的庭园也很多，且形成了北方、江南、岭南三大地方风格鼎立的格局。这些庭园的环境艺术设计都能够结合各地的人文条件与自然条件，具有显见的地方特色，集中反映了民间私家庭园环境艺术取得的主要成就，尤其这一时期的江南庭园仍是造园艺术的精华所在。北京和岭南的庭园设计均在不同程度上受到西方造园风格的影响，但是这一影响并没有产生太大的变化，主流的庭园环境艺术仍然是江南水乡的文人庭园。

1.1.6 自然式山体的竖向设计

1. 山体的空间布局

在造园的过程中，挖了"湖"，就要"堆山"。园林中堆山又可称之为"掇山"、"筑山"。人工掇山可以分为：土山、石山、土石相间的山等不同类型。在掇山过程中，应根据土、石方工程的技术要求，设计者酌情而定。

土山在园林设计中，按造景的功能，分为主山、客山；土山还可以作围合空间、屏障、阜障、土丘、缓坡、微地形处理等。园林建设中，堆山较高的实例，如上海长风公园的铁臂山，高约30m；上海植物园的松柏山，高约9m；组织空间的土山，约1.5—3.0m；组织游览的阜障、土丘，约高1.0m；缓坡的坡度约为1∶4～1∶10。

在《公园设计规范》中，确定了我国园林行业中，地形设计的标准。其中明确指出："大高差或大面积填方地段的设计标高，应计入当地土壤的自然沉降系数。改造的地形坡度超过土壤的自然安息角时，应采取护坡、固土或防冲刷的工程措施。"并规定，土山（上植草皮）最大坡度为33%，最小坡度为1%。

2. 土山设计的主要注意事项（图1-18）

1）主客分明，遥相呼应

主山不宜居中，忌讳"笔架山"对称形象。山体宜呈主、次、配的和谐构图，高低错落，前后穿插，顾盼呼应，切忌"一"字罗列，成排成行。

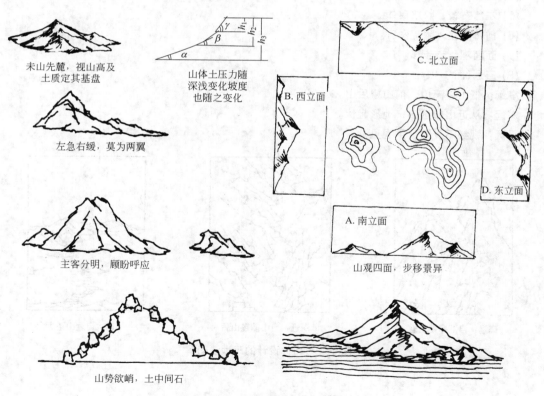

图1-18 土山设计的注意事项

2）未山先麓，脉络贯通

堆山视山高及土质而定其基盘。山形追求"左急右缓，莫为两翼"，避免呆板、对称。

3) 位置经营，山讲三远

在较大规模的园林中，布置一组山体，在规划设计过程中，考虑达到山体的"三远"艺术效果。

4) 山观四面而异，山形步移景变

四面各异，讲究山体的坡度陡、缓各不同；不同角度、不同方面形态变化多端。峰、峦、崖、岗、山形山势随机；坞、洞、穴随形。

5) 山水相依，山抱水转，山水相连，山岛相延，水穿山谷，水绕山间

微地形的利用与处理，近年来受到园林界的重视。缓坡草地、草坪为广大群众所接受。起伏的微地形，不仅创造出优美、细腻的景观，同时利用地形排水，节省土地，适宜开展各项活动。在居民区，微地形草坪更适合于开展户外活动。

3. 山体的设计法则

(1) 胸有丘壑，方许做山。

(2) 未山先麓，地梦嶙嶒。

(3) 主次分明，组合有致。

(4) 延伸变化，莫生两翼。

(5) 左急右缓，收放自如。

(6) 前喧后寂，幽旷两宜。

(7) 面面观，步步移。

(8) 三远(图 1-19)：

高远：低山望高山，前山望后山。

深远：从近山望远山，地形起伏。

平远：视线不受阻，平视见远。

高远，自下仰视山巅

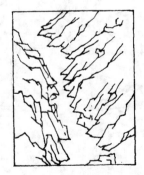
深远，自山前窥山后

平远，自近山望远山

图 1-19　山体设计的三远法图解

1.1.7　自然式水体的竖向设计

1. 自然山水园林中的理水

水是纯洁，柔美和智慧的象征。我国自商周时期的廷苑囿开始，就有了"凿池引水"之举。周文王时期的"灵囿"，建有灵台、灵沼、灵囿和辟雍四大景区，其中"灵沼"为园中水景。可见，在中国最古老、最朴素的造园中，就把水视为园林中不可缺少之物。上林苑为秦汉时期典型的皇家宫苑。苑内水景水系丰富，河流、湖泊、池沼达 20 余处，其中的昆明湖水面旷阔，可作水军习武之用。汉武帝时所建的"建章宫"，宫北筑有太液池，池中修"蓬莱"、"方丈"、"瀛洲"三岛，这三岛象征神话中的海上仙山，这种"一池三山"的理水技法开创了中国人工山水布局之先河。魏晋南北朝时期，出现了花林曲池、山情野趣的自然山水园，南朝的"建康桑柏"（今南京玄武湖）就是充分凭借自然山水，尤以大面积水体为主构建的皇家宫苑。唐宋时期，因文学、艺术、绘画等都达到了顶峰，因而出现了追求诗情画意的写意山水园。写意山水园主要吸取了写意画派的"简约"手法，以简洁的构景要素来表达深远广大的园林意境。写意山水园同样以水为造园的首要因素。如王维的"辋川别业"，在面积不足一亩的空间里，就有湖泊、泉池、急流、浅滩等多处水景，这些水景都是从自然中浓缩、提炼的意象化水景，出于自然，而高于自然。明清时期，不论是皇家宫苑，还是和宅园林，都视水为造园的血脉。明代以北海、中南海为中心，结合华丽辉煌的宫廷建筑，形成了规模宏大的西苑。清朝在西苑的基础上营建了颐和园、圆明园和承德避暑山庄三座皇家园林。这三座园林有一个共同特点，均以大面积水域为中心，构成具有江南水乡风格的山水园。江南的私宅园林绝大多数也是以水为中心。水面占三分之一的拙政园，大小水系纵贯全园，园林景致变幻莫测。新中国成立后造园事业进入大力兴建综合性公园，服务于大众的新阶段。在现代公园的规划建设中，水仍然扮演着重要的角色。北京的紫竹院公园、上海的长风公园、广州的流花湖公园等大型综合性公园，水体面积均在全园总面积的 30% 以上。大面积的水域在造景、游憩、运动、改善小气候等方面起着重要的作用。

从古至今，从原始粗朴的皇家苑囿到功能完善的现代公园，水都是园林中不可缺少的因素，承担着其他因素不可替代的物质功能和艺术功能。

2. 山水园理水设计的作用

园林中，水以不同的形态构成各具特色的景观。静水，给人平静、安详、亲切、温和之感；动水，则令人欢快激昂、精神焕发；江、河、湖、海等大水体，旷淼无垠，帆鸥点点，令人心旷神怡；悠长迂回的溪涧泉流，使环境更清幽、静谧。北宋画家郭熙在《山泉高致·山水训》中有这样一段对水的描写："水，活物也，其形欲深静、欲柔滑、欲汪洋、欲回环、欲肥腻、欲喷薄、欲激射、欲多泉、欲远流、欲瀑布插天、欲溅扑入池、欲渔钓怡怡、欲草木欣欣、欲挟烟而秀媚、欲照溪谷而光辉，此水之活体也"。这段生动的描述，不仅是对于千姿百态的水景的绝妙刻画，也充分说明了理水的可塑性很大，依据地势可任意作形。深静旷远的湖泊池沼，喷薄激射的江流飞瀑，清澈见底的泉涧浅流，都是构成园林景观不可缺少的因素。水是创造园林美的源泉之一。

1）山水园中的主景水系

在古今园林中，造园师善于以大面积水体为中心，结合建筑、山石、桥路等构成不同风格的自然山水园，因而水成了园林中的主景。中国古典园林艺术瑰宝之———颐和园，占地面积达 290hm²，其中的昆明湖约占全园的二分之一（图 1-20）。湖面旷阔辽远，碧波荡漾，四周园林建筑布局有致，主次分明。西堤上烟柳婆娑，石桥连连，景致极美。湖中三个岛屿上林木葱茏，红墙碧瓦若隐若现，似镶嵌于旷阔昆明湖中的三块碧玉，加之亭桥相连，既满足了湖岛与陆地的沟通，又增加了湖面的景深层次。昆明湖结合建筑、洲岛、堤桥构成了一幅秀丽的江南水乡之景，因此而成为全园的主景区。无锡寄畅园是江南著名的中型别墅园林，中心水池"锦汇漪"占地面积约 0.2hm²，是全园的主景区。水池南部水面开阔，波平潋淡，倒影如画。北端由于建筑、桥廊的收隔及池岸的曲折迂回，形成的小水面似泉若渊，涵碧幽深，开朗的大水面与幽深的小水面形成对比，丰富了水面空间层次，使聚者更显辽阔，散处更具清幽，也体现了"重涯别坞，曲折回沙"的园林意境。寄畅园正因其独特的园林理水艺术，古朴清旷的园林风格，在江南园林中独树一帜，久负盛誉。清代邵长蘅游寄畅园时，对其景致赞美不已，写下了"山断九龙骨，池分陆羽泉。扑帘苍翠碧，罅石负涓流"的诗句。现代自然山水园如杭州的花港观鱼公园是在古"花港观鱼"遗址上修建的一座现代综合性公园，占地面积约 18hm²，位于西湖西南角的一出半岛上，虽三面环水，然而公园中仍把"红鱼池"作为全园的构图中心和主景区，以突出"观鱼"这一独特的风景主题。主景水体"红鱼池"位于全园中部，池岸叠石嵯峨，水草鲜绿；池

图 1-20　颐和园

畔花木绚丽，落英缤纷；池水平静如镜，锦鳞潜跃；水池四周与曲桥上，游人如织。每当微风吹来，花落池中，游人就能领略到"花落鱼身鱼嗜花"的美妙意境。园林中的主景水体往往是全园的中心，构成较开阔的空间，也是游人集中和活动频繁的区域。

2）园林中的配景水系

造园理水一般采用"主次分明，聚散有致"的手法，聚者形成湖泊池沼，旷阔辽远，往往成为主景，散者构成溪港泉流，曲折迂回，成为配景。颐和园前湖是"聚"的水体，为主景，沿万寿山北麓开出的一条长约 1000m 的河道称"后湖"。因巧妙地利用峡口，石矶把河道障隔成六个小段，似六个形态不同、景色各异的小湖泊，经过各部分的收束变化，化河流为湖的精心加工之后，漫长的河段得以免于单调僵直的感觉，增加了开合收放的趣味。后湖湖水碧绿，溪岸蜿蜒，桃柳掩映，最得山复水转、柳暗花明之趣。因而世人称后湖："两岸夹青山，一江流碧玉"。无锡的"锦汇漪"水池是全园的主景，而盘隐于假山中的"八音洞"，从西端流入"锦汇漪"，与中心水池构成统一的水系，因此而成为"锦汇漪"的配景。"八音洞"全长约 40m，依据地势的倾斜坡注，顺势导流，创造了曲涧、澄潭、飞瀑、流泉等诸多水景，增加了风景内容，丰富了山水意趣。现代园林"花港观鱼"公园，为了突出观鱼这一鲜明主题，以红鱼池为主景区，为突出"花港"，在公园的西南部开凿了一条迂回悠长的港道，名"新花港"。"新花港"连通西里湖与小南湖，港道宽窄不一，或收或放，曲折有致。夹港两岸，垂柳轻拂，浓荫匝地，繁花遍布，似真的"花港"一般。沿港设置"镜水云岭"、"云容水态"、"水流云在"等多处奇景，不仅大大增加了游赏的内容，而且与主景红鱼池形成幽闭与开朗、寂静与喧闹的对比，使主景更为突出，也使得"花港观鱼"名副其实。园中的配景水系与主景水系相辅相成，在空间、景致上往往形成强烈对比，配景为主景起着烘托和渲染的作用，使主景更为突出。

3）园林中的借景水系

《园冶》中云："园，巧于因借，精在体宜……"，清代造园家李渔也主张"取景在借"。蓝天、明月、晴峦、缜宇均可为借景之物，也往往是园林最好的凭借对象。苏州沧浪亭，面积约

1.067hm²，以山为主，园内无水，但在山之北麓有一天然河流，名盘门河，园内曲廊、水榭、亭轩临水而建，并造石桥为入口，使园外水体与园内土阜、建筑融为一体。造园师巧妙地凭借园内视线可及的天然水体，扩大了园林空间，丰富了园林景致，原本无水的沧浪亭，成了以"崇阜广水"为构景特色的江南名园。滕王阁不仅因其精湛的建筑艺术，还因其独特的地理位置而闻名遐迩，滕王阁耸立于赣江之滨，因借滔滔赣江之水，使蓝天、碧水、古阁融为一体，构成一幅完美和谐的风景。每当人们登临阁顶，极目远眺，秋水长天，空明澄碧，残阳如染，帆影争流。这般景致真令人心旷神怡。王勃的"落霞与孤鹜齐飞，秋水共长天一色"的千古绝句，充分而完美地概括了这一绝妙的园林意境。在现代造园中，许多城市利用得天独厚的自然条件，充分凭借江、河、湖、海等天然水体，营建滨水公园、花园或游息林荫带，如上海的外滩绿带、杭州西湖的六公园、天津的逍遥津公园等。这些滨水公园既扩大了游憩空间，增加了游园内容，又节约了用地，真是一举两得。

3. 山水园水体设计的空间布局

园林中，水系设计的要求：

(1) 主次分明，自成系统：水系要"疏水之去由，察水之来历"。水体要有大小、主次之分。并做到山水相连，相互掩映，"模山范水"，创造出大湖面、小水池、沼、潭、港、湾、滩、渚、溪等不同的水体，并组织构成完整的体系。

(2) 水岸溪流，曲折有致：水体的岸边，溪流的设计，要求讲究"线"形艺术，不宜成角、对称、圆弧、螺旋线、等波状、直线(除垂直条石驳岸外)等线形。姐妹艺术中，讲究线形艺术的书法，而书法中尤以草书的形态，可以作为园林设计中"线"形艺术创作的参考。唐代书法家孙过庭在其"书谱"一文中，对书法艺术中的形态、神韵、用墨、笔触等曾有过极其精彩的描绘："……夫悬针垂露之异，奔雷坠石之奇，鸿飞兽骇之资，鸾午蛇警之态，绝岸颓峰之势，临危据槁之形，或重若崩云，或轻如蝉翼，导之则泉注，顿之则山安，纤纤乎似初云出天崖，落落乎犹众星之列河汉，同自然之妙……"。上述可以看出唐代孙过庭对书法的"异"、"奇"、"姿"、"态"、"势"、"形"等的描述，对于园林中的线形景观，如湖岸线、天际线、园路线等的设计都有一定的可借鉴性。当然，湖岸线、天际线等的设计，除了考虑线形外，还要因地制宜，结合驳岸工程的要求等综合因素加以确定。

(3) 阴阳虚实，湖岛相间：水体设计讲究"知白守黑"，虚中有实，实中有虚，虚实相间，景致万变。一般园林中水体设计可以根据水面的大小加以考虑。古典皇家园林颐和园水面占全园的1/3，约200hm²，所以水景分岛、堤、湖、河、湾、溪、瀑布(小型)、池等，驳岸有石条垂直驳岸、山石驳岸、矶等形式，使水景丰富多彩。有的水体还创造洲、渚、滩等景观。现代公园中，如上海的长风公园，水面占全园的39%，约14.3hm²，银锄湖内的青枫绿屿岛打破了湖面的单调感，因为大型园林的水体忌讳"一览无余"，岛的作用，增加了湖面的层次，同时又组织了湖面的空间。一般小型园林，如苏州宅园，也在湖、池中点缀小岛或山石，尤其假山驳岸或悬崖峭壁、山洞等的处理，使水景更引人入胜。

(4) 山因水活，水因山转：传统的中国园林山水创作，山与水是不可分割的整体。水系与山体相互组成有机整体，山的走势、水的脉络相互穿插、渗透、融汇，而不能是孤立的山，无源的水。

图 1-21~图 1-23 是已建成带有水系园林的水体平面，供读者参考。

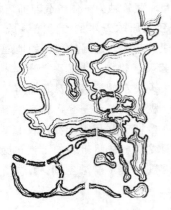

图 1-21　天津水上公园

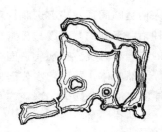

图 1-22　苏州景德路毕宝水

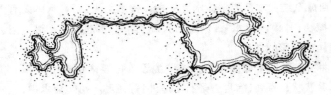

图 1-23　南京瞻园水面

4. 水景设计的常用手法及景观效果

在造园中，园林水景的应用具有灵活多变、形象各异的基本特点。从水景的形态、位置、情调、风景效果以及理水手法等方面，都体现出多种多样的特色。下面我们简要说明常用的理水手法及其景观效果。

1）亲和

通过贴近水面的汀步、平曲桥，映入水中的亭、廊以及又低又平的水岸造景处理，把游人与水景的距离尽可能地缩短，水景与游人之间就体现出一种十分亲和的关系，使游人感到亲切、合意、有情调和风景宜人。

2）延伸

园林建筑一半在岸上，一半延伸到水中；或岸边的树木采取树干向水面倾斜、树枝向水面垂直等向水心伸展的态势，都使临水之意显然。前者是向水的表面延伸，而后者却向水上的空间延伸。

3）藏幽

水体在建筑群、林地或其他环境中，都可以把源头和出水口隐藏起来。隐去源头的水面，反而可给人留下源远流长的感觉；把出水口藏起的水面，水的去向如何，也更能让人遐想。

4）渗透

水景空间和建筑空间相互渗透，水池、溪流在建筑群中流连、穿插，给建筑群带来自然鲜活的气息。有了渗透，水景空间的形态更加富于变化，建筑空间的形态则更加舒敞，更加灵秀。

5）暗示

池岸岸口应向水面悬挑、延伸，让人感到水面似乎延伸到了岸口下面，这是水景的暗示作用。将庭院水体引入建筑物室内，水声、光影的渲染使人仿佛置身于水底世界，这也是水景的暗示效果。

6）迷离

在水面空间处理中，利用水中的堤、岛、植物、建筑，与各种形态的水面相互包含与穿插，形成湖中有岛、岛中有湖、景观层次丰富的复杂性水面空间。在这种空间中，水景、树景、堤景、岛景、建筑景等层层展开，不可穷尽。游人置身其中，顿觉境界相异、扑朔迷离。

7）萦回

由蜿蜒曲折的溪流，在树林、水草地、岛屿、湖滨之间回还盘绕，突出了风景流动感。这种效果反映了水景的萦回特点。

8）隐约

使配植着疏林的堤、岛和岸边景物相互组合与相互分隔，将水景时而遮掩、时而显露、时而透出，就可以获得隐隐约约的水景效果。

9）隔流

对水景空间进行视线上的分隔，使水流隔而不断，似断却连。

10）引出

庭园水池设计中，不管有无实际需要，都将池边留出一个水口，并通过一条小溪引水出园，到园外再截断。对水体的这种处理还是在尽量扩大水体的空间感，向人暗示园内水池就是源泉，暗示其流水可以通到园外很远的地方，所谓"山要有限，水要有源"的古代画理，在今天的园林水景设计中也有应用。

11）引入

引入和水的引出方法相同，但效果相反。水的引入，暗示的是水池的源头在园外；而且源远流长。

12）收聚

大水面宜分，小水面宜聚。面积较小的几块水面相互聚拢可以增强水景表现。特别是在坡地造园，由于地势所限，不能开辟很宽大的水面，就可以随着地势升降，安排几个水面高度不一样的较小水体，相互聚在一起，同样可以达到大水面的效果。

13）沟通

分散布置的若干水体，通过渠道、溪流顺序地串联起来，构成完整的水系，这就是沟通。

14）水幕

建筑被设置于水面之下，水流从屋顶均匀跌落，在窗前形成水幕。再配合音乐播放，则既有跌落的水幕，又有流动的音乐，室内水景别具一格。

15）开阔

水面广阔坦荡，天光水色，烟波浩渺，有空间无限之感。这种水景效果的形成，常见的是利用天然湖泊点缀人工景点，使水景完全融入环境之中。而水边景物如山、树、建筑等，看起来都比较遥远。

16）象征

以水面为陪衬景，对水面景物给予特殊的造型处理，利用景物象形、表意、传神的作用，来象征某一方面的主题意义，使水景的内涵更深，更有想象和回味的空间。

"水令人远，石令人古，园林水石最不可无。"水是流动的，是轻灵的，是能够给人以多种感觉形式下的审美快感的。流水能够提供视觉美，流水声也给人以听觉美。如桂林的琴潭、杭州的九溪十八洞等，都可以让人体验到水声带来的美感。清代俞曲园诗"重重叠叠山，高高低低树，叮叮咚咚水，弯弯曲曲路"，就十分形象地描绘了园林中水景的声音美。

5. 水体竖向设计的表达方法

水面的界限常以常水位线来确定。

常水位线：水体平面的平均值，即水陆的交接线。

常水位线(水岸线)要自然灵活，以园林艺术角度出发，水体的走向应迂回曲折，使人有隐约迷离、不可穷其源之感。

1.1.8 竖向设计坡度的理解

1. 平地

在现实世界，绝对的平地是不存在的，地面都有不同程度甚至难以察觉的坡度，因此，园林项目中的平地经常指地形中坡度小于4%的、比较平坦的用地。平地对于任何种类的密集活动都是适用的。园林中，平地适于建造建筑，铺设广场、停车场、道路、建设苗圃等。因此，现代园林中必须设有一定比例的平地以供人流集散、交通、游览等方面的需要。

平地上可开辟大面积水体以及作为各种场地用地，可以自由布置建筑、道路、广场以及其他园林小品，通过以上景观元素的合理布置创造层次丰富的园林空间。

园林中对平地应适当加以地形调整，一览无余的平地不加以处理容易流于平淡。应适当地对平地挖低堆高，创造高低起伏、富于变化的地形空间。或者，结合高低变化的地形设计台阶、挡土墙、景墙、假山置石等，并结合其他景观元素对地形进行分隔与遮挡，可以创造出不同层次的园林空间。

从地表径流方面来看，平地径流速度慢，有利于保护地形环境，能减少水土流失。但是，过于平坦的地形不利于排水，容易积涝，破坏土壤的稳定性，对植物的生长、构筑物和道路场地的基础都不利。因此，为了排出地面水，要求平地具有一定的坡度。

2. 坡地

坡地指倾斜的地面，其按照倾斜的坡度大小可分为缓坡、中坡和陡坡三种。园林项目中可以进行坡地设计，使地面产生明显的起伏变化，增加园林艺术空间的生动性。坡地地表径流速度快，不易产生积水，但是若地形起伏过大或坡面过长时，容易产生滑坡现象。因此，地形起伏的坡度要适度，坡长也要适当。

1）缓坡

坡度在4%~10%，适宜于运动和非正规的活动，一般布置道路和建筑基本不受地形限制。缓坡地可以修建非正规活动场地、游憩地、疏林草地等。缓坡地不宜开辟面积较大的水体，如果要开辟大面积水体，可以采用不同标高的水体跌落形成跌水景观，从而形成动静结合的水体景观。缓坡地种植植物不受地形的约束。

2）中坡

坡度在 10％～25％，此种地形上行走有些费力，多是山地运动或自由游乐方面的活动人员在此种地形上活动。此种地形，建筑和道路的布置会受到限制。垂直于等高线的道路要做台阶、磴道等，建筑一般要平行等高线布置并结合现状对地形进行改造才能修建，并且占地面积不宜过大（图 1-24）。对于水体布局，除溪流外不宜开辟河湖等较大面积的水体。中坡地植物种植基本不受限制。

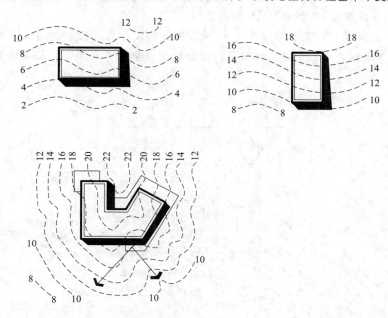

图 1-24　坡地

3）陡坡

坡度在 25％～50％的坡地为陡坡。陡坡的稳定性较差，容易造成滑坡甚至坍方，因此，在陡坡地段的地形改造一般要考虑加固措施，如建造护坡、挡土墙等。陡坡上布置较大规模建　筑会受到很大限制，并且土方工程量很大。如布置道路，一般要做成较陡的梯道；如果要通车，则要顺应地形起伏做成盘山道。陡坡地形更难设计较大面积水体，只能布置小型水池。陡坡地上土层较薄，水土流失严重，植物生根比较困难，因此陡坡地种植树木较困难，如要对陡坡进行绿化可以先对地形进行改造，改造成小块平整土地，或在岩石缝隙中种植树木，必要时可以对岩石进行打眼处理，留出种植穴并覆土种植。

3. 山地

此种地形坡度较大，坡度在 50％以上。山地可根据坡度大小分成急坡地和悬坡地两种。急坡地地面坡度为 50％～100％，悬坡地是地面坡度在 100％以上的坡地。由于山地尤其是石山的坡度较大，因此在园林地形中往往能表现出奇特、险峻、雄伟等景观效果。山地上不宜布置较大建筑，只能通过地形改造点缀亭、廊等建筑单体。山地上道路布置亦较困难，只能曲折盘旋而上。急坡地上游览时，其道路需做成高而陡的盘山磴道，在悬坡地上游览时其爬山磴道边必须设置攀登用的扶手栏杆或扶手铁链。山地上一般不能布置较大水体，但可结合地形设置瀑布、跌水等小型水体。山地上植物生存条件较差，适宜抗性好、生长强壮的植物生长。但是，利用悬崖边、石壁上、石峰顶等险峻地点的石缝、石穴配植优美的青松等风景树，可以得到非常诱人的犹如盆景般的艺术景致。

小于5%的缓坡地段，建筑宜平行等高线或与之斜交布置，若垂直等高线，其长度不宜超过30～50m，否则需结合地形作错层等处理；非机动车道尽可能不垂直等高线布置，机动车道则可随意选线。地形起伏可使建筑及环境绿地景观丰富多彩。

5%～10%的缓坡，建筑道路最好平行等高线布置或与之斜交。若遇与等高线垂直或大角度斜交，建筑需结合地形设计，作跌落、错层处理。垂直等高线的机动车道需限制其坡长（图1-25）。

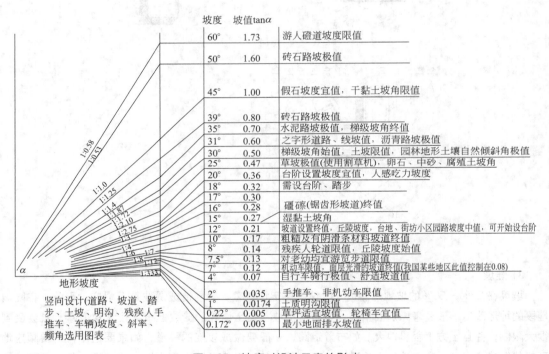

图1-25 坡度对设计元素的影响

1.2 土方工程量计算

土方工程量计算一般是依据地形图来进行的，计算所得资料是基本建设投资预算和施工组织设计等技术文件编制的重要依据。所以，土方工程量的计算在园林项目建设中是必不可少的工作。

土方量的计算工作，就其要求精度程度，可分为估算和计算两种。一般在规划阶段，土方量的计算不需要过分精细，只作毛估算即可。而在施工图阶段，土方量则要求精确计算。

计算土方体积的方法很多，常用的大致可以归纳为以下五类。①体积公式法；②垂直断面法；③等高面法；④方格网法；⑤软件法。

1.2.1　体积公式法

常用求体积公式　　　　　　　　　　　　　　　　表 1-2

序号	几何体名称	几何体形状	体积
1	圆锥		$V=\dfrac{1}{3}\pi r^2 h$
2	圆台		$V=\dfrac{1}{3}\pi h(r_1^2+r_2^2+r_1 r_2)$
3	棱锥		$V=\dfrac{1}{3}S \cdot h$
4	棱台		$V=\dfrac{1}{3}h(S_1+S_2+\sqrt{S_1 S_2})$
5	球缺		$V=\dfrac{\pi h}{6}(h^2+3r^2)$

注：V—体积；r—半径；S—底面积；h—高；r_1、r_2—分别为上、下底半径；S_1、S_2—分别为上、下底面积。

　　在园林工程建设过程中，经常会碰到一些类似锥体、圆台等几何形体的地形单体，例如山丘、池塘等(图 1-26)。这些地形单体的体积可用相近的几何体积公式(表 1-2)来计算，此法虽简便，但精度较差，多用于规划方案阶段的土方量估算。

1.2.2　垂直断面法

　　垂直断面法是以一组等距(或不等距)的相互平行的截面将拟计算的地块、地形单体(如山、岛、堤、沟渠、路槽等)分截成"段"，分别计算这些"段"的体积(图 1-27)。再将各"段"的体积进行累加，以求得该计算对象的总土方量。

　　此方法多用于园林地形纵横坡度有规律变化地段的土方工程量计算。

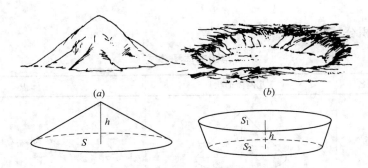

图 1-26　套用近似规则的几何形体估算土方量

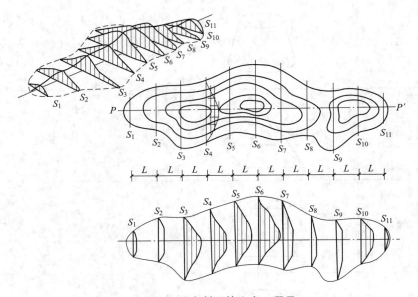

图 1-27　垂直断面算土方工程量

假设每"段"均为棱台，则其体积计算公式如下：

$$V = (S_1 + S_2)L/2 \tag{1-1}$$

式中　V——体积；

　　　S_1——棱台截面 1 的底面面积；

　　　S_2——棱台截面 2 的底面面积；

　　　L——棱台的高(相邻两截面间的距离)。

此法为算术平均值法，计算精度取决于断面的数量，多则精确，少则粗略。用此方法计算时，如果 S_1 截面与 S_2 截面之间距离大于 50m 时，计算的结果误差较大，遇到上述情况，可在 S_1 和 S_2 中间插入中间断面，改用以下公式计算：

$$V = (S_1 + S_2 + 4S_0)L/6 \tag{1-2}$$

式中　S_0——所插入的中间断面面积，S_0 的求法有两种：

(1) 求棱台中截面面积公式：

$$S_0 = \frac{1}{4}\left(S_1 + S_2 + 2\sqrt{S_1 S_2}\right) \tag{1-3}$$

（2）用 S_1 及 S_2 各相应边的算术平均值求 S_0 的面积。

用垂直断面法求土方体积，比较烦琐的工作是计算断面的面积。断面面积的计算方法多种多样，对于不规则形状的断面面积可以借助求积仪来确定，也可以用"方格纸法"、"平行线法"或"割补法"等方法计算。

1.2.3 等高面法

等高面法（水平断面法）是沿等高线截取断面，相邻断面之间高差即为等距。等高面法与垂直断面法计算基本相似（图 1-28），其求体积计算公式如下：

$$v = \frac{S_1 + S_2}{2}h + \frac{S_2 + S_3}{2}h + \frac{S_3 + S_4}{2}h + + \frac{S_{n-1} + S_n}{2}h + \frac{S_n}{3}h$$

$$= \left(\frac{s_1 + s_n}{2} + s_2 + s_3 + + s_{n-1} + \frac{s_n}{3}\right)h \tag{1-4}$$

式中　V——土方体积；

　　　S——断面面积；

　　　h——等高距。

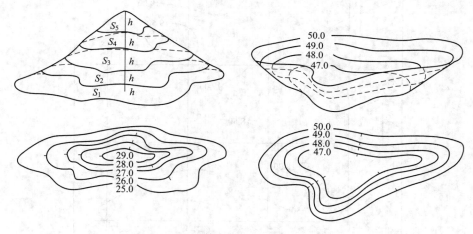

图 1-28　等高面法算土方工程量

等高面法最适合大面积自然山水地形的土方计算。

1.2.4 方格网法

在建园过程中，地形改造除挖湖堆山，还有许多大大小小的各种用途的地坪、缓坡需要平整。平整场地的工作是将原来高低不平的、比较破碎的地形按设计要求整理成为平坦的具有一定坡度的场地，如：停车场、集散广场、体育场、露天演出场等。整理这类地块的土方计算最适宜用方格网法。

方格网法是把平整场地的设计工作和土方量计算工作结合在一起进行的。其工作程序是：①在附有等高线的施工现场地形图上作方格网控制施工场地，方格边长数值取决于所要求的计算精度和地形变化的复杂程度。在园林中一般用 20～40m。②在地形图上用插入法求出各角点的原地形标高，或把方格网各角点测设到地面上，同时测出各角点的标高，并标记在图上。③依设计意图（如：地面的形状、坡向、坡度值等）确定各角点的设计标高。④比较原地形标高和设计标高，求得施工标高。⑤土方计算，其具体计算步骤和方法结合实例加以阐明。

例题：某公园为了满足游人游园活动的需要，拟将平面图中场地平整为具有 0.5% 的纵坡的正方形广场，土方就地平衡，试求其设计标高、平整标高并计算其土方量。

1. 按照南北方向（根据场地情况具体而定）作边长 20m 的方格网（图 1-29），将各角点测设在地面上，同时测量角点的地面标高并且标记在图纸上，这样得到角点的原地面标高，标法见图 1-30，如果有比较精确的地形图，可用插入法由图上直接求得各角点的原地形标高。插入法求标高的方法如下：

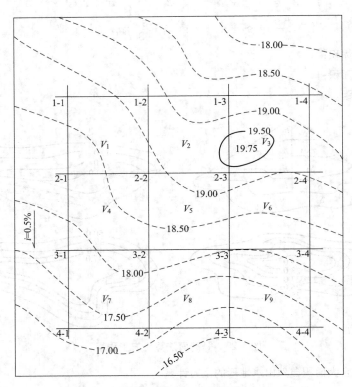

图 1-29 原地形平面图

设 H_x 为欲求角点的原地面高程，过此点作相邻等高线间最小距离 L，则

$$H_x = H_a \pm \frac{xh}{L}$$

式中　H_a——位于低边等高线的高程；

　　　x——角点至低边等高线的距离（可以用尺在图纸上量得）；

图 1-30　方格网标注位置平面图

h——等高差(本题等高差为 0.5m)。

插入法求某地面高程通常会遇到三种情况(图 1-31)。

(1) 待求点标高 H_x 在两等高线之间。

$$h_x : h = x : L \qquad h_x = \frac{xh}{L}$$

$$\therefore \quad H_x = H_a + \frac{xh}{L}$$

(2) 待求点标高 H_x 在低边等高线 H_a 的下方。

$$h_x : h = x : L \qquad h_x = \frac{xh}{L}$$

$$\therefore \quad H_x = H_a - \frac{xh}{L}$$

(3) 待求点标高 H_x 在高边等高线 H_b 的上方。

$$h_x : h = x : L \qquad h_x = \frac{xh}{L}$$

$$\therefore \quad H_x = H_a + \frac{xh}{L}$$

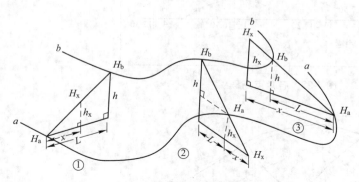

图 1-31 插入法求任意点高程图示

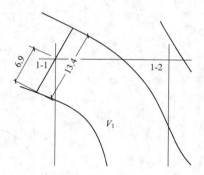

图 1-32 求 1—1 点高程

实例中角点 1—1 属于上述第一种情况,见图 1-32,过 1—1 点作相邻两等高线间的距离最短的线段。用比例尺量得 $L = 13.4\text{m}$,$x = 6.9\text{m}$,等高线等高差 $h = 0.5\text{m}$,代入公式得:

$$H_{1-1} = H_a + \frac{xh}{L} = 18.5 + \frac{6.9 \times 0.5}{13.4} = 18.76\text{m}$$

依次将其余各点一一求出,并标在图纸上(图 1-33)。

2. 求平整(平均)标高

平整标高又称设计标高。平整在土方工程中的含义就是把一块高低不平的地面在保证土方平衡的前提下,挖高垫低使地面成为水平的。这个水平地面的高程就是平整标高。设计工作中通常以原地面高程的平均值(算术平均或加权平均)作为平整标高,我们可以把这个标高理解为居于某一水准面之上而表面崎岖不平的土体,经平整后使其平面成为水平的,经平整后的这块土体的高就是平整标高,见图 1-34。

设平整标高为 H_0,则

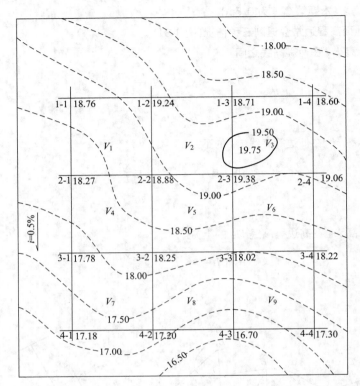

图 1-33　各角点高程

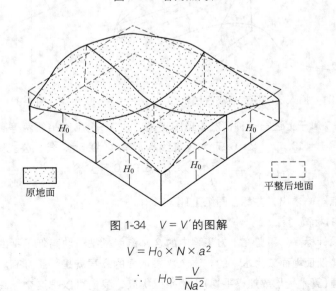

原地面　　　　　　　　　　　　　　　平整后地面

图 1-34　$V = V'$ 的图解

$$V = H_0 \times N \times a^2$$

$$\therefore H_0 = \frac{V}{Na^2}$$

式中　V——该土体自水准面起经平整后的体积；

　　　N——方格数（方格网形成的方格数目）；

　　　H_0——平整标高；

　　a——方格边长(本题 a 为 20m)。

平整前后这块土体的体积是相等的。设 V' 为平整前的土方体积。

$V = V'$，结合本题实例，则

$$V' = V_1' + V_2' + V_3' + \cdots + V_9'$$

$$V_1' = \frac{a^2}{4}(h_{1-1} + h_{1-2} + h_{2-1} + h_{2-2})$$

$$V_2' = \frac{a^2}{4}(h_{1-2} + h_{1-3} + h_{2-1} + h_{2-3})$$

$$\vdots$$

$$V_9' = \frac{a^2}{4}(h_{3-3} + h_{3-4} + h_{4-3} + h_{4-4})$$

$\because \quad V = V'$

$\therefore \quad H_0 N a^2 = \dfrac{a^2}{4}(h_{1-1} + 2h_{1-2} + 2h_{1-3} + 2h_{1-4} + h_{1-5} + h_{2-1}$

$\qquad\qquad + 3h_{2-2} + 4h_{2-3} + 3h_{2-4} + h_{2-5} + 2h_{3-2}$

$\qquad\qquad + 4h_{3-3} + 2h_{3-4} + h_{4-2} + 2h_{4-3} + h_{4-4})$

$H_0 = \dfrac{1}{4N}(h_{1-1} + 2h_{1-2} + 2h_{1-3} + 2h_{1-4} + h_{1-5}$

$\qquad\quad + 3h_{2-2} + 4h_{2-3} + 3h_{2-4} + h_{2-5} + h_{4-4}$

$\qquad\quad + 4h_{3-3} + 2h_{3-4} + h_{4-2} + 2h_{4-3} + h_{4-4})$

上式可简化为:

$$H_0 = \frac{1}{4N}\left(\sum h_1 + 2\sum h_2 + 3\sum h_3 + 4\sum h_4\right)$$

式中　h_1——计算时使用一次的角点高程;

　　　h_2——计算时使用两次的角点高程;

　　　h_3——计算时使用三次的角点高程;

　　　h_4——计算时使用四次的角点高程。

　　上述公式求得的只是初步的，实际工作中影响平整标高的还有其他因素，如外来土方和弃土的影响，施工场地有时土方有余，而其场地又有需求，设计时便可考虑多挖。有时由于场地标高过低，为使场地标高达到一定高度，而需运进土方以补不足。这些运进或外弃的土方量直接影响到场地的设计标高和土方平衡，设这些外弃的(或运进的)土方体积为 Q，则这些土方影响平整标高的修正值 Δh 应是:

$$\Delta h = \frac{Q}{N a^2}$$

　　所以公式可改写成

$$H_0 = \frac{1}{4N}\left(\sum h_1 + 2\sum h_2 + 3\sum h_3 + 4\sum h_4\right) \pm \frac{Q}{N a^2}$$

此外，土壤的可松性等对土方的平衡也有影响。

例题中 $\sum h_1 = h_{1-1} + h_{1-4} + h_{4-1} + h_{4-4} = 18.76 + 18.60 + 17.18 + 17.30 = 71.84\text{m}$

$\sum h_3 = h_{1-2} + h_{1-3} + h_{2-1} + h_{3-1} + h_{4-2} + h_{4-3} + h_{2-4} + h_{3-4}$

$\qquad = 19.24 + 18.71 + 18.27 + 17.78 + 17.20 + 16.70 + 19.06 + 18.22$

$\qquad = 145.18\text{m}$

$\sum h_3 = 0$

$\sum h_4 = h_{2-2} + h_{2-3} + h_{3-2} + h_{3-3} = 18.88 + 19.38 + 18.25 + 18.02 = 74.53\text{m}$

$H_0 = \dfrac{1}{4N}(\sum H_1 + 2\sum H_2 + 3\sum H_3 + 4\sum H_4)$

$\qquad = \dfrac{1}{4 \times 9} \times (71.84 + 2 \times 145.18 + 0 + 4 \times 74.53)$

$\qquad = 18.34\text{m}$

18.34m 就是例题中的平整标高。

3. 确定 H_0 的位置，求各点的设计标高

H_0 的位置确定得是否正确，不仅直接影响着土方计算的平衡（虽然通过不断调整设计标高，最终也能使挖方、填方达到(或接近)平衡，但这样做必然要花费许多时间），而且也会影响平整场地设计的准确性。

确定 H_0 位置的方法有二。

1）图解法

图解法适用于形状简单、规则的场地，如正方形、长方形、圆形的等(表 1-3)。

图解法确定 H_0 表 1-3

坡地类型	平面图式	立体图式	H_0 点(或线)的位置	备注
单坡向一面坡				场地形状为正方形或矩形 $H_A = H_B$，$H_C = H_D$，$H_A > H_D$，$H_B > H_C$
双坡向双面坡				场地形状同上 $H_P = H_Q$ $H_A = H_B =$ $H_C > H_D$ $H_P(或 H_Q) > H_A$ 等
双坡向一面坡				场地形状同上 $H_A = H_B$，$H_A = H_D$ $H_B \lesseqgtr H_D$ $H_B > H_C$ $H_D > H_C$

续表

坡地类型	平面图式	立体图式	H_0 点(或线)的位置	备注
三坡向双面坡				场地形状同上 $H_P > H_Q$，$H_P > H_A$ $H_P > H_B$ $H_A \lesseqgtr H_Q \lesseqgtr H_B$ $H_A > H_D$，$H_B > H_C$ $H_Q > H_C$(或 H_D)
四坡向四面坡				场地形状同上 $H_A = H_B =$ $H_C = H_D$ $H_P > H_A$
圆锥状				场地形状为 圆形，半径为 R， 高度为 h 的圆锥体

2) 数学分析法

此法可适应任何形状场地的 H_0 定位。数学分析法是假设一个和我们所要求的设计地形完全一样(坡度、坡向、形状、大小完全相同)的土体，再从这块土体的假设标高，反求其平整标高的位置。

设点 1—1 的设计标高为 x，则点 1—2、1—3，1—4 的设计标高也为 x。

点 1—1 和点 2—1 的高差为

$$h = iL = 0.5\% \times 20 = 0.1 \text{m}$$

所以，点 2—1、2—2、2—3、2—4 的设计标高为 $x - 0.1$。

点 3—1、3—2、3—3、3—4 的设计标高为 $x - 0.2$。

点 4—1、4—2、4—3、4—4 的设计标高为 $x - 0.3$。

$$\sum h_1' = x + x + (x - 0.3) + (x - 0.3)$$
$$\sum h_2' = x + x + (x - 0.1) + (x - 0.1) + (x - 0.2) + (x - 0.2) + (x - 0.3) + (x - 0.3)$$
$$\sum h_3' = 0$$
$$\sum h_4' = (x - 0.1) + (x - 0.1) + (x - 0.2) + (x - 0.2)$$
$$H_0' = \frac{1}{4N}\left(\sum H_1' + 2\sum H_2' + 3\sum H_3' + 4\sum H_4'\right)$$

$$= \frac{1}{4 \times 9} [(4x - 0.6) + 2 \times (8x - 1.2) + 0 + 4 \times (4x - 0.6)]$$

$$= x - 0.15$$

$\because \quad H_0 = H'_0$

$\therefore \quad 18.34 = x - 0.15$

$\qquad x \approx 18.49 \text{m}$

由点 1—1 的设计标高，就可依次求出其他各点的设计标高，见图 1-35，根据这些设计标高，求得的挖方量和填方量比较接近。

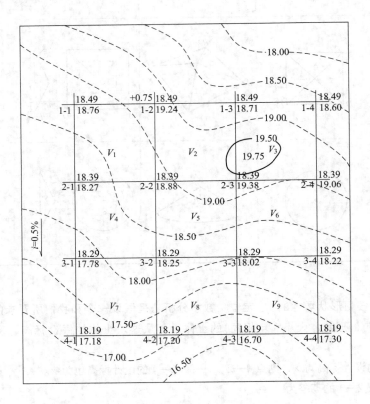

图 1-35　各角点设计标高

4. 求施工标高

施工标高 = 原地形标高 - 设计标高

得数 "+" 号者为挖方，"-" 号者为填方。计算后标注见图 1-36。

5. 求零点线

所谓零点线是指不填不挖的点(零点)的连线，它是挖方和填方的分界线，因而零点线成为土方计算的重要依据之一。

在相邻两角点之间，如果施工标高一为 "+" 数，另一为 "-" 数，则它们之间必有零点存在，其位置可用下式求得(图 1-37)。

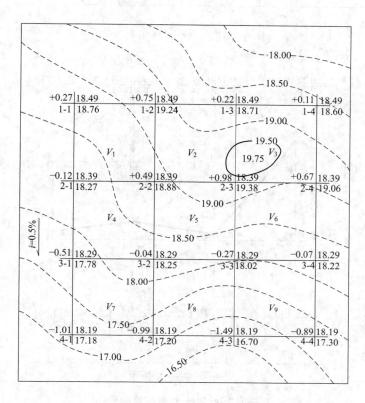

图 1-36 各角点施工标高

$$x = \frac{h_1}{h_1 + h_2} \times a$$

式中　x——零点距离 h_1 一端的水平距离(m);

　h_1、h_2——方格相邻的两角点的施工标高绝对值(m);

　a——方格边长。

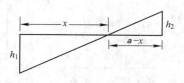

图 1-37　求零点图示

例题中,以点 1—1 和点 2—1 为例:

$$h_1 = 0.27,\quad h_2 = 0.12,\quad a = 20$$

$$x = \frac{h_1}{h_1 + h_2} \times a = \frac{0.27}{0.27 + 0.12} \times 20 = 13.8\text{m}$$

零点位于距点 "1—1" 13.8m 处(或距点 "2—1" 6.2m 处),同法求出其余零点,并依地形特点将各零点连接成零点线(图 1-38),按零点线将挖方区和填方区分开,以便计算其土方量。

6. 土方计算

零点线为计算提供了填方、挖方的面积,而施工标高又为计算提供了挖方和填方的高度。依据这些条件,便可选择适宜的公式求出各方格的土方量。

由于零点线切割方格的位置不同,形成各种形状的棱柱体,表 1-4 所示为各种常见的几何形体及其计算公式。

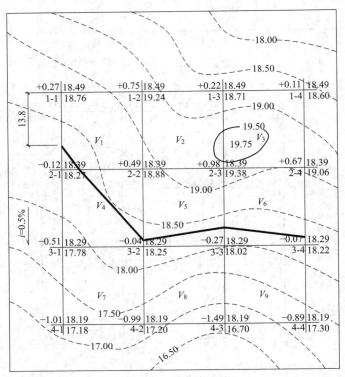

图 1-38　零点线图示

方格网计算土方量计算公式　　　　　　　　　　　　　　表 1-4

序号	挖填情况	平面图式	立体图式	计算公式
1	四点全为填方(或挖方)时			$\pm V = \dfrac{a^2 \times \sum h}{4}$
2	两点填方两点挖方时			$\pm V = \dfrac{a(b+c)\sum h}{8}$
3	三点填方(或挖方)一点挖方(或填方)时			$\pm V = \dfrac{h \times c \times \sum h}{6}$ $\pm V = \dfrac{(2a^2 - b \times c)\sum h}{10}$
4	相对两点为填方(或挖方)余两点为挖方(或填方)时			$\pm V = \dfrac{b \times c \times \sum h}{6}$ $\pm V = \dfrac{d \times e \times \sum h}{6}$ $\pm V = \dfrac{(2a^2 - b \times c - d \times e)\sum h}{12}$

在例题中

V_1 为三点挖方、一点填方，$a=20m$，$b=6.2m$，$c=3.9m$

$$-V_1=\frac{b\times c\times\sum h}{6}=\frac{6.2\times3.9\times0.12}{6}=0.5m^3$$

$$+V_2=\frac{(2a^2-b\times c)\sum h}{10}=\frac{(2\times20^2-6.2\times3.9)\times(0.27+0.75+0.49)}{10}=117.1m^3$$

V_2 为四点挖方

$$+V_2=\frac{a^2\times\sum h}{4}=\frac{20^2\times(0.75+0.22+0.49+0.98)}{4}=224m^3$$

V_3 为四点挖方

$$+V_3=\frac{a^2\times\sum h}{4}=\frac{20^2\times(0.22+0.11+0.98+0.67)}{4}=198m^3$$

V_4 为三点填方、一点挖方，$b=16.1m$，$c=18.5m$

$$+V_4=\frac{b\times c\times\sum h}{6}=\frac{16.1\times18.5\times0.49}{6}=24.3m^3$$

$$-V_4=\frac{(2a^2-b\times c)\sum h}{10}=\frac{(2\times20^2-16.1\times18.5)\times(0.12+0.51+0.04)}{10}=33.6m^3$$

V_5 为两点填方、两点挖方

$$+V_5=\frac{a(b+c)\times\sum h}{8}=\frac{20\times(18.5+15.7)\times(0.49+0.98)}{8}=125.7m^3$$

$$-V_5=\frac{a(b+c)\times\sum h}{8}=\frac{20\times(1.5+4.3)\times(0.04+0.27)}{8}=4.5m^3$$

V_6 为两点填方、两点挖方

$$+V_6=\frac{a(b+c)\times\sum h}{8}=\frac{20\times(15.7+18.1)\times(0.98+0.67)}{8}=139.4m^3$$

$$-V_6=\frac{a(b+c)\times\sum h}{8}=\frac{20\times(4.3+1.9)\times(0.27+0.07)}{8}=5.3m^3$$

V_7 为四点填方

$$-V_7=\frac{a^2\times\sum h}{4}=\frac{20^2\times(0.51+0.04+1.01+0.99)}{4}=255m^3$$

V_8 为四点填方

$$-V_8=\frac{a^2\times\sum h}{4}=\frac{20^2\times(0.04+0.27+0.99+1.49)}{4}=279m^3$$

V_9 为四点填方

$$-V_9=\frac{a^2\times\sum h}{4}=\frac{20^2\times(0.27+0.07+1.49+0.89)}{4}=272m^3$$

计算结果逐项填入土方量表(表 1-5)。

土方量平衡表

表 1-5

方格编号	挖方(m^3)	填方(m^3)	备注
V_1	117.1	0.5	
V_2	224	—	
V_3	198	—	
V_4	24.3	33.6	
V_5	125.7	4.5	
V_6	139.4	5.3	
V_7	—	255	
V_8	—	279	
V_9	—	272	
	828.5	849.9	缺土 21.4m^3

1.2.5 软件法

前面章节介绍了手工计算土方工程量的基本方法,但随着计算机技术的广泛使用,以计算机软件进行土方工程量的计算也得到了广泛推广,也极大地提高了工作效率和精度。

下面以土方计算软件 HTCAD9.0 为例,结合实例介绍计算土方的方法。

土方计算软件 HTCAD9.0 的主要功能:采用方格网法、三角网法或断面法计算土方;布置方格网或三角网,自动采集地形标高(包括地形等高线和标高离散点),输入或计算设计标高,求得填挖方量;在满足设计要求的基础上,力求土方平衡、土方总量最小。

土方计算软件 HTCAD9.0 共由 11 个功能模块组成,分别为自然地形采集、设计地形采集、方格布置计算、土方计算输出、边坡布置计算、断面法计算土方、多层土方计算、显示控制、调整选项、坐标标注和系统,如图 1-39 所示。

图 1-39 基于 CAD 平台的 HTCAD9.0 软件界面

1. 自然地形采集

这个模块主要是定义原始地形高程(图 1-40),HTCAD9.0 软件不能自动识别原始地形图中的高程,所以借用此模块将地形图中的高程转化为软件可以识别的高程数据。

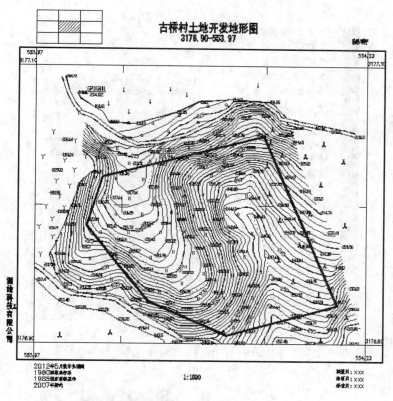

图 1-40　数字地形图

点击<自然地形采集>会弹出下拉菜单,如图 1-41 所示。选择<转换离散点标高>,程序会提示:选择点 [选某层<1>/框选<2>/当前图<3>/转换属性块<4>/矢量后文字<5>/海图标高<6>] <1>:【因为原始地形图中的高程一般是带属性块的,因此,输入 4,回车】,程序会提示:选择对象,选择完对象后回车,程序会弹出对话框,如图 1-42 所示。

在这里可以查看最大高程和最小高程,还可以将不合格的数据删除。

【移项】,将不合格的数据移除。

【取值范围】,取某个范围内的高程。

【最小值】,查看表中的最小高程。

【最大值】,查看表中的最大高程。

选好后,单击【确定】,即可在图中生成软件识别的高程数据。

如果有数据文件,也可选择<导入自然标高>,弹出图 1-43 所示的对话框。

单击"数据格式"按钮,弹出图 1-44 所示的对话框,选择相应的数据格式。单击"文本设置"按钮,弹出如图 1-45 所示的对话框。点击 按钮打开(∗.dat)数据文件(图 1-46),数据会导入到对话框中，如图 1-47 所示。检查和调整相应坐标和高程值。调整相应参数。单击"导入"按钮，程序自动将自然高程值导入到地形图中。

本书对软件中的其余项暂不作介绍。

图 1-41 自然地形采集

图 1-42 高程点的采集

图 1-43 导入自然高程

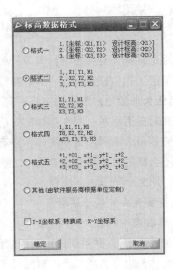

图 1-44 数据格式

图 1-45　高程标注设置　　　　　　　图 1-46　打开高程数据文件

2. 设计地形采集

这个模块主要是定义设计高程。操作方法与<自然地形采集>基本相同，不再详述。

3. 方格布置计算

点击<方格布置计算>会弹出下拉菜单，如图 1-48 所示。

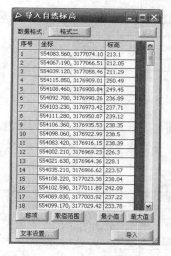

图 1-47　导入自然标高　　　　　　图 1-48　方格布置计算

1）划分场区

选择<划分场区>，程序会提示：指定场区边界［绘制<1>/选择<2>/构造<3>］<1>：
【选择需平整的场地范围，因此，输入 2，回车】，程序会提示：选择一封闭多边形。选择完对象后程序会提示：指定挖去区域［绘制<1>/选择<2>/构造<3>/无<4>/退出<0>］<4>：【选择场地范围内不需平整的部分，这里没有，输入 0】，回车后，程序会提示：输入场区编号<1>：输入 1，回车。这样需平整的场区就划分好了，如图 1-49 所示。

2）布置方格网

选择<布置方格网>，程序会提示：选择场区［所有场区<A>］：选择已划分好的场区。选好后，程序会提示：方格对准点：选定方格起始点。定点后，程序提示：方格倾角［L-与指定线平行］<0.0>：指定方格旋转角度，可以直接在图上指定。定好角度后，程序提示：指定方格间距［矩形

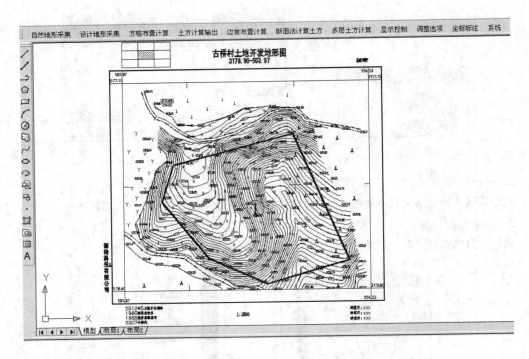

图 1-49 划分场区

布置(R)] ＜20＞：默认是 20m，也可输入用户所需的间距，输好后回车。接着程序提示：布置方式
[计算方式＜1＞/面域方式＜2＞] ＜1＞：选择方格网的布置方式，输入 1 或 2，回车。这时平整场
区的方格网就布置好了，如图 1-50 所示。

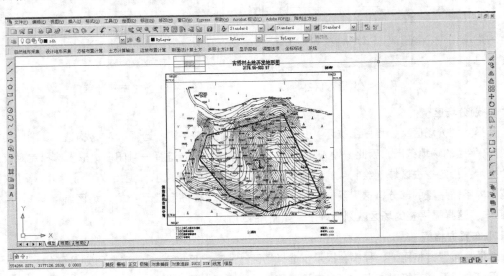

图 1-50 方格网的布置

3）计算自然标高

此功能用于内插出各方格顶点的原地面高程。选择＜计算自然标高＞，程序会提示：选择计算场区 [只考虑本场区内标高＜B＞/可视化 TIN 模计算＜M＞/所有场区＜A＞]：在已划分好的场区内部点击即可。这样各方格顶点的原地面高程就计算好了，如图 1-51 所示。

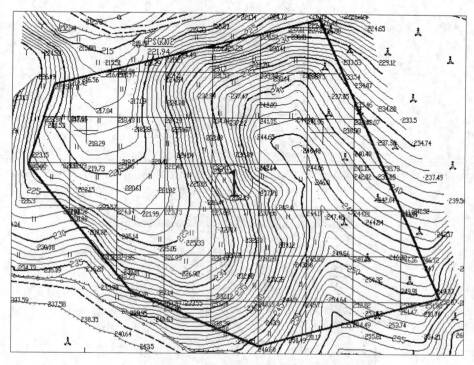

图 1-51　计算自然标高

4）设计标高确定

如果已有设计标高数据文件，应用＜设计地形采集＞下拉菜单中的＜导入设计标高＞将设计标高数据文件导入到地形图中。然后选择＜方格布置计算＞下拉菜单中的＜计算设计标高＞，计算设计标高，此功能主要用于竣工土方量计算。

如果已有设计标高，选择＜输入设计标高＞，程序会提示：选择计算场区：在已划分好的场区内部点击即可。接着程序会提示：指定设计标高 [一点坡度面＜1＞/二点坡度面＜2＞/三点面＜3＞/等高面＜4＞/逐点输入＜5＞/范围采集＜6＞]＜1＞：【模式 1，可实现单坡斜面平整土方计算；模式 2，可实现双向坡斜面平整土方计算；模式 3，可实现三向坡斜面平整土方计算；模式 4，可实现平整为平面的土方计算；模式 5，可逐点输入设计标高】。这里平整为平地，因此输入 4，回车。程序提示：输入设计标高＜0＞：输入设计高程 234.35，回车。这时在方格网的各顶点标注好设计标高，如图 1-52 所示。

如果基于场地平整和土方总量最小的考虑，即根据填挖平衡计算设计标高，则可选择＜土方优化设计＞，程序会提示：选择场区 [多选＜M＞]：在已划分好的场区内部点击即可。选完后，程序会弹出对话框，如图 1-53 所示。

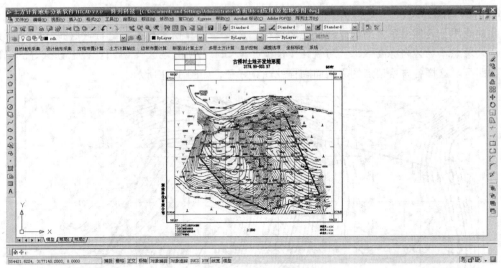

图 1-52 计算设计标高

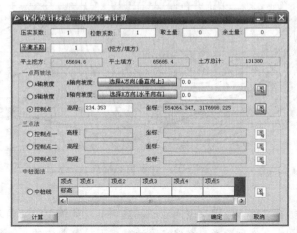

图 1-53 根据填挖平衡计算设计标高

根据场地平整的要求填好各项参数后，单击计算，即可算出平衡设计高程，如图 1-53 平衡设计高程为 234.353m。然后单击确定，这时在方格网的各顶点标注好平衡设计标高。

此模块还可以根据土方量确定设计高程和场区范围，这里不详述。

4. 土方计算输出

点击<土方计算输出>会弹出下拉菜单，见图 1-54 所示。

1）计算方格土方

选择<计算方格土方>，程序会提示：选择计算场区【指定计算公式(四方棱柱<F>)/(三角棱柱<T>)/所有场区<A>】：指定计算土方公式，指定后选择计算场区，在已划分好方格网的场区内部点击即可。这时填挖方量标注于各方格内，如图 1-55 所示。

2）绘制填挖分界线

选择<汇总土方量>，程序会提示：选择场区［所有场区<A>］：在已计算好土方的场区内部点击即可，图 1-55 的中虚线即为填挖分界线。

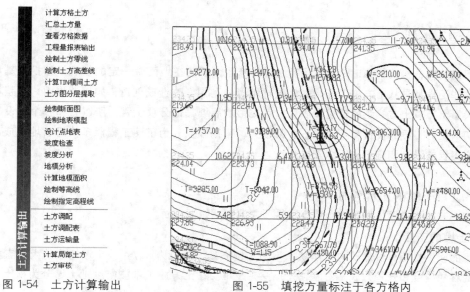

图 1-54　土方计算输出　　　　　图 1-55　填挖方量标注于各方格内

3）汇总土方量

选择＜汇总土方量＞，程序会提示：选择场区［场区汇总＜A＞］：在已计算好土方的场区内部点击即可，土方汇总如图 1-56 所示。

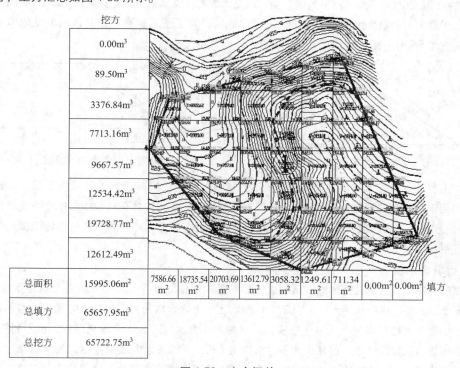

挖方

	0.00m³								
	89.50m³								
	3376.84m³								
	7713.16m³								
	9667.57m³								
	12534.42m³								
	19728.77m³								
	12612.49m³								
总面积	15995.06m²	7586.66 m²	18735.54 m²	20703.69 m²	13612.79 m²	3058.32 m²	1249.61 m²	711.34 m²	0.00m²	0.00m² 填方
总填方	65657.95m³								
总挖方	65722.75m³								

图 1-56　土方汇总

土方计算软件 HTCAD9.0 还可采用三角网法和断面法计算土方，本书不作详细讲解。

1.3 土方施工

任何建筑物、构筑物、道路及广场等工程的修建，都要在地面做一定的基础，如挖掘基坑、路槽等，这些工程都是从土方施工开始的。园林地形的利用、改造或创造，如挖湖堆山、平整场地都要动用大量土方。土方施工的速度和质量，直接影响后续其他分项工程，所以它和整个建设工程的关系密切。土方工程的投资和工程量一般都很大，工期较长。为了使工程能多快好省地完成，必须做好土方工程的设计和施工的组织安排。

1.3.1 土壤的工程性质

影响土方施工进度与质量的土壤工程性质主要包括如下方面。

1. 土壤的密度

土壤的密度是指单位体积内天然状态下的土壤质量，单位为 kg/m³。土壤密度的大小直接影响着施工的难易程度和开挖方式，密度越大，挖掘越难。在土方施工中按密度把土壤分为松土、半坚土、坚土等类，所以施工中施工技术和定额应根据具体的土壤类别来制定。

2. 土壤的自然安息角

土壤自然堆积，经沉落稳定后，将会形成一个稳定的、坡度一致的土体表面，此表面即称为土壤的自然倾斜面。自然倾斜面与水平面的夹角，就是土壤的自然倾斜角，即安息角，以 α 表示(图 1-57)。土壤的含水量大小影响土壤的安息角。在工程设计时，为了使工程稳定，其边坡坡度数值应参考相应土壤的安息角(图 1-58)。

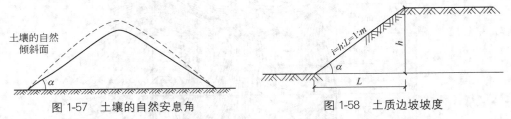

图 1-57　土壤的自然安息角　　　　　　　　图 1-58　土质边坡坡度

土方工程不论是挖方或填方都要求有稳定的坡度。进行土方施工的设计或施工时，应该结合工程本身的要求(如填方或挖方、永久性或临时性等)以及当地的具体条件(如土壤的种类及分层情况等)，使挖方或填方的坡度合乎技术规范的要求。如情况在规范之外，则须进行实地测试和组织相关专家论证进行决策。

3. 土壤含水量

土壤的含水量是土壤孔隙中的水重和土壤颗粒重的比值。土方工程中一般将土壤含水量在 5% 以内的称干土；30% 以内的称潮土；大于 30% 的称湿土。土壤含水量的多少对土方施工的难易也有直接的影响。土壤含水量过小，土质过于坚实，不易挖掘；含水量过大，土壤易泥泞，也不利施工作业，人力或机械施工工效均降低。以黏土为例，含水量在 5%～30% 以内较易挖掘，若含水量过大，则其本身性质发生很大变化，并丧失其稳定性，此时无论是填方或挖方其稳定坡度均显著下降。另外，含水量过大的土壤不宜作回填土之用，因为此类土壤容易板结，而且此类土壤栽植的植物大势也不理想。

4. 土壤的相对密度和土壤可松性

土壤的相对密度是用来表示土壤在填筑后的密实程度的。在填方工程中，土壤的相对密度是检查土方施工中土壤密实程度的标准。为了使土壤达到设计要求的密实度，可以采用人力夯实或机械夯实。一般采用机械夯实，其相对密度可达 95%；人力夯实在 87% 左右。园林项目中，土壤的密实工作主要有两种方式，一是借土壤的自重慢慢沉落，但是此法需要的时间较长，不适合工期较短的工程项目；二是使用压实机械简单压实，但是压实度不宜过高，要根据后期种植树木的不同要求进行适当松土。

土壤可松性是指土壤经挖掘后，其原有密度结构遭到破坏，土体松散而使体积增加的性质，这一性质与土方工程的挖方和填方量计算以及运输等都有很大关系。一般情况下，土壤密度越大，土质越坚硬密实，则开挖后体积增加越多，可松性系数越大，对土方平衡和土方施工的影响也就越大。

5. 土壤的工程分类

不同种类的土壤，其组成状态、工程性质均不同。土壤的分类按研究方法和适用目的不同而有不同的划分方法，如按土的生成年代、生成条件、坚硬程度以及颗粒级配或塑性指数分类等。

在土方施工中，按土的坚硬程度（即开挖时的难易程度）把土壤概括为三类土：松土、半坚土、坚土。其组成、密度及开挖方式详见表 1-6。

土壤的工程分类　　　　　　　　表 1-6

土类	级别	编号	土壤的名称	天然含水量状态下土壤的平均密度（kg/m³）	开挖方法及工具
松土	I	1	砂	1500	锹挖掘
		2	植物性土壤	1200	
		3	土壤	1600	
半坚土	II	1	黄土类黏土	1600	用锹、镐挖掘，局部采用撬棍开挖
		2	15mm 以内的中小砾石	1700	
		3	砂质黏土	1650	
		4	混有碎石与卵石的腐殖土	1750	
	III	1	稀软黏土	1800	
		2	15～50mm 的碎石及卵石	1750	
		3	干黄土	1800	
坚土	IV	1	重质黏土	1950	用锹、镐、撬棍、凿子、铁锤等开挖，或用爆破方法开挖
		2	含有 50kg 以下石块的黏土块石所占体积小于 10%	2000	
		3	含有 10kg 以下石块的粗卵石	1950	
	V	1	密实黄土	1800	
		2	软泥灰岩	1900	
		3	各种不坚实的页岩	2000	
		4	石膏	2200	
	VI VII		均为岩石类，省略	2000～2900	爆破

施工中选择施工工具、确定施工技术、制定劳动定额等均需依据土壤的类别进行。

1.3.2　土方施工的方法

1. 土方施工程序

施工前准备工作→现场放线→土方开挖→运方填方→成品修整与保护。

2. 土方施工准备工作

土方施工准备工作主要包括分析设计图纸、现场踏查、落实施工方案、清理场地、排水和定点放线，以便为后续土方施工工作提供必要的场地条件和施工依据等。准备工作的好坏直接影响着工效和工程质量。

1) 施工前准备

施工单位应与设计单位、建设单位一起就施工图交换意见，认真分析设计意图，理解设计思想，并对施工图上的各施工要素加以熟悉，标注重点，列出关键点。施工单位要与建设方对实地进行踏查，了解施工条件，分析施工现场，做好记录。按照已审批的施工方案（应结合实地踏查情况）组织落实施工中应准备的各种机械、材料、人力等。

2) 清理场地

在施工地范围内，凡有碍工程的开展或影响工程稳定的地面物或地下物都应该清理，例如按设计不予保留的树木、废旧建筑物或地下构筑物等。

(1) 伐除树木：凡土方开挖深度不大于 50cm 或填方高度较小的土方施工，现场及排水

沟中的树木必须连根拔除。清理树墩除用人工挖掘外，直径在 50cm 以上的大树墩可用推土机或用爆破方法清除。建筑物、构筑物基础下土方中不得混有树根、树枝、草及落叶。

(2) 建筑物或地下构筑物的拆除，应根据其结构特点采取适宜的施工方法，并遵循国家与地方颁布的相关建筑工程安全技术规范进行操作。

(3) 施工过程中如发现其他管线或异常物体时，应立即请有关部门协同查清。未查清前，不可施工，以免发生危险或造成其他损失。

3) 排水工作

场地积水不仅不便于施工，而且也影响工程质量。在施工之前应设法将施工场地范围内的积水或过高的地下水排走。

(1) 排除地面水：在施工前，根据施工区地形特点在场地内及其周围挖排水沟，并防止场外的水流入。在低洼处挖湖施工时，除挖好排水沟处，必要时还应加筑围堰或设防水堤。另外，在施工区域内考虑临时排水设施时，应注意与原排水方式相适应，并且应尽量与永久性排水设施相结合。为了排水通畅，排水沟的纵坡不应小于 2%，沟的边坡值取 1∶1.5，沟底宽及沟深不小于 50cm。

(2) 地下水的排除：园林土方工程中多用明沟将水引至集水井，再用水泵抽走。一般按排水面积和地下水位的高低来安排排水系统，先定出主干渠和集水井的位置，再定支渠的位置和数目。土壤含水量大，要求排水迅速的，支渠分支应密些，反之可疏。

在挖湖施工中，排水明沟的深度，应深于水体挖深。沟可一次挖到底，也可依施工情况分层下挖，采用哪种方式可根据出土方向决定，见图 1-59、图 1-60。

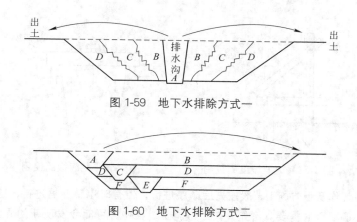

图 1-59 地下水排除方式一

图 1-60 地下水排除方式二

4)定点放线

在清场之后,为了确定施工范围及挖土或填土的标高,应按设计图纸的要求,用测量仪器在施工现场进行定点放线,这一步很重要。为使施工充分表达设计意图,测设时应尽量精确。

(1)平整场地的放线:用经纬仪、全站仪或 GPS 将图纸上的方格网测设到地面上,并在每个方格网点处设立木桩,边界木桩的数目和位置依图纸要求设置。木桩上应标记桩号(取施工图纸上方格网交点的编号,见图 1-61)和施工标高(挖土用"+"号,填土用"-"号)。

(2)自然地形的放线:在挖湖、堆山等时,首先将施工图纸上的方格网测设到地面上,然后将堆山或挖湖的边界线以及各条设计等高线与方格网的交点,一一标到地面上并打桩(对于等高线的某些弯曲段或设计地形要求较复杂的局部地段,应附加标高桩或者缩小方格网边长,并另设方格控制网,以保证施工质量,见图 1-62),木桩上也要标明桩号及施工标高。

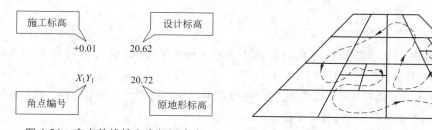

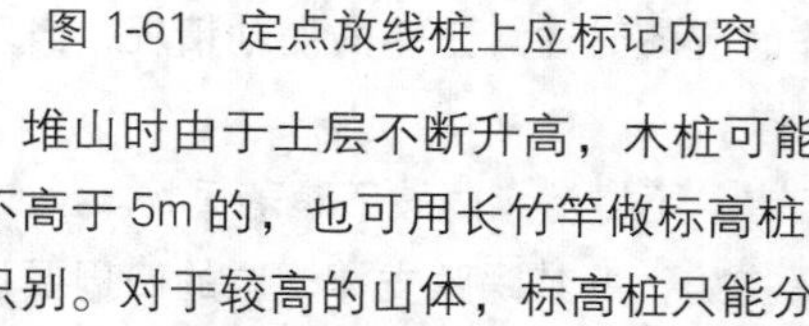

图 1-61 定点放线桩上应标记内容

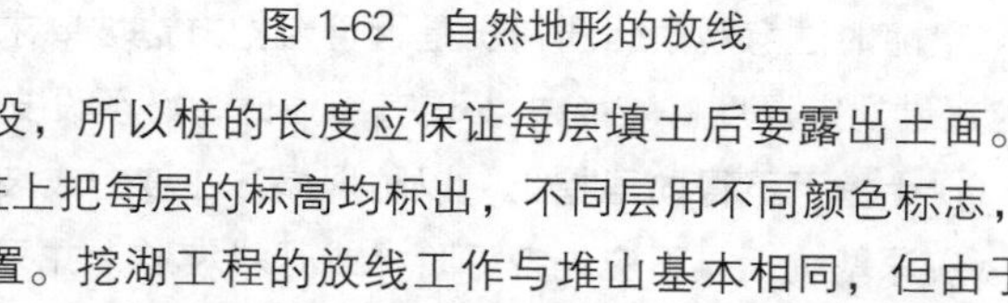

图 1-62 自然地形的放线

堆山时由于土层不断升高,木桩可能被淹没,所以桩的长度应保证每层填土后要露出土面。土山不高于 5m 的,也可用长竹竿做标高桩。在桩上把每层的标高均标出,不同层用不同颜色标志,以便识别。对于较高的山体,标高桩只能分层设置。挖湖工程的放线工作与堆山基本相同,但由于水体的挖深一般一致,而且池底常年隐没在水下,放线可以粗放些。岸线和岸坡的定点放线要求较准确,这不仅是因为它是水上造景部分,而且和水体岸坡的工程稳定有很大关系。为了精确施工,可以用边坡板控制边坡坡度(图 1-63)。

开挖沟槽时,如采用打桩放线的方法,在施工中木桩易被移动,从而影响了校核工作,所以应使用龙门板(图 1-64)。每隔 30~100m 设龙门板一块,其间距视沟渠纵坡的变化情况而定。板上应标明沟渠中心线位置、沟上口和沟底的宽度等。龙门板上要设坡度板,用坡度板来控制沟渠纵向坡度。

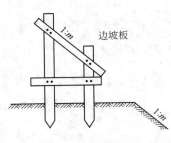

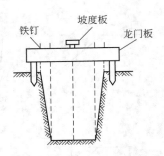

图 1-63 边坡坡度的控制　　　　　图 1-64 龙门板的使用

上述各项准备工作及土方施工一般按先后顺序进行，但有时也要穿插进行，这不仅是为了缩短工期，也是工作协调配合的需要。例如，在土方施工过程中，可能会发现新的异常物体需要处理，会碰上新的降水，桩线可能被破坏或移位等。因此，上述的准备工作可以说贯穿土方施工的整个过程，以确保工程施工按质、按量、按期顺利完成。

3. 土方现场施工

土方工程施工包括挖、运、填、压、修五部分内容。其施工方法为人力施工、机械化和半机械化施工。施工方法的选用要依据场地条件、工程量和当地施工条件而定。在土方规模较大、较集中的工程中采用机械化施工较经济。但对工程量不大、施工点较分散的工程或因受场地限制，不便采用机械施工的地段，应该用人力施工或半机械化施工。

1）挖土

（1）人力施工：施工工具主要是锹、镐、条锄、板锄、铁锤、钢钎、手推车、坡度尺、梯子、线绳等。人力施工的关键是组织好劳动力，它适用于一般园林建筑、构筑物的基坑（槽）和管沟，以及小溪、带状种植沟和小范围整地的挖土工程。

施工过程中应注意以下几个方面：

① 施工人员有足够的工作面，以免互相碰撞，发生危险。一般平均每人应有 $4\sim6m^2$ 的作业面积，两人同时作业的间距应大于 2.5m。

② 开挖土方附近不得有重物和易坍落物体。如在挖方边缘上侧临时堆土或放置材料，应与基坑边缘至少保持 1m 以上的距离，堆放高度不得超过 1.5m。

③ 随时注意观察土质情况是否符合挖方边坡要求。操作时应随时注意土壁的变动情况，当垂直下挖超过规定深度（≥2m）或发现有裂痕时，必须设支撑板来支撑。

④ 土壁下不得向里挖土，以防坍塌。在坡上或坡顶施工者，不得随意向坡下滚落重物。

⑤ 深基坑上、下应先挖好阶梯或开斜坡道，并采取防滑措施，严禁踩踏支撑，坑的四周要设置明显的安全栏。

⑥ 挖土应从上而下水平分段分层进行，每层约0.3m，严禁先挖坡脚或逆坡挖土。做到边挖边检查坑底宽度及坡度，每3m修一次坡，挖至设计标高后，应进行一次全面清底，要求坑底凹凸不得超过 1.5cm。凡基坑挖好后不能立即进行下道工序的，应预留 15～30cm 厚的土层不挖，待下道工序开始时再挖至设计标高。

⑦ 按设计要求施工，施工过程中注意保护基桩、龙门板或标高桩。

⑧ 遵守其他施工操作规范和安全技术要求。

⑨ 土方开挖时，应防止邻近已有建筑物或构筑物、道路、管线等发生下沉或变形。

⑩ 施工中如发现有文物或古墓等，应保护好现场并立即报告当地文物管理部门，待妥善处理后方可继续施工。如发现有国家永久性测量控制点必须予以保护。凡在已铺设有各种管线(如电缆等)的地段施工，应事先与相关管理部门取得联系，共同采取措施，以免损坏管线。

(2) 机械挖土：常用的挖方机械有推土机、铲运机、正(反)铲挖掘机、装载机等。机械挖土适用于较大规模的园林建筑、构筑物的基坑(槽)和管沟以及较大面积的水体、大范围的整地工程挖土。机械挖土应注意如下问题：

① 机械挖土前应将施工区域内的所有障碍物清除，并对机械进入现场的道路、桥涵等进行认真检查，如不能满足施工要求应予以加固；凡夜间施工的必须有足够的照明设备，并做好开挖标志，避免错挖或超挖。

② 推土机机手应识图或了解施工对象的情况。如施工地段的原地形情况和设计地形特点，最好结合模型，便于一目了然。另外，施工前还要了解实地定点放线情况，如桩位、施工标高等，这样施工时司机心中有数，就能得心应手地按设计意图去塑造设计地形。这对提高工效有很大帮助，在修饰地形时便可节省许多人力、物力。

③ 注意保护表土。在挖湖堆山时，先用推土机将施工地段的表层熟土(耕作层)推到施工场地外围，待地形整理完毕，再把表土铺回来。这样做对园林植物的生长有利，人力施工地段有条件的也应当这样做。在机械施工无法作业的部位应辅以人工，确保挖方质量。

④ 为防止木桩受到破坏并有效指引推土机手，木桩应加高或设显目标志，放线也要明显；同时，施工技术人员要经常到现场校核桩点和放线，以免挖错(或堆错)位置。

⑤ 对于基坑挖方，为避免破坏基底土，应在基底标高以上预留一层土用人工清理。使用铲运机、推土机时一般保留 20cm 厚土层，使用正、反铲挖掘机挖土时要预留 30cm。

⑥ 如用多台挖土机施工，两机间的距离应大于 10m。在挖土机工作范围内不得再进行其他工序的施工。同时，应使挖土机离边坡有一定的安全距离，且验证边坡的稳定性，以确保机械施工的安全。

⑦ 机械挖方宜从上到下分层、分段依次进行。施工中应随时检查挖方的边坡状况，当垂直下挖深度大于 1.5m 时，要根据土质情况做好基坑(槽)的支撑，以防坍陷。

⑧ 需要将预留土层清走时，应在距槽底设计标高 50cm 的槽帮处，找出水平线，钉上小木橛，然后用人工将土层挖去。同时，由两端轴线(中心线)打桩拉通线(常用细绳)来检查距槽边尺寸，确定槽宽标准，依此对槽边进行修整，最后清除槽底土方。

(3) 冬、雨期土方施工：土方开挖一般不在雨期进行，如遇雨天施工应注意控制工作面，分段、逐片地分期完成。开挖时注意边坡的稳定，必要时可适当放缓边坡或设置支撑，同时要在外侧(或基槽两侧)周围筑土堤或开挖排水沟，防止地面水流入。在坡面上挖方时还应注意设置坡顶排水设施。整个施工过程都应加强对边坡、支撑、土堤等的检查与维护。

冬期挖方，应制订冬期施工方案并严格执行。采取防止冻结法开挖时，可在土层冻结以前用保温材料覆盖或将表层土翻耕耙松，翻耕深度根据当地气温条件确定，一般不小于 30cm。开挖基坑(槽)或管沟时，要防止基础下基土受冻。如基坑(槽)挖方完毕后有较长的停歇时间才进行后继作业，则应在基底标高以上预留适当厚度(约 30 cm)的松土,或用保温材料覆盖,以防止地基土受冻。如开挖土方会引起邻近建筑物或构筑物的地基或基础暴露时,也要采取防冻措施,使其不受冻结破坏。

(4) 土壁支撑:开挖基坑(槽),如地质条件较好,且无地下水,挖深又不大时,可采用直立开挖、不加支撑;当有一定深度(但不超过 4m)时可根据土质和周围条件放坡开挖,放坡后坑底宽度每边应比基础宽出 15~30 cm,坑(槽)上口宽度由基础底宽及边坡坡度来确定。但当开挖含水量大、场地狭窄、土质不稳定或挖深过大的土体时应采取临时性支撑加固措施,以保证施工的顺利和安全,并减少对邻近已有建筑物或构筑物的不良影响。

① 横撑式支撑:开挖较窄的沟槽,多用横撑式土壁支撑。此法根据挡土板的不同,分为水平挡土板式和垂直挡土板式两类,前者依挡土板的布置不同又可分为断续式和连续式两种。湿度小的黏性土挖土深度小于 3m 时,可用断续式挡土板支撑;松散、湿度大的土可用连续式水平挡土板支撑,挖土深度可达 5m。垂直挡土板式支撑用于松散和湿度很大的土壤,其挖深也大。

施工时,沟槽两边应以基础的宽度为准再各加宽 10~15cm 用于设置支撑加固结构。挖土时,土壁要求平直,挖好一层做一层支撑,挡土板要紧贴土面,用小木桩或横撑木顶住挡板。

② 板桩支撑:板桩作为一种支护结构,既挡土又防水。当开挖的基坑较深,地下水位高且有出现流砂的危险时,如未采用降低地下水位的方法,则可用板桩打入土中,使地下水在土中的渗流线路延长,降低水力坡度,从而防止流砂产生。在靠近原有建筑物开挖基坑时,为了防止土壁崩塌和建筑物基础下沉,也应打设板桩支护。

(5) 挖方中常见的质量问题:

① 基底超挖:开挖基坑(槽)或管沟均不得超过设计基底标高,如偶有超过的地方应会同设计单位共同协商解决,不得私自处理。

② 桩基产生位移一般出现于软土区域。碰到此类土基挖方,应在打桩完成后,先间隔一段时间再对称挖土,并要求制订相应的技术措施。

③ 基底未加保护:基坑(槽)开挖后没有进行后续基础施工,但没有保护土层,为此,应注意在基底标高以上留出 0.3m 厚的土层,待基础施工时再挖去。

④ 施工顺序不合理:土方开挖应从低处开始,分层分段依次进行,形成一定坡度,以利于排水。

⑤ 开挖尺寸不足,基底、边坡不平:开挖时没有加上应增加的开挖面积,使挖方尺寸不足,故施工放线要严格,充分考虑增加的面积。对于基底和边坡应加强检查,随时校正。

⑥ 施工机械下沉:采用机械挖方,务必掌握现场土质条件和地下水位情况,针对不同的施工条件采取相应的措施。一般推土机、铲运机需要在地下水位 0.5m 以上推铲土,挖土机则要求在地下水位 0.8m 以上挖土。

2) 运土

按土方调配方案组织劳力、机械和运输路线,卸土地点要明确。应有专人指挥,避免乱堆乱卸。

利用人工吊运土方时,应认真检查起吊工具、绳索是否牢靠。吊斗下方不得站人,卸土应离坑边有一定距离。用手推车运土应先平整道路,且不得放手让车自动翻转卸土。用翻斗汽车运土,运输车道的坡度、转弯半径要符合行车安全。

3) 填土

填方土壤应满足工程的质量要求,填土需根据填方用途和要求加以选择。

(1) 填土施工的一般要求：

① 填方土料：应满足设计要求。碎石类土、砂土及爆破石碴(粒径小于每层铺厚的 2/3)可考虑用于表层下的填料；碎块草皮和有机质含量大于 8% 的土壤，只能用于无压实要求的填方；淤泥一般不能作为填方料；盐碱土应先对含盐量进行测定，符合规定的可用于填方，但作为种植地时其上必须加盖优质土一层，厚约 30cm，同时要设计排盐暗沟；一般的中性黏土都能满足各层填土的要求。

② 基址条件：填方前应全面清除基底上的草皮、树根、积水、淤泥及其他杂物。如基底土壤松散，务必将基底充分夯实或碾压密实；如填方区属于池塘、沟槽、沼泽等含水量大的地段，应先进行排水疏干，将淤泥全部挖出后再抛填块石或砾石，结合换土及掺石灰等措施进行处理。

③ 土料含水量：填方土料的含水量一般以手握成团、落地开花为宜。含水量过大的土基应翻松、风干或掺入干土；过干的土料或填筑碎石类土则必先洒水润湿再施压，以提高压实效果。

④ 填土边坡：为保证填方的稳定，对填土的边坡有一定规定。对于使用较长时间的临时性填方(如使用时间超过一年的临时道路)的边坡坡度，当填方高度小于 10m 时，可用 1：1.5 的边坡；超过 10m 时，边坡可做成折线形，上部坡度为 1：1.5，下部坡度为 1：1.75。

(2) 填土的方法：

① 人工填土：主要用于一般园林建筑、构筑物的基坑(槽)和管沟以及室内地坪和小范围整地、堆山的填土。常用的机具有：蛙式夯、手推车、筛子(孔径 40～60mm)、木耙、平头和尖头铁锹、钢尺、细绳等。其施工程序为：清理基底地坪→检查土质→分层铺土、耙平→夯实土方→检查密实度→修整、找平验收。

填土前应将基坑(槽)或地坪上的各种杂物清理干净，同时检查回填土是否达到填方的要求。人工填土应从场地最低处开始自下而上分层填筑，层层压实。每层虚铺厚度，如用人工木夯夯实，砂质土不宜大于 30cm，黏性土则为 20cm；用机械打夯时约 30cm。人工夯填土，通常用 60～80kg 木夯或石夯，4～8 人拉绳，2 人扶夯，举高最小 0.5m，一夯压半夯，按次序进行。大面积填方用打夯机夯实，两机平行间距应大于 3m，在同一夯打路线上前、后间距应大于 10m。

斜坡上填土且填方边坡较大时，为防止新填土方滑落，应先将土坡挖成台阶状(图 1-65)，然后再填土，这样做有利于新旧土方的结合使填方稳定。

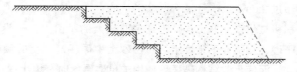

图 1-65　新旧土方的台阶状结合

填土全部完毕后，要进行表面拉线找平，凡超过设计高程之处应及时依线铲平；凡低于设计标高的地方要补土夯实。

② 机械填土：园林工程中常用的填土机械有推土机、铲运机和汽车，各自在填方施工时应把握的要点如下。

推土机填土：填方应从下向上分层铺填，每层虚铺不应大于 30cm，不允许不分层次一次性堆填。堆填顺序宜采用纵向铺填，从挖方区至填方点，填方段以 40～60m 距离为好。运土回填时要采用分堆集中，一次送运的方法，分段距离一般为 10～15m，以减少运土泄漏。土方运至填方处时应提起铲刀，成堆卸土，并向前行驶 1m 左右，待机体后退时将土刮平。最后，应使推土机来回行驶碾压，并注意使履带重叠一半。

铲运机填土：同样应分层铺土，每次铺土厚度大约为 30~50cm；填土区段长不得小于 20m，宽应大于 8m，铺土后要利用空车返回时将填土刮平。

汽车填土：多用自卸汽车填方，每层虚铺土壤厚度 30~50cm，卸土后用推土机推平。土山填筑时，土方的运输路线应以设计的山头及山脊走向为依据，并结合来土方向进行安排。一般以环行线为宜，车辆或人力挑抬满载上山，土卸在路两侧，空载的车(或人)沿路线继续前行下山，车(或人)不走回头路、不交叉穿行，路线畅通，不会逆流相挤。

(3) 冬、雨期填方施工要点：雨期施工时应采取防雨防水措施。填土应连续进行，加快挖土、运土、平土和碾压过程。雨前要及时夯完已填土层或将表面压光，并做成一定坡度，以利于排除雨水和减少下渗。在填方区周围修筑防水埂和排水沟，防止地面水流入基坑、基槽内造成边坡坍方或基土遭到破坏。

冬期回填土方时，每层铺土厚度应比常温施工时减少 20%~50%，其中冻土体积不得超过填土总体积的 15%，其粒径不得大于 150mm。铺填时，冻土块应分布均匀，逐层压实，以防冻融造成不均匀沉陷。回填土方尽可能连续进行，避免基土或已填土受冻。

4) 压实土方

土方的压实根据工程量的大小、场地条件，可采用人工夯实或机械压实。

(1) 人工夯实：人力夯压可用夯、硪、碾等工具。夯压前先将填土初步整平，再根据"一夯压半夯，夯夯相接，行行相连，两遍纵横交叉，分层打夯"的原则进行压实。地坪打夯应从周边开始，逐渐向中间夯进；基槽夯实时要从相对的两侧同时回填夯压；对于管沟的回填应先人工将管道周围填土夯实，填土要求填至管顶 50cm 以上，在确保管道安全的情况下方能用机械夯压。

(2) 机械压实：机械压实可用碾压机、振动碾或拖拉机带动的铁碾。小型夯压机械有内燃夯、蛙式夯等。按机械压实方法(即压实功作用方式)可分为碾压、夯实、振动压实三种。

① 碾压：碾压是通过由动力机械牵引的圆柱形滚碾(铁质或石质)在地面滚动借以压实土方、提高土壤密实度的方法。碾压机械有平碾(压路机)、羊足碾和气胎碾等。碾压机械压实土方时应控制行驶速度，一般平碾不超过 2km/h，羊足碾不超过 3km/h。

羊足碾适用于大面积机械化填压方工程，它需要有较大的牵引力，一般用于压实中等深度的黏性土、黄土，不宜碾压干砂、石碴等干硬性土。因在砂土中碾压时，土的颗粒受到"羊足"较大的单位压力后会向四面移动，而使土的结构破坏。使用羊足碾碾压时，填土厚度不宜大于 50cm，碾压方向要从填土区的两侧逐渐压向中心，每次碾压应有 15~20cm 重叠，并要随时清除粘于羊足之间的土料。有时为提高土层的夯实度，经羊足碾碾压后，再辅以拖式平碾或压路机压平压实。

气胎碾在工作时是弹性体，给土的压力较均匀，填土压实质量较好。但应用最普遍的是刚性平碾。采用平碾填压土方，应坚持"薄填、慢驶、多次"的原则，填土虚厚一般为 25~30cm，从两边向中间碾压，碾轮每次重叠宽度 15~25cm，且使碾轮离填方边缘不得小于 50cm，以防发生溜坡倾倒。对边角、边坡、边缘等压不到的地方辅以人工夯实。每碾压一层后应用人工或机械(如推土机)将表面拉毛以利于接合。平碾碾压的密实度一般以当轮子下沉量不超过 1~2cm 时为宜。平碾适于黏性土和非黏性的大面积场地平整及路基、堤坝的压实。

另外，利用运土工具碾压土壤也可取得较大的密实度，但前提是必须很好地组织土方施工，利用运土过程压实土方。碾压适用于大面积填方的压实。

② 夯实：夯实是借被举高的夯锤下落时对地面的冲击力压实土方的，其优点是能夯实较厚的土层。夯实适用于小面积填方，可以夯实黏性土或非黏性土。夯实机械有夯锤、内燃夯土机和蛙式夯等；人力夯实工具有木夯、石硪等。夯锤借助起重机提起并落下，其质量大于 1.5t，落距 2.5～4.5m，夯土影响深度可超过 1m，常用于夯实湿陷性黄土、杂填土及含石块的填土。内燃夯土机作用深度为 40～70cm，与蛙式夯都是应用较广的夯实机械。

③ 振动压实：是通过高频振动物体接触(或插入)填料并使其振动以减少填料颗粒间孔隙体积、提高密实度的压实方法。主要用于压实非黏性填料，如石碴、碎石类土、杂填土或亚黏性土等。振动压实机械有振动碾、平板振动器、插入式振动器和振动梁等。

填土的含水量对压实质量有直接影响。每种土壤都有其最佳含水量，在这种含水量条件下，使用同样的压实功进行压实，所得到的密度最大。为了保证填土在压实过程中处于最佳含水量，当土过湿时，应予翻松晾干，也可掺入同类干土或吸水性填料；当土过干时，则应洒水湿润后再行压实。尤其是建筑、广场道路、驳岸等基础对压实要求较高的填土场合，更应注意这个问题。

铺土厚度对压实质量也有影响。铺得过厚，压很多遍也不能达到规定的密实度；铺得过薄，则要增加机械的总压实遍数。最优铺土厚度主要与压实机械种类有关，此外也受填料性质、含水量的影响。

(3) 填压方成品保护措施：

① 施工时，对定位标准桩、轴线控制桩、标准水准点和桩木等，填运土方时不得碰撞，并应定期复测检查这些标准桩是否正确。

② 凡夜间施工的应配足照明设备，防止铺填超厚，严禁用汽车将土直接倒入基坑(槽)内。

③ 应在基础或管沟的现浇混凝土达到一定强度，不致因填土而受到破坏时，回填土方。

④ 管沟中的管线，或从建筑物伸出的各种管线，都应按规定严格保护，然后才能填土。

(4) 压方质量检测：对密实度有严格要求的填方，夯实或压实后要对每层回填土的质量进行检验。常用的检验方法是环刀法(或灌砂法)，即取样测定土的干密度后，再求出相应的密实度；也可用轻便式触探仪直接通过锤击数来检验干密度和密实度，压实后的干密度应在 90% 以上，其余 10% 的最低值与设计值之差不得大于 $0.08t/m^3$，且不能集中。

(5) 填压方中常见的质量问题：

① 未按规定测定干密度。回填土每层都必须测定夯实后的干密度，符合要求后才能进行上一层的填土。测定的各种资料，如土壤种类、试验方法和结论等均应标明并签字，凡达不到测定要求的填方部位要及时提出处理意见。

② 回填土下沉。由于虚铺土超厚或冬期施工时遇到较大的冻土块或夯实遍数不够，或漏夯，或回填土所含杂物超标等，都会导致回填土下沉。碰到这些现象应加以检查并制订相应的技术措施进行处理。

③ 管道下部夯填不实。这主要是施工时没有按施工标准回填打夯，出现漏夯或密实度不够，使管道下方回填空虚。

④ 回填土夯压不密。如果回填土含水量过大或土壤太干，都可能导致土方填压不密。此时，对

于过干的土壤要先洒水润湿后再铺;过湿的土壤应先摊铺晾干,符合标准后方可作为回填土。

⑤ 管道中心线产生位移或遭到损坏。这是在用机械填压时,不注意施工规程导致的。因此,施工时应先人工把管子周围填土夯实,并要求从管道两侧同时进行,直到管顶 0.5m 以上,在保证管道安全的情况下方可用机械回填和压实。

4. 土方工程特殊问题的处理

1) 滑坡与坍方的处理

可采用下列的处理措施和方法:

(1) 加强工程地质勘察。对拟建场地(包括边坡)的稳定性进行认真分析和评价;工程和路线一定要选在边坡稳定的地段,具备滑坡形成条件的或存在滑坡史的地段,一般不选作建筑场地,或采取必要的措施加以预防后才用作建筑场地。

(2) 做好泄洪系统。在滑坡范围外设置多道环行截水沟,以拦截附近的地表水,在滑坡区,修设或疏通原排水系统,疏导地表、地下水,防止渗入滑体。主排水沟宜与滑坡滑动方向一致;支排水沟与滑坡方向成 30°~45°斜交,防止冲刷坡脚。

(3) 处理好滑坡区域附近的生活及生产用水,防止浸入滑坡地段。

(4) 如因地下水活动有可能形成浅层滑坡时,可设置支撑盲沟、渗水沟,排除地下水。盲沟应布置在平行于滑坡坡动方向有地下水露头处。做好植被工程。

(5) 保持边坡有足够的坡度,避免随意切割坡脚。土体尽量削成较平缓的坡度,或做成台阶状,使中间有 1~2 个平台,以增加稳定性;土质不同时,视情况削成 2~3 种坡度。在坡脚处有弃土条件时,将土石方填至坡脚,使其起反压作用。筑挡土堆或修筑台地,避免在滑坡地段切去坡脚或深挖方。如平整场地必须切割坡脚,且不设挡土墙时,应按切割深度,将坡脚随原自然坡度由上而下削坡,逐渐挖至要求的坡脚深度。

(6) 尽量避免在坡脚处取土,在坡肩上设置弃土或建筑物。在斜坡地段挖方时,应遵守由上而下分层开挖的程序。在斜坡上填土时,应遵守由下往上分层填压的施工程序。避免在斜坡上集中弃土,同时避免对滑坡坡体的各种振动作用。

(7) 对可能出现的浅层滑坡,如滑坡土方量不大最好将坡体全部挖除;如土方量较大,不能全部挖除,且表层土破碎、含有滑坡夹层时,则可对滑坡体采取深翻、推压、打乱滑坡夹层、表层压实等措施,以减少滑坡因素。

(8) 对于滑坡体的主滑地段可采取挖方卸荷、拆除已有建筑物等减重辅助措施。

(9) 滑坡面土质松散或具有大量裂缝时,应进行填平、夯填,防止地表水下渗,在滑坡面植树、种草皮、浆砌片石等保护坡面。

(10) 倾斜表层下有裂缝滑动面的,可用锚桩(墩)将基础设置在基岩上。土层下有倾斜岩层时,将基础设置在基岩上用锚栓锚固或做成阶梯形,并采用灌注桩基减轻土体负担。

(11) 对已滑坡工程,稳定后采取设置混凝土锚固桩、挡土墙、抗滑明洞、抗滑锚杆或混凝土墩与挡土墙相结合的方法加固坡脚,并在坡下段做截水沟、排水沟,陡坝部分去土减重,保持适当坡度。

2) 冲沟、土洞(落水洞)、古河道、古湖泊的处理

(1) 冲沟处理:冲沟多由于暴雨冲刷剥蚀坡面而成,先在低凹处蚀成小穴,逐渐扩大成浅沟,以后进一步冲刷，就成为冲沟。黄土地区常大量出现冲沟，有的深达 5~6m，表层土松散。一般处理方法是：对边坡上不深的冲沟，可用好土或是 3∶7 灰土逐层回填夯实，或用浆砌块石砌至与坡面相平，并在坡顶设排水沟及反水坡，以阻截地表雨水冲刷坡面；对地面冲沟用土层夯填，因其土质结构松散、承载力低，可采取加宽基础的处理方法。

(2) 土洞(落水洞)处理：在黄土层或岩溶地层，由于地表水的冲蚀或地下水的浅蚀作用形成的土洞、落水洞往往成为排泄地表径流的暗道，影响边坡或场地的稳定，必须进行处理，避免继续扩大，造成边坡坍方或地基塌陷。

处理方法是将土洞、落水洞上部挖开，清除软土，分层回填好土(灰土或砂卵土)夯实，面层用黏土夯填并使之比周围地表高些，同时做好地表水的截流，将地表径流引到附近排水沟中，使之不易下渗；对地下水可采用截流改道的办法，如用作地基的深埋土洞，宜用砂、砾石、片石或混凝土填灌密实，或用灌浆挤压法加固。对地下形成的土洞和陷穴，除先挖软土抛填块石外，还应采用反滤层，面层用黏土夯实。

(3) 古河道、古湖泊处理：根据其成因，有年代久远的经降水及自然沉积、土质较为均匀、含水量 20% 左右、含杂质较少的古河道、古湖泊，也有年代近的土质结构均较松散、含水量较大、含较多碎块和有机物的古河道、古湖泊。这些都是天然地貌的洼地处长期积水、泥砂沉积而形成的，土层由黏性土、细砂、卵石和角砾所构成。

对年代久远的古河道、古湖泊，已被密实的沉积物填满，底部尚有砂卵石层，一般土的含水量小于 20% 且无被水冲蚀的可能性，土的承载力不低于天然土的，可不处理；对年代较近的古河道、古湖泊，土质较均匀，含有少量杂质，含水量大于 20%，如沉积物填充密实，承载力不低于同一地区的天然土，亦可不处理；如为松软含水量大的土，应挖除后用好土分层夯实，或采取地基加固的措施。加固措施为：地基部位用灰土分层夯实，与河、湖边坡接触部位做成阶梯接槎，阶宽不小于1m，接槎处应仔细夯实，回填应按先深后浅的顺序进行。

3) 橡皮土的处理

当地基为黏性土且含水量很大、趋于饱和时，夯(拍)打后，地基土踩上去有颤动感，这种土称为橡皮土。橡皮土形成的原因是：在含水量很大的黏土、粉质黏土、淤泥质土、腐殖质土等原状土上进行夯(压)实或回填土，或采用这类土进行回填工程时，由于原状被扰动，颗粒之间的毛细孔遭到破坏，水分不宜渗透或散发，当气温较高时，对其进行夯击或碾压，特别是用光面碾(夯锤)滚压(或夯实)，表面形成硬壳，更加阻止了水分的渗透和散发，便形成了软塑状的橡皮土。埋深的土，水分散发慢，往往长时间不易消失。

处理措施是：

(1) 暂停施工，避免再直接拍打，使橡皮土中的含水量逐渐降低，或将土层翻起进行晾晒。

(2) 如地基已成橡皮土，可在上面铺一层碎石或碎砖后进行夯击，将表土层挤紧。

(3) 橡皮土现象较严重的，可将土层翻起并搅拌均匀，掺加石灰吸收水分，使原土结构变为灰土，使之有一定强度和稳定性。

(4) 如用作荷载大的房屋地基，可打石桩，即将毛石(块度为 20~30cm)依次打入土中，或垂直打入 M10 机砖，纵距 26cm，横距 30cm，直至打不下去为止，最后在上面满铺厚 50cm 的碎石后再夯实。

(5)采取换土挖去橡皮土，重新换填好土或级配砂石夯实。

4）流砂处理

当基坑(槽)开挖深度低于地下水位0.5m，采取坑内抽水时，坑(槽)底下层的土产生流动状态随地下水一起涌进坑内，边挖边冒，无法挖深的现象称为"流砂"。

常用的处理措施有：

(1)安排在全年最低水位季节施工，使其坑内动水压减小。

(2)采取水下挖土(不抽水或少抽水)，使坑内水压与坑外地下水压相互平衡或缩小水差。

(3)采用井点降水，使水位降至基坑底0.5m以下，使动水压的力方向朝下，坑底土面保持无水状态。

(4)沿基坑外围四周打板桩，深入坑底下面一定深度，增加地下水从坑外流入坑内的渗流路线和渗流量，减小动水压力。

(5)采用化学压力注浆或高压水泥注浆，固结基坑周围砂层，形成防渗帷幕。

(6)往坑底抛大石块，增加土的压重和减小动水压力，同时组织快速施工。

(7)基坑面较小时，也可在四周设钢板护筒，随着挖土的不断加深，直到穿过流砂层。

5. 常见土方施工机械

当场地和基坑面积及土方量较大时，为节约劳动力，降低劳动强度，加快工程建设速度，一般多采用机械化开挖方式，并采用先进的作业方法。

机械开挖常用机械有：推土机、铲运机、单斗挖土机(包括正铲、反铲、拉铲、抓铲等)、多斗挖土机、装载机等。土方压实机具有：压路碾、打夯机等(表1-7)。

常用土方机械的选择 表1-7

机械名称及特点	作业特点及辅助机械	适用范围
推土机：操作灵活，运转方便，所需工作面小；可挖土、运土，易于转移，行驶速度快，应用广泛	1. 作业特点：①推平；②运距100m内的堆土(效率最高为60m)；③开挖浅基坑；④堆送松散的硬土、岩石；⑤回填、压实；⑥配合铲运机助铲；⑦牵引；⑧下行坡度最大35，横坡坡度最大为10，几台同时作业，前后距离应大于8m。 2. 辅用机械：土方挖后运出需配备装土、运土设备，推挖Ⅲ～Ⅳ类土，应用松土机预先翻松	1. 推Ⅰ～Ⅳ类土； 2. 找平表面，场地平整； 3. 短距离移土挖填，回填坑(槽)、管沟并压实； 4. 开挖深度不大于1.5m的基坑(槽)； 5. 堆筑高1.5m内的路基、堤坝； 6. 拖羊足碾； 7. 配合挖土机进行集中土方、清理场地、修路开道等
铲运机：操作简单灵活，不受地形限制，不需特设道路；准备工作简单，能独立工作，不需其他机械配合，能完成铲土、运土、卸土、填筑、压实等工序，行驶速度快，易于转移，需用劳动力少，生产效率高	1. 作业特点：①大面积整平；②开挖大型基坑、沟渠；③运距800～1500m内的挖运土(效率最高为200～300m)；④坡度控制在20°以内。 2. 辅助机械：开挖坚土时需用推土机助铲，开挖Ⅲ～Ⅳ类土宜先用推土机械预先翻松20～40cm；自行式铲运机用轮胎行驶，适合长距离，但开挖亦需用助铲	1. 开挖含水率27%以下的Ⅰ～Ⅳ类土； 2. 大面积场地平整、压实； 3. 运距800m内的挖运土方； 4. 开挖大型基坑(槽)、管沟、填筑路基等；但不适于砾石层、冻土地带及沼泽地区使用

续表

机械名称及特点	作业特点及辅助机械	适用范围
正铲挖掘机：装车轻便灵活，回转速度快，移位方便；能挖掘坚硬土层，易控制开挖尺寸，工作效率高	1. 作业特点：①开挖停机面以上土方；②工作面应在1.5m以上；③开挖高度超过挖土机挖掘高度，可采取分层开挖；④装车外运。 2. 辅助机械：土方外运应配自卸汽车，工作面应由推土机配合平土、集中土方进行联合作业	1. 开挖含水量不大于27%的Ⅰ～Ⅳ类土和经爆破后的岩石与冻土碎块； 2. 大型场地平整土方； 3. 工作面狭小且较深的大型管沟和基槽路堑； 4. 独立基坑； 5. 边坡开挖
反铲挖掘机：操作灵活，挖土卸土多在地面作业，不用开运输道	1. 作业特点：①开挖地面以下深度并不大的土方；②最大挖土深度4～6m，经济合理深度3～5m；③可装车和两边甩土、堆放；④较大、较深基坑可多层接力挖土。 2. 辅助机械：土方外运应配备自卸汽车，工作应有推土机配合推到附近堆放	1. 开挖含水量大的Ⅰ～Ⅲ类的砂土和黏土； 2. 管沟和基槽； 3. 独立基坑； 4. 边坡开挖
拉铲挖掘机：可挖深坑，挖掘半径及卸载半径大，操作灵活性较差	1. 作业特点：①开挖停机面以下土方；②可装车和甩土；③开挖截面误差较大；④可装土甩在两边较远处堆放。 2. 辅助机械：土方外运需配备自卸汽车、推土机等创造施工条件	1. 挖掘Ⅰ～Ⅳ类土，开挖较深较大的基坑（槽）、管沟； 2. 大量外运土方； 3. 填筑路基、堤坝； 4. 挖掘河床； 5. 不排水挖取水中泥土
抓铲挖掘机：钢绳牵拉灵活性较差，工效不高，不能挖掘坚硬土；可以装在简易机械上工作，使用方便	1. 作业特点：①开挖直井或沉井土方；②可装车或甩土；③排水不良也能开挖；④吊杆倾斜角度应在45°以上，距边坡应不小于2m。 2. 辅助机械：土方外运时，按运距配备自卸汽车	1. 土质比较松软、施工面较狭窄的深基坑、基槽； 2. 水中挖取土，清理河床； 3. 桥基、桩孔挖土； 4. 装卸散装材料
装载机：操作灵活，回转移位方便、快速；可装卸土方和散料，行驶速度快	1. 作业特点：①开挖停机面以上土方；②轮胎式只能装松土散土方；③松散材料装车；④吊运重物，用于铺设管道。 2. 辅助机械：土方外运需配备自卸洗车，作业面需经常用推土机平整并推松土方	1. 运多余土方； 2. 履带式改换挖斗时可用于开挖； 3. 装卸土方和散料； 4. 松散土的表面剥离； 5. 地面平整和场地清理等工作； 6. 回填土； 7. 拔除树根

附表

附表1 测绘中地物符号图例

地 物 符 号

编号	符号名称	图例	编号	符号名称	图例
1	坚固房屋 4-房屋层数	竖4　1.5	12	菜地	2.0　10.0
2	普通房屋 2-房屋层数	2　1.5	13	高压线	4.0
3	窑洞 1. 住人的 2. 不住人的 3. 地面下的	1 2.5 2　2.0　3	14	低压线	4.0
			15	电杆	1.0
			16	电线架	
4	台阶	0.5　0.5　0.5	17 18	砖、石及混凝土围墙 土围墙	10.0　0.5　10.0　0.3　10.0　0.5
5	花圃	1.5　1.5　10.0　10.0	19	栅栏、栏杆	1.0　10.0
6	草地	1.5　0.8　10.0　10.0	20	篱笆	1.0　10.0
7	经济作物地	0.8 3.0　蔗　10.0　10.0	21	活树篱笆	3.5　0.5　10.0　1.0　0.8
8	水生经济作物地	3.0　藕　0.5	22	沟渠 1. 有堤岸的 2. 一般的 3. 有沟堑的	1 2 0.3 3
9	水稻田	0.2　2.0　10.0　10.0			
10	旱地	1.0　2.0　10.0　10.0	23	公路	0.3 沥 砾 0.3
			24	简易公路	8.0　2.0
11	灌木林	0.5　1.0	25	大车路	0.15 碎石 0.3
			26	小路	4.0　1.0　0.3

续表

编号	符号名称	图例	编号	符号名称	图例
27	三角点 凤凰山-点名 394.468 高程	凤凰山 394.468 3.0	39	独立树 1. 阔叶 2. 针叶	1.5 1 3.0 0.7 2 3.0 0.7
28	图根点 1. 埋石的 2. 不埋石的	1 2.0 N16 84.46 2 1.5 25 62.74 2.5	40	岗亭、岗楼	90° 3.0 1.5
29	水准点	2.0 II京石5 32.804	41	等高线 1. 首曲线 2. 计曲线 3. 间曲线	0.15 87 1 0.3 85 2 0.15 6.0 3 1.0
30	旗杆	1.5 4.0 1.0 1.0			
31	水塔	2.0 3.0 1.0 1.2	42	示坡线	
32	烟囱	3.5 1.0			
33	气象站（台）	3.0 4.0 1.2	43	高程点及其注记	0.5·163.2 75.4
34	消火栓	1.5 1.5 2.0	44	滑坡	
35	阀门	1.5 1.5 2.0			
36	水龙头	3.5 2.0 1.2	45	陡崖 1. 土质的 2. 石质的	1 2
37	钻孔	30 1.0	46	冲沟	
38	路灯	1.5 1.0			

附表 2 竖向设计图图例

编号	图别	说明
1	*421.00*	等高线断面间距为 0.5m，根据测量之地形图绘制
2	*421.00*	设计等高线断面间距 0.5m
3	420.58 419.96 420.33 419.64	房屋设计外地坪四角散水坡标高
4	420.79	房屋设计地板面标高
5	←	道路设计纵坡方向
6	0.05 62.80	道路设计纵坡度及两转折点间距离
7	421.32	道路设计坡度转折点 设计标高
8	→ → →	地面流水方向
9	⊕ *x*+6019.34 *y*+13707.60	城市规划局所规划之干道中心线及坐标
10		填土与挖土之间的零界线
11	+0.62 | 421.32 420.70	施工标高　　　设计地面标高 自然地面标高
12	(−43)　　(+36)	按方格网计算的土方工程量

第 2 章 园 路 工 程

　　园路，即园林中的道路，它是园林不可缺少的构成要素，是园林的骨架、脉络，是划分和联系景区和景点的纽带。园路既是交通线，又是风景线。园之路，犹眉目，如脉络，路既是分隔各个景区的景界，又是联系各个景点的"纽带"，是造园的要素，具有导游、组织交通、划分空间界面、构成园景的艺术作用。这种艺术形式，常常会成为景园风格形成的艺术导向。如西方景园追求形式美、建筑美，园路宽大笔直，交叉对称，成为"规则式景园"。而东方，特别是我国造园则讲究含蓄、崇尚自然，安排园路则萦纡回环、曲径通幽，以"自然式景园"为特点。"苑囿"是中国古典园林的雏形，王室们在其中进行狩猎和游观活动。据记载："汉高祖的未央宫，周旋三十一里，街道十七里，有台三十二，池十二……"，说明苑内修筑了道路。

2.1　概述

2.1.1　园路的作用
　　园路犹如园中的脉络，既是贯穿全园的交通网络，同时又是分隔各个景区、联系不同景点的纽带。其功能可归结为以下几个方面。

　　1. 组织交通
　　呈现在游人面前的总是园林景观优美的一面，但其背后实际包含一个复杂的综合体，需要系列的园务活动来支撑，如维修、养护等。园路承担了游客的集散、疏导，满足园林绿化、建筑维修、养护、管理等工作的运输工作和安全、防火、职工生活、公共餐厅、小卖部等园务工作的运输任务。对于小公园，这些任务可综合考虑，对于大型公园，由于园务工作交通量大，有时可以设置专门的路线和出入口。

　　2. 引导游览
　　"人随路走"、"步移景异"，说明园林不是设计一个个静止的"境界"，而是创作一系列运动中的"境界"。游人所获得的是连续印象所带来的综合效果，即由印象的积累在思想情感上所带来的感染力。园路能担负起这个组织园林的观赏程序，向游客展示园林风景画面的作用。园路中的主路和一部分次路，被赋予明显的导游性，能够自然而然地引导游人按照预定路线有序地进行游览，这部分园路就成了导游线。从某种意义上说，园路其实就是园林中游客的"导游者"。

　　3. 划分空间，构成园景
　　园林中常常利用地形、建筑、植物或道路把全园分隔成各种不同功能的景区，同时又通过道路，把各个景区联系成一个整体。园路本身是一种线性狭长空间，同时由于园路的穿插划分，又把园林其他空间划成了不同形状、不同大小的一系列空间，通过大小、形式的对比，极大地丰富了园林空间的形象，增强了空间的艺术性表现。通过园路联系园中的不同景点，组成园林景观整体，同时又形成一条条风景序列，并且园路优美的曲线、丰富多彩的路面铺装，可与周围的山、水、建筑、花草、树木、石景等景物紧密结合，在起联系作用的同时又"因路得景"，自成景观。

2.1.2 园路的分类

园路分主、次与小径，主园路连接各景区，次园路连接诸景点，小径则通幽。主次分明，层次分布好，才能将风景、景致联缀一起，组成一个艺术景区整体（表2-1）。

(1) 主园路：景园内的主要道路，从园林景区入口通向全园各主景区、广场、公建、观景点、后勤管理区，形成全园骨架和环路，组成导游的主干路线并能适应园内管理车辆的通行要求，路面结构一般采用沥青混凝土、黑色碎石加沥青砂封面或水泥混凝土铺筑，或预制混凝土板块(500mm×500mm×100mm)拼装铺设，设有路侧石道牙，拼装图案要庄重、富有特色，全园尽量统一协调，盛产石材处可采用青条石铺筑。

(2) 次园路：是主园路的辅助道路，成支架状连接各景区内景点和景观建筑，车辆可单向通过，为园内生产管理和园务运输服务。路宽可为主园路之半。自然曲度大于主园路，以优美舒展的、富有弹性的曲线线条构成有层次的风景画面。为体现这一特征的路面可不设道牙，这样造成园路外侧边缘平滑，线型流畅。若选用道牙，最好选用平石(条石)道牙，体现浓郁的自然气息，"次"的含意，油然而生。

(3) 小径(自然游览步道)：是园路系统的最末梢，供游人休憩、散步、游览的通幽曲径。可通达园林绿地的各个角落，是到广场、园景的捷径，允许有手推童车同行，宽度可以为 0.8～1.5m 不等，多选用简洁、粗犷、质朴的自然石材(片岩、条(板)石、卵石等)，条砖层铺或用水泥仿塑各类仿生预制板块(含嵌草皮的空格板块)，并用材料组合以表现其光彩与质感，精心构图，结合园林植物小品建设和起伏的地形，形成亲切自然、静谧幽深的自然游览步道。

风景园林道路分类及技术标准(参考)　　　　　　　表2-1

分类	项目	路面宽度(m)	游人步道宽(m)	步道数(条)	路基宽度(m)	红线宽(m)(含明沟)	级别	车速(km/h)	备注
风景旅游道路	风景旅游主干道	7～21	2～4	2～6	9～25	24～40	Ⅰ	50～60	
							Ⅱ	40～50	
							Ⅲ	30～40	
	风景旅游干道	7～14	1.2～3.0	2～4	8.2～17.0	16～30	Ⅰ	40～30	当采用单车道时(道路宽不大于3m)，每隔不大于300m距离内设置回撤用的汽车错车道，此时路段总加宽值不小于6.5m，错车道有效长度为15～30m，过渡长度为15～10m
							Ⅱ	30～40	
							Ⅲ	20～30	
	风景游览次干道	6～14	1.0～3.0	2～5	7～17	20～30	—	25～30	
	专用道路林区便道	3	0.5～1.0	1	3.5～4	—	—	30	
园路	主园路	6.0～7.0	≥2	2	8～9	—		20	
	次园路	3～4	0.8～1.0	1	4～5	—		15	
	小径(游览步道)	0.8～1.5	—	—	—	—		—	
	专用道	3.0	≥1	1	4	不定		—	防火、园务、拖拉机道等

2.2 园路横断面设计

垂直于园路中心线方向的断面叫园路的横断面，它能直观地反映路宽、道路和横坡及地上地下管线位置等情况。园路横断面设计的内容主要包括：依据规划道路宽度和道路断面形式，结合实际地形确定合适的横断面形式，确定合理的路拱横坡，综合解决路与管线及其他附属设施之间的矛盾等。

2.2.1 园路横断面形式的确定

道路的横断面形式依据车行道的条数通常可分为"一块板"（机动与非机动车辆在一条车行道上混合行驶，上行下行不分隔）、"两块板"（机动与非机动车辆混驶，但上下行由道路中央分隔带分开）等几种形式，公园中常见的路多为"一块板"。通常在总体规划阶段会初步定出园路的分级、宽度及断面形式等，但在进行园路技术设计时仍需结合现场情况重新进行深入设计，选择并最终确定适宜的园路宽度和横断面形式。园路宽度的确定依据其分级而定，应充分考虑所承载的内容（表2-2），详细情况见表2-1。园路的横断面形式最常见的为"一块板"形式，在面积较大的公园主路中偶尔也会出现"两块板"的形式。园林中的道路不像城市中的道路那样具有一定的程式化，有时道路的绿化带会被路侧的绿化所取代，变化形式较灵活，在此不再详述。

游人及各种车辆的最小运动宽度表   表 2-2

交通种类	最小宽度（m）	交通种类	最小宽度（m）
单人	≥0.75	小轿车	2.00
自行车	0.60	消防车	2.06
三轮车	1.24	卡车	2.50
手扶拖拉机	0.84~1.50	大轿车	2.66

2.2.2 园路路拱设计

为能使出路面，道路的横断面通常设计为拱形、斜线形等形状，称之为路拱，其设计主要是确定道路横断面的线形和横坡坡度。

园路路拱基本的设计形式有抛物线形、折线形、直线形和单坡形四种（图2-1）。

抛物线形路拱。是最常用的路拱形式，其特点是路面中部较平，愈向外侧坡度愈陡，横断路面呈抛物线形。这种路拱对游人行走、行车和路面排水都很有利，但不适于较宽的道路以及低级的路面。抛物线形路拱路面各处的横坡度一般宜控制在：$i_1 \geqslant 0.3\%$，$i_4 \leqslant 5\%$，且 i 平均为 2% 左右。

折线形路拱。将路面做成由道路中心线向两侧逐渐增大横坡度的若干短折线组成的路拱。这种路拱的横坡度变化比较徐缓，路拱的直线较短，近似于抛物线形路拱，对雨水快速排除、行人、行车也都有利，一般用于比较宽的园路。

直线形路拱。适用于两车道或多车道并且路面横坡坡度较小的双车道或多车道水泥混凝土路面。最简单的直线形路拱是由两条倾斜的直线所组成的。为了行人和行车方便，通常可在横坡坡度 1.5% 的直线形路拱的中部插入两段坡度 0.8%~1.0% 的对称连接折线，使路面中部不至于呈现屋脊形。

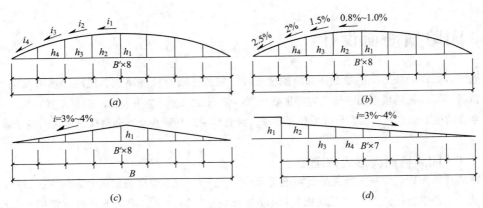

图 2-1　园路路拱的设计形式
(a)抛物线形；(b)折线形；(c)直线形；(d)单坡形

在直线形路拱的中部也可以插入一段抛物线或圆曲线，但曲线的半径不宜小于50m，曲线长度不应小于路面总宽度的10%。

单坡形路拱。这种路拱可以看做是以上三种路拱各取一半所得到的路拱形式，其路面单向倾斜，雨水只向道路一侧排除。在山地园林中，常常采用单坡形路拱。但这种路拱不适宜较宽的道路，道路宽度一般都不大于9m；并且夹带泥土的雨水总是从道路较高一侧通过路面流向较低一侧，容易污染路面，所以在园林中采用这种路拱也要受到很多限制。

园路横坡坡度的设计受园路路拱的平整度、铺路材料的种类以及路面透水性能等条件的影响。根据我国交通部的道路技术标准，路拱横坡坡度的设计可以参考表2-3。

不同路面面层的横坡坡度　　　　　　　　　　　　表 2-3

道路类型	路面结构	横坡坡度(%)
人行道	砖石、板材铺砌	1.5～2.5
	砾石、卵石镶嵌面层	2.0～3.0
	沥青混凝土面层	3.0
	素土夯实面层	1.5～2.0
自行车道	水泥混凝土	1.5～2.0
广场行车路面		0.5～1.5
汽车停车场		0.5～1.5
车行道	水泥混凝土	1.0～1.5
	沥青混凝土	1.5～2.5
	沥青结合碎石或表面处理	2.0～2.5
	修整块料	2.0～3.0
	侧石、卵石铺砌，以及砾石、碎石或矿渣(无结合材料处理)、结合料稳定土壤	2.5～3.5
	级配砂土、天然土壤、粒料稳定土壤	3.0～4.0

2.2.3 园路横断面综合设计

园路横断面的设计必须与道路管线相适应，综合考虑路灯的地下线路、给水管、排水管等附属设施，采取有效措施解决矛盾。

在自然地形起伏较大的地方，园路横断面设计应和地形相结合，当道路两侧的地形高差较大时可以采取以下几种布置形式：

(1) 结合地形将人行道与车行道设置在不同高度上，人行道与车行道之间用斜坡隔开(图 2-2a)，或用挡土墙隔开(图 2-2b)。

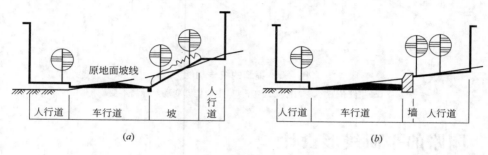

图 2-2

(2) 将两个不同行车方向的车行道设置在不同高度上(图 2-3)。

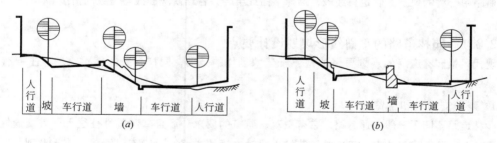

图 2-3

(3) 结合岸坡倾斜地形，将沿河一边的人行道布置在较低的不受水淹的河滩上，供居民散步休息之用。车行道设在上层，以供车辆通行(图 2-4)。

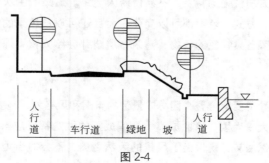

图 2-4

(4) 当道路沿坡地设置, 车行道和人行道同在一个高度上时, 横断面布置应将车行道中线的标高接近地面, 并向土坡靠(图2-5)。图中横断面2为合理位置。这样可避免出现多填少挖的不利现象(一般为了使路基比较稳固, 而出现多挖少填的情况), 以减少土方和护坡工程。

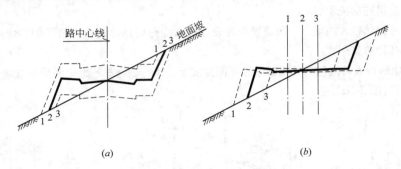

图 2-5　铺装的统一功能

(*a*)中线位置不变, 标高改变; (*b*)中线位置变动, 标高不变

2.3　园路的平面线形设计

在确定好园路宽度和横断面形式之后就可以进行园路的平面线形设计, 其基本内容是结合规划定出道路中心线的位置, 确定直线段, 选择平曲线半径, 合理解决曲线与直线的衔接等。

2.3.1　园林道路的平面线形规划设计要点

现代风景园林道路的规划更多的是属于艺术创作的范畴, 同样是有规律可循的。主要有以下几点。

1. 兼顾交通性和游览性

园林道路不同于一般交通道路, 它有景观、游览的要求, 而且其游览性往往大于其交通性。因此在设计时, 除了风景旅游主干道等承载较大机动交通的道路, 一般不以便捷快速为准则, 而且越小的园路其交通性相对于游览性就更弱。

2. 主次分明

主次分明的道路具有方向性强的特点, 不易使游人迷路。道路的主次分明不仅仅是在宽度上有所区别, 铺装材料的品种、方式、色彩都可以变化, 而且还可以从风景的组织上进行区分。当游人行进在一条道路上时, 两旁各具特色的植物、建筑、雕塑都会给人留下深刻的印象, 从而有助于对方向的识别。

3. 因地制宜

风景园林道路的布置除了要符合整个园林或景区的氛围和风格外, 也要与基地的地形地貌相符, 任何不顾原有自然环境, 大挖大填、修曲成直、矫偏成正的做法都是应当尽力避免的。如图2-6中的风景园路依山就势, 自然回转, 既保持了风景的天然之美, 不会对当地的生态造成破坏, 又节约了工程量。

图 2-6　因地制宜布置的风景园林道路
(a)自然曲线；(b)回头曲线

4. 疏密有致

风景园林道路的疏密有致除了与艺术上的要求有关外，还与景区的性质、地形以及游客量有关。一般来说，休息静赏的景区、地形过于复杂或游人较少的地方的道路密度可小些，相反则应相应增大道路密度。但总的来说道路不宜过密，那样既浪费又有分割景区过碎之弊。城市公园设计中，道路的比重可大致控制在公园总面积的 10%～12%。

5. 曲折迂回

除了一些纪念性的景观园林和城市景观大道外，一般的风景园林道路都应该力求避免一目了然的直线。这样做，一方面是山水自然地貌的要求，另一方面则是艺术和功能的需要。曲折迂回的道路可以增加观赏的角度，扩大景观空间，延长游览路线，起到小中见大、节约用地的作用。

一般来说，无必要的"三步一弯，五步一转"显得矫揉造作，杂乱无章，圆弧相接一般宜插入一段直线路段。但是，有时为了达到一种特殊的艺术效果，也可以将圆弧曲线作为风景园林道路规划设计的基本元素加以反复使用，甚至作为单纯的主题，只要掌握好尺度，一样给人以美的享受。

6. 交叉口处理

(1) 避免交叉口过多，路中心线尽可能交于一点，岔口路面也应分出主次，使方向明确。

(2) 交叉成锐角的园路，应设计成圆顺曲线的角隅。若有多条路线会合时，则自然形成小广场。这时不妨在交叉点上设立一个导向花坛等小品设施，条件许可的情况下，还可将导向花坛升级为交通环岛，布置小游园式绿地(图 2-7)。

(3) 两条道路成丁字形交接时，宜在交点处布置道路对景。

(4) 山路与山下道路交接时，如果山路并非是山上的纪念性建筑的主要景观道路，一般不宜正交，而且可在其间设置一个较缓和的坡度，可供游人在登山之前稍作休整，在景观上也起到了藏而不露的作用。

(5) 交叉点的形式在满足园林总体规划、周围地形、交通性质与导游路线组织的基础上，可以不拘一格，如图 2-8 所示。

更可以发挥想象，将多条道路的分叉设计成树枝状，例如图 2-8(f)所示，自然伸展的树枝状道路不但与规则的网格状绿化形成鲜明的对比，且在绿色基调的地面上，路面仅铺以白色砂石。仿佛是一株巨大而美丽的白桦静静地躺在大地上，展现出一种纯净而又生机勃勃的美。

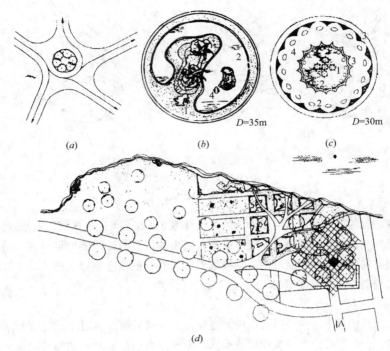

图 2-7　交叉口处理

(a)多条路线汇合情况；(b)自然式环岛设计

(1—草地；2—水池；3—池中岛；4—自然石；5—观赏植物)；

(c)规则式环岛设计

(1—草地；2—灌木球；3—修剪绿篱；4—开花地被；5—大乔木)；

(d)树枝状分叉设计

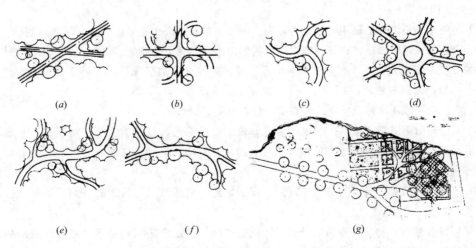

图 2-8　道路和交叉点形式

(a)斜交式；(b)旋绕式(十字式)；(c)风车式；(d)放射式(星形)；(e)串联式；(f)分叉式(T 形或 Y 形)；(g)树枝状

7. 园林景观道路和建筑的关系

靠近道路的园林建筑一般应面向道路，并不同程度地后退，远离道路。在一般情况下道路可采取适当加宽或分出支路的办法与建筑相连。游人量较大的建筑应后退道路较多，最好形成小广场，便于游人集散（图2-9）。

(a) (b) (c) (d)

图2-9 园林景观道路和建筑的关系

(a)小广场式；(b)穿越式；(c)尽端式(外接圆)；(d)尽端式(内接圆)

对于可穿越的建筑，道路可穿越建筑或从支柱层通过。靠山的园林建筑利用地形分层入口，作竖向穿越，临水建筑可从陆地进，穿过建筑涉水(桥、汀步)而出。但不宜安排穿越后，使游人进入了尽端式的死胡同，造成游人退出时走回头路。

若建筑与圆弧式园路相接，则最好设计成外接式，导向明确，既可突出建筑景观，也增加了道路对景。

8. 山地园林景观道路的处理

当道路坡度在6%以内时，则可按一般道路处理，在6%～10%时，就应顺等高线做成盘山道以减小坡度。盘山道是把上山的道路处理成左右转折，利用道路和等高线斜交的办法减小道路坡度。盘山道的路面常做成向内倾斜的单面坡，这样行走舒适，给人以安全感。当山路纵坡超过10%时，下山时易滑，使人有站不住脚的感觉，就需要设置台阶，小于10%的坡可局部设置台阶。山道台阶每15～20级最好有一段较平坦的路面让人间歇，并适当设置园椅供人们休息眺望。如山路必须跨过冲沟峡谷，可考虑设置旱桥、索桥。如山路必须通过峭壁，则可设置栈道或隧道、半隧道。对陡窄的台阶应设置栏杆，或在岩边密植灌木丛以保证安全（图2-10）。

随山就势，可宽可窄 穿行于石缝 过山间隧道

图2-10 登山梯道

低而小的山丘，布置山路时应注意延长路线，使人对山的面积产生错觉，以扩大园林空间。在山路布置上可使道路和等高线平行或斜交，并根据地形布置成回环起伏，上中有下，下中有上，盘旋不绝，以满足游人爬山的要求，如图2-11所示。

除要满足山地园林的功能要求(坡度、分级、休息、平台、眺望点、旱天桥、隧道、洞穴等)外，选线时必须紧密结合现场地形、地貌，使路面标高既低于两侧山地，又要尽量隐蔽在天然的山谷、

平行于等高线　　　　　斜交于等高线　　　　　回环起状

图 2-11　不同坡度的山地园路处理

岩缝、洞穴、树丛之中。宽度可以变动(但以≥0.8m 为宜)，线路随地势高低曲直隐现，依山形盘旋升降上下。严格保护路边的露岩，路中的原来树木，以期早日恢复大自然的旧颜，效法自然，再现自然。

2.3.2　园路平曲线设计

园路根据类型不同也可以分为规则式和自然式两大类。规则式讲求采用严谨整齐的几何式道路布局，突出人工的痕迹，此类型在西方园林中应用较多；自然式则恰好相反，崇尚自然，园路常出现流畅的线条，萦纡回环，"虽由人作，宛自天开"，讲究含蓄美和自然美。近年来，随着东西方造园艺术交流的日渐增进，规则与自然相结合的园路布局手法也不鲜见。

园林道路的平面是由直线和曲线组成的。规则式园路以直线为主，自然式园路以曲线为主。曲线形园路是由不同曲率、不同弯曲方向的多段弯道连接而成的，其平面的曲线特征十分明显；就是在直线形园路中，其道路转折处一般也应设计为曲线的弯道形式。园路平面的这些曲线形式，就叫园路平曲线。

1. 平曲线线形设计

在设计自然式曲线道路时，道路平曲线的形状应满足游人平缓自如转弯的习惯，弯道曲线要流畅，曲率半径要适当，不能过分弯曲，不得矫揉造作(图 2-12)。

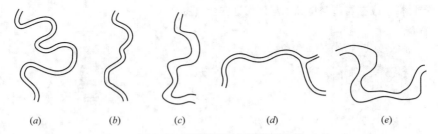

(*a*)　　　　(*b*)　　　　(*c*)　　　　(*d*)　　　　(*e*)

图 2-12　园路平面曲线线形比较

(*a*)园路过分弯曲；(*b*)曲弯不流畅；(*c*)宽窄不一致；

(*d*)正确的平行曲线园路；(*e*)特殊的不平行曲线园路

2. 平曲线半径的选择

当道路由一段直线转到另一段直线上去时，其转角的连接部分均采用圆弧形曲线，该圆弧的半径称为平曲线半径，如图 2-13 所示。

自然式园路曲折迂回，在平曲线变化时主要由下列因素决定：①园林造景的需要；②当地地形、地物条件的要求；③在通行机动车的地段上，要注意行车安全。一般园路的弯道平曲线半径可以设计得比较小，仅供游人通行的游步道，平曲线半径还可更小(表2-4)。

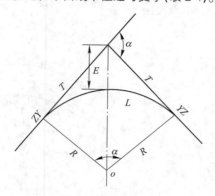

图2-13 平面线图

T—切线长(m)；E—曲线外距(m)；L—曲线长(m)；α—路线转折角度；
R—平曲线半径(m)；ZY—直圆点(曲线起点)；YZ—圆直点(曲线终点)

园路内侧平曲线半径参考值 表2-4

园路类型	一般情况(m)	最小(m)
游览小道	3.5～20.0	2.0
次园路	6.0～30.0	5.0
主园路	10.0～50.0	8.0

3. 园路转弯半径的确定

通行机动车辆的园路在交叉口或转弯处的平曲线半径要考虑适宜的转弯半径，以满足通行的需求。转弯半径的大小与车速和车类型号(长、宽)有关，个别条件困难地段也可以不考虑车速，采用满足车辆本身的最小转弯半径(图2-14)。

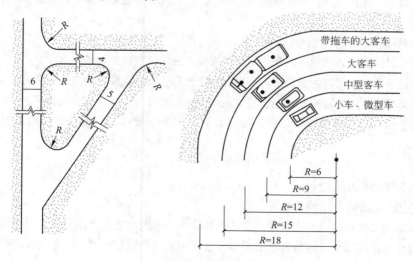

图2-14 园路转弯半径的确定(m)

4. 曲线加宽

汽车在弯道上行驶，由于前后轮的轮迹不同，前轮的转弯半径大，后轮的转弯半径小。因此，弯道内侧的路面要适当加宽，如图 2-15 所示。

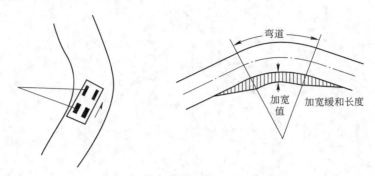

图 2-15　弯道行车道后轮轮迹与曲线加宽

2.4　园路的纵断面设计

园路纵断面，是指路面中心线的竖向断面。路面中心线在纵断面上为连续相折的直线，为使路面平顺，在折线的交点处要设置成竖向的曲线状，这就叫做园路的竖曲线。竖曲线的设置，使园林道路多有起伏，路景生动，视线俯仰变化，游览散步感觉舒适方便。

2.4.1　园路纵断面设计的主要内容
(1) 确定路线各处合适的标高；
(2) 设计各路段的纵坡及坡长；
(3) 保证视距要求，选择各处竖曲线的合适半径，设置竖曲线并计算施工高度等。

2.4.2　园路纵断面设计的要求
(1) 根据造景的需要，随地形的变化而起伏变化，并保证竖曲线线形平滑。
(2) 在满足造园艺术要求的情况下，尽量利用原地形，以保证路基的稳定，并减少土方量。
(3) 园路与相连的城市道路及广场、建筑入口等处在高程上应有合理的衔接。
(4) 园路应配合组织园内地面水的排除，并与各种地下管线密切配合，共同达到经济合理的要求。

2.4.3　园路竖曲线设计
1. 确定园路竖曲线合适的半径

园路竖曲线的允许半径范围比较大，其最小半径比一般城市道路要小得多。半径的确定与游人游览方式、散步速度和部分车辆的行驶要求相关，但一般不作过细的考虑。表 2-5 所列园路竖曲线的取值，可供设计中参考。

园路竖曲线最小半径建议值(mm)　　　　　表 2-5

园路级别	风景区主干道	主园路	次园路	小路
凸形竖曲线	500～1 000	200～400	100～200	＜100
凹形竖曲线	500～600	100～200	70～100	＜70

2. 园路纵向坡度设定

　　一般园路的路面应有 8% 以下的纵坡,以保证雨水的排除,同时又可丰富路景。应保证最小纵坡不小于 0.3%～0.5%。但纵坡坡度也不宜过大,否则不利于游人的游览和园务运输车辆的通行。可供自行车骑行的园路,纵坡宜在 2.5% 以下,最大不超 4%。轮椅、三轮车宜为 2% 左右,不超过 3%。不通车的人行游览道,最大纵坡不超过 12%,若坡度在 12% 以上,就必须设计为梯级道路。除了专门设在悬崖峭壁边的梯级磴道外,一般的梯道纵坡坡度都不要超过 100%。园路纵坡较大时,其坡面长度应有所限制(表 2-6)。当道路纵坡较大而坡长又超过限制时,则应在坡路中插入坡度不大于 3% 的缓和坡段;或者在过长的梯道中插入一至数个平台,供人暂停小歇并起到缓冲作用。

园路纵坡与限制坡长　　　　　表 2-6

道路类型	车道			游览道				梯道
园路坡度(%)	5～6	6～7	7～8	8～9	9～10	10～11	11～12	＞12
限制坡长(m)	600	400	300	150	100	80	60	25～60

2.4.4 弯道与超高

　　当汽车在弯道上行驶时,产生的横向推力叫离心力。这种离心力的大小,与车行速度的平方成正比,与平曲线半径成反比。为了防止车辆向外侧滑移,抵消离心力的作用,就要把路的外侧抬高。

2.5 园路铺装设计及实例

2.5.1 园路铺装设计要素

　　铺装表现的形式多样,但万变不离其宗,主要通过质感、色彩、图案和尺度四个要素的组合产生变化。

1. 质感

　　质感是由于触觉和视觉而感触到素材特有的材质感。自然面的石板表出现原始的粗犷质感,而光面的地砖投射出的是华丽的精致质感。利用不同质感的材料组合,其产生的对比效果会使铺装显得生动活泼,尤其是自然材料与人工材料的搭配,往往能使城市中的人造景观体现出自然的氛围(图 2-16～图 2-18)。同种材料不同的面层处理也能产生不同的质感。

　　住区内不同场地对质感的要求也不尽相同。例如:

　　(1) 车行道质感要求平整,但不宜用光面的材料造成反射,影响驾驶。

　　(2) 人行道最好有一定的弹性,有一定的耐摩擦力,防止雨雪天气打滑。

(3) 健身步道通常用卵石(一般立铺)等，起到保健按摩的作用(图 2-19)。

(4) 有婴儿车或轮椅经过的场地，不能用碎石、卵石等造成颠簸的材料(图 2-20)。

(5) 无障碍设计中盲道砖要按照国家规范标准，设置一定的凹凸感(图 2-21)。

图 2-16　石板步道

图 2-17　装饰地面

图 2-18　条块墙面

图 2-19　凹凸的健身步道

图 2-20　平整的人行道

图 2-21　无障碍设计的盲道

2. 色彩

园林铺装一般作为空间的背景，除特殊的情况外，很少成为主景，所以其色彩常以中性色为基调。色彩具有鲜明的个性，暖色调强烈、兴奋，冷色调优雅、明快，明朗的色调使人轻松愉快，灰暗的色调则更为沉稳、宁静(图 2-22、图 2-23)。

图 2-22　热烈的暖色铺装

图 2-23　优雅的冷色铺装

铺装的色彩应与空间气氛协调。例如：

(1) 儿童游戏场可以色彩鲜艳，而休息场地则宜使用素雅色彩(图 2-24、图 2-25)。

图 2-24　丰富的色彩激发儿童幻想

图 2-25　纯净的色彩宁静和谐

(2) 色彩还有一定的可识别性，例如，可以利用不同色彩的铺装区分不同功能的场地、楼号或入户位置等(图 2-26)。

3. 图案

1) 铺装的形状是通过平面构成要素中的点、线和面(形)得到表现。

(1) 点可以吸引人的视线，成为视觉焦点(图 2-27)。

(2) 线的运用比点效果更强，直线带来安定感，曲线具有流动感，折线和波浪线则具有起伏的动感(图 2-28)。

(3) 形本身就是一个图案，不同的形产生不同的心理感应(图 2-29)。

2) 有规律地排列的点、线和图形可产生强烈的节奏感和韵律感，给人一种有条理的感觉。铺装组成的图案随着视点的变换，效果也大不相同。例如：

图 2-26　不同色彩区分场地

图 2-27　连续的点

图 2-28　流动的线

图 2-29　丰富的面

(1) 站在地面上，只能看清铺装的局部，而站在高楼俯瞰下去，有些大面积的铺装广场则有另一番效果(图 2-30)。

(2) 带图案的铺装还能起到一定的引导和暗示作用，如直线给人一种方向感等(图 2-31)。

图 2-30　登高俯瞰才能将整体图案尽收眼底

图 2-31　直线给人引导与方向感

4. 尺度

(1) 铺装图案的尺寸与场地大小有密切的关系。大面积铺装应使用大尺度的图案，通常大尺寸的花岗石等板材适宜大空间,这有助于表现统一的整体效果。中、小尺寸的地砖和小尺寸的玻璃马赛克,更适用于一些中、小型空间(图2-32～图2-34)。

图 2-32 大尺度的统一

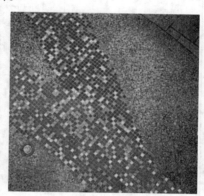

图 2-33 小尺度的精细图

(2)尺度是个相对的概念,应针对不同空间选择一定规格尺寸的材料,以达到良好的景观效果,同时更便于施工并尽可能地减少废料。

综上所述,铺装应该根据不同场合、不同景观要求对铺装材料进行质感的选择、色彩的搭配和图案的拼砌,以求达成和谐统一的空间效果。

2.5.2 园路铺装基本构造

地面铺装按图2-35所示的顺序,可分为面层、结合(找平)层、基层和路基四个部分。

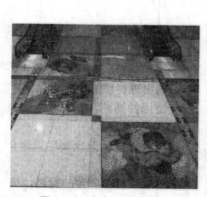

图 2-34 大小尺度的对比

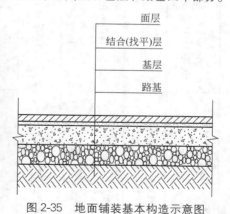

面层
结合(找平)层
基层
路基

图 2-35 地面铺装基本构造示意图

1. 面层

1)选择要素

(1)应避免使用大面积釉面和磨光面铺装材料,避免雨天打滑和防止光污染。

(2)选择符合产品标准要求的材料。

(3)注意铺装面材的尺寸与道路或广场的模数关系,便于加工制作,节材,减少废料。

面材标注的尺寸除特殊注明者外均含加缝。

2)常用面材选用(表2-7)

表 2-7

园路面层材料表

名称	特性	一般规格(mm)(长×宽×厚)	适用范围及特点	颜色	面层处理及质感	价格档次	备注
天然材料	花岗石板	厚度:垂直贴20~25 水平面铺贴30~50 平面加工各种尺寸	广场、人行道、混凝土构筑物外贴面、墙面	芝麻白、芝麻黑、印度红、灰、棕、褐色	磨光、自然面、荔枝面、火烧面、刹剁面、拉道面	高档(材料越大越厚价越高)	
	砂岩板	垂直贴20~25；水平面铺30~50	贴墙面、道路、小广场	本色、浅黄色	文化石面、自然面	中	
	青石板	垂直贴20~25；水平面铺30~50	贴墙面、区内小道、屋面	青灰色	酱面	低、中	
	毛石	400×300×200	挡土墙	自然褐色	酱面、自然色	低	
	大理石	冰裂纹 300×200×25	局部铺装面(冰裂纹)	红、黑、白、棕、灰(含花纹)色	磨光	中	
	卵石、碎石	大:150×60, 小:15×60	局部铺装、健康步道	黑、白间色	拼花、造型	中	坡度小于1%
	料石	500×200×300	道牙	混凝土、石材本色	预制混凝土、石材剖切面	低、中	
	木材	长度小于4.5cm，视断面而定	栈道、木平台、构架	自然色、棕色	防腐、防虫处理，后面刷清漆两道	高	不宜用于室外
人工材料	水泥砖	230×114×60	人行道、广场	灰、浅黄、浅红、灰绿色	工厂预制	低	
	烧结砖	230×114×60	人行道、广场	暗红、青、棕、灰、象牙色	工厂预制	中、高	
	陶瓷广场砖	215×60×12	人行道、广场	暗红、浅黄、米黄、灰、青、象牙色	工厂预制	中、高	
	植草砖、板	植草板:355×355×35 植草砖:方形350×350×80，八角形	停车场	灰白、浅绿色	工厂预制	中	
	陶瓷锦砖	大:60×60×10 小:20×20×8	局部构架、建筑贴面	多种色彩	工厂预制	中	

续表

名称＼特性	一般规格(mm)(长×宽×厚)	适用范围及特点	颜色	面层处理及质感	价格档次	备注
环保塑木	长度小于 4.5cm，视断面另定	各种铺地、构架、防腐、潮、虫、晒裂	棕、浅褐色	工厂预制	高	
橡胶垫	400×400×50；500×500×50	儿童、老人、有器具的活动场地、运动场	暗红、深绿、深蓝、黑色	工厂预制	高	
透水混凝土路	整体现浇	道路、广场等	可调整	粗糙、大孔	高	小于 5 车清洗
沥青混凝土路	整体	车行路	彩色、黑色（暗红、深灰色）	压实（由专业施工）	低、中	支路、非机动车道
混凝土、水泥路	整体	车行路、区内小路	灰白色	浇捣、抹面	中	
砂石路面	整体	林间小路	灰白、米灰色	压实	低	
石米	设分仓缝、整体	小路、局部铺装	米、灰白、浅暗红色	压实	低	
水磨石	整体	局部铺装、座荷面	白水泥＋各彩色的石米后磨光	磨光	中	
玻璃	设计定；地面(10~15)×2 中间夹胶膜	扶手挡板、地面、顶棚、灯面	白、透明、彩色	磨砂、花纹	高	
铝板	1~2(厚)	建筑、构架外包、吊顶	银灰、灰白色	工厂预制型材	高	
不锈钢板	1~2(厚)	构架外包、小局部镶嵌、扶手	发光、亚光	工厂预制型材	高	
彩色钢板	1~2(厚)	屋顶、墙板	蓝、灰、白色	工厂预制型材	高	
PC 板、耐力板、阳光板	2~4(厚)；5~10(厚)(空心)	厕所隔断、顶棚	蓝、灰、白色	工厂预制型材	高	
地石丽	(不定型)	彩色地面、广场、人行道	深暗、彩色	彩色水泥路面质感	低、中	
喷塑涂料	(不定型)	外墙面、不耐污染、可冲洗	白色	大压花、小压花	中	
油漆	(不定型)	金属构架面、易生锈、需刷新	设计自定	涂刷、烤漆（工厂烤、现场拼装）	中	定期重刷
氟碳漆	(不定型)	金属构架面、耐久性强	设计自定	设计自定	高	

（分组：塑性材料、板材、涂料）

2. 结合层

结合层是连接面层与基层之间的材料。如用松散材料作为结合层，如砂石等，必须在其周边用干硬性水泥砂浆挡边，防止其受压后向外偏移。挡边范围也不宜过大，例如，停车场位为一个挡边区，人行道纵向以 2~3m 为宜。结合层材料与厚度见表 2-8。

结合层材料与厚度　　　　　　　　　　　　　　表 2-8

面层类型	结合层材料	厚度(mm)
陶瓷砖(广场砖)、花砖、大理石板、花岗石板、青石板、砂岩板等 8~20mm 厚的薄材板	1:4 干硬性水泥砂浆	30
非黏土烧结砖、水泥砖、块石、预制混凝土板等 30~50mm 厚的预制砖及板材	1:4 干硬性水泥砂浆	30
烧结砖、水泥砖、嵌草砖、块石、花岗石板、条石凡大于 40mm 厚以上的各类砖、板材	中粗砂	50
卵石、石米、碎石料	嵌入 1:2:4 细石混凝土(水泥砂浆)	30

3. 基层

基层是直接承受上部荷载并传入地基的受力层。结构要致密，强度应与承载相适应。基层分承载(即可走机动车)与非承载(即人行道)，承载负荷标准按支路等级计算执行，即设计荷载为汽车 15-级，验算荷载为挂车-80 级，非承载标准按人群荷载规定计算。

选择道路各基层材料时有以下区分：

1) 北方地区或地下水位较低的地区基层常用灰土(即石灰：土为 3:7，叫三七灰土；石灰：土为 2:8，叫二八灰土)。

南方地区或地下水位较高的地区基层常用天然级配碎砾石，也常用二灰基料，为石灰、粉煤灰、碎石，一般配比为 10:20:70，或 8:12:80，以及 6% 的水泥石粉渣。

2) 全国的地表土分为三个地带：

(1) 多年冻土带：包括黑龙江西北、新疆西北、甘肃南、宁夏与新疆交界处、西藏北部。

(2) 季节性冻土带：包括东北、内蒙古、宁夏东北大部分地区、西藏南、黄河以北地区、甘肃兰州、西宁以西、以北地区。

(3) 全年不冻土：除以上部分外，我国大部分地区。需准确查阅时，请查中国季节性冻土标准冻深线图(《建筑地基基础设计规范》GB 50007—2011)。

根据本地区所在区域，决定基层的厚度。标准图中基层厚度有一个范围值，选用上限与下限的数值，应根据承载大小、当地的土质状况、本部分工程设计的重要等级、投资状况、施工单位资质等级确定。

3) 冻土地带的潮湿路段以及其他地带的过分潮湿路段不宜直接铺筑灰土基层，否则，应在其下设置隔水垫层，防止水分浸入灰土基层。

4) 基层压实度不应小于 93%(重击实标准)，回弹模量不应小于 80MPa。

4. 路基

也称土基，压实密度不应小于 90%(重击实标准)，回弹模量不应小于 30MPa。如遇特殊情况，土基应另外处理。

2.5.3 常用园路铺装设计实例

1. 透水混凝土路面构造

1) 特点

透水铺装作为一种新的环保型、生态型的材料，已日益受到人们的关注。现代城市的地表多被钢筋混凝土的房屋建筑和不透水的路面所覆盖。与自然的土壤相比，普通混凝土路面缺乏呼吸性、吸收热量和渗透雨水的能力，随之带来一系列的环境问题。混凝土一直被认为是破坏自然环境的元凶，但是只要使连续空隙得以形成，就能创造出与自然环境的衔接点，极大地改变过去的形象。因此，透水铺装对于恢复不断遭受破坏的地球环境是一种创造性的材料，将对人类的可持续发展作出贡献。

（1）优点

① 当集中降雨时能减轻城市排水设施的负担，防止河流泛滥和水体污染。

② 能使雨水迅速渗入地下，还原地下水，保持土壤湿度（图2-36）。

③ 防止路面积水，夜间不反光，增加路面安全性和通行舒适性。

④ 调节城市空间的温度和湿度，改善城市热循环，缓解热岛效应。

⑤ 大孔隙率能降低车辆行驶时的路面噪声，创造舒适的交通环境。

⑥ 大量的空隙能吸附城市污染物（如粉尘），减少扬尘污染。

图 2-36 快速下渗，不积水

可以根据需要设计图案和颜色，充分与环境相结合。

（2）应用部分：重要区域

（3）施工构造（图2-37、图2-38）

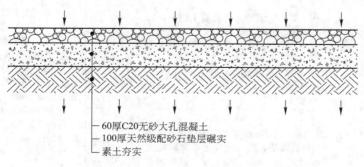

—60厚C20无砂大孔混凝土
—100厚天然级配砂石垫层碾实
—素土夯实

图 2-37 人行透水混凝土路面

（4）施工工艺

透水铺装主要分为整体现浇铺装和透水铺装两种。其中，整体铺装还有用特殊的胶粘剂改造原

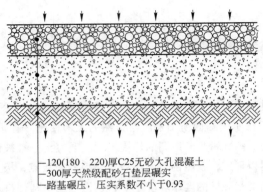

—120(180、220)厚C25无砂大孔混凝土
—300厚天然级配砂石垫层碾实
—路基碾压，压实系数不小于0.93

注：路面荷载按：
行车荷载不大于5t选用120厚面层
行车荷载5~8t选用180厚面层
行车荷载8~13t选用220厚面层
(其他车型可参照以上车型选用)

图 2-38　车行透水混凝土路面

有不透水的路面的做法，使其也能具有一定的透水性，但须另设排水沟。实际设计时需要考虑不同原始土壤承载力及工程规范要求。

除整体现浇透水草坪外，现在还有一种透水混凝土砌块，也是一种新型的透水材料，一般厚80~100mm，具有混凝土面层的强度，也能迅速渗透地面水。

透水道路只有空隙率在20%~25%以上，透水系数为0.1cm/s时，才能保证长期使用过程中透水性能优异。透水路面在使用过程中受周边环境污染使透水率有所下降，应通过定期清洗养护，使其透水率恢复到原先设计的性能。由于目前预制透水砖空隙率仅为5%~6%，易堵塞，暂时不建议使用它。

2) 标准构造(表 2-9)

透水路面标准构造　　　　　　　　　　　表 2-9

名称	用料及分层做法	厚度(mm)	附注
透水混凝土路面(适用于居住区内人行道、雨路)	1. 60mm 厚 C20 无砂大孔混凝土路面，分块捣制，随打随抹平，每块长度不大于 6m，缝宽 20mm，沥青砂子或沥青处理，松木条嵌缝； 2. 100mm 厚天然级配砂石垫层碾实； 3. 素土夯实	160	1. 需在施工图中注明道路宽度及长度。 2. 纵、横向伸缩缝间距不大于 6m，可用分仓施工缝代替。 3. 横向每四格应设伸缩缝一道，路宽大于 8m 时，在路面纵向中间设伸缩缝一道。
透水混凝土路面(适用于小区内车行道、停车场、回车场)	1. 120(180、220)mm 厚 C25 无砂大孔混凝土，面层分块捣制，随打随抹平，每块长度不大于 6m，缝宽 20mm，沥青砂子或者沥青处理，松木条嵌缝； 2. 300mm 厚天然级配砂石垫层碾实； 3. 路基碾压，压实系数大于 0.93	420 (480、520)	4. 路面荷载按： 　行车荷载不大于 5t，选用 120mm 厚面层； 　行车荷载 5~8t，选用 180mm 厚面层； 　行车荷载 8~13t，选用 220mm 厚面层 　(其他车型可参照以上车型选用)

2. 混凝土路面构造

1) 特点

(1) 整体现浇成型属于刚性铺装，无弹性，耐久，维护成本低，主要用于车行道、消防车道 (图 2-39)。

(2) 消防车道：净宽大于 4m，承载 30～40t 的消防车，表面有显性或隐性两种。如过 30t 的消防车，基层做法：经验值需 180mm 厚 C30 混凝土 + 300mm 厚级配碎石 + 素土夯实，压实系数不小于 93%；如过 40t 的消防车，基层做法：经验值需 200mm 厚 C30 混凝土 + 300mm 厚级配碎石 + 厚土夯实，压实系数不小于 93%。

(3) 施工工艺：铺装容易，但又缺乏质感，易单调，因此应设置变形缝增添变化或在表面进行一定的处理，大致有以下几种：除用铁抹子抹平、木抹子抹平、刷子拉毛外，还有简单清理表面灰渣的水洗石饰面和着色压模饰面的办法，又称"地石丽"(图 2-40)。

图 2-39 素混凝土路面

图 2-40 "地石丽"路面

2) 标准构造(图 2-41)

(1) 承载道路混凝土强度等级不低于 C20，非承载道路混凝土强度等级不低于 C15。

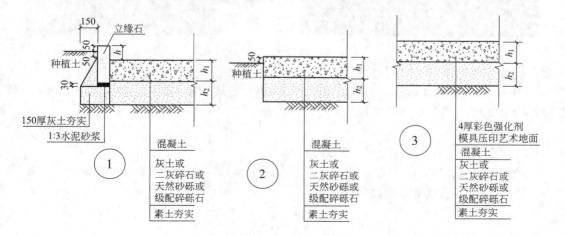

图 2-41 混凝土路面构造施工工艺

(2) 变形缝设置按"6 技术措施 6.2 变形缝设置"执行。广场按 6m×6m，或按面层面形，不大于 6m 做隐形缝(面层铺装仍连续)。

(3) 表 2-10 中数值选定主要根据承载大小、当地土质状况等决定。

混凝土路面构造施工工艺尺寸表(mm)　　　　　　　表 2-10

代号	承载			非承载		
	多年冻土	季节冻土	全年不冻土	多年冻土	季节冻土	全年不冻土
h_1	180~220	180~200	180~200	100~160	80~160	80~140
h_2	200~500	200~400	200~300	200~300	100~200	0~150
h	80~150					

注：表中多年冻土、季节冻土、全年不冻土是根据"我国季节性冻土标准冻深线图《建筑地基基础设计规范》GB 50007—2011"中所在地的位置而定的。

3. 沥青路面构造

1) 特点

(1) 热辐射低，光反射弱，降噪，耐火。表面不吸水、不吸尘。主要用于车行道、消防车道(图 2-42、图 2-43)。

图 2-42　原色沥青路面　　　　　　　　图 2-43　彩色沥青路面

(2) 施工工艺：整体现浇，弹性随混合比例而变化。遇热、遇溶解剂可溶解。维护成本低。如图 2-44(表 2-11)、图 2-45(表 2-12)所示。

说明：

1. 缘石可选用石材、混凝土等，由设计定。

2. 乳化沥青透层的沥青用量 1.0mL/m²，上铺 5~10mm 碎石或粗砂用量 3m³/1000m²。

3. 本图适用于交通量比较大的承载道路。

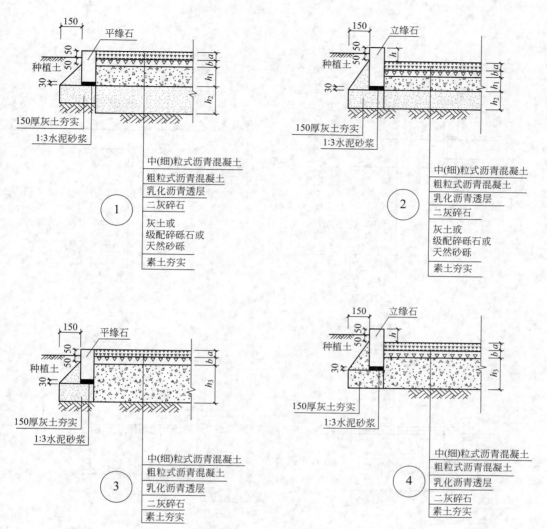

图2-44 沥青路面构造施工工艺一

沥青路面构造施工工艺一尺寸表(mm)　　　　　　　　　表2-11

代号	承载		
	多年冻土	季节冻土	全年不冻土
h_1	150～300	150～250	100～200
h_2	200～400	150～300	150～250
h_3	300～500	300～450	200～300
h	80～150		
a	30～60		
b	40～60		

注：表中多年冻土、季节冻土、全年不冻土是根据"我国季节性冻土标准冻深线图《建筑地基基础设计规范》GB 50007—2011"中所在地的位置而定的。

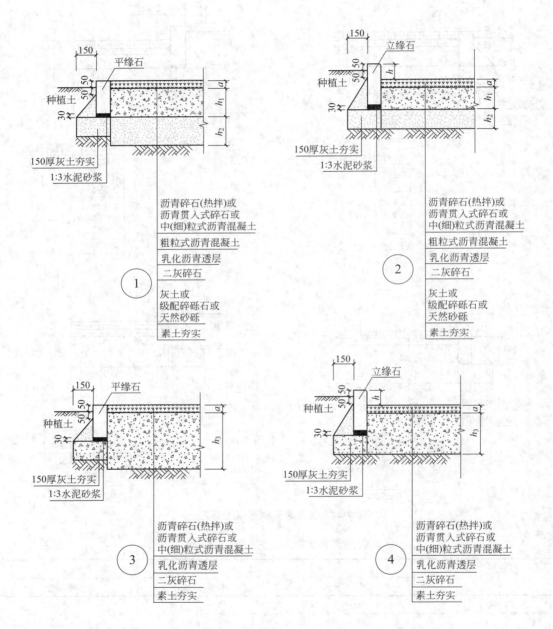

图 2-45　沥青路面构造施工工艺二

说明:

1. 缘石可选用石材、混凝土等,由设计定。

2. 乳化沥青透层的沥青用量 1.0mL/m², 上铺 5~10mm 碎石或粗砂用量 3m³/1000m²。

3. 本图适用于交通量比较大的承载道路。

沥青路面构造施工工艺二尺寸表(mm)　　　　　　　　　　　表 2-12

代号	承载			非承载		
	多年冻土	季节冻土	全年不冻土	多年冻土	季节冻土	全年不冻土
h_1	150~200	150~200	150~200	150~200	150~200	150~200
h_2	200~300	150~300	100~200	0~200	0~200	0
h_3	300~450	300~400	200~300	200~300	200~300	100~200
h	80~150					
a	40~60					

注：表中多年冻土、季节冻土、全年不冻土是根据"我国季节性冻土标准冻深线图《建筑地基基础设计规范》GB
　　50007—2011"中所在地的位置而定的。

4. 料石路面构造

特点

料石一般是指较厚的天然石材加工而成的铺装材料，常用石材有花岗石、板石、石英石，可能
出现冻害的地方一般用石灰石、砂石、花岗石等(图 2-46~图 2-50、表 2-13)，其结构均匀、质地坚
硬、不宜风化，能耐酸、碱及腐蚀气体，有良好的加工性能和装饰效果，面层有自然面、烧面、荔
枝面、光面、镜面等。材料越大、越厚，越贵，属于中、高档装饰材料。

图 2-46　花岗石板路面

图 2-47　常见的花岗石板步石

图 2-48　大小变化的料石铺装

图 2-49　大小一致的料石铺装

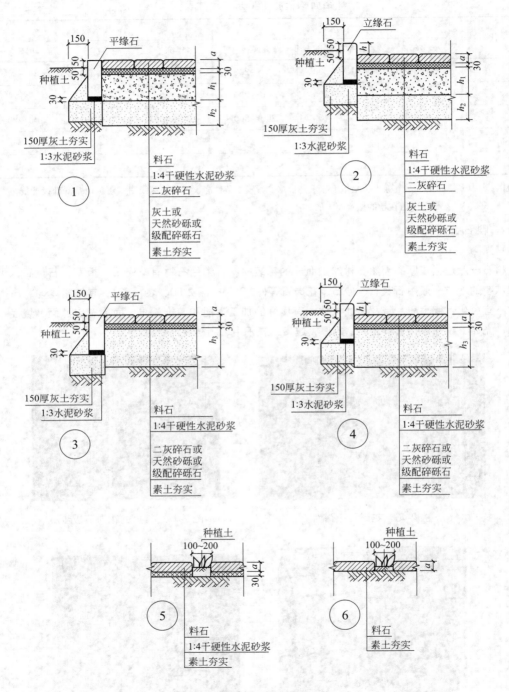

图 2-50　料石路面构造工艺

说明：

1. 料石为天然或加工的石料。

2. 缘石可选用石材、混凝土等，由设计定。

3. 面层缝可用砂扫或用 1：2 水泥砂浆勾缝。

4. ⑤、⑥适用于绿地内踏步。

料石路面构造工艺尺寸表(mm) 表 2-13

代号	承载			非承载		
	多年冻土	季节冻土	全年不冻土	多年冻土	季节冻土	全年不冻土
h_1	150～300	150～250	150～200	100～300	100～200	100～200
h_2	250～400	200～350	150～300	150～300	100～200	0
h_3	300～400	250～350	200～350	200～300	150～250	100～200
h	80～150					
a	>60					

注：表中多年冻土、季节冻土、全年不冻土是根据"我国季节性冻土标准冻深线图《建筑地基基础设计规范》GB 50007—2011"中所在地的位置而定的。

5. 砌块砖路面构造

特点

颜色鲜明柔和，组合多样，行走舒适，造价适中，用于非车行道小广场、行人道较适合。

常用的砖材有水泥砖、砌块砖、非黏土烧结砖等。

砖的单体有方形、矩形、六方形、扇形、鱼鳞形等。单体组合多种多样，常见的有人字形、席纹形、错缝等(图 2-51～图 2-53、表 2-14)。同一种砖立铺和卧铺的效果也不尽相同。

图 2-51 工字形铺装

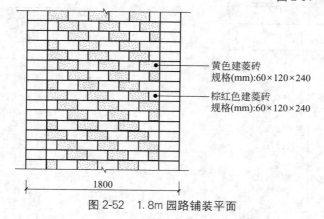

黄色建菱砖
规格(mm):60×120×240

棕红色建菱砖
规格(mm):60×120×240

1800

图 2-52 1.8m 园路铺装平面

说明：

1. 砌块砖铺装时水泥砂浆的含水量为 30%。

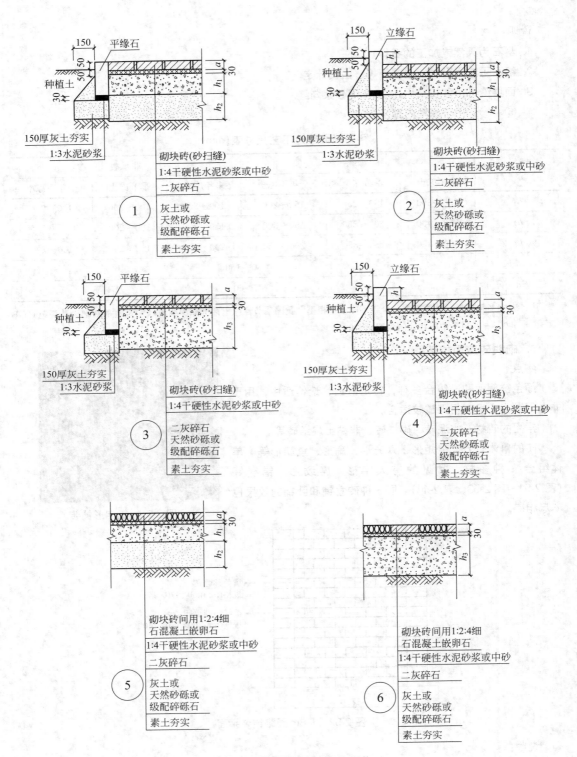

图 2-53 砌块砖路面构造工艺

2. 缘石可选用石材、混凝土，由设计定。

3. 水泥砖、非黏土烧结砖构造同本图构造。

砌块砖路面构造工艺尺寸表(mm)　　　　　表 2-14

代号	承载			非承载		
	多年冻土	季节冻土	全年不冻土	多年冻土	季节冻土	全年不冻土
h_1	150～200	150～200	150～200	100～200	100～200	100～200
h_2	250～400	200～350	150～300	150～300	100～200	0
h_3	300～500	300～450	250～400	250～350	200～300	150～250
h	80～150					
a	40～115					

注：表中多年冻土、季节冻土、全年不冻土是根据"我国季节性冻土标准冻深线图《建筑地基基础设计规范》GB 50007—2011"中所在地的位置而定的。

6. 嵌草砖路面构造

1）特点

是在混凝土预制块或砖砌块的孔穴或接缝中栽培草皮，使草皮免受人、车踏压的路面铺装，一般多用于停车场等场所。常见的种类有"8"字形和"井"字形等(图2-54、图2-55)。

图 2-54 "8"字形嵌草砖铺装　　　　图 2-55 "井"字形嵌草砖铺装

(1) 嵌草砖可采用水泥砖、非黏土砖、透水透气环保砖等。

(2) 基层如用粗砂作垫层时，四周必须用干硬性水泥砂浆堵住，以防砂粒外移。其范围按一个车位，人行道按2～3m 为限。

2）施工工艺

嵌草砖的基层宜用透水性好的材料(如级配砂石、粗砂等，并能保持一定的强度)。干旱地区，嵌草砖下应铺设吸湿性好的材料(如砂土混合料填充的级配碎石)做基层，并应有满足承载能力的厚度。不宜采用混凝土做基层(图2-56、表2-15)。

说明：

1. 嵌草砖可采用水泥砖、非黏土砖、透气透水环保砖及塑料网格等，本图嵌草部分为示意，尺寸由设计确定。

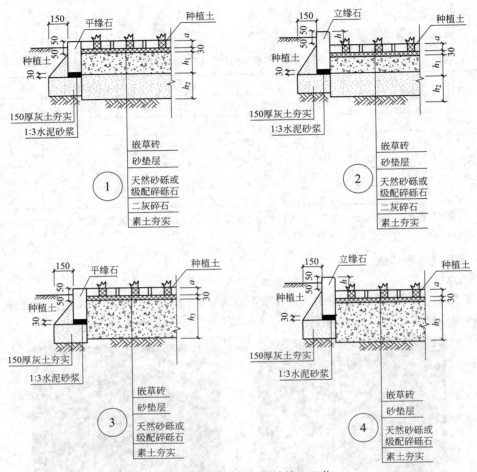

图 2-56　嵌草砖路面构造施工工艺

2. 缘石可选用石材、混凝土等，由设计定。

3. ①、②适用于承载地段，③、④适用于非承载地段。

嵌草砖路面构造施工工艺尺寸表(mm)　　　　　表 2-15

代号	承载			非承载		
	多年冻土	季节冻土	全年不冻土	多年冻土	季节冻土	全年不冻土
h_1	150～200	150～200	150～200	100～150	100～150	100～150
h_2	250～400	200～350	150～300	150～300	100～300	0
h_3	300～500	300～450	250～400	250～350	200～300	150～200
h	80～150					
a	50～80					

注：表中多年冻土、季节冻土、全年不冻土是根据"我国季节性冻土标准冻深线图《建筑地基基础设计规范》GB 50007—2011"中所在地的位置而定的。

7. 花砖、石板路面构造

1) 特点

一般指较薄型的人造砖或天然石材加工板。具有色彩明朗，形色繁多，感觉活泼、舒适、亲切的特点。常用于承载不大的小广场、商业街、人行场所及局部景观位置，在行车的位置不宜铺设，也常用于垂直铺装面的地方。

2) 标准构造(图 2-57、表 2-16)

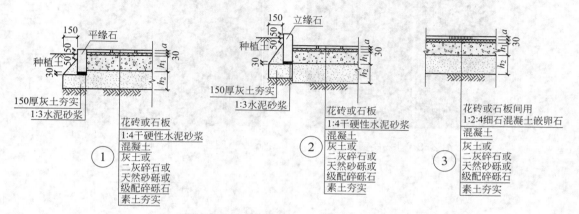

图 2-57 花砖、石板路面构造标准构造

说明：

1. 花砖指广场砖和仿石地砖，石板为各种天然石板材。

2. 花砖用 1∶1 水泥砂浆勾缝，石板用 1∶2 水泥砂浆勾缝或细砂扫缝。

3. 路宽 B 小于 5m 时，混凝土沿纵向每隔 4m 分地做缩缝；路宽 B 大于 5m 时，沿路中心线做纵缝，沿线纵向每隔 4m 分块做缩缝；广场按 4m×4m 分块做缝。

4. 混凝土纵向长约 20m 或与不同构筑物衔接时须做胀缝。

5. 混凝土强度等级不低于 C20。

6. 缘石选用石材、混凝土等，由设计定。

7. 卵石和面层厚度见"卵石，水洗豆石路面构造"。

花砖、石板路面构造标准构造尺寸表(mm) 表 2-16

代号	承载			非承载		
	多年冻土	季节冻土	全年不冻土	多年冻土	季节冻土	全年不冻土
h_1	150～200	150～200	150～200	100～150	100～250	100～150
h_2	250～400	200～350	150～300	150～300	100～200	0
h	80～150					
a	12～60					

注：表中多年冻土、季节冻土、全年不冻土是根据"我国季节性冻土标准冻深线图《建筑地基基础设计规范》GB 50007—2011"中所在地的位置而定的。

8. 卵石、水洗豆石路面构造

1）特点

此类属于碎料铺装，不反光，摩擦力较大，颜色拼花变化多样，常用于坡度较大的山间小路、景观园路、按摩小径（图2-58）。

图2-58　卵石路面一

图2-59　卵石路面二

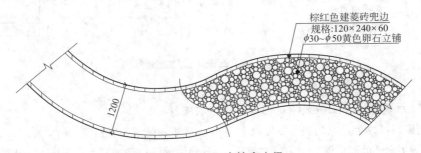

图2-60　1.2m宽按摩小径

(1) 卵石铺装坡度应小于1%，防止雨天行人滑倒。

施工工艺：卵石除了可以拼出各种图案外，更是铺砌健身步道的常用材料。施工时，因卵石的大小、高低不完全相同，为使铺出的路面平坦，必须在路基上下功夫。整平后的路基先用C15混凝土找平，一般不小于30mm，铺装后的路面整齐，高度一致。此外，卵石的疏密也应保持均衡，不可部分拥挤，部分疏松。卵石路面面层坡度必须大于1%，以防雨天打滑。

(2) 水洗豆石（洗米石）铺装。

施工工艺：水洗石子面层施工同卵石，不同的是用细石子取代卵石。混凝土找平层初凝后用细石子和水泥拌合的混合料铺于其上，初凝后用水冲洗表面，使石子均匀外露，形成美观的石子路面。施工时园路边缘要架模板，明确铺装的范围。还要留意冲水量与水压的控制及冲洗的时机。洗石子地面处理除用普通水泥外，尚可用白色或加有红色、绿色着色剂的水泥（图2-61、图2-62）。

2）标准构造（图2-63、表2-17、表2-18）

说明：

1. 面层为1：2：4的细石混凝土嵌卵石、水洗豆石、石条或瓦。

2. 混凝土强度等级不低于C20。

图 2-61 洗石子小径　　　　　图 2-62 洗石子广场

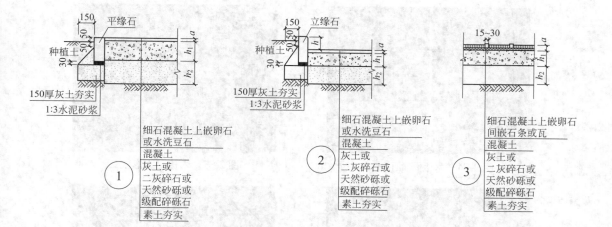

图 2-63 卵石、水洗豆石路面构造标准构造

3. 路宽 B 小于 5m 时，混凝土沿纵向每隔 4m 分块做缩缝。路宽 B 大于 5m 时，沿路中心线做纵缝，沿路纵向每隔 4m 分块做缩缝。广场按 4m×4m 分块做缝。

4. 混凝土纵向长约 20m 或与不同构筑物衔接时须做胀缝。

5. 缘石可选用石材、混凝土等，由设计定。

卵石、水洗豆石路面构造标准构造尺寸表(mm)　　　　表 2-17

代号	承载			非承载		
	多年冻土	季节冻土	全年不冻土	多年冻土	季节冻土	全年不冻土
h_1	150～200	150～200	150～200	100～150	100～250	100～150
h_2	250～400	200～350	150～300	150～300	100～200	0
h	80～150					

卵石、豆石粒径及面层厚(mm)　　　　　　　　　表 2-18

卵石粒径	ϕ	20	25	30	45	60
面层厚	α	40	50	60	75	95
豆石粒径	ϕ	3~5	6~12	13~15	—	—
面层厚	α	30	35	40	—	—

注：表中多年冻土、季节冻土、全年不冻土是根据"我国季节性冻土标准冻深线图《建筑地基基础设计规范》GB 50007—2011"中所在地的位置而定的。

9. 木板(木栈道)路面结构

1）特点

木铺装较之混凝土铺装要亲切许多，与园林的树木花卉等景观也更为协调，给人的感觉是自然而富有情趣(图 2-64～图 2-68)。用于铺装的木材有长正方形的木方、木板，圆形的、半圆形的木桩等。在潮湿近水的场所使用时，宜选择耐湿防腐的木料。

图 2-64　木板路面形式一

图 2-65　木板路面形式二

图 2-66　木板路面形式三

图 2-67　木板路面形式四

天然木材可令步行更为舒适，而贾拉木、红杉等木材是在通常的环境条件下无须使用防腐剂可使用10～15 年不腐朽的进口建材。此外，还有多种可加压注入防腐剂的普通木材。

一般的天然木材由于在室外不易维护，易干裂、腐蚀、虫咬等，近年来常用"环保塑木"代替，效果相同，在室外易于维护。"塑木"还可按要求制成曲线，扩大了其在各种场合的使用范围。另外，由于"塑木"生产过程

图 2-68　木板路面形式五

中添加料不同而使其品质变化较大，设计采用时应予以相应的控制。

2）标准构造（图 2-69、表 2-19）

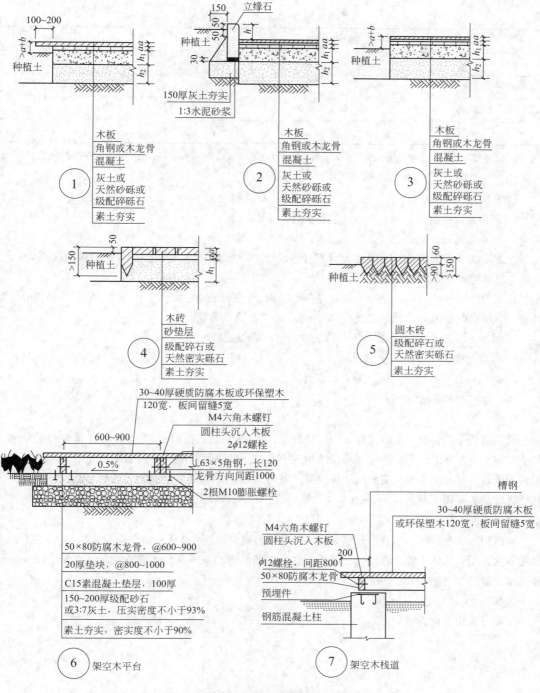

图 2-69　木板（木栈道）路面结构标准构造

木板(木栈道)路面结构标准构造尺寸表(mm)　　　　　　表 2-19

代号	承载		
	多年冻土	季节冻土	全年不冻土
h_1	100～150	100～150	100～150
h_2	150～300	100～200	0
h	80～150		
a	15～60		
b	40～60		

注：表中多年冻土、季节冻土、全年不冻土是根据"我国季节性冻土标准冻深线图《建筑地基基础设计规范》GB 50007—2011"中所在地的位置而定的。

说明：

1. 所用木材应经过防腐、防水、防虫处理。

2. 角钢应经过防锈处理。

3. 角钢龙骨所用角钢型号及木龙骨尺寸由设计定，间距0.5～1.0m，龙骨可用螺栓或砂浆固定，木板与龙骨可用胶或木螺栓固定。

4. 路宽 B 小于 5m 时，混凝土沿路纵向每隔4m分块做缩缝。路宽 B 大于 5m 时，沿路中心线做纵缝，沿路纵向每隔4m分块做缩缝。广场按4m×4m分块做缝。

5. 混凝土纵向长约20m或与不同构筑物衔接时须做胀缝。

6. 混凝土强度等级不低于C20。

7. 缘石可选用石材、混凝土等，由设计定。

10. 合成材料路面构造

特点

聚氨酯树脂铺装有一定的弹性，行走较舒适，色调可由设计自由选定，但由于黑色橡胶粒混合物的摩擦，使其呈深色调。质感上可做成相对不宜打滑的路面。施工中聚氨酯着色后，用金属抹子或刷子涂刷在基层上，作为聚氨酯的保护层，采用3mm左右橡胶粒混合物，通过金属抹子或专用铺路机进行施工。面层耐久性为2～3年，故要隔2～3年重新喷涂一次。常用于运动场、校园内人行道和硬景局部。

环氧树脂灰浆抹面，以及用无色环氧树脂及聚氨酯树脂等高分子材料作为胶粘剂与 $\phi5$ 左右的细砂粒混合，用金属抹子铺设透水性面层的工艺，垫层多为约40～80mm厚细粒沥青混凝土或100mm厚透水性混凝土（图2-70、表2-20）。

说明：

缘石可选用石材、混凝土等，由设计定。

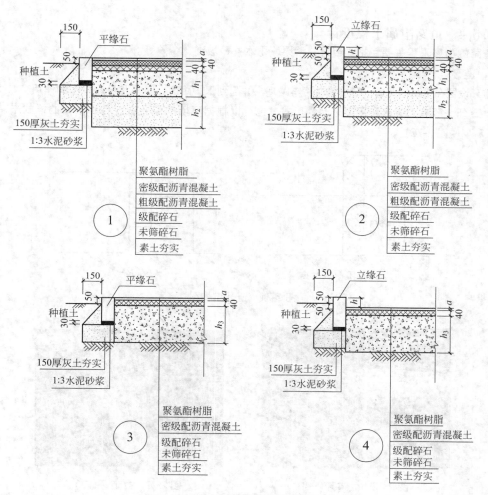

图 2-70　合成材料路面构造施工工艺

合成材料路面构造施工工艺尺寸表(mm)　　　　　　　　　表 2-20

代号	承载			非承载		
	多年冻土	季节冻土	全年不冻土	多年冻土	季节冻土	全年不冻土
h_1	150~200	150~200	150~200	100~150	100~150	100~150
h_2	250~400	200~350	150~300	150~300	100~200	0
h_3	300~500	300~450	250~400	250~350	200~300	150~200
h	80~150					
a	10~20					

注：表中多年冻土、季节冻土、全年不冻土是根据"我国季节性冻土标准冻深线图《建筑地基基础设计规范》GB
　　50007—2011"中所在地的位置而定的。

2.5.4 道路附属工程设计

道路的附属工程主要包括：道牙、明渠、雨水井、坡道、台阶等。

1. 道牙

道牙设置在道路的两边，衔接着道路与路肩，并起到保护路面，聚集和导流排水的作用。如图 2-71 所示，道牙一般有立道牙和平道牙两种形式，也可以根据环境的需要做成各种丰富的样式来装饰路面（图 2-72～图 2-76）。

立道牙   平道牙

图 2-71 道牙结构图

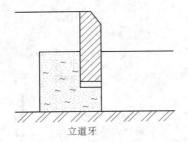

图 2-72 立道牙（一）

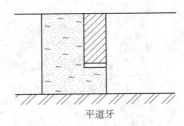

图 2-73 立道牙（二）

图 2-74 立道牙（三）

图 2-75 平道牙（一）

2. 雨水的回收利用设施

（1）明渠：是常用的排水设施，在园林、公园和庭院景观环境中更为多见。一般用砖、石板、卵石、混凝土砖等材料铺砌而成。明渠暴露于道路平面，因此通常为宽底，下凹较浅，在排水的同时，还起到拓宽路面、分界路面的作用（图2-77～图2-82）。

（2）雨水井：是一般道路最为常用的排水方式，排水速度快，对路面的影响较小。雨水井排水口通常与道路持平或略低于路面，地基下铺设专用排水管道，顶部覆井盖，起分隔遮挡杂物和安全防护的作用。常见的雨水井可分为渗井和集水井两种（图2-83～图2-89）。雨水井不但在我们的日常生活中起着十分重要的作用，在现代社会中也越来越重视其外观的艺术性。

图 2-76 平道牙（二）

图 2-77 砖明渠

图 2-78 石板铺砌的明渠

图 2-79 卵石铺装明渠（一）

图 2-80 卵石铺装明渠（二）

图 2-81　卵石铺装明渠(三)　　　图 2-82　混凝土砖铺装明渠

图 2-83　集水井(一)　　　　　　图 2-84　集水井(二)

图 2-85　集水井(三)　　　　　　图 2-86　集水井(四)

图 2-87 集水井(五)

图 2-88 渗井(一)

3. 台阶与坡道

在地平面坡度较大或者有水平落差的两个地平面需要连接时，我们通常会使用台阶和坡道。当地面坡度达到 12°时，我们就应该考虑设置台阶或者坡道，当地面坡度达到 20°时，就必须设置。而如果地面坡度超过 35°时出于安全和使用的需要，应该在台阶和坡道的侧边设置扶手栏杆(图 2-90～图 2-92)。

图 2-89 渗井(二)

图 2-90 台阶(一)

图 2-91 台阶(二)

图 2-92 台阶(三)

在台阶设计与施工中要注意的几点问题：

(1) 台阶的单次连续阶级一般要控制在 12～20 级范围内，并在每个连续台阶单元之间设置供游人休息的平台，平台设置有休息用椅凳。

(2) 台阶设置的安全性及科学性与踏面水平高差(举步高)以及踏面宽度有直接的关系。通常情况下，踏面的水平高差应控制在 10～16cm 的范围内。高差如果低于 10cm，游人容易因忽视台阶而被绊倒，安全性会大大降低。当踏面的水平高差大于 16cm 的时候，游人在行走时就会感到吃力，特别是老年人和儿童，会带来一定的困难。因此，在一些专门为儿童提供的游乐场等公共空间里，踏步的举步高应为 10～12cm。踏面的宽度是根据人的脚面长度以及行走时的正常步幅来确定的。中国人的脚底长度一般为 28cm 以下，正常步幅约为 60cm，经过测算与实践的比试，踏面的宽度应设置为 28～38cm 为宜。

(3) 踏面最少应该在 2～3 级，如果只有一个踏步，也非常容易不被行人发现而导致刻板。

(4) 考虑到排水的需要，踏面应做成稍有坡度，一般控制在 1%，以利于排水。

(5) 踏面一般应采用坚固、耐磨、防滑的材料。

(6) 台阶通常情况下应低于周边的路面或与周边路面持平。这样既自然美观，又让人感觉安全舒适。

坡道主要用于需通行车辆的道路，以及考虑到自行车、儿童的小轮车、老年人和残疾人用轮椅通行需要而不能设置踏步的场地。特别是坡道很能体现以人为本的原则，现代社会对弱势群体越来越重视等因素，促使坡道的发展更加迅速，无障碍通道的要求已经成为公共环境设计的基本标准之一。坡道的设置，正是希望在可能的情况下，为所有的游客提供便捷、安全、舒适的环境(图 2-93～图 2-95)。

图 2-93　便于车辆通行的坡道(一)

图 2-94　便于车辆通行的坡道(二)

图 2-95　为残疾人轮椅通行修建的
坡道体现以人为本的原则

坡道的宽度应能保证轮椅的正常通行，因此其宽度必须在 1m 以上。轮椅要求坡面的最大斜度为 5°。考虑到人的行走疲劳度，坡道连续长度应控制在 9m 以内，单元坡道与单元坡道之间应设置长度不少于 1m 的休息平台，如果是呈 Z 字形的旋转坡道，其中间的平台应保证在 1.2m 以上以保证轮椅回车的需要。同时，坡道的防滑要求比踏步要高，必要时须作防滑处理，如图 2-96 所示为礓磋做法。

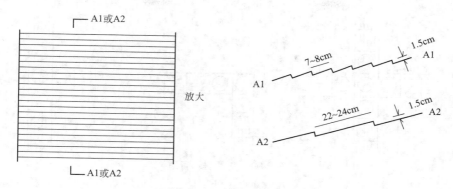

图 2-96 礓磜做法

4. 盲道

视觉残疾者在人行通路上行走时，往往没有准确的和规律性的直线空间定位条件，只能时左时右敲打地面，困难地慢慢行走。在遇到各种认为的障碍物无法行走时，为了避免碰撞的危险，只好选择在车行道上用盲杖敲打人行道边的路缘石(高出车行道地面 0.15～0.20m)行走。但这种行进方式对残疾人是一种危险状态，容易发生交通事故造成伤亡。因此，在一些公共景观场所需设置盲道，协助视觉残疾者通过盲杖和脚底的触觉，方便安全地行走。

为了指引视觉残疾者向前行走和告知前方路线的空间环境将出现变化或已到达的位置，在铺地中的盲道分为行进盲道(导向砖)和提示盲道(位置砖)两种(图 2-97)。行进盲道呈条形，每条高出砖面 5mm，走在上面会使盲杖和脚底产生感觉，主要指引视觉残疾者安全地向前直线行走。盲道的跨度随通道的宽度而定，根据地段的不同性质，城市中人行道规定最小的宽度为 2.00～5.00m，而盲道的宽度则可定为 0.40～0.60m。提示盲道呈圆点形，每个圆点高出地面 5mm，同样会使盲杖和脚底产生感觉，可告知视觉残疾者前方路线的空间环境将出现变化，提前做好心理准备，并继续向前行进。还可告知视觉残疾者已到达目的地。铺设提示盲道一般位置在：行进盲道的转弯位置；行进盲道的交叉位置；地面有高差的位置；无障碍设施位置等(图 2-98)。

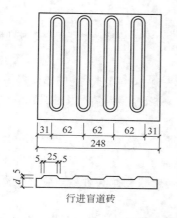

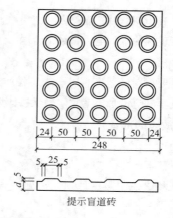

图 2-97 盲道类型及规格

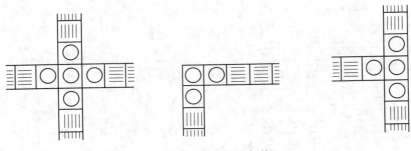

图 2-98 交叉提示盲道

2.6 园林铺地的施工

2.6.1 施工前的准备

熟悉图纸，明确施工任务，编制详细的施工组织设计，执行有关标准及施工规范。主要的准备工作有以下几项：

(1) 会同甲方摸清原有地下管线埋设情况，便于施工时采取保护措施，避免发生意外事故。

(2) 对建设单位所交付的各类中心桩和控制点进行检查复核。

(3) 对现场工人进行完全技术交底，组织工人进行质量、安全、文明施工、职业道德、树立集体荣誉感等方面的思想教育工作。

(4) 优化施工方案，对施工中易碰到的技术问题有详细的针对性措施。按施工设计大纲，编制详细、切实可行的施工作业设计方案。

(5) 成立 TQC 小组，确立实行全面质量管理的目标。整理有关 PDCA 循环的数据资料，执行 ISO9002 标准。

2.6.2 现场准备工作

接通施工现场的水、电、管线，合理布置施工现场的办公、库房、堆场等临时施工设施的位置。

1. 材料准备

编制好主要材料计划表。对于本工程所用的饰面材料及规格、种类、颜色征得建设单位认可，列出计划、及早制订、加工落实。确保按计划顺利进行，并把握实际情况及时调整。

2. 测量放线的准备

主要进行如下工作：

(1) 对测量器具进行校核，计量检验。

(2) 制订测量控制网点计划，实施，将有关重要标志投到永久性建筑物上或做永久性的控制点。

(3) 机械设备准备：根据施工进度计划，并结合施工实际情况，做好机械配备计划并做好保养工作。

2.6.3　施工放样

1. 准备工作

通过对总平面图和设计说明的学习，了解工程总体布局、工程特点。特别是所在地区的红线桩位置及坐标、周围环境关系、现场地形，搞清总体布局、朝向、定位依据、主要轴线之间的关系、建筑物标高之间的关系及整个场地、绿化道路、管线的安排等。

在学习总图及各类施工图的同时，校核图纸尺寸的位置关系。了解施工部署、测量放线方案、测量仪器的检定、检验和选用。

测量仪器(主要指地上部分)：

(1) 根据本工程地势高低起伏、地形复杂的特点，对工程测量的质量要求较高，故而在测量工作中，要求的测量精度也较高，从而在测量工作中对测量仪器也提出了较高的要求。

(2) 在局部区域里角度测量用经纬仪，长度测量用 30m 的钢卷尺。

(3) 凡进场后的测量仪器都有国家技术监督局认可的检定单位的检定合格书，并按周检要求，强制检定。

测量人员配备：

(1) 进场后项目上专门设一个测量小组，由项目技术负责人负责，下设专业人员若干。

(2) 测量人员要求都经过专业培训，并持证上岗。

测量的技术准备：

(1) 熟悉设计图纸、资料，弄清园路铺装的轴线、管线布置及工艺设计和施工安装要求。

(2) 熟悉现场情况，了解轴线的方位、管线走向以及沿途原有的平面和高差控制点的分布情况。

(3) 根据平面图和已有控制点，并结合实际地形，做好施测数据的计算整理，并绘制施测草图。

(4) 根据工程各单体及管线的特点，确定测量精度。

2. 轴线定位与角度控制

(1) 根据工程的特点，考虑工程特殊性，制订相应的测量方案。

(2) 进场后，先根据总平面设计及业主提供的坐标控制点和在建工程轴线，复核施工用的平面控制网。

(3) 根据业主提供的水准点，将水准标高引测至施工现场。做好临时控制点(定期校核)，并做好保护。

3. 平面控制

(1) 以业主提供的坐标控制点及标高水准点为依据进行轴线测量和控制，以减少测量误差。

(2) 根据原始坐标控制点及临时过渡点，在垫层上测设一控制网，测量控制点。

(3) 先用全站仪根据平面控制网放出各道路的轴线，并在场地上做好轴线控制点。要求控制点精度在 5mm。并且定期(两个星期左右)复测一次。

(4) 工程的标高控制是根据业主提供的水准控制点用 DSZ2 水准仪引测到各施工单体的四周，设立施工用水准控制点。水准点精度不小于三等水准或原水准点的精度，并且定期(两个星期左右)与原点校核一次。

4. 竖向高程控制

以基准水准点为依据，用精密水准仪采用往返水准的方法，将高程引测至各单体的控制标高点，然后用普通水准仪引测所需部位，中间过程应保证每段 30m 内有一个支架平台，以便于用 30m 钢尺进行高层传递，当两点高差较大时，用两台水准仪进行高程的传递。操作时应注意钢尺的温度修正值和检定后的改正值。

5. 测量工作要点

(1) 轴线、标高的复测，平面的标高控制点投射完毕后，互相之间要进行校核，同时应检验结果的偏差情况，发现情况及时纠正。

(2) 施工控制测量的最终成果必定在地面上精确下来，因而对平面和高程的标桩一定要埋设牢固，并在施工中严格加以保护。

(3) 当原平面控制网和高程控制点复测后符合总图要求时，就以此作为园林小品及管线测量定位的依据，不再利用控制点来定向，以确保工程测量的一致性。

2.6.4 修筑路槽

主要措施：

(1) 整土前应先复验轴线位置、灰线尺寸和水平桩，并在挖土运土时加以保护。

(2) 在雨期施工时，采用逐段、逐片完成的方法。

(3) 夜间施工时，保持足够的照明设施。

(4) 场地平整后，地基土需经设计、监理验收，符合设计地耐力后方可进行下道工序施工。

2.6.5 基层施工

1. 材料要求

(1) 回填土的土质：应符合现行的国家标准，淤泥、腐殖土、冻土、耕植土和有机物含量小于 8%。

(2) 白砂：白砂的粗细均匀，色质一致，含泥量符合设计要求。

(3) 水泥、砂、碎石：水泥采用普通硅酸盐水泥，其强度等级不应低于 32.5 级；砂采用中砂，含泥量小于 3%；碎石选用强度均匀和未风化的石料，其最大粒径不得大于垫层厚度的 2/3，含泥量小于 2%。

2. 垫层的施工

(1) 素土夯实：采用机械压实，分层厚度控制在 200～250mm。

(2) 碎石垫层：碎石垫层应摊铺均匀，表面空隙应用瓜子片填补，洒水湿润后采用机械夯实，并达到表面平整。夯实后的厚度不应大于虚厚度的 3/4。

(3) 素混凝土垫层：混凝土的强度等级应符合设计要求，混凝土垫层分区段进行浇筑，区段以不同材料的建筑地面连接处和变形缝的位置进行划分。浇筑时由下向上分段进行。浇筑前，下一层表面应予湿润，同时检查预留管线、洞是否已安装完毕。

2.6.6 面层施工

面层施工要点如下：

(1) 路面施工应在基础垫层完成，并经验收合格后进行。路面用材及标准，应以设计图为依据。

(2) 石板、块石、弹石、侧石的强度、色泽和加工精度均应达到设计要求。棱角应完整、无翘曲。铺设时，应先侧石，后面石，分别用水泥砂浆、石屑或砂结合，要求密实、牢固。如发现结合层不平，应取出铺石，以结合材料重新找平，严禁用砖、石材料临空填、塞。要求路面平整，按照有关规定路拱在2%～3%左右，石板、条石、冰梅接缝在2～3mm左右，条石、弹石接缝在5～6mm以下，缝隙用砂或石屑扫实。

(3) 现浇混凝土路面的强度等级、伸缩缝的设置，应符合设计要求。在安装模板时，应注意路形曲线圆顺，防止出现硬角。如需仿冰梅或石板的，应在粉刷层表面收水、终凝前划线或模压。冰梅划线时，应防止三块形成一直线。斩假石的加工按原有的规定达到石板二级光面标准。粉刷层如需加色，应先做试块，并经设计、建设单位认可。

(4) 卵石路做法：一般分预制和现浇两种。现浇做法：按设计标准，铺设侧石或图案分隔材料。用1∶2的潮水泥砂铺平，种上卵石。拍实后，用干水泥扫平，用水洒至透，然后将表面残留水泥刷掉，以保持表面整洁。路面要求平整，路拱2%。

(5) 砖路面应按设计要求，先切边磨光，待四边平直再铺设。

(6) 碎缸片、碎瓷片、小青瓦作路面材料使用时，应挑选并作必要的加工，小青瓦应切边。要求色泽、大小、片形基本一致。

(7) 大理石碎块、广场砖的铺砌，宜坐浆施工，要求结合层密实，表面平整。特殊功能要求的路面应按设计施工，并结合相应施工范围的要求进行操作。

(8) 混合路面的做法：不同面层应分开铺砌，原则上应先湿作业，后干作业；先侧石，后石板、块石，再卵石。嵌草路面：先铺块石、预制块或石块，空隙填土压平后再填草，要求表面平稳。

(9) 路面铺设完毕，用干燥的水泥粉铺撒并扫入铺砌缝隙中，使缝隙填满，将多余的灰砂清扫干净。湿润保养7d。10～14d内不宜上人及承受其他荷载。

(10) 及时清场及整理周边。

2.6.7 园路施工工程案例

1. 园林混凝土道路铺装程序

1) 制模板

在浇筑区外围打上模板，用钉子钉牢。注意模板的上表面平整，而且要保证它们之间没有缝隙，以免混凝土泻出。

2) 打垫层

在浇筑区域内铺一层碎砖石，并且夯实，形成坚实的基础。这样做的目的主要是使混凝土与碎砖层紧密结合，不会在砖缝之间流失。

3) 浇筑

在场地的一段开始浇筑混凝土，一层层地加厚，将其表面大致抹平即可，如果感觉混凝土过干，铺起来特别费事，可以在其中加些水，这样会容易些。

4) 刮平

其目的是驱除气泡及最终找平。对于面积较大的区域，最好的办法是两名工作人员手拿刮平用的厚板条，轻轻地、拉锯式地来回拖动。

5）修整

在刮平的过程中，铺装表面经常会出现坑坑洼洼，这时需要用少量的混凝土填补，再使用刮平用的厚板条抹平。

6）后期处理

为提高装饰效果，防止铺面过滑，在混凝土凝固之前，用硬毛刷刷扫地面，产生粗糙的纹理（图 2-99、图 2-100）。

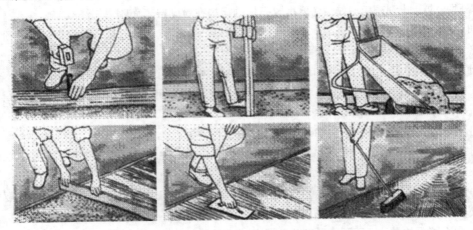

图 2-99　混凝土道路铺装手绘图

图 2-100　混凝土道路铺装现场施工图

2. 水洗石园路做法

水洗石道路的做法是，浇筑预制混凝土后，待其凝固到一定程度（24～48h 左右）后，用刷子将表明刷光，再用水冲刷，直至砾石均匀透明。只是一种利用小砾石配色和混凝土光滑特性的路面铺装，除园路外，还多用于人工溪流、水池底部的铺装。利用不同粒径和品种及颜色的砾石，可以铺成多种水洗石路面。路面的断面结构视使用场所、路基条件而异，一般混凝土层厚度为 100mm（图 2-101、图 2-102）。

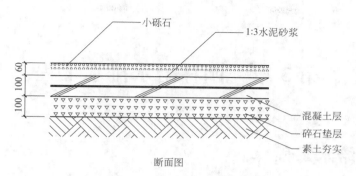

断面图

图 2-101 水洗石园路断面做法

图 2-102 水洗石铺装现场施工图解

第3章　园林给水排水工程

3.1　园林给水工程

园林绿地给水工程既可能是城市给水工程的组成部分，又可能是一个独立的系统。它与城市给水工程之间既有共同点，又有不同之处。根据使用功能的不同，园林绿地给水工程又具有一些特殊性。

3.1.1　概述

1. 给水工程的组成

给水工程是由一系列构筑物和管道系统构成的。从给水的工艺流程来看，它可以分成三个部分。

1) 取水工程

是从地面上的河、湖和地下的井、泉等天然水源中取水的一种工程，取水的质量和数量主要受取水区域水文地质情况影响。

2) 净水工程

这项工程是通过在水中加药混凝、沉淀(澄清)、过滤、消毒等工序而使水净化，从而达到园林中的各种用水要求。

3) 输配水工程

它是通过输水管道把经过净化的水输送到各用水点的一项工程。图 3-1 是以河水水源为例的给水工艺流程示意。水从取水构筑物处被取用，由一级泵房送到水厂进行净化处理，处理后的水流入清水池，再由二级泵房从清水池把水抽上来，通过输水管道网送达各用水处。图中所示清水池和水塔，是起调节作用的蓄水设施，主要是在用水高峰和用水低谷之间起水量调节作用；有时，为了在管道网中调节水量的变化并保持管道网中有一定的水压，也要在管网中间或两端设置水塔，起平衡作用。

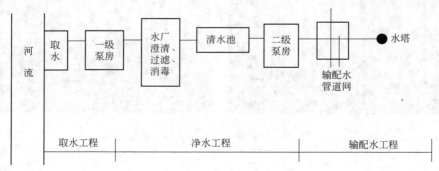

图 3-1　给水工程示意图

2. 园林用水类型

公园和其他公共绿地是群众休息和游览活动的场所，又是花草树木、各种鸟兽比较集中的地方。由于游人活动的需要、动植物养护管理及水景用水的补充等，园林绿地用水量是很大的。水是园林生态系统中不可缺少的要素。因此，解决好园林的用水问题是一项十分重要的工作。

公园用水的类型大致可分为以下几个方面。

1）生活用水

如餐厅、内部食堂、茶室、小卖部、消毒饮水器及卫生设备的用水。

2）养护用水

包括植物灌溉、动物笼舍的冲洗及夏季广场道路喷洒用水等。

3）造景用水

各种水体包括溪流、湖池等，和一些水景如喷泉、瀑布、跌水，以及北方冬季冰景用水等。

4）游乐用水

一些游乐项目，如"激流探险"、"碰碰船"、滑水池、戏水池、休闲娱乐的游泳池等，平常都要用大量的水，而且还要求水质比较好。

5）消防用水

公园中为防火灾而准备的水源，如消火栓、消防水池等。园林给水工程的主要任务是经济、可靠和安全合理地提供符合水质标准的水源，以满足上述四个方面的用水需求。

3. 园林给水特点

园林绿地给水与城市居住区、机关单位、工厂企业等的给水有许多不同，在用水情况、给水设施布置等方面都有自己的特点。其主要的给水特点如下。

1）生活用水较少，其他用水较多

除了休闲、疗养性质的园林绿地之外，一般园林中的主要用水是在植物灌溉、湖池水补充和喷泉、瀑布等生产和造景用水方面，而生活用水方面的则一般很少，只有园内的餐饮、卫生设施等属于这方面。

2）园林中用水点较分散

由于园林内多数功能点都不是密集布置的，在各功能点之间常常有较宽的植物种植区，因此用水点也必然很分散，不会像住宅、公共建筑那样密集；就是在植物种植区内所设的用水点，也是分散的。由于用水点分散，给水管道的密度就不太大，但一般管段的长度却比较长。

3）用水点水头差异大

喷泉、喷灌设施等用水点的水头与园林内餐饮、鱼池等用水点的水头就有很大差异。

4）用水高峰时间可以错开

园林中灌溉用水、娱乐用水、造景用水等的具体时间都是可以自由确定的；也就是说，园林中可以做到用水均匀，不出现用水高峰。

除了以上几个主要特点以外，园林给水在一些具体的工程措施上也有比较特殊之处，我们在后面讲具体的水源水质问题和管网设计问题时还要讲到。

3.1.2　水源的选择

园林给水工程的首要任务，是要按照水质标准来合理地确定水源和取水方式。在确定水源的时候，不但要对水质的优劣、水量的丰缺情况进行了解，而且还要对取水方式、净水措施和输配水管道布置进行初步计划。

水的来源可以分为地表水和地下水两类，这两类水源都可以为园林所用。

1. 地表水源

地表水如山溪、大江、大河、湖泊、水库水等，都是直接暴露于地面的水源。这些水源具有取水方便和水量丰沛的特点，但易受工业废水、生活污水及各种人为因素的影响。水中泥砂、悬浮物和胶态杂质含量较多，杂质浓度高于地下水。因水质较差，必须经过严格的净化和消毒，才可作为生活用水。在地表水中，只有位于山地风景区的水源水质比较好。

采用地表水作为水源时，取水地点及取水构筑物的结构形式是比较重要的问题。如果在河流中取水，取水构筑物应设在河道的凹岸，因为凹岸较凸岸水深，不易淤积，只需防止河岸受到的冲刷。在河流冰冻地区，取水口应放在底冰之下。河流浅滩处不宜选作取水点。取水构筑物应设在距离支流入口和山沟下游较远的地方，以防洪水时期大量泥砂把取水口淤塞。在入海的河流上取水时，取水口也应距离河口远一些，以免海潮倒灌影响水质。在风景区的山谷地带取水，应考虑到构筑物被山洪冲击和淹没的危险。取水口的位置最好选在比多数用水点高的地方，尽可能考虑利用重力自流给水。

保护水源，是直接保证给水质量的一项重要工作。对于地表水源来说，在取水点周围不小于100m 半径的范围内，不得游泳、停靠船只、从事捕捞和一切可能污染水源的活动；并在这个范围要设立明显的标志。取水点附近设立的泵站、沉淀池、清水池的外围不小于 10m 的范围内，不得修建居住区、饲养场、渗水坑、渗水厕所，不得堆放垃圾、粪便和通过污水管道。在此范围内应保持良好的卫生状况，并充分绿化。河流取水点上游 1000m 以内和下游 100m 以内，不得有工业废水、生活污水排入，两岸不得堆放废渣、设置化学品仓库和堆栈。沿岸农田不得使用污水灌溉和施用有持久性药效的农药，并不允许放牧。

采用地表水作水源的，必须对水进行净化处理后才能作为生活饮用水使用。净化地表水的方法包括混凝沉淀、过滤和消毒三个步骤。

1) 混凝沉淀 (澄清)

是在水中加入混凝剂，而使水中产生一种絮状物，和杂质凝聚在一起，沉淀到水底。我国民间传统的做法，是用明矾作混凝剂加入水中，经过 1～3h 的混凝沉淀后，可使浑浊度减去 80% 以上。另外，也可以用硫酸铝作为混凝剂，在每 1t 水中加粗制硫酸铝 20～50g，搅拌后进行混凝沉淀，也能降低浑浊度。

2) 过滤 (砂滤)

将经过混凝沉淀并澄清的水送进过滤池，透过从上到下由细砂层、粗砂层、细石子层、粗石子层构成的过滤砂石层，滤去杂质，使水质洁净。滤池分快、慢两种，一般可用快的滤池。

3) 消毒

天然水在过滤之后，还会含有一些细菌。为了保证生活饮用安全，还必须进行杀菌消毒处理。消毒方法很多，但一般常见的是把液氯加入水中杀菌消毒。用漂白粉消毒也很有效，漂白粉与水作用可生成次氯酸，次氯酸很容易分解释放出初生态氧；初态氧性很活泼，是强氧化剂，能通过强氧化作用将细菌等有机物杀灭。

经过净化处理的地表水，就能够供园林内各用水点使用。

2. 地下水源

地下水存在于透水的土层和岩层中。各种土层和岩层的透水性是不一样的。卵石层和砂层的透水性好，而黏土层和岩层的透水性就比较差。凡是能透水、存水的地层都可叫含水层或透水层。存在于砂、卵石含水层的地下水叫做孔隙水，在岩层裂缝中的地下水则叫裂隙水。

地下水主要是由雨水和河流等地表水渗入地下而形成和不断补给的。地下水存在越深，它的补给地区范围也越大。地下水也会流动，但流速很慢，往往一天只流动几米，甚至有时还不到 1m。但石灰岩溶洞中的地下水，流速还是比较快的。

地下水又分为潜水和承压水两种。

1）潜水

地面以下第一个隔水层（不透水层）所托起的含水层的水，就是潜水。潜水的水面叫潜水面，是从高处向低处微微倾斜的平面。潜水面常受降雨影响而发生升降变化。降雨、降雪、露水等地面水都能直接渗入地下而成为潜水。

2）承压水

含水层在两个不透水层之间，并且受到较大的压力，这种含水层中的地下水就是承压水；另外，也有一些承压水是由地下断层形成的。由于有压力存在，当打井穿过不透水层并打通水口时，承压地下水就会从水口喷出或涌出。出露于地表的承压水便形成泉水。因此，这种承压地下水又叫自流水。承压水一般埋藏较深，又有不透水层的阻隔，所以当地的地表水不容易直接渗入补给；其真正的补给区往往在很远的地方。

地下水温通常为 7～16℃或稍高，夏季作为园林降温用水效果很好。地下水，特别是深层地下水，基本上没有受到污染，并且在经过长距离地层的过滤后，水质已经很清洁，几乎没有细菌，再经过消毒并符合卫生要求之后，就可以直接饮用，不需净化处理。

由于要在地层中流动，或者由于某些地区地质构造方面的原因，地下水一般含有矿化物较多，硬度较大。水中硫酸根、氯化物过多，有时甚至还含有某些有害物质。对硬度大的地下水，要进行软化处理；对含铁含锰过多的地下水，则要进行除铁除锰处理。由近处雨水渗入而形成的泉水，也有可能硬度不大，但可能受地面有机物的污染，水质稍差，也需要净化处理。

对泉水、井水净化的一个有效方法是：用竹筒装满漂白粉，并在竹筒侧面钻孔，孔径 2～2.5mm，按每 1m³ 水 3 个竹筒孔眼的比例开孔；再用绳子拴住竹筒，绳的另一端系在一个浮物上；再把竹筒和浮物一起放井内或泉池中；装药竹筒应沉至水面下 1～2m 处。每投放一次，有效期可达 20d。用这种方法，水中余氯分布均匀，消毒性能良好，同时也节省人力及漂白粉的用量，是简单可行的。

取用地下水时，要进行水文地质勘察，探明含水层的分布情况。对储水量、补给条件、流向、流速、含水层的渗透系数、影响半径、涌水量以及水质情况等，都要进行勘察、分析和研究，以便合理开采、使用地下水。同时，还应注意对地下水的过量开采而引起大面积地基下沉的问题，和因地下水位下降过多而对园林树木生长或农业生产造成严重影响的问题，一定要避免出现这些情况。

在地下水取水构筑物旁边，要注意保护水源和进行卫生防护。水井或管井周围 20～30m 范围内不得设置渗水厕所、渗水坑、粪坑和垃圾堆；不得从事破坏深层土层的活动。为保护水源，严禁使用不符合饮用水水质标准的水直接回灌入地下。

3. 水源选择的原则

选择水源时，应根据城市建设远期的发展和风景区、园林周边环境的卫生条件，选用水质好、水量充沛、便于防护的水源。水源选择中一般应当注意以下几点：

(1) 园林中的生活用水要优先选用城市给水系统提供的水源，其次则主要应选用地下水。城市给水系统提供的水源，是在自来水厂中经过严格的净化处理，水质已完全达到生活饮用水水质标准，所以应首先选用。在没有城市给水条件的风景区或郊野公园，则要优先选择地下水作水源，并且按优先性的不同选用不同的地下水。地下水的优先选择次序，依次是泉水、浅层水、深层水。

(2) 造景用水、植物栽培用水等，应优先选用河流、湖泊中符合地面水环境质量标准的水源。能够开辟引水沟渠将自然水体的水直接引入园林溪流、水池和人工湖的，则是最好的水源选择方案。植物养护栽培用水和卫生用水等就可以在园林水体中取水用。如果没有引入自然水源的条件，则可选用地下水或自来水。

(3) 风景区内，当必须筑坝蓄水作为水源时，应尽可能结合水力发电、防洪、林地灌溉及园艺生产等多方面用水的需要，做到通盘考虑，统筹安排，综合利用。

(4) 水资源比较缺乏的地区，园林中的生活用水使用过后，可以收集起来，经过初步的净化处理，再作为苗圃、林地等灌溉所用的二次水源。

(5) 各项园林用水水源，都要符合相应的水质标准，即要符合《地面水环境质量标准》GB 3838—2002 和《生活饮用水卫生标准》GB 749—2006 的规定，其内容见下文。

(6) 在地方性甲状腺肿地区及高氟地区，应选用含碘、含氟量适宜的水源。水源水中碘含量应在 10g/L 以上，10g/L 以下时容易发生甲状腺肿病。水中氟化物含量在 1.0mg/L 以上时，容易发生氟中毒，因此，水源的含氟量一定要小于 1.0mg/L。

有关水质方面的要求和标准，在下文有介绍。

3.1.3 水质与给水

园林中除生活用水外，其他方面用水的水质要求可根据情况适当降低。对于不污染环境，无公害的水可以用于植物的灌溉和水景用水的补充。这类水可取公园内水体。设有喷泉或瀑布的用水，可考虑自设水泵循环使用。

无论是生活用水还是其他用水，都要符合一定的水质标准。园林用水也不例外。

1. 地面水标准

所有的园林用水，如湖池、喷泉瀑布、游泳池、水上游乐区、餐厅、茶室等的用水，首先都要符合国家颁布的《地面水环境质量标准》GB 3838—2002。在这个标准中，首先按水域功能的不同，把地面水的质量级别划分为五类。其情况是：

Ⅰ类地面水：主要适用于源头水和国家自然保护区；

Ⅱ类地面水：适用于集中式生活饮用水水源地一级保护区、珍贵鱼类保护区和鱼虾产卵场等；

Ⅲ类地面水：适宜集中式生活饮用水水源地二级保护区、一般鱼类保护区及游泳区；

Ⅳ类地面水：主要适用于一般工业用水区及人体非直接接触的娱乐用水区；

Ⅴ类地面水：主要适用于农业用水区及一般景观要求的水域。

在该标准中，提出了对地面水环境质量的基本要求。即是：所有水体不应有非自然原因导致的下述物质：①凡能沉淀而形成令人厌恶的沉积物；②漂浮物，诸如碎片、浮渣、油类或其他的一些引起感官不快的物质；③产生令人厌恶的色、臭、味或浑浊度的；④对人类、动物或植物有损害、毒性或不良生理反应的；⑤易滋生令人厌恶的水生生物的。

园林生产用水、植物灌溉用水和湖池、瀑布、喷泉造景用水等，要求的水质标准可以稍低一些，上述的Ⅴ类及Ⅴ类以上水质都可以使用。Ⅴ类水质要求：pH值可为6～9；硫酸盐、氯化物含量均不小于250mg/L；溶解性铁、总锰、总铜、石油类、亚硝酸盐含量均不大于1.0mg/L；总锌、凯氏氮均不大于2.0mg/L；溶解氧不小于2；总磷、总氰化物、非离子氨均不大于0.2mg/L；硝酸盐、化学需氧量（COD_{Cr}）均不大于25；高锰酸盐指数和生化需氧量（BOD_5）均不大于10；氟化物不大于1.5mg/L；硒（四价）不大于0.02mg/L；总汞不大于0.001mg/L；总镉不大于0.01mg/L；总砷、总铅、铬、挥发酚均不大于0.1mg/L；阳离子表面活性剂不大于0.3mg/L。

公园内游泳池、造波池、戏水池、碰碰船池、激流探险等游乐和运动项目的用水水质，应按地面水质量标准的Ⅲ类及Ⅲ类以上水质而定，即：pH值6.5～8.5；硫酸盐、氯化物含量均不大于250mg/L；溶解性铁含量不大于0.5mg/L；总锰、总磷均不大于0.1mg/L；总铜、总锌、凯氏氮、氟化物均不大于1.0mg/L；硝酸盐不大于20mg/L；亚硝酸盐不大于0.15mg/L；非离子氨不大于0.02mg/L；高锰酸盐指数不大于6；溶解氧不小于5mg/L；化学需氧量（COD_{Cr}）不大于15；生化需氧量（BOD_5）不大于4；硒（四价）不大于0.01mg/L；总汞不大于0.0001mg/L；总砷、总铅、铬（六价）、石油类均不大于0.05mg/L；总镉、挥发酚均不大于0.005mg/L；总氟化物、阳离子表面活化剂不大于0.2mg/L；总大肠菌群不大于10000个/L；苯并（a）芘不大于0.0025g/L。

2. 生活饮用水标准

园林生活用水，如餐厅、茶室、冷热饮料厅、小卖部、内部食堂、宿舍等所需的水质要求比较高，其水质应符合国家颁布的《生活饮用水卫生标准》GB 5749—2006（表3-1、表3-2）。

生活饮用水水质指标一级指标　　　　　　　　　　　　　表3-1

项　　目	指　标　值	项　　目	指　标　值
色度	1.5Pt-Co mg/L	硅	—
浊度	1NUT	溶解氧	—
臭和味	无	碱度	$>30mgCaCO_3/L$
肉眼可见物	无	亚硝酸盐	$0.1mgNO_2/L$
pH值	6.5～8.5	氨	$0.5mgNH_3/L$
总硬度	$450mgCaCO_3/L$	耗氧量	5mg/L
氯化物	250mg/L	总有机碳	—
硫酸盐	250mg/L	矿物油	0.01mg/L
溶解性固体	100mg/L	钡	0.1mg/L
电导率	400(20℃)μs/cm	硼	1mg/L
硝酸盐	20mgN/L	氯仿	60μg/L
锰	0.01mg/L	汞	0.001mg/L

项　　目	指　标　值	项　　目	指　标　值
铜	1.0mg/L	铅	0.5mg/L
锌	1.0mg/L	硒	0.01mg/L
银	0.05mg/L	DDT	1μg/L
铝	0.2mg/L	666	5μg/L
钠	200mg/L	苯并(a)芘	0.01μg/L
钙	100mg/L	农药(总)	0.5μg/L
镁	50mg/L	敌敌畏	0.1μg/L
乐果	0.1μg/L	对二氯苯	—
对硫磷	0.1μg/L	六氯苯	0.01μg/L
甲基对硫磷	0.1μg/L	铍	0.0002mg/L
除草醚	0.1μg/L	镍	0.05mg/L
敌百虫	0.1μg/L	锑	0.07mg/L
2，4，6-三氯酚	10μg/L	钒	0.01mg/L
1，2-二氯乙烷	10μg/L	钴	1.0mg/L
1，1-二氯乙烯	0.3μg/L	多环芳烃：(总量)	0.2μg/L
四氯乙烯	10μg/L	萘	
三氯乙烯	30μg/L	萤蒽	
五氯酚	10μg/L	苯并(b)萤蒽	
苯	10μg/L	苯并(k)萤蒽	
酚类：(总量)	0.002mg/L	苯并(1，2，3，4d)	
苯酚		芘	
间甲酚		苯并(ghi)芘	
2，4-二氯酚		细菌总数，37℃	100个/mL
对硝基酚	1μg/L	大肠杆菌群	3个/mL
有机氯：(总量)	—	粪型大肠杆菌	MPN<1/100mL
二氯甲烷			膜法 0/100mL
1，1，1-三氯乙烷		粪型链球菌	MPN<1/100mL
1，1，2-三氯乙烷			膜法 0/100mL
			MPN<1/100mL
1，1，2-四氯乙烷		放射性(总 α)	0.1Bq/L
三溴甲烷		(总 β)	1Bq/L

注：1. 指标取值自欧共体；
　　2. 酚类总量中包括2，4，6-三氯酚，五氯酚；
　　3. 有机氯总量中包括1，2-二氯乙烷，1，1-二氯乙烯，四氯乙烯，三氯乙烯，不包括三溴甲烷及氯苯类；
　　4. 多环芳烃总量中包括苯并(a)芘；
　　5. 无指标值的项目作测定和记录，不作考核；
　　6. 农药总量中包括DDT和666。

生活饮用水水质指标二级指标　　　　　　　　　　　　　表 3-2

项　　目	指　标　值	项　　目	指　标　值
色度	1.5Pt-Co mg/L	硒	0.01mg/L
浊度	2NUT	氯仿	$60\mu g/L$
臭和味	无	四氯化碳	$3\mu g/L$
肉眼可见物	无	DDT	$1\mu g/L$
pH 值	6.5～8.5	666	$5\mu g/L$
总硬度	450mgCaCO₃/L	苯并(a)芘	$0.01\mu g/L$
氯化物	250mg/L	2，4，6-三氯酚	$10\mu g/L$
硫酸盐	250mg/L	1，2-二氯乙烷	$10\mu g/L$
溶解性固体	1000mg/L	1，1-二氯乙烯	$0.3\mu g/L$
硝酸盐	20mgN/L	四氯乙烯	$10\mu g/L$
氟化物	1.0mg/L	三氯乙烯	$30\mu g/L$
阴离子洗涤剂	0.3mg/L	五氯酚	$10\mu g/L$
剩余氯	0.05mg/L	苯	$10\mu g/L$
挥发酚	0.002mg/L	农药(总)	$0.5\mu g/L$
铁	0.03mg/L	敌敌畏	$0.1\mu g/L$
锰	0.1mg/L	乐果	$0.1\mu g/L$
铜	1.0mg/L	对硫磷	$0.1\mu g/L$
锌	1.0mg/L	甲基对硫磷	$0.1\mu g/L$
银	0.05mg/L	除草醚	$0.1\mu g/L$
铝	0.2mg/L	敌百虫	$0.1\mu g/L$
钠	200mg/L	细菌总数，37℃	100 个/mL
氰化物	0.05mg/L	大肠杆菌群	3 个/mL
砷	0.05mg/L	粪型大肠杆菌	MPN<1/100mL
镉	0.01mg/L		膜法 0/100mL
铬	0.05mg/L	放射性(总 α)	0.1Bq/L
汞	0.001mg/L	(总 β)	1Bq/L
铅	0.05mg/L		

注：1. 指标取值自世界卫生组织；

　　2. 农药总量中包括 DDT 和 666。

3. 园林给水方式

根据给水性质和给水系统构成的不同，可将园林给水分成三种方式。

1）引用式

园林给水系统如果直接到城市给水管网系统上取水，就是直接引用式给水。采用这种给水方式，其给水系统的构成也就比较简单，只需设置园内管网、水塔、清水蓄水池即可。引水的接入点可视园林绿的具体情况及城市给水干管从附近经过的情况而决定，可以集中一点接入，也可以分散由几点接入。

2）自给式

在野外风景区或郊区的园林绿地中，如果没有直接取用城市给水水源的条件，就可考虑就近取用地下水或地表水。以地下水为水源时，因水质一般比较好，往往不用净化处理就可以直接使用，因而其给水工程的构成就要简单一些。一般可以只设水井(或管井)、泵房、消毒清水池、输配水管道等。如果是采用地表水作水源，其给水系统构成就要复杂一些，从取水到用水过程中所需布置的设施顺序是：取水口、集水井、一级泵房、加矾间与混凝池、沉淀池及其排泥阀门、滤池、清水池、二级泵房、输水管网、水塔或高位水池等。

3) 兼用式

在既有城市给水条件，又有地下水、地表水可供采用的地方，接上城市给水系统，作为园林生活用水或游泳池等对水质要求较高的项目用水水源；而园林生产用水、造景用水等，则另设一个以地下水或地表水为水源的独立给水系统。这样做所投入的工程费用稍多一些，但以后的水费却可以大大节约。

在地形高差显著的园林绿地，可考虑分区给水方式。分区给水就是将整个给水系统分成几个区，不同区的管道中水压不同，区与区之间可有适当的联系以保证供水可靠和调度灵活。

3.1.4 园林给水管网设计

在设计园林给水管网之前，首先要收集与设计有关的技术资料，包括公园平面图、竖向设计图、园内及附近地区的水文地质资料、附近地区城市给水排水管网的分布资料、周围地区的给水远景规划和建设单位对园林各用水点的具体要求等；还要到园林现场进行踏勘调查，尽可能全面地收集与设计相关的现状资料。

1. 给水管网的设计步骤

园林给水管网开始设计时，首先应该确定水源及给水方式。其次，确定水源的接入点；一般情况下，中小型公园用水可由城市给水系统的某一点引入；但对较大型的公园或狭长形状的公园用地，由一点引入则不够经济，可根据具体条件采用多点引入。采用独立给水系统的，则不考虑从城市给水管道接入水源。第三，对园林内所有用水点的用水量进行计算，并算出总用水量。第四，确定给水管网的布置形式、主干管道的布置位置和各用水点的管道引入。第五，根据已算出的总用水量，进行管网的水力学计算，按照计算结果选用管径合适的水管，最后布置成完整的管网系统。

下面，就按照管网设计的几个步骤，来了解园林用水量计算、给水管网系统的布置方式和计算方法等问题。

2. 园林用水量计算

计算园林总用水量，先要根据各种用水情况下的用水量标准，算出园林最高日用水量和最大时用水量，并确定相应的日变化系数和时变化系数；所有用水点的最高日用水量之和，就是园林总用水量；而各用水点的最大时用水量之和，则是园林的最大总用水量。给水管网系统的设计，就是按最高日最高时用水量确定的，最高日最高时用水量就是给水管网的设计流量。下面，我们就来了解园林用水量的计算问题。

1) 园林用水量标准

用水量标准是国家根据各地区不同城市的性质、气候、生活水平、生活习惯、房屋卫生设备等不同情况而制定的。这个标准针对不同用水情况分别规定了用水指标，这样可以更加符合实际情况，同时也是计算用水量的依据。表3-3综合了园林用水点的各种情况，分别提出了用水量的参考标准。

用水量标准及小时变化系数

表 3-3

建筑物名称 (或使用者)	单　位	标准最高日 用水量(L)	小时变化 系数	备　　注
公共食堂 营业食堂 内部食堂 茶　室 小　卖	每客每次 每人每次 每人每次 每客每次 每客每次	15～20 10～15 5～10 3～15	2.0～1.5 2.0～1.5 2.0～1.5 2.0～1.5	(1) 食堂用水包括主副食加工、餐具洗涤清洁用水和工作人员及顾客的生活用水，但未包括冷冻机冷却用水。 (2) 营业食堂用水比内部食堂多，中餐餐厅又多于西餐餐厅。 (3) 餐具洗涤方式是影响用水量标准的重要因素，以设有洗碗机的用水量大。 (4) 内部食堂设计人数即为实际服务人数；营业食堂按座位数，每一顾客就餐时间及营业时间计算顾客人数
电影院	每一观众 每场	3～8	2.5～2.0	(1) 附设有厕所和饮水设备的露天或室内文娱活动的场所，都可以按电影院或剧场的用水量标准选用。 (2) 俱乐部、音乐厅和杂技场可按剧场标准，影剧院用水量标准介于电影院与剧场之间
剧　场	每一观众 每场	10～20	2.5～2.0	
体育场 运动员淋浴 观　众	每人每次 每人每次	50 3	2.0 2.0	(1) 体育场的生活用水用于运动员的淋浴部分系考虑运动员在球场进行一次比赛或表演活动后需淋浴一次。 (2) 运动员人数应按假日或按大规模活动时的运动员人数计
泳池补充 运动员淋浴 观　众	日占池容 每人每场 每人每场	15% 60 3	2.0 2.0	当游泳池为完全循环处理(过滤消毒)时，补充水量可按每日水池容积的 5% 考虑
办公楼	每人每班	10～20	2.5～2.0	(1) 企事业、科研单位的办公及行政管理用房均属此项。 (2) 用水只包括便溺冲洗、洗手、饮用和清洁用水
公共厕所	每次冲洗	100	—	左列数据为每次冲洗的数据
大型喷泉 中型喷泉	每 小 时 每 小 时	10000 2000	—	不考虑水的循环使用
柏油路面	—	0.2～0.5	≤3 次/日	
石子路面	每　次	0.4～0.7	≤4 次/日	此 3 行为洒地用水
庭地草坪	每平方米	1～1.5	≤2 次/日	

2) 园林最高日用水量计算

园林最高日用水量就是园林中用水最多那一天的消耗水量，用 Q_d 表示，可按公式计算。公园内各用水点用水量标准不同时，最高日用水量应当等于各点用水量的总和，因此可按式 (3-1) 计算确定。

$$Q_d = \frac{n \cdot q_d}{1000}$$

(3-1)

式中　Q_d——最高日用水量(m³/d)；

　　　q_d——最高日用水量标准(L/(人·d))；

　　　n——用水人数或用水单位数(人、床、座等)。

$$Q_d = \frac{\sum q_i n_i}{1000} \qquad (3\text{-}2)$$

式中 q_i——各用水点的生活用水量标准(L/d);

      n_i——游人数(人)。

3) 最高日最大时用水量计算

在用水量最大的一天中消耗水量最多的那一小时的用水量,就是最高日最大时用水量,用 Q_h 表示,计算如公式(3-3)所示。计算时,应尽量切合实际,避免产生较大的误差。例如,公园内的营业餐厅,其用水时间就不要只计实际营业时间,还应当把备餐时间、营业后清洗餐具和洒扫店堂的时间都算上。为了计算更准确些,可以将各用水点在不同时段的用水量统计起来,编制成逐时用水量表,供计算中使用,如表3-4所示。

$$Q_h = \frac{Q_d}{T} \cdot K_h \qquad (3\text{-}3)$$

式中 Q_h——最高日最大小时用水量(m^3/h);

      Q_d——最高日用水量(m^3/d);

       T——建筑物用水时间(h);

      K_h——小时变化系数(见表3-3)。

逐 时 用 水 量 表 表 3-4

钟点	生活用水					生产园务用水				游乐用水			消防用水	逐时总用水量	
	餐厅	茶室	管理外	展览室	……	水景	卫生	植物养护	……	游泳池	碰碰船	……		L	占全天的百分比
0~1															
1~2															
2~3															
3~4															
……															

公园用水量计算示例如下。

【例3-1】 某公园营业餐厅每日平均接待游客进餐者 1000 人次,用水时间由 10∶30~14∶30;试计算该餐厅的最高日用水量和最大时用水量。

【解】 已知 $n = 1000$,查表可知营业餐厅的最高用水量标准为 15~20L/顾客次。取用水量标准 $q_d = 15$L/顾客次,而用水时间为 $T = 4$h,取小时变化系数 $K_h = 1.5$,则:

最高日用水量 $Q_d = \dfrac{n \cdot q_d}{1000} = \dfrac{1000 \times 15}{1000} = 15 m^3/d$

最大时用水量 $Q_h = \dfrac{Q_d}{T} \cdot K_h = \dfrac{15}{4} \times 1.5 = 5.625 m^3/h$

4) 园林总用水量计算

在确定园林用水量时,除了要考虑近期满足用水要求以外,还要考虑远期用水增加的可能,要在总用水量中增加一些发展用水、管道漏水、临时突击用水及其他不能预见的用水量。这些用水量可按最高日用水量的 15%~25% 来确定。所以,园林给水管网的总用水量应该用式(3-4)计算。

$$Q_g = (1.15 \sim 1.25) \cdot \sum Q_d \tag{3-4}$$

式中　Q_g——最大小时平均流量(m^3 /h)；

　　　Q_d——最高日用水量。

5) 日变化系数和时变化系数的确定

日变化系数是用一年中用水量最多一天的用水量除以平均日用水量，用 K_d 表示，计算如公式 (3-5)所示。时变化系数是用最高日那天用水量最多的一小时用水量除以平均时用水量，以 K_h 表示，用式(3-6)计算，也可以直接在表 3-3 中选用。

$$K_d = \frac{Q_d}{Q} \tag{3-5}$$

$$K_h = \frac{Q_h}{Q_p} \tag{3-6}$$

式中　K_d——日变化系数；

　　　K_h——时变化系数；

　　　Q_d——最高日用水量(m^3 /d)；

　　　Q_h——最大时用水量(m^3 /h)；

　　　Q_p——平均时用水量(m^3 /h)；

　　　Q——平均日用水量(m^3 /d)。

3. 给水管网的布置

给水管网布置的基本要求是：在技术上，要使园林各用水点有足够的水量和水压。在经济上，应选用最短的管道线路，要考虑施工的方便，并努力使给水管道网的修建费用最少。在安全上，当管道网发生故障或进行检修时，要求仍能保证继续供给一定数量的水。

为了把水送到园林的各个局部地区，除了要安装大口径的输水干管以外，还要在各用水地区埋设口径大小不同的配水管道。由输水干管和配水支管构成的管道网是园林给水工程中的主要部分，它大概要占全部给水工程投资的 40%～70%。

管道网的布置形式分为树枝形和环形两种(图 3-2)。

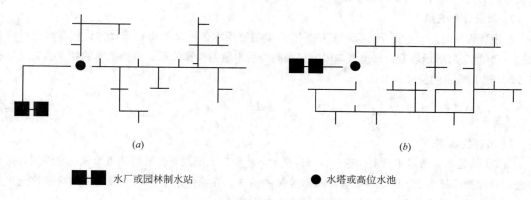

图 3-2　园林给水管网的布置形式
(a)树枝形；(b)环形

1）树枝形管道网

是以一条或少数几条主干管为骨干，从主管上分出许多配水支管连接到各用水点。在一定范围内，采用树枝形管网形式的管道总长度比较短，管网建设和用水的经济性比较好，但如果主干管出故障，则整个给水系统就可能断水，用水的安全性较差。

2）环形管道网

主干管道在园林内布置成一个闭合的大环形，再从环形主管上分出配水支管向各用水点供水。这种管网形式所用管道的总长度较长，耗用管材较多，建设费用稍高于树枝形管网。但管网的使用很方便，主干管上某一点出故障时，其他管段仍能通水。

在实际布置管道网的工作中，常常将两种布置方式结合起来应用。在园林中用水点密集的区域，采用环形管道网；而在用水点稀少的局部，则采用分支较少的树枝形管网。或者，在近期采用树枝形，而到远期用水点增多时，再改造成环形管道网形式。

布置园林管道网，应当根据园林地形、园路系统布局、主要用水点的位置、用水点所要求的水量与水压、水源位置和园林其他管线工程的综合布置情况，来合理地做好安排。要求管道网应比较均匀地分布在用水地区，并有两条或几条干管通向水量调节构筑物，如水塔和高地蓄水池及主要用水点。干管应布置在地势较高处，尽量利用地形高差实行重力自流给水。

为了保证发生火灾时有足够的水量和水压用于灭火，消火栓应设置在园路边的给水主干管道上，尽量靠近园林建筑；消火栓之间的间距不应大于120m。

4. 给水管网的计算

给水管网计算的目的，是为确定主干给水管道和各用水点配水管道的选用提供依据。管网计算的主要内容有：管网流量与选用管径的计算和各管段中的水头损失及管网水力计算等。根据计算结果，就可以选用合适管径的管材来布置成管道网。

1）流量（Q）计算

管道中的流量是指单位时间内流过该管子的水量，计算单位是 m³/h，或 m³/s、L/s。流量与管径和流速有关：管径大，流量也大；流速越快，流量也越大。园林管网中的流量，实际上就是该管网供水范围内所有用水点的总用水量。

2）求设计秒流量

在设计管网时，为了便于计算，要把最高日最高时用水量换算为每秒流量，这就是设计秒流量（q_0），公式（3-7）所示是设计秒流量与最高日最高时用水量的换算关系。根据换算的结果，就可以在表3-5中选用合适的管径。

$$q_0 = \frac{Q_h}{3600}$$
(3-7)

3）流速的确定

流速（u）是水在管道中流动的速度，单位是 m/s。合适的流速可使管网的造价和一定使用年限内的经营管理费用都最低，即这种流速就是最经济的流速。在给水系统中，一般可以用经济流速来确定管径。我国选用给水管管径所采用的经济流速范围是：

小管径 $DN = 100 \sim 400mm$，$u = 0.6 \sim 0.9m/s$

大管径 $DN > 400mm$，$u = 0.9 \sim 1.4m/s$

给水管径选择表

表 3-5

管径 (mm)	计算流量 (L/s)	使 用 人 数			
		用水标准＝50 [L/(人·d)] (K＝2.0)	用水标准＝60 [L/(人·d)] (K＝1.8)	用水标准＝80 [L/(人·d)] (K＝1.7)	用水标准＝100 [L/(人·d)] (K＝1.6)
1	2	3	4	5	6
50	1.3	1120	1040	830	700
75	1.3～3	1120～2600	1040～2400	830～1900	700～1600
100	3～5.8	2600～5000	2400～4600	1900～3700	1600～3100
125	5.8～10.25	5000～8900	4600～8200	3700～6500	3100～5500
150	10.25～17.5	8900～15000	8200～14000	6500～11000	5500～9500
200	17.5～31.0	15000～27000	14000～25000	11000～20000	9500～17000
250	31.0～48.5	27000～41000	25000～38000	20000～30000	9500～17000
300	48.5～71.0	41000～61000	38000～57000	30000～45000	17000～26000
350	71.0～111	61000～96000	57000～88000	45000～70000	26000～28000
400	111～159	96000～145000	88000～135000	70000～107000	28000～60000
450	159～196	145000～170000	135000～157000	107000～125000	60000～91000
500	196～284	170000～246000	157000～228000	125000～181000	91000～106000
600	284～384	246000～332000	228000～307000	181000～244000	106000～154000
700	384～505	332000～446000	307000～412000	244000～328000	154000～207000
800	505～635	446000～549000	412000～507000	328000～404000	207000～279000
900	635～785	549000～679000	507000～628000	404000～506000	279000～343000
1000	785～1100	679000～852000	628000～980000	506000～780000	343000～425000
					425000～595000

管径 (mm)	计算流量 (L/s)	使 用 人 数			附 注
		用水标准＝120 [L/(人·d)] (K＝21.5)	用水标准＝150 [L/(人·d)] (K＝1.4)	用水标准＝200 [L/(人·d)] (K＝1.3)	
1	2	7	8	9	10
50	1.3	620	530	430	
75	1.3～3	620～1400	530～1200	430～1000	
100	3～5.8	1400～2800	1200～2400	1000～1900	
125	5.8～10.25	2800～4900	2400～4200	1900～3400	1. 流速: 当 $d \geqslant$
150	10.25～17.5	4900～8400	4200～7200	3400～5800	400mm 时, $u \geqslant$
200	17.5～31.0	8400～15000	7200～12700	5800～10300	1.0m/s; 当 $d \leqslant$
250	31.0～48.5	15000～23000	12700～20000	10300～16000	350mm 时, $u \leqslant$
300	48.5～71.0	23000～34000	20000～29000	16000～24000	1.0m/s。
350	71.0～111	34000～58000	29000～45000	24000～37000	2. 本表可根据
400	111～159	58000～81000	45000～70000	37000～56000	用水人数以及用
450	159～196	81000～94000	70000～81000	56000～65000	水量标准查得管
500	196～284	94000～137000	81000～117000	65000～95000	径, 也可根据已
600	284～384	137000～185000	117000～157000	95000～128000	知的管径、用水
700	384～505	185000～247000	157000～212000	128000～171000	量查得该管可供
800	505～635	247000～304000	212000～261000	171000～211000	多少人使用
900	635～785	304000～377000	261000～323000	211000～261000	
1000	785～1100	377000～529000	323000～453000	261000～366000	

4) 水压和水头

用水压表可测得水管内某点的水压。管道的水压一般用 kg/cm² 表示，也可以用"水柱高度"来表示，二者的换算关系是：1kg/cm² = 10mH₂O(10m 水头)。水头，就是水力学中对表示水压强度之"水柱高度"的特称。10m 水柱高度就叫做 10m 水头，20m 水柱高则叫 20m 水头。在计算水头的时候，要将水头损失考虑在内，否则计算结果就会与实际情况差距较大。

5) 水头损失计算

水在水管中流动，会因管壁等的阻力而损失一部分能量，使水压逐渐降低；这些水能的损失在水力学上被称为水头损失。水头损失有两种情况：一种情况是局部损失。局部损失的程度一般可按经验判别：生活给水和游乐给水系统取 25%，生产给水系统取 20%，消防给水系统取 15%。另一种情况是沿程损失。沿程水头损失可按式(3-8)算出。

$$h_{沿} = il \qquad (3-8)$$

式中　$h_{沿}$——管段的沿程水头损失(mH₂O)；

　　　l——计算管段的长度(m)；

　　　i——管道单位长度的水头损失(mH₂O/m)。

当 $u < 1.2$m/s 时，

$$i = 0.000912 \frac{u^2}{d^{1.3}} + \left(1 + \frac{0.867}{u}\right)$$

当 $u \geqslant 1.2$m/s 时，

$$i = 0.0017 \frac{u^2}{d^{1.3}}$$

式中　u——管内平均水流速度(m/s)；

　　　d——管道计算内径(m)。

无论是局部水头损失还是沿程水头损失，实际上都可不必计算，而直接去查《给排水设计手册》中的有关图表。在表中选出合适的管径，同时查得相应的流速和水力坡度(mH₂O/m)，由此就可按公式(3-8)计算沿管段的水头损失。再编制干管的水力计算表进行计算，计算表的格式见表 3-6。

干管水力计算表 表 3-6

管段编号	管长 (m)	流量 q_g (L/s)	管径 (mm)	水力坡度 I(mm/m)	管段水头损失 h(mm)	流速 (m/s)
①～② ②～③						
…… ……						
合计					$\sum h_{沿} =$	

6) 水力计算

计算的目的有两个方面：一是计算出园林内最不利点(即损失水头最多的管段或要求较高的用水点)的水头要求，二是校核城市自来水配水管的水压是否能够满足园内最不利点配水的水头要求。公园给水管网总引水处所需要的总水压力可以表示如公式(3-9)所示。

$$H = H_1 + H_2 + H_3 + H_4$$

(3-9)

式中　H——引水管处所需求的总压力(mH$_2$O)；

　　　H_1——总引水处与最不利点间的地面高程差(m)；

　　　H_2——计算配水点与建筑物进水管的标高差(m)；

　　　H_3——计算配水点前所需流出的水头值(一般取 1.5～2.0mH$_2$O)；

　　　H_4——管内沿程水头损失与局部水头损失的总和(mH$_2$O)。

　　计算整个管网的要求是，先将各用水点的设计流量 Q 与所要求的水压 H 算出，在各用水点用水时间一致的情况下，则公园给水干管的设计流量就等于各点设计流量的总和ΣQ。但实际上，公园各用水点的用水时间是不一致的，例如餐厅用水时间和植物灌溉用水时间就常不相同。用水量大的用水点常常在时间上是错开的；因此，一般所需的干管流量实际上要比设计流量小。在按用水时间一致的条件算出的设计流量上酌情减少一点流量，就可以节约一些管材和设备。

3.2　园林喷灌系统

　　随着我国城镇建设的迅速发展和社会对园林绿化事业的日益重视，绿地面积不断扩展，特别是对灌溉要求较高的草坪发展更为迅速，再加上水资源的日益匮乏，这就对绿地的灌溉方式和技术提出了越来越高的要求。"拉胶皮管"方式已不能适应。实现灌溉的管道化、自动化应提上议事日程，应加快发展。

3.2.1　喷灌系统简介

绿地喷灌是一种模拟天然降水而对植物提供的控制性灌水。

1. 喷灌的特点

　　喷灌与其他灌水方式相比有诸多的优点：它近似于天然降水，对植物全株进行灌溉，可以洗去枝叶上的灰尘，加强叶面的透气性和光合作用；水的利用率高，比地面灌水节水 50% 以上；保持水土，喷灌以它不形成径流的设计原则有助于达到这一重要目标；劳动效率高，省工、省时；适应性强，喷灌对土壤性能特别是地形和地貌条件没有苛刻的要求；景观效果好，喷灌喷头良好的雾化效果和优美的水形在绿地中可形成一道靓丽的景观；能增加空气湿度；便于自动化管理并提高绿地的养护管理质量等。其缺点主要是受气候影响明显、前期投资大、对设计和管理工作要求严格。

2. 现代园林灌溉技术

1）地埋自动升降草坪喷灌技术

　　采用地埋自动升降草坪专用喷头灌溉(图 3-3)。这种喷头安装时埋藏于地下。灌溉时靠水压将喷头芯体从埋于地下的喷头壳内顶出，实施灌溉。喷灌最适合于草坪灌溉。

2）微喷灌技术

　　采用射程、流量较小的微喷头灌溉植物，适合于园林花卉，乔、灌木，地被等。

　　微喷喷头出水量从数十升每小时到数百升每小时不等。喷洒射程通常小于 10cm。滴灌滴头出水量一般小于 10L/h。湿润半径一般不超过 2m。微喷灌属于局部灌溉技术，用水效率高。

图 3-3 地埋喷头示意图

3) 滴灌技术

采用滴头，以滴水形式灌溉植物，滴头的出水量很小，一般在 1～10L/h 范围内。滴灌可通过管上滴头、内镶滴灌管(硬管)、滴灌带(图 3-4)实施。管上滴头常用于盆栽植物及乔、灌木灌溉。内镶滴灌管常用于绿篱、花卉及乔、灌木灌溉。滴灌带灌溉花卉、绿篱较好。

管上滴头

内镶滴灌管　　　　　　　　滴灌带

图 3-4 滴灌技术的三种实施方式

滴灌的最大优点是用水效率高(可高于 90%)，可通过系统施肥提高肥效，易于满足植物需水、需肥要求，易于自动化控制。

4) 涌泉灌技术

采用涌泉头，以泉水喷涌的形式出水的灌溉技术。涌泉灌溉在园林上多用于乔木、灌木，如图 3-5 所示。

图 3-5 涌泉灌溉图

3. 喷灌系统的构成

喷灌系统通常由喷头、管材和管件、控制设备、过滤装置、加压设备及水源等所构成。利用市政供水的中小型绿地的喷灌系统一般无须设置过滤装置和加压设备。

1）喷头

喷头是喷灌系统中的重要设备。一般由喷体、喷芯、喷嘴、滤网、弹簧和止溢阀等部分组成。它的作用是将有压水流破碎成细小的水滴，按照一定的分布规律喷洒在绿地上。喷头可按非工作状态和工作状态及射程来分类。

（1）按非工作状态分类

① 外露式喷头，指非工作状态下暴露在地面以上的喷头。这类喷头构造简单、价格便宜、使用方便，对供水压力要求不高，但其射程、射角及覆盖角度不便调节且有碍园林景观。因此，一般用在资金不足或喷灌技术要求不高的场合。

② 地埋式喷头，是指非工作状态下埋藏在地面以下的喷头。工作时，这类喷头的喷芯部分在水压的作用下伸出地下，然后按照一定的方式喷洒；当关闭水源，水压消失，喷芯在弹簧的作用下又缩回地下。地埋式喷头构造复杂、工作压力较高，其最大优点是不影响园林景观效果，不妨碍活动，射程、射角及覆盖角度等性能易于调节，雾化效果好，适合于不规则区域的喷灌，能够更好地满足园林绿地和运动场草坪的专业化喷灌要求。

（2）按工作状态分类

① 固定式喷头，指工作时喷芯处于静止状态的喷头。这种喷头也称为散射式喷头，工作时有压水流从预设的线状孔口喷出，同时覆盖整个喷洒区域。固定式喷头结构简单、工作可靠、使用方便，是庭院和小规模绿地喷灌系统的首选产品。

② 旋转式喷头，是指工作时边喷洒边旋转的喷头。多数情况下这类喷头的射程、射角和覆盖角度可以调节。这类喷头对工作压力的要求较高、喷洒半径较大。旋转式喷头的结构形式很多，可分为摇臂式、叶轮式、反作用式、全射流式等。采用旋转式喷头的喷灌系统有时需要配置加压设备。

（3）按射程分类

① 近射程喷头，指射程小于8m的喷头。这类喷头的工作压力低，只要设计合理，市政或局部管网压力就能满足其工作要求。

② 中射程喷头，指射程为8～20m的喷头。这类喷头适合于较大面积园林绿地的喷灌。

③ 远射程喷头，指射程大于20m的喷头。这类喷头工作压力较高，一般需要配置加压设备，以保证正常的工作压力和雾化效果。多用于大面积观赏绿地和运动场草坪的灌溉。

2）管材和管件

管材和管件在绿地喷灌系统中起着纽带的作用。它将喷头、闸阀、水泵等设备按照特定的方式连接在一起，构成喷灌管网系统，以保证喷灌的水量供给。在喷灌行业里，聚氯乙烯（PVC）、聚乙烯（PE）和聚丙烯（PP）等塑料管正在逐渐取代其他材质的管道，成为喷灌系统的主要管材。

（1）聚氯乙烯管，分为硬质聚氯乙烯管和软质聚氯乙烯管，公称外径在20～200mm。绿地喷灌系统主要使用承压能力为0.63MPa、1.00MPa、1.25MPa三种规格的硬质聚氯乙烯管；硬质聚氯乙烯管件多是一次成型，包括胶合承插型、弹性密封圈承插型、法兰连接型管件。种类有900弯头、450弯头、900三通、450三通、异径、堵头、法兰等。

(2) 聚乙烯管，管材分为高密度聚乙烯(HDPE)、低密度聚乙烯(LDPE)管材。前者性能好但价格昂贵，使用较少。后者力学强度较低但抗冲击性好，适合在较复杂的地形敷设，是绿地喷灌系统中常使用的聚乙烯管材；低密度聚乙烯管材一般采用注塑成型的组合式管件进行连接。当管径较大时，可将锁紧螺母改为法兰盘，一般采用金属加工制成。

(3) 聚丙烯管，耐热性能优良。适用于移动或半移动喷灌系统场合，由于太阳的直射，暴露在外的管道需要一定的耐热性。

3) 控制设备

控制设备构成了绿地喷灌系统的指挥体系，其技术含量和完备程度决定着喷灌系统的自动化程度和技术水平。根据控制设备的功能与作用的不同，可将控制设备分为状态性控制设备、安全性控制设备和指令性控制设备。

(1) 状态性控制设备：指喷灌系统中能够满足设计和使用要求的各类阀门，它们的作用是控制喷灌管网中水流的方向、速度和压力等状态参数。按照控制方式的不同可将这些阀门分为手控阀(如闸阀、球阀和快速连接阀)、电磁阀(包括直阀和角阀)与水力阀。

(2) 安全性控制设备：是指保证喷灌系统在设计条件下安全运行的各种控制设备，如减压阀、调压孔板、止回阀、空气阀、水锤消除阀和自动泄水阀等。

(3) 指令性控制设备：是指在喷灌系统的运行和管理中起指挥作用的各种控制设备，其中包括各种控制器、遥控器、传感器、气象站和中央控制系统等。指令性控制设备的应用使喷灌系统的运行具有智能化的特征，不仅可以降低系统运行和管理的费用，而且还提高了水的利用率。

4) 控制电缆

即传输控制信号的电缆，它由缆芯(多为铜质)、绝缘层和保护层构成。根据保护层不同，控制电缆可分为铠装控制电缆、塑料护套控制电缆和橡胶护套控制电缆。根据铠装形式的不同，铠装控制电缆又可分为钢带铠装和钢丝铠装两类。

喷灌系统中，影响控制电缆选型的主要因素有使用要求与经济技术指标、敷设方式和敷设环境、喷灌区域中阀门井的分布和阀门井中电磁阀的数量以及电缆敷设长度等。

5) 过滤设备

当水中含有泥砂、固体悬浮物、有机物等杂质时，为了防止堵塞喷灌系统管道、阀门和喷头，必须使用过滤设备。绿地喷灌系统常用的过滤设备有离心过滤器、砂石过滤器、网式过滤器和叠片过滤器。类型不同，其工作原理及适用场合也各不相同。设计时应根据喷灌水源的水质条件进行合理选择。

6) 加压设备

当使用地下水或地表水作为喷灌用水，或者当市政管网水压不能满足喷灌的要求时，需要使用加压设备为喷灌系统供水，以保证喷头所需工作压力。常用的加压设备主要各类水泵，如离心泵、井用泵、小型潜水泵等。水泵的性能主要包括扬程、流量、功率和效率等。设计时应根据水源条件和喷灌系统对水量、水压的要求等具体情况进行选择。

4. 喷灌系统的类型

1) 按管道敷设方式分类

(1) 移动式喷灌系统：此种形式要求灌溉区有天然地表水源(江、河、湖、池、沼等)，其动力

(电动机或汽、柴油发动机)、水泵、管道和喷头等是可以移动的。由于不需要埋设管道等设备，所以投资较经济，机动性强，但管理工作强度大。适用于天然水源充裕的地区，尤其是水网地区的园林绿地、苗圃、花圃的灌溉。

(2) 固定式喷灌系统：泵站固定，干支管均埋于地下的布置方式，喷头固定于竖管上，也可临时安装。

固定式喷灌系统的设备费用较高，但操作方便，节约劳力，便于实现自动化和遥控操作。适用于需要经常灌溉和灌溉期较长的草坪、大型花坛、花圃、庭院绿地等。

(3) 半固定式喷灌系统：其泵站和干管固定，支管和喷头可移动，优缺点介于上述二者之间。应视具体情况酌情采用，也可混合使用。

2) 按控制方式分类

(1) 程控型喷灌系统：指闸阀的启闭是依靠预设程序控制的喷灌系统。省时、省力、高效、节水，但成本较高。

(2) 手控型喷灌系统：指人工启闭闸阀的喷灌系统。

3) 按供水方式分类

(1) 自压型喷灌系统：指水源的压力能够满足喷灌系统的要求，无须进行加压的喷灌系统。自压型喷灌系统常见于以市政或局域管网为喷灌水源的场合，多用于小规模园林绿地的喷灌。

(2) 加压型喷灌系统

当喷灌系统是以江、河、湖、溪、井等作为水源，或水压不能满足喷灌系统设计要求时，需要在喷灌系统中设置加压设备，以保证喷头足够的工作压力。

3.2.2 喷灌系统的设计

1. 规划设计基本资料

规划设计前必须收集有关资料，了解与喷灌系统规划设计相关的自然条件和人文条件，并进行调查、分析。

1) 自然条件

包括喷灌区域的地形、土壤以及当地的水源和气象条件等。

借助地形图及现场踏查了解喷灌区域的几何形状、坡度、高程、地上和埋深小于 1.5m 的地下构筑物的位置及尺寸等。

通过查阅水文资料或实测了解喷灌区域内的土壤质地、土壤结构、土壤密度和田间持水量等土壤特性，以便正确选择喷头、确定设计喷灌强度等。

影响喷灌设计的主要气象因素是平均风速和主风向，它们直接影响喷头的选型和布置、喷头水量分布及喷灌水的利用率。

喷灌系统的类型、设备选择、前期的工程造价和后期的运行费用等都与水源条件有关。应掌握水源的总量、流量、水质和水压(指自压型喷灌系统)等情况。如果采用地表水，应认真考虑水中固体悬浮物与有机物对喷灌设备及管网的堵塞影响；如使用地下水，水中的含砂量成为主要考虑的问题；如果利用市政或局域管网水源，管网管径、供水压力及(昼夜)压力波动则是设计中水力计算的重要依据。

2）人文因素

影响喷灌系统规划设计的人文因素包括喷灌区域的种植状况、喷灌系统的期望投资和期望年限。

种植状况是指绿地喷灌区域内种植区域及其植物的种类，需水量和最大允许水滴打击强度因植物种类的不同而异。

期望投资是指用户为修建喷灌系统计划投入的资金数额。喷灌系统方案应与用户的计划投资数额相协调。

期望年限是指拟建喷灌系统使用寿命的期望值。喷灌系统设备选型应当考虑绿地在城市总体和区域规划中的相对永久性和临时性，力求发挥投入资金的最大效益。对于临时性绿地的喷灌系统设计，应当在满足植物需水要求的情况下，尽量降低工程造价，并力求管材、设备有较高的再次利用率，如优先选择移动型喷灌系统、尽量采用柔性材质等。

2. 喷灌系统的设计

根据规划设计各环节的工作性质和程序，喷灌系统规划设计流程如图3-6所示。绿地喷灌系统规划设计的主要内容及方法如下。

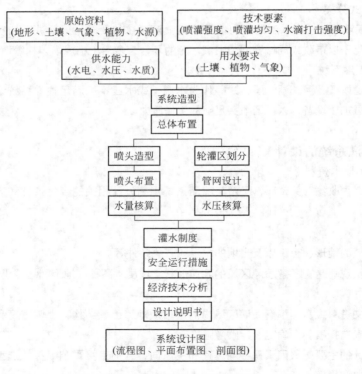

图3-6 喷灌系统规划设计流程

1）基本资料收集

2）喷灌用水分析

植物需水量受植物种类、气象、土壤等多种因素的影响，规划设计时应根据当地或临近地区有关资料或试验观察结果确定。

3）喷灌系统选型

规划设计时，应根据喷灌区域的地形地貌、水源条件、可投入资金数量、期望使用年限等具体情况，选择不同类型的喷灌系统。

4）喷头选型与布置

这是绿地喷灌系统规划设计的一个重要内容。喷头的性能和布置形式不但关系到喷灌系统的技术要素，也直接影响着喷灌系统的工程造价和运行费用。

（1）技术要求：喷头选型与布置，首先应该满足技术方面的要求，包括喷灌强度、喷灌均匀度和水滴打击强度等。

① 喷灌强度。土壤允许喷灌强度就是在短时间里不形成地表径流的最大喷灌强度。超过时会造成水资源浪费，同时，土壤的结构也受到破坏。土壤允许喷灌强度与土壤质地和地面坡度有关（表3-7、表3-8）。

各类土壤的允许喷灌强度　　　　　　　　　　　　表 3-7

土壤质地	允许喷灌强度（mm/h）	土壤质地	允许喷灌强度（mm/h）
砂土	20	壤黏土	10
砂壤土	15		
壤土	12	黏土	8

坡地允许喷灌强度降低值　　　　　　　　　　　　表 3-8

地面坡度（%）	允许喷灌强度（%）	地面坡度（%）	允许喷灌强度（%）
<5	10	13～20	60
5～8	20	>20	75
9～12	40	—	—

喷头选型时，首先根据土壤质地和地面坡度，确定土壤允许喷灌强度，然后再按照喷头布置形式推算单喷头喷灌强度。

② 喷灌均匀度。是指在喷灌面积上水量分布的均匀程度。影响喷灌均匀度的因素有喷嘴结构、喷芯旋转均匀性、单喷头水量分布、喷头布置形式、布置间距、地面坡度和风速风向等。在设计风速下，喷灌均匀系数不应低于75%。

③ 水滴打击强度。是指单位受水面积内水滴对植物或土壤的打击动能。它与水滴大小、降落速度和密集程度有关。为避免破坏土壤团粒结构造成板结或损害植物，水滴打击强度不宜过大。但是，将有压水流充分粉碎与雾化需要更多的能耗，会产生经济上的不合理性。同时，细小的水滴更易受风的影响，使喷灌均匀度降低，飘移和蒸发损失加大。一般常采用水滴直径和雾化指标间接地反映水滴打击强度，为规划设计提供依据。

④ 工程造价和运行费用。喷头的射程、设计出水量、喷灌强度、工作压力和布置间距均会直接或间接地影响管网造价和运行管理费用。所以，在加压喷灌系统的规划设计中，选用喷头时应对不同的方案进行比较。

（2）喷头选型：根据喷灌区域的地形、地貌、土壤、植物、气象和水源等条件，选择喷头的类型和性能，以满足规划设计的要求。

① 喷头类型。面积狭小的喷灌区域适合采用近射程喷头，这类喷头多为固定式的散射喷头，具有良好的水形和雾化效果；喷灌区域的面积较大时，使用中、远射程喷头，有利于降低喷灌工程的综合造价。

对自压型喷灌系统，应根据供水压力的大小选择喷头类型；对于加压型喷灌系统，喷头工作压力的选择也应适当，其大小会分别影响工程造价和运行费用。喷头选定后，需要通过水力计算(参看本章第 1 节的相关内容)确定管网的水头损失，核算供水压力能否满足设计要求。

如果喷灌区域地貌复杂、构筑物较多，且不同植物的需水量相差较大，采用近射程喷头可以较好地控制喷洒范围，满足不同植物的需水要求；反之，如果绿地空旷、种植单一，采用中、远射程喷头可以降低工程造价。

② 喷洒范围。喷灌区域的几何尺寸和喷头的安装位置是选择喷头的喷洒范围的主要依据。如果喷灌区域是狭长的绿带，应首先考虑使用矩形喷洒范围的喷头。安装在绿地边界的喷头，最好选择可调角度或特殊角度的喷头，以便使喷洒范围与绿地形状吻合，避免漏喷或出界。

③ 工作压力。规划设计中，考虑到电压波动或水压波动，为了保证喷灌系统运行的安全可靠，确定的喷头设计压力应在喷头的最小工作压力的 1.1 倍至喷头的最大工作压力的 0.9 倍之间。如果喷灌区域的面积较大，可采用减压阀进行压力分区，使所有喷头的工作压力都在上述范围内，以获得较高的喷灌均匀度。

④ 喷灌强度。喷灌强度是喷头的重要性能参数，喷头选型时应根据土壤质地和喷头的布置形式加以确定，使其组合喷灌强度在土壤允许喷灌强度以内。

⑤ 射程、射角和出水量。射程的确定应考虑供水压力、管网造价和运行费用；喷洒射角的大小则取决于地面坡度、喷头的安装位置和当地在喷灌季节的平均风速；当射程一定时，对于自压型喷灌系统，喷头的出水量小有利于降低管材费用。对于加压型喷灌系统，小出水量的喷头则有利于降低喷灌系统的运行费用。

(3) 喷头布置：布置喷头时应结合绿化设计图进行，充分考虑地形地貌、绿化种植和园林设施对喷洒效果的影响，做到科学合理。

① 喷灌区域。分闭边界和开边界两类。闭边界就是喷灌区域有明确的外边界，如道路、隔墙和建筑物基础等。大多数园林绿化喷灌区域属于闭边界喷灌区域；开边界就是喷灌区域没有明确的外边界标志，只是在不同的区域里，喷灌技术的要求有所不同，如高尔夫球场等喷灌区域。高尔夫球场的果岭和发球台对灌水要求较高，球道次之，以外区域可更低。

② 布置顺序。在闭边界喷灌区域，布置喷头的步骤是：首先在边界的转折点上布置喷头(3-7a)。然后在转折点之间的边界上，按照一定的间距布置喷头，要求喷头的间距尽量相等(3-7b)。最后在边界之间的区域里布置喷头，要求喷头的密度尽量相等(3-7c)。

在开边界喷灌区域，布置喷头应首先从喷灌技术要求较高的区域开始，再向喷灌技术要求较低的区域延伸。

③ 组合形式。即各喷头相对位置的安排，一般用相邻几个喷头的平面位置组成的图形表示。在喷头射程相同的情况下，布置形式不同，则其干、支管间距和喷头间距、喷洒的有效控制面积各异，适用情况也不同(表 3-9)。多数情况下，采用三角形布置有利于提高组合喷灌均匀度和节水。

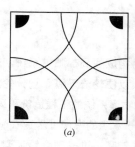 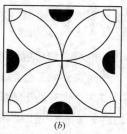 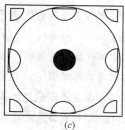

图 3-7　喷头布置顺序

(*a*)在转折点上布置喷头；(*b*)沿边界布置喷头；(*c*)在区域内布置喷头

常用喷头布置形式　　　　　　　　　表 3-9

名称	喷头组合图	喷洒方式	喷头间距(L)、支管间距(b)、喷头射程(R)的关系	有效控制面积(S)	适用
正方形		全圆	$L=B=b=1.42R$	$S=2R^2$	在风向改变频繁的地方效果较好
正三角形		全圆	$L=1.73R$ $b=1.5R$	$S=2.6R^2$	在无风情况下喷灌均匀度最好
矩形		扇形	$L=R$ $b=1.73R$	$S=1.73R^2$	较前两种节省管材
等腰三角形		扇形	$L=R$ $b=1.87$	$S=1.865R^2$	较前两种节省管材

④ 组合间距。是指相邻两个喷头之间的距离，通常用喷头射程 R 的倍数表示。由于风会破坏喷洒水形、改变喷头的覆盖区域，故确定喷头的组合间距时必须考虑风速的影响，其参考值见表 3-10。

喷头组合间距　　　　　　　　　表 3-10

设计风速（m/s）	垂直风向	平行风向	无主风向
0.3～1.6	1.1R	1.3R	1.2R
1.6～3.3	1.0R	1.2R	1.1R
3.4～5.4	0.9R	1.1R	1.0R

(4) 技术要素核算：在获得的所选喷头水量分布资料(生产厂家提供或实测取得)的基础上，根据喷头的布置形式和组合间距，核算喷灌系统的喷灌强度和喷灌均匀度。若与设计数值不符，则重

新进行喷头选型和布置工作，直到满足设计要求为止。

5）轮灌区划分

轮灌区是指受单一阀门控制且同步工作的喷头和相应管网构成的局部喷灌系统。轮灌区划分是指根据水源的供水能力将喷灌区域划分为相对独立的工作区域以便轮流灌溉。划分轮灌区还便于分区进行控制性供水以满足不同植物的需水要求，也有助于降低喷灌系统的工程造价和运行费用。

（1）划分原则：首先是最大轮灌区的需水量必须小于或等于水源的设计供水量 $Q_供$。其次是轮灌区数量应适中。若过少（即单个轮灌区面积过大）会使管道成本较高，过多则会给喷灌系统的运行管理带来不便。再次，各轮灌区的需水量应该接近，以使供水设备和干管能够在比较稳定的情况下工作。最后，还应当将需水量相同的植物划分在同一个轮灌区里，以便在绿地养护时对需水量相同的植物实施等量灌水。

（2）划分步骤：

① 计算出水总量 Q。即喷灌系统中所有喷头出水量的总和。

② 计算轮灌区数量 N。$N = Q/Q_供 + 1$ 取整数即为该喷灌系统的最小轮灌区数。

6）管网设计

包括管网布置和管径选择两个内容。

（1）管网布置：

① 布置原则。管网布置形式取决于喷灌区域的地形、坡度、喷灌季节的主风向和平均风速、水源位置等。当考虑因素之间发生矛盾时，要分清主次，合理布置。一般情况下，依据以下原则：a. 力求管道总长度最短，以便降低工程造价，减小水锤危害；b. 尽量沿轮灌区的几何轴线布置管道，力求最佳的水力条件；c. 在同一个轮灌区里，任意两个喷头之间的设计工作压差应小于 20%，以求较高的喷灌均匀度；d. 在有地面坡度的场合，干管应尽量顺坡布置，支管最好与等高线平行；e. 当存在主风向时，干管应尽量与主风向平行；f. 充分考虑地块形状，力争使支管长度一致，规格统一；g. 尽量使管线顺畅，减少折点，避免锐角相交；h. 避免穿越乔、灌木根区，满足园林规划和绿化种植要求；i. 尽量避免与地下管线设施和其他地下构筑物发生冲突；j. 力争减少控制井数量，降低喷灌系统的维护成本；k. 尽量将阀门井、泄水井布置在绿地周边区域，以便于使用和检修；l. 干、支管均向泄水井找坡，确保管网冬季泄水。

② 布置形式。喷灌管网的布置形式有两种：丰字形（图 3-8a、b）和梳子形（图 3-8c）。规划设计时应根据水源位置选择适宜的形式。

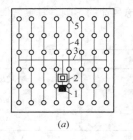
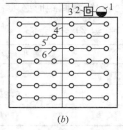
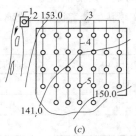

(a)　　　　　　　　　(b)　　　　　　　　　(c)

图 3-8　喷灌管网布置形式

（a）：1—井；2—泵站；3—干管；4—支管；5—喷头。（b）：1—蓄水池；2—泵站；3—干管；4—分支管；5—支管；6—喷头。（c）：1—河渠；2—泵站；3—干管；4—支管；5—喷头

(2) 管径选择：轮灌区划分和管网布置工作完成之后，各轮灌区的设计供水量和轮灌区内各级管道的设计流量已经确定。干管中的流量因轮灌区的不同而异，一般选用其中的最大流量作为设计流量，并根据这个流量来确定管道的管径。

喷灌管网选择管径的原则是在满足下一级管道流量和水压的前提下，管道的年费用最小。管道的年费用包括投资成本(常用折旧费表示)和运行费用。

对于一般规模的绿地喷灌系统，如采用塑料管材，可以利用式(3-10)确定管径：

$$D = 22.36\sqrt{\frac{Q}{u}} \tag{3-10}$$

式中　D——管道的公称外径(mm)；

　　　Q——设计流量(m^3/h)；

　　　u——设计流速(m/s)。

上式的适用条件是：设计流量 $Q = 0.5\sim200m^3/h$，设计流速 $u = 1.0\sim2.5m/s$。同时，当管径不大于 50mm 时，管道中的设计流速不要超过表 3-11 规定的数值。

管道的最大流速　　　　　　　　　　　　表 3-11

公称外径(mm)	15	20	25	32	40	50
最大流速(m/s)	0.9	1.0	1.2	1.5	1.8	2.1

另外，从喷灌系统运行安全的角度考虑，无论多大管径的管道，其中的水流速度不宜超过 2.5m/s。

7) 灌水制度

轮灌区划分和管网设计工作完成之后，必须制定一个合理的灌水制度，以保证植物适时适量地获得需要的水分。灌水制度的内容包括轮灌区的启动时间、启动次数和每次启动的喷洒历时。

(1) 启动时间：根据种植类型和天气情况等，选择喷灌系统的启动时间。既要及时补充植物所需水分，又要避免过量供水。可以根据土壤及植物的颜色和物理外貌等来判断。当地的介绍和经验也是很好的参考。

(2) 启动次数：取决于土壤、植物、气象等因素。喷灌系统在一年中的启动次数可按式(3-11)确定：

$$n = \frac{M}{m} \tag{3-11}$$

式中　n——年中喷灌系统的启动次数；

　　　M——设计灌溉定额(即单位绿地面积在一年中的需水总量，mm)；

　　　m——设计灌水定额(指一次灌水的水层深度，mm)。

(3) 喷洒历时：每个轮灌区的喷洒历时可以依据设计灌水定额、喷头的出水量和喷头的组合间距大小来计算。

8) 安全措施

绿地喷灌系统的安全措施主要包括防止回流、水锤防护和管网的冬季防冻等。

(1) 防止回流：对于以饮用水(如市政管网)作为喷灌水源的自压型喷灌系统，必须采取有效的措施防止喷灌系统中的非洁净水倒流，污染饮用水源。导致喷灌水回流的原因是供水管网产生真空。附近管网检修、消防车充水、局部管网停水等都可能引起管网中出现真空，造成喷灌管网中所有的水包括喷头周围地面的积水都可能被吸回供水管网。防止回流的方法是在干管上或支管始端安装各类止回阀。

(2) 水锤防护：在有压管道中，由于某种外界因素，流量发生急剧变化，引起流速急剧增减，导致水压产生迅速交替的变化，这种水力现象称为水锤。引起水锤的外界因素有闸阀突然启闭和水泵的启动与停机，其中以事故停泵产生的水锤危害最大。水锤引起的水压变化有时可达正常工作水压的几十倍甚至几百倍，这种大幅度的水压波动现象，具有很大的破坏性，往往造成闸阀破坏、管道接头断开、管道变形甚至管道爆裂等重大事故。

在规划设计时选择较小的流速，在管道上安装减压阀以及运行时适当延长闸阀的启闭历时等可有效地防止发生水锤危害。

(3) 冬季防冻：入冬前或冬灌后将喷灌系统管道内的水泄出，是防冻的有效办法。常用的泄水方法有自动泄水、手动泄水和空压机泄水。

自动泄水是通过在局部管网最低处安装自动泄水阀，安装完成后一般不需维护管理。但其非冰冻季节的泄水会造成水的浪费。

手动泄水是在冰冻季节，通过人工操作启闭泄水阀的一种节水型防冻措施，操作简便、可靠。

空压机泄水是借助空压机提供的气压排除管内积水的泄水防冻方法。特别适用于喷灌区域地形复杂或者因为绿地覆土较浅，难以靠管线找坡的方法实现泄水的场合。采用空压机泄水，虽然管理维护不太方便，但敷设管道时可不必考虑泄水坡度，并且可减少喷灌系统中泄水井的数量，有助于简化施工程序、降低工程造价。

3.2.3 喷灌工程施工

绿地喷灌系统的工作压力较高，隐蔽工程较多，工程质量要求严格。

1. 施工准备

现场条件准备工作的要求是施工场地范围内绿化地坪、大树调整、建构筑物的土建工程、水源、电源、临建设施应基本到位。还应掌握喷灌区域内埋深小于1m的各种地下管线和设施的分布情况。

2. 施工放样

施工放样应尊重设计意图，尊重客观实际。对每一块独立的喷灌区域，放样时应先确定喷头位置，再确定管道位置。

对于闭边界区域，喷头定位时应遵循点、线、面的原则。首先确定边界上拐点的喷头位置，再确定位于拐点之间沿边界的喷头位置，最后确定喷灌区域内部位于非边界的喷头位置。

3. 沟槽开挖

喷灌管道沟槽断面较小，同时也为了防止对地下隐蔽设施的损坏，一般不采用机械方法。

沟槽应尽可能挖得窄些，只在各接头处挖成较大的坑。断面形式可取矩形或梯形。沟槽宽度一般可按管道外径加0.4m确定；沟槽深度应满足地埋式喷头安装高度及管网泄水的要求，一般情况下，绿地中管顶埋深为0.5m，普通道路下为1.2m(不足1m时，需在管道外加钢套管或采取其他措施)；冻层深度一般不影响喷灌系统管道的埋深，防冻的关键是做好入冬前的泄水工作。为此，沟槽开挖时应根据设计要求保证槽床至少有0.2%的坡度，坡向指向指定的泄水点。

挖好的管槽底面应平整、压实，具有均匀的密实度。除金属管道和塑料管外，对于其他类型的管道，还需在管槽挖好后立即在槽床上浇筑基础（100～200mm 厚碎石混凝土），再铺设管道。

4. 管道安装

管道安装是绿地喷灌工程中的主要施工项目。管材供货长度一般为 4m 或 6m，现场安装工作量较大。管道安装用工约占总用工量的一半。

1）管道连接

管道材质不同，其连接方法也不同。目前，喷灌系统中普遍采用的是硬聚氯乙烯（PVC）管。

硬聚氯乙烯管的连接方式有冷接法和热接法。其中冷接法无须加热设备，便于现场操作，故广泛用于绿地喷灌工程。根据密封原理和操作方法的不同，冷接法又分为以下三种：

（1）胶合承插法：胶合承插法适用于管径小于 160mm 管道的连接，是目前绿地喷灌系统中应用最广泛的一种形式（图 3-9a）。本方法适用于工厂已事先加工成 TS 接头的管材和管件的连接，简便、迅速，操作步骤如下：

① 切割、修口。用专用切割钳（管径小于 40mm 时）或钢锯按照安装尺寸切割聚氯乙烯管材，保证切割面平整并与管道轴线垂直。然后将插口处倒角锉成破口（图 3-9b）便于插接。

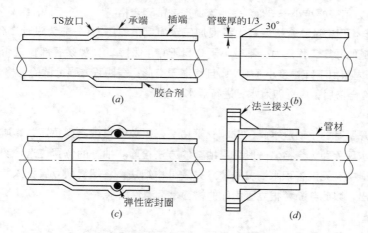

图 3-9　硬聚氯乙烯（PNC）管连接方法

② 标记。将插口插入承口，用铅笔在插口管端外壁作插入深度标记。插入深度值应符合规定。

③ 涂胶、插接。用毛刷将胶合剂迅速、均匀地涂刷在承口内侧和插口外侧。待部分胶合剂挥发而塑性增强时，即可一面旋转管子一面用力插入（大口径管材不必旋转），同时使管端插入的深度至所划标线并保证插口顺直。

（2）弹性密封圈承插法：这种方法便于解决管道因温度变化出现的伸缩问题，适用于管径为 63～315mm 的管道连接（图 3-9c）。

操作过程中应注意：保证管道工作面及密封圈干净，不得有灰尘和其他杂物；不得在承口密封圈槽内和密封圈上涂抹润滑剂；大、中口径管道应利用拉紧器（如捯链等）插接；两管之间应留适当的间隙（10～25mm）以供伸缩；密封圈不得扭曲（图 3-8d）。

（3）法兰连接：法兰连接一般用于硬聚氯乙烯管与金属管件和设备等连接。法兰接头与硬聚氯乙烯管之间的连接方法同胶合承插法。

2）管道加固

指用水泥砂浆或混凝土支墩对管道的某些部位进行压实或支撑固定，以减小喷灌系统在启动、关闭或运行时，产生的水锤和振动作用，增加管网系统的安全性。一般在水压试验和泄水试验合格后实施。对于地埋管道，加固位置通常是：弯头、三通、变径、堵头以及间隔一定距离的直线管段。

5. 水压试验和泄水试验

管道安装完成后，应分别进行水压试验和泄水试验。水压试验的目的在于检验管道及其接口的耐压强度和密实性，泄水试验的目的是检验管网系统是否有合理的坡降，能否满足冬季泄水的要求。

1）水压试验

试验内容包括严密试验和强度试验。其操作要点如下：

（1）大型喷灌系统应分区进行，最好与轮灌区的划分相一致。

（2）在被测试管道上应安装压力表，选用压力表的最小刻度不大于 0.025MPa。

（3）向试压管道中注水要缓慢，同时排出管道内的空气，以防发生水锤或气锤。

（4）严密试验：将管道内的水压加到 0.35MPa，保持 2h。检查各部位是否有渗漏或其他不正常现象。在 1h 内压力下降幅度小于 5%，表明管道严密试验合格。

（5）强度试验：严密试验合格后再次缓慢加压至强度试验压力（一般为设计工作压力的 1.5 倍，并且不得大于管道的额定工作压力，不得小于 0.5MPa），保持 2h。观察各部位是否有渗漏或其他不正常现象。在 1h 内压力下降幅度小于 5%，且管道无变形，表明管道强度试验合格。

（6）水压试验合格后，应立即泄水，进行泄水试验。

2）泄水试验

泄水时应打开所有的手动泄水阀，截断立管堵头，以免管道中出现负压，影响泄水效果。只要管道中无满管积水现象即为合格。一般采用抽查的方法检验。抽查的位置应选地势较低处，并远离泄水点。检查管道中有无满管积水情况的较好方法是排烟法：将烟雾从立管排入管道，观察临近的立管有无烟雾排出，以此判断两根立管之间的横管是否满管积水。

6. 土方回填

管道安装完毕并经水压及泄水试验合格后，可进行管槽回填。分两步进行。

1）部分回填

部分回填是指管道以上约 100mm 范围内的回填。一般采用砂土或筛过的原土回填，管道两侧分层踩实，禁止用石块或砖砾等杂物单侧回填。对于聚乙烯管（PE 软管），填土前应先对管道压力充水至接近其工作压力，以防止回填过程中管道挤压变形。

2）全部回填

全部回填采用符合要求的原土，分层轻夯或踩实。一次填土 100 ～ 150mm，直至高出地面 100mm 左右。填土到位后对整个管槽进行水夯，以免绿化工程完成后出现局部下陷，影响绿化效果。

7. 设备安装

1）首部安装

水泵和电机设备的安装施工必须严格遵守操作规程，确保施工质量。其操作要点主要是：安装人员应具备设备安装的必要知识和实际操作能力，了解设备性能和特点；核实预埋螺栓的位置与高程；安装位置、高度必须符合设计要求；对直联机组，电机与水泵必须同轴，对非直联卧式机组，电机与水泵轴线必须平行；电气设备应由具有低压电气安装资格的专业人员按电气接线图的要求进行安装。

2）喷头安装

喷头安装施工应注意以下几点：

(1) 喷头安装前，应彻底冲洗管道系统，以免管道中的杂物堵塞喷头。

(2) 喷头的安装高度以喷头顶部与草坪根部或灌木的修剪高度平齐为宜。

(3) 在平地或坡度不大的场地，喷头的安装轴线与地面垂直；如果地形坡度大于 2%，喷头的安装轴线应取铅垂线与地面垂线所形成的夹角的平分线方向，以最大限度地保证组合喷灌均匀度。

为避免喷头将来自顶部的压力直接传给横管，造成管道断裂或喷头损坏，最好使用铰接杆或聚乙烯管连接管道和喷头。

8. 工程验收

1）中间验收

绿地喷灌系统的隐蔽工程必须进行中间验收。中间验收的施工内容主要包括：管道与设备的地基和基础；金属管道的防腐处理和附属构筑物的防水处理；沟槽的位置、断面和坡度；管道及控制电缆的规格与材质；水压试验与泄水试验等。

2）竣工验收

竣工验收的主要项目有：供水设备工作的稳定性；过滤设备工作的稳定性及反冲洗效果；喷头平面布置与间距；喷灌强度和喷灌均匀度；控制井井壁稳定性、井底泄水能力和井盖标高；控制系统工作稳定性；管网的泄水能力和进、排气能力等。

3.3　园林排水工程

排水工程的主要任务是：把雨水、废水、污水收集起来并输送到适当地点排除，或经过处理之后再重复利用和排除掉。园林中如果没有排水工程，雨水、污水淤积园内，将会使植物遭受涝灾，滋生大量蚊虫并传播疾病；既影响环境卫生，又会严重影响公园里的所有游园活动。因此，在每一项园林工程中都要设置良好的排水工程设施。

3.3.1　园林排水的种类与特点

园林环境与一般城市环境很不相同，其排水工程的情况也和城市排水系统的情况有相当大的差别；因此，在排水类型、排水方式、排水量构成、排水工程构筑物等多方面都有它自己的特点。

1. 园林排水的种类

从需要排除的水的种类来说，园林绿地所排放的主要是雨雪水、生产废水、游乐废水和一些生活污水。这些废、污水所含有害污染物质很少，主要含有一些泥砂和有机物，净化处理也比较容易。

1）天然降水

园林排水管网要收集、输送和排除雨水及融化的冰、雪水。这些天然的降水在落到地面前后，要受到空气污染物和地面泥砂等的一定污染，但污染程度不高，一般可以直接向园林水体如湖、池、河流中排放。

2）生产废水

盆栽植物浇水时多浇的水，鱼池、喷泉池、睡莲池等较小的水景池排放的废水，都属于园林的生产废水。这类废水也一般可直接向河流等流动水体排放。面积较大的水景池，其水体已具有一定的自净能力，因此常常不换水，当然也就不排出废水。

3）游乐废水

游乐设施中的水体一般面积不大，积水太久会使水质变坏，所以每隔一定时间就要换水。如游泳池、戏水池、碰碰船池、冲浪池、航模池等，就常在换水时有废水排出。游乐废水中所含污染物不算多，可以酌情向园林湖池中排放。

4）生活污水

园林中的生活污水主要来自餐厅、茶室、小卖、厕所、宿舍等处。这些污水中所含有机污染物较多，一般不能直接向园林水体中排放，而要经过除油池、沉淀池、化粪池等进行处理后才能排放。另外，做清洁卫生时产生的废水，也可划入这一类中。

2. 园林排水的特点

根据园林环境、地形和内部功能等方面与一般城市给水工程情况的不同，可以看出其排水工程具有以下几个主要方面的特点。

1）地形变化大，适宜利用地形排水

园林绿地中既有平地，又有坡地，甚至还可有山地。地面起伏度大，就有利于组织地面排水。利用低地汇集雨雪水到一处，使地面水集中排除比较方便，也比较容易进行净化处理。地面水的排除可以不进地下管网，而利用倾斜的地面和少数排水明渠直接排放入园林水体中。这样可以在很大程度上简化园林地下管网系统。

2）与园林用水点分散的给水特点不同，园林排水管网的布置却较为集中

排水管网主要集中布置在人流活动频繁、建筑物密集、功能综合性强的区域中，如餐厅、茶室、游乐场、游泳池、喷泉区等地方。而在林地区、苗圃区、草地区、假山区等功能单一而又面积广大的区域，则多采用明渠排水，不设地下排水管网。

3）管网系统中雨水管多，污水管少

相对而言，园林排水管网中的雨水管数量明显地多于污水管。这主要是因为园林产生污水比较少的缘故。

4）园林排水成分中，污水少，雨雪水和废水多

园林内所产生的污水，主要是餐厅、宿舍、厕所等的生活污水，基本上没有其他污水源。污水的排放量只占园林总排水量的很小一部分。占排水量大部分的是污染程度很轻的雨雪水和各处水体排放的生产废水和游乐废水。这些地面水常常不需进行处理而可直接排放；或者仅作简单处理后再排除或再重新利用。

5）园林排水的重复使用可能性很大

由于园林内大部分排水的污染程度不严重，因而基本上都可以在经过简单的混凝澄清、除去杂质后，用于植物灌溉、湖池水源补给等方面，水的重复使用效率比较高。一些喷泉池、瀑布池等，还可以安装水泵，直接从池中汲水，并在池中使用，实现池水的循环利用。

了解园林排水的种类和特点，为继续学习园林排水设计带来了方便。但在学习排水设计之前，还应当对园林排水工程的组成和目前实行的排水制度有所了解。

3.3.2　排水体制与排水工程组成

排水设计中所采用的排水体制不同，其排水工程设施的组成情况也会不同，这二者是紧密联系起来的。明确排水体制的选用和排水工程的基本构成情况，对进行园林排水设计有直接帮助。

1. 排水体制

将园林中生活污水、生产废水、游乐废水和天然降水从产生地点收集、输送和排放的基本方式，称为排水系统的体制，简称排水体制。排水体制主要有分流制与合流制两类(图 3-10)。

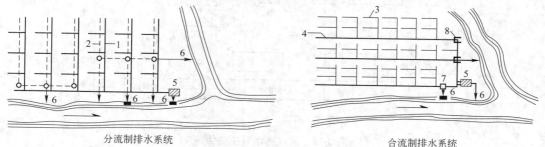

分流制排水系统　　　　　　　　　　　　合流制排水系统

图 3-10　排水系统的体制

1—污水管网；2—雨水管网；3—合流制管网；4—截流管；5—污水处理站；
6—出水口；7—排水泵站；8—溢流井

1）分流制排水

这种排水体制的特点是"雨、污分流"。因为雨雪水、园林生产废水、游乐废水等污染程度低，不需净化处理而可直接排放，为此而建立的排水系统，称雨水排水系统。为生活污水和其他需要除污净化后才能排放的污水另外建立的一套独立的排水系统，则叫做污水排水系统。两套排水管网系统虽然是一同布置，但互不相连，雨水和污水在不同的管网中流动和排除。

2）合流制排水

排水特点是"雨、污合流"。排水系统只有一套管网，既排雨水又排污水。这种排水体制已不适于现代城市环境保护的需要，所以在一般城市排水系统的设计中已不再采用。但是，在污染负荷较轻，没有超过自然水体环境的自净能力时，还是可以酌情采用的。一些公园、风景区的水体面积很大，水体的自净能力完全能够消化园内有限的生活污水，为了节约排水管网建设的投资，就可以在近期考虑采用合流制排水系统，待以后污染加重了，再改造成分流制系统。

为了解决合流制排水系统对园林水体的污染，可以将系统设计为截流式合流制排水系统。截流式合流制排水系统，是在原来普通的直泄式合流制系统的基础上，增建一条或多条截流干管，将原有的各个生活污水出水口串联起来，把污水拦截到截流干管中。经干管输送到污水处理站进行简单处理后，再引入排水管网中排除。在生活污水出水管与截流干管的连接处，还要设置溢流井。通过溢流井的分流作用，把污水引到通往污水处理站的管道中。

2. 排水工程的组成

园林排水工程的组成，包括了从天然降水、废水、污水的收集、输送，到污水的处理和排放等一系列过程。从排水工程设施方面来分，主要可以分为两大部分。一部分是作为排水工程主体部分的排水管渠，其作用是收集、输送和排放园林各处的污水、废水和天然降水。另一部分是污水处理设施，包括必要的水池、泵房等构筑物。但从排水的种类方面来分，园林排水工程则是由雨水排水系统和污水排水系统两大部分构成的，其基本情况可见图3-11所示。

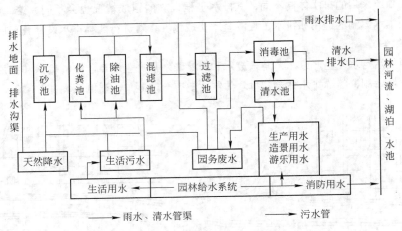

图 3-11　园林排水系统的组成

采用不同排水体制的园林排水系统，其构成情况有些不同。下面就来看看不同排水方式的排水系统构成情况。

1) 雨水排水系统的组成

园林内的雨水排水系统不只是排除雨水，还要排除园林生产废水和游乐废水。因此，它的基本构成部分就有：①汇水坡地、集水浅沟和建筑物的屋面、天沟、雨水斗、竖管、散水；②排水明渠、暗沟、截水沟、排洪沟；③雨水口、雨水井、雨水排水管网、出水口；④在利用重力自流排水困难的地方，还可能设置雨水排水泵站。

2) 污水排水系统的组成

这种排水系统主要是排除园林生活污水，包括室内和室外部分。有：①室内污水排放设施如厨房洗物槽、下水管、房屋卫生设备等；②除油池、化粪池、污水集水口；③污水排水干管、支管组成的管道网；④管网附属构筑物如检查井、连接井、跌水井等；⑤污水处理站，包括污水泵房、澄清池、过滤池、消毒池、清水池等；⑥出水口，是排水管网系统的终端出口。

3) 合流制排水系统的组成

合流制排水系统只设一套排水管网，其基本组成是雨水系统和污水系统的组合。常见的组合部分是：①雨水集水口、室内污水集水口；②雨水管渠、污水支管；③雨、污水合流的干管和主管；④管网上附属的构筑物如雨水井、检查井、跌水井，流式合流制系统的截流干管与污水支管交接处所设的溢流井等；⑤污水处理设施如混凝澄清池、过滤池、消毒池、污水泵房等；⑥出水口。

3.3.3　排水管网的附属构筑物

为了排除污水，除管渠本身外，还需在管渠系统上设置某些附属构筑物。在园林绿地中，这些构筑物常见的有：雨水口、检查井、跌水井、闸门井、倒虹管、出水口等。下面就主要介绍这些构筑物。

1. 雨水口

雨水口是在雨水管渠或合流管渠上收集雨水的构筑物。一般的雨水口，都是由基础、井身、井口、井箅几部分构成的(图 3-12)。其底部及基础可用 C15 混凝土做成，平面尺寸在 1200mm×900mm×100mm 以上。井身、井口可用混凝土浇制，也可以用砖砌筑，砖壁厚 240mm。为了避免过快地锈蚀和保持较高的透水率，井箅应当用铸铁制作，箅条宽 15mm 左右，间距 20~30mm。雨水口的水平截面一般为矩形，长 1m 以上，宽 0.8m 以上。竖向深度一般为 1m 左右，井身内需要设置沉泥槽时，沉泥槽的深度应不小于 12cm。雨水管的管口设在井身的底部。

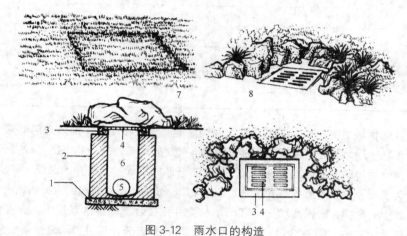

图 3-12　雨水口的构造
1—基础；2—井身；3—井口；4—井箅；5—支管；
6—井室；7—草坪窨井盖；8—山石围护雨水口

与雨水管或合流制干管的检查井相接时，雨水口支管与干管的水流方向以在平面上呈 60°交角为好。支管的坡度一般不应小于 1%。雨水口呈水平方向设置时，井箅应略低于周围路面及地面 3cm 左右，并与路面或地面顺接，以方便雨水的汇集和泄入。

2. 检查井

对管渠系统作定期检查，必须设置检查井(图 3-13)。检查井通常设在管渠交汇、转弯、管渠尺

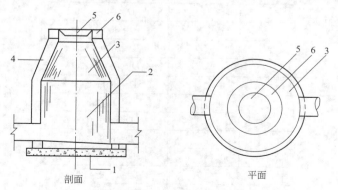

剖面　　　　　　平面

图 3-13　圆形检查井的构造
1—基础；2—井室；3—肩部；4—井颈；5—井盖；6—井口

寸或坡度改变、跌水等处以及相隔一定距离的直线管渠段上。检查井在直线管渠段上的最大间距，一般可按表 3-12 采用。

检查井的最大间距 表 3-12

管别	管渠或暗渠净高(mm)	最大间距(m)
污水管道	<500	40
	500～700	50
	800～1500	75
	>1500	100
雨水管渠、河流管渠	<500	50
	500～700	60
	800～1500	100
	>1500	120

建造检查井的材料主要是砖、石、混凝土或钢筋混凝土；在国外，则多采用钢筋混凝土预制。检查井的平面形状一般为圆形，大型管渠的检查井也有矩形或扇形的。井下的基础部分一般用混凝土浇筑，井身部分用砖砌成下宽上窄的形状，井口部分形成颈状。检查井的深度，取决于井内下游管道的埋深。为了便于检查人员上、下井室工作，井口部分的大小应能容纳人身的进出。

检查井基本上有两类，即雨水检查井和污水检查井。在合流制排水系统中，只设雨水检查井。检查井的结构形式比较多，表 3-13 中对检查井的类别进行了区分，可供管网设计中参考。由于各地地质、气候条件相差很大，在布置检查井的时候，最好参照全国通用的《给水排水标准图集》和地方性的《排水通用图集》，根据当地的条件直接在图集中选用合适的检查井，而不必再进行检查井的计算和结构设计。

检 查 井 分 类 表 表 3-13

类 别		井室内径(mm)	适用管径(mm)	备注
雨水检查用	圆形	700	D≤400	
		1000	D=200～600	
		1250	D=600～800	
		1500	D=800～1000	
		2000	D=1000～1200	
		2500	D=1200～1500	
	矩形		D=800～2000	表中检查井的设计条件为：地下水位在 1m 以下，地表温度为 9℃ 以下
污水检查用	圆形	700	D≤400	
		1000	D=200～600	
		1250	D=600～800	
		1500	D=800～1000	
		2000	D=1000～1200	
		2500	D=1200～1500	
	矩形		D=800～2000	

3. 跌水井

由于地势或其他因素的影响，使得排水管道在某地段的高程落差超过 1m 时，就需要在该处设置一个具有水力消能作用的检查井，这就是跌水井。根据结构特点来分，跌水井有竖管式和溢流堰式两种形式(图 3-14)。

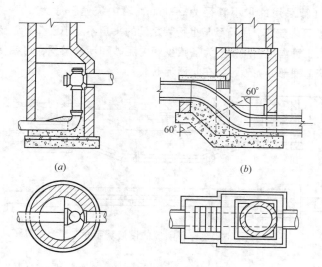

图 3-14　两种形式的跌水井
（a) 竖管式跌水井；（b)溢流堰式跌水井

竖管式跌水井一般适用于管径不大于 400mm 的排水管道上。井内允许的跌落高度，因管径的大小而异。管径不大于 200mm 时，一级的跌落高度不宜超过 6m；当管径为 250～400mm 时，一级的跌落高度不超过 4m。

溢流堰式跌水井多用于 400mm 以上大管径的管道上。当管径大于 400mm，而采用溢流堰式跌水井时，其跌水水头高度、跌水方式及井身长度等，都应通过有关水力学公式计算求得。

跌水井的井底要考虑对水流冲刷的防护，要采取必要的加固措施。当检查井内上、下游管道的高程落差小于 1m 时，可将井底做成斜坡，不必做成跌水井。

4. 闸门井

由于降雨或潮汐的影响，使园林水体水位增高，可能对排水管形成倒灌；或者，为了防止非雨时污水对园林水体的污染和为了调节、控制排水管道内水的方向与流量，就要在排水管网中或排水泵站的出口处设置闸门井。

闸门井由基础、井室和井口组成。如单纯为了防止倒灌，可在闸门井内设活动拍门。活动拍门通常为铁制，圆形，只能单向开启。当排水管内无水或水位较低时，活动拍门依靠自重关闭；当水位增高后，由于水流的压力而使拍门开启。如果为了既控制污水排放，又防止倒灌，也可在闸门井内设能够人为启闭的闸门。闸门的启闭方式可以是手动的，也可以是电动的；闸门结构比较复杂，造价也较高。

5. 倒虹管

由于排水管道在园路下布置时有可能与其他管线发生交叉，而它又是一种重力自流式的管道，因此，要尽可能在管线综合中解决好交叉时管道之间的标高关系。但有时受地形所限，如遇到要穿过沟渠和地下障碍物等时，排水管道就不能按照正常情况敷设，而不得不以一个下凹的折线形式从障碍物下面穿过，这段管道就成了倒置的虹吸管，即所谓的倒虹管。

由图 3-15 中可以看到，一般排水管网中的倒虹管是由进水井、下行管、平行管、上行管和出水井等部分构成的。倒虹管采用的最小管径为 200mm，管内流速一般为 1.2～1.5m/s，不得低于0.9m/s，并应大于上游管内流速。平行管与上行管之间的夹角不应小于 150°，要保证管内的水流有较好的水力条件，以防止管内污物滞留。为了减少管内泥砂和污物淤积，可在倒虹管进水井之前的检查井内，设一沉淀槽，使部分泥砂污物在此预沉下来。

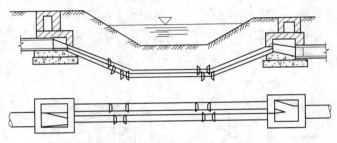

图 3-15　穿越溪流的倒虹管示意

6. 出水口

排水管渠的出水口是雨水、污水排放的最后出口，其位置和形式，应根据污水水质、下游用水情况、水体的水位变化幅度、水流方向、波浪情况等因素确定。

在园林中，出水口最好设在园内水体的下游末端，要和给水取水区、游泳区等保持一定的安全距离。

雨水出水口的设置一般为非淹没式的，即排水管出水口的管底高程要安排在水体的常年水位线以上，以防倒灌。当出水口高出水位很多时，为了降低出水对岸边的冲击力，应考虑将其设计为多级的跌水式出水口。污水系统的出水口，则一般布置为淹没式，即把出水管管口布置在水体的水面以下，以使污水管口流出的水能够与河湖水充分混合，减轻对水体的污染。园林中常用的各种排水口的具体处理情况，在本节后面地面排水部分还有介绍，这里不再多讲。

3.3.4　排水系统的布置形式

园林排水系统的布置，是在确定了所规划、设计的园林绿地排水体制、污水处理利用方案和估算出园林排水量的基础上进行的。在污水排放系统的平面布置中，一般应确定污水处理构筑物、泵房、出水口以及污水管网主要干管的位置；当考虑利用污水、废水灌溉林地、草地时，则应确定灌溉干渠的位置及其灌溉范围。在雨水排水系统平面布置中，主要应确定雨水管网中主要的管渠、排洪沟及出水口的位置。各种管网设施的基本位置大概确定后，再选用一种最适合的管网布置形式，对整个排水系统进行安排。

排水管网的布置形式主要有下述几种(图 3-16)。

1. 正交式布置

当排水管网的干管总走向与地形等高线或水体方向大致成正交时，管网的布置形式就是正交式。

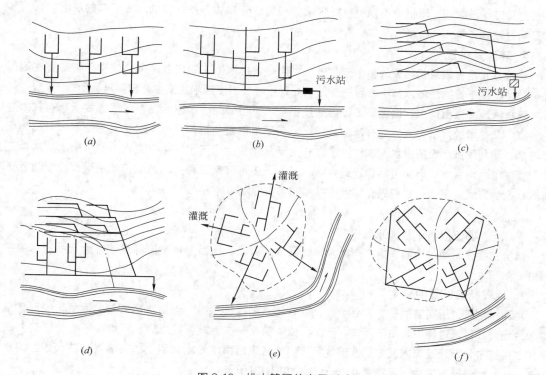

图 3-16　排水管网的布置形式

（a）正交式；（b）截流式；（c）扇形（平行式）；（d）分区式；（e）辐射（分散）式；（f）环绕式

这种布置方式适用于排水管网总走向的坡度接近于地面坡度时，和地面向水体方向较均匀地倾斜时。采用这种布置，各排水区的干管以最短的距离通到排水口，管线长度短、管径较小、埋深小、造价较低。在条件允许的情况下，应尽量采用这种布置方式。

2. 截流式布置

在正交式布置的管网较低处，沿着水体方向再增设一条截流干管，将污水截流并集中引到污水处理站。这种布置形式可减少污水对于园林水体的污染，也便于对污水进行集中处理。

3. 扇形布置

在地势向河流、湖泊方向有较大倾斜的园林中，为了避免因管道坡度和水的流速过大，而造成管道被严重冲刷的现象，可将排水管网的主干管，布置成与地面等高线或与园林水体流动方向相平行或夹角很小的状态。这种布置方式又可称为平行式布置。

4. 分区式布置

当规划设计的园林地形高低差别很大时，可分别在高地形区和低地形区各设置独立的、布置形式各异的排水管网系统，这种形式就是分区式布置。低区管网可按重力自流方式直接排入水体的，则高区干管可直接与低区管网连接。如低区管网的水不能依靠重力自流排除，那么就将低区的排水集中到一处，用水泵提升到高区的管网中，由高区管网依靠重力自流方式把水排除。

5. 辐射式布置

在用地分散、排水范围较大、基本地形是向周围倾斜的和周围地区都有可供排水的水体时，为了避免管道埋设太深，降低造价，可将排水干管布置成分散的、多系统的、多出口的形式。这种形式又叫分散式布置。

6. 环绕式布置

这种方式是将辐射式布置的多个分散出水口用一条排水主干管串联起来，使主干管环绕在周围地带，并在主干管的最低点集中布置一套污水处理系统，以便污水的集中处理和再利用。

园林绿地多依山傍水，设施繁多，自然景观与人工造景结合。因此，在排水方式上也有其本身的特点。其基本的排水方式一般有两种，即：①利用地形自然排除雨、雪水等天然降水，可称为地面排水；②利用排水设施排水，这种排水方式主要是排除生活污水、生产废水、游乐废水和集中汇流到管道中的雨雪水，因此可称作管道排水。另外，还可有第三种排水方式，就是地面排水与管道排水结合的方式。下面，我们只介绍地面排水和管道排水两种方式。

3.3.5 地面与沟渠排水

这里主要介绍通过地面、排水沟渠排除雨雪水的方法。地面排水是园林绿地排除天然降水的主要方式。

1. 地表径流系数的确定

地面排水设计所需要的一个重要参数，就是地表的径流系数。当雨水降落到地面后，便形成了地表径流。在径流过程中，由于渗透、蒸发、植物吸收、洼地截流等原因，雨水并不能全部流入园林排水系统中，而只是流入其中的一部分。我们就将地面雨水汇水面积上的径流量与该面积上的降雨量之比，叫做径流系数，用符号 ψ 表示，如式(3-12)所示。

$$\psi = \frac{\text{地表径流量}}{\text{降雨量}} \tag{3-12}$$

具体地方径流系数值的大小，与汇水面积上地形地貌、地面坡度、地表土质及地面覆盖情况有关，并且也和降雨强度、降雨时间长短等密切相关。例如，屋面、水泥或沥青路面是由不透水层所覆盖的，其 ψ 值就比较大；草坪、林地等能够截流、渗透部分雨水，其 ψ 值当然就比较小。地面坡度大，降雨强度大，降雨历时短，都会使雨水径流损失较小，径流量增大。反之，则会使得雨水径流损失增大。由于影响径流的因素是多方面的，因此要确定一个地区的径流系数，是比较困难的。

很显然，径流系数 ψ 的值小于 1。反过来看，如果我们已知道了具体地点的径流系数，再到气象部门查询当地一次降雨的最大降雨量，就可以根据以上公式算出一定汇水面积上的地表径流量。知道了径流量，地面排水沟渠的排水设计就有了依据。表 3-14 是园林中不同地面类型和不同土质条件下的已知径流系数，可供排水设计中参考。

地面的径流系数 ψ 值   表 3-14

类别	地 面 种 类	Ψ 值
人工地面	1. 各种层面，混凝土和沥青路面	0.90
	2. 大块石铺砌和沥青表面处理的碎石路面	0.60
	3. 级配碎石路面	0.45
	4. 砖砌砖石和碎石地面	0.40
	5. 非铺砌的素土路面	0.30
	6. 绿化种植地面	0.15

续表

类别	地 面 种 类	Ψ值
素土地面	7. 冻土、重黏土、冰沼土、沼泽土、沼化灰土	1.00
	8. 黏土、盐土、碱土、龟裂地、水稻地	0.85
	9. 黄壤、红壤、壤土、灰化土、灰钙土、漠钙土	0.80
	10. 褐土、生草砂土、黑钙土、黄土、栗钙土、灰色森林土、棕色森林土	0.70
	11. 砂壤土、生草的砂	0.50
	12. 砂	0.35

在实际地面排水设计和计算中，往往会遇到在同一汇水面积上兼有多种地面类别的情况。这时，就需要计算整个汇水面积上的平均径流系数 Ψ_P 值。平均径流系数 Ψ_P 值的计算方法是：将汇水面积上各种类别的地面，按其所占面积加权平均求得。计算公式如式(3-13)所示。

$$\Psi_P = \frac{\sum f_i \Psi_i}{F} \tag{3-13}$$

式中　Ψ_P——平均径流系数；

　　　f_i——计算汇水面积上，各类别地面的面积(万 m^2)；

　　　Ψ_i——对应的汇水面积上，各类别地面的径流系数；

　　　F——计算总汇水面积(万 m^2)。

2. 地表径流的组织与排除

在园林竖向设计中，既要充分考虑地面排水的通畅，又要防止地表径流过大而造成对地面的冲刷破坏。因此，在平地地形上，要保证地面有3‰～8‰的纵向排水坡度，和 1.5%～3.5%的横向排水坡度。当纵向坡度大于8‰时，又要检查其是否对地面产生了冲刷，和冲刷程度如何。如果证明其冲刷较严重，就应对地形设计进行调整，或者减缓坡度，或者在坡面上布置拦截物，降低径流的速度。

设计中，应通过竖向设计来控制地表径流；要多从排水角度来考虑地形的整理与改造，主要应注意以下几点：

(1) 地面倾斜方向要有利于组织地表径流，使雨水能够向排洪沟或排水渠汇集。

(2) 注意控制地面坡度，使之不致过陡。对于过陡的坡地要进行绿化覆盖或进行护坡工程处理，使坡面稳定，抗冲刷能力强，也减少水土流失。两面相向的坡地之间，应当设置有汇水的浅沟，沟的底端应与排水干渠和排洪沟连接起来，以便及时排走雨水。

(3) 同一坡度的坡面，即使坡度不大，也不要持续太长；太长的坡面使地表径流的速度越来越快，产生的地面冲刷越来越严重。对坡面太长的应进行分段设置。坡面要有所起伏，要使坡度的陡缓变化不一致，才能避免径流一冲到底，造成地表设施和植被的破坏。坡面不要过于平整；要通过地形的变化来削弱地表径流流速加快的势头。

(4) 要通过弯曲变化的谷、涧、浅沟、盘山道等组织起对径流的不断拦截，并对径流的方向加以组织，一步步减缓径流速度，把雨雪水就近排放到地面的排水明渠、排洪沟或雨水管网中。

(5) 对于直接冲击园林内一些景点和建筑的坡地径流，要在景点、建筑上方的坡地面边缘设置截水沟拦截雨水，并且有组织地排放到预定的管渠之中。

3. 截水沟与排水沟渠设计

1) 截水沟设计

截水沟一般应与坡地的等高线平行设置，其长短、宽窄和深浅随具体的截水环境而定。宽而深的截水沟，其截面尺寸可达 100cm×70cm；窄而浅的截水沟截面则可以做得很小。例如，在名胜古迹风景区摩崖石刻顶上的岩面开凿的截水沟，为了很好地保护文物和有效拦截岩面雨水，就应开凿成窄而浅的小沟，其截面可小到 5cm×3cm。宽、深的截水沟，可用混凝土、砖石材料砌筑而成，也可仅开挖成沟底、沟壁夯实的土沟。窄、浅的截水沟，则常常开成小土沟，或者直接在岩面凿出浅沟。

2) 排水明渠设计

除了在园林苗圃中排水渠有三角形断面之外，一般的排水明渠都设计为梯形的断面。梯形断面的最小底宽应不小于 30cm，但位于分水线上的明沟底宽可用 20cm，沟中水面与沟顶的高度差应不小于 20cm。道路边排水沟渠的最小纵坡坡度不得小于 0.2%；一般明渠的最小纵坡为 0.1%～0.2%。各种明渠的最小流速不得小于 0.4m/s，个别地方酌减；土渠的最大流速一般不超过 1.0m/s，以免沟底冲刷过度。各种明渠的允许最大流速，见表 3-15。

排水明渠允许的最大流速 表 3-15

明 渠 类 别	允许最大流速 v(m/s)
粗砂及贫砂质黏土	0.8
砂质黏土	1.0
黏土	1.2
石灰岩或中砂岩	4.0
草皮面	1.6
干砌块石面	2.0
浆砌块石面或浆砌砖面	3.0
混凝土	4.0

设计中，对排水明渠的宽度、深度的确定，即水渠断面面积的确定，可根据式(3-14)进行计算。式中，流量 Q 的数值可按照前述地表径流量的确定方法推算得出。流速的确定则要按照表 3-15 中的数据。

$$\omega = \frac{Q}{u} \tag{3-14}$$

明渠开挖沟槽的尺寸规定如下：梯形明渠的边坡用砖或混凝土块铺砌的一般采用 1：0.75～1：1 的边坡，在边坡无铺装的情况下，应根据不同设计图纸采用表 3-16 中的数值。

梯形明渠的边坡 表 3-16

明 渠 土 质	边 坡 坡 度
粉砂	1：3～1：3.5
松散的细砂、中砂、粗砂	1：2～1：2.5
细实的细砂、中砂、粗砂	1：1.5～1：2
粗砂、黏质砂土	1：1.5～1：2

续表

明 渠 土 质	边 坡 坡 度
砂质黏土和黏土	1:1.25～1:1.5
砾石土和卵石土	1:1.25～1:1.5
半岩性土	1:0.5～1:1
风化岩石	1:0.25～1:0.5
岩石	1:0.1～1:0.25

3）排洪沟设计

为了防洪的需要，在设计排洪沟前，要对设计范围内洪水的迹线（洪痕）进行必要的考察，设计中应尽量利用洪水迹线安排排洪沟。在掌握了有关洪水方面的资料后，就应当对洪峰的流量进行推算。最适于推算园林用地内洪峰流量的方法，是利用小面积设计流量公式进行计算。洪峰小面积径流量计算公式是一种经验公式，是以流域面积为基本参数的，见式（3-15）。式中，径流模数 C 是汇水面积为 1km² 时的设计径流量，可根据地区的不同，在"径流模数及面积指数"表中表 3-17 选用。另外，也可以采用排水明渠设计流量的公式 $Q = wv$ 来对排洪沟洪峰流量进行推算。

$$Q = CF^m \tag{3-15}$$

式中　Q——设计流量（m³/s）；
　　　C——径流模数（按表 3-17 选用）；
　　　F——流域面积（km²）；
　　　m——面积指数。

径流模数及面积指数　　　　表 3-17

地　区	在不同洪水频率时的 C 值					m 值
	1:2	1:5	1:10	1:15	1:20	
华　北	8.1	12.0	16.5	18.0	19.0	0.75
东　北	8.0	11.5	13.5	14.6	15.8	0.85
东南沿海	11.0	15.0	18.0	19.5	22.0	0.75
西　南	9.0	12.0	14.0	14.5	16.0	0.75
华　中	10.0	14.0	17.0	18.0	19.6	0.75
黄土高原	5.5	6.0	7.5	7.7	8.5	0.80

一般排洪沟通常都采用明渠形式，设计中应尽量避免用暗沟。明渠排洪沟的底宽一般不应小于 0.4～0.5m。当必须采用暗沟形式时，排洪沟的断面尺寸一般不小于 0.9m（宽）×1.2m（高）。排洪沟的断面形状一般为梯形或矩形。为便于就地取材，建造排洪沟的材料多为片石和块石，多采用铺砌方式建成。排洪沟不宜采用土明渠方式，因为土渠的边坡不耐冲刷。

排洪沟的纵坡，应自起端而至出口不断增大。但坡度也不应太大，坡度太大则流速过高，沟体易被冲坏。为此，对于浆砌片石的排洪沟，最大允许纵坡为 30%；混凝土排洪沟的最大允许纵坡为

25%。如果地形坡度太陡，则应采取跌水措施，但不得在弯道处设跌水。

为了不使沟底沉积泥砂，沟内的最小允许流速不应小于 0.4m/s。为了防止洪水对排洪沟的冲刷，沟内的最大允许流速应根据其砌筑结构及设计水深来确定，见表 3-18。

排洪沟的最大允许流速   表 3-18

序号	铺砌及防护类型	水流平均深度(m)			
		0.4	1.0	2.0	3.0
		平均流速(m/s)			
1	单层铺石(石块尺寸 150mm)	2.5	3.0	3.5	3.8
2	单层铺石(石块尺寸 200mm)	2.9	3.5	4.0	4.3
3	双层铺石(石块尺寸 150mm)	3.1	3.7	4.3	4.6
4	双层铺石(石块尺寸 200mm)	3.6	4.3	5.0	5.4
5	水泥砂浆砌软弱沉积岩块石砌体，石材强度等级不低于 MU10	2.9	3.5	4.0	4.4
6	水泥砂浆砌中等沉积岩石砌体	5.8	7.0	8.1	8.7
7	水泥砂浆砌石材，石材强度等级不低于 MU30	7.1	8.5	9.8	11.0

4）排水盲渠设计

盲渠(盲沟)是一种地下排水渠道，用以排除地下水，降低地下水位，效果不错。修筑盲沟的优点是：取材方便、造价低廉、地面完好、不留痕迹。在一些要求排水良好的活动场地(如高尔夫球场、一般大草坪等)或地下水位高的地区，为了给某些不耐水的植物生长创造条件，都可采用这种方法排水。

布置盲沟的位置与盲沟的密度要求视场地情况而定。通常以盲沟的支渠集水，再通过干渠将水排除掉。以场地排水为主的，直渠可多设，反之则少设。盲渠渠底纵坡不应小于 5‰，如果情况允许的话，应尽量取大的坡度，以便于排水。

盲渠常见的构造情况，如图 3-17 所示。

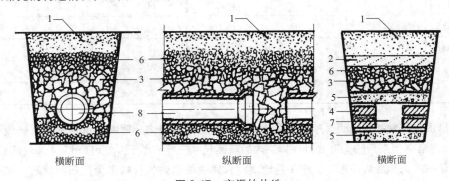

横断面   纵断面   横断面

图 3-17　盲渠的构造

1—泥土；2—砂；3—石块；4—砖块；5—预制混凝土盖板；
6—碎石及碎砖块；7—砖块干叠排水管；8—ϕ80 陶管

4. 防止地表径流冲刷地面的措施

当地表径流流速过大时，就会造成地表冲蚀。解决这一问题的方式，主要是在地表径流的主要流向上设置障碍物，以不断降低地表径流的流速。这方面的工作可以从竖向设计及工程措施方面考虑。通过竖向设计来控制地表径流的要求已在前面讲过，这里主要对设置地面障碍物来减轻地表径流冲刷影响的方法作些介绍。

1）植树种草，覆盖地面

对地表径流较多，水土流失较严重的坡地，可以培植草本地被植物覆盖地面；还可以栽种乔木与灌木，利用树根紧固较深层的土壤，使坡地变得很稳定。覆盖了草本地被植物的地面，其径流的流速能够受到很好的控制，地面冲蚀的情况也能得到充分的抑制。

2）设置"护土筋"

沿着山路坡度较大处，或与边沟同一纵坡且坡面延续较长的地方敷设"护土筋"。其做法是：采用砖石或混凝土块等，横向埋置在径流速度较大的坡面上，砖石大部分埋入地下，只有 3～5cm 出露于地面，每隔一定距离（10～20m）放置 3～4 道，与道路成一定角度，如鱼翅状排列于道路两侧，以降低径流流速，消减冲刷力。

3）安放挡水石

利用山道边沟排水，在坡度变化较大处（如在台阶两侧），由于水的流速大，容易造成地面冲刷，严重影响道路路基。为了减少冲刷，在台阶两侧置石挡水，以缓解雨水流速。

4）做"谷方"，设消能石

当地表径流汇集在山谷或地表低洼处时，为了避免地表被冲刷，在汇水线地带散置一些山石，作延缓阻碍水流用。这些山石在地表径流量较大时，可起到降低径流的冲力，缓解水土流失速率的作用。所用的山石体量应稍大些，并且石的下部还应埋入土中一部分，避免因径流过大时石底泥土被掏空，山石被冲走。

利用上述几种措施防止地表径流冲刷地面的情况，可见图 3-18。

5. 出水口处理

当地表径流利用地面或明渠排入园林水体时，为了保护岸坡，出水口应作适当的处理，常见的处理方法如下。

1）做簸箕式出水口

即所谓做"水簸箕"，这是一种敞口式排水槽。槽身可采用三合土、混凝土、浆砌块石或砖砌体做成（图 3-9a）。

2）做成消力出水口

排水槽上口下口高差大时可以在槽底设置"消力阶"（图 3-19b）、礓磜（图 3-19c）或消力砖块（图 3-19d）。

3）做造景出水口

在园林中，雨水排水口还可以结合造景布置成小瀑布、跌水、溪涧、峡谷等，一举两得，既解决了排水问题，又使园景生动自然，丰富了园林景观内容（图 3-19e）。

4）埋管成排水口

这种方法园林中运用很多，即利用路面或道路两侧的明渠将水引至适当位置，然后设置排水管

图 3-18　防止径流冲刷的工程措施
(*a*)设置护土筋；(*b*)设挡水石；(*c*)做谷方

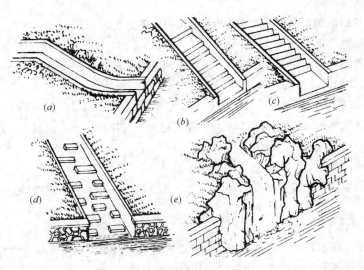

图 3-19　出水口的排水处理
(*a*)水簸箕；(*b*)消力阶；(*c*)礓礤；(*d*)消力块；(*e*)出石出水口

作为出水口(图 3-20)。排水管口可以伸出到园林水体水面以上或以下,管口出水直接落入水面,可避免冲刷岸边;或者,也可以从水面以下出水,从而将出水口隐藏起来。

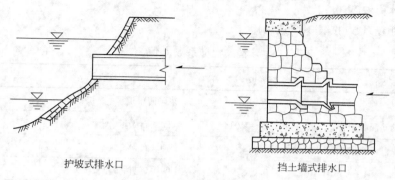

护坡式排水口   挡土墙式排水口

图 3-20 埋管排水口示意

3.3.6 排水管网的水力计算

园林绿地的排水,一般主要靠地面及明渠排除。但一些生活污水、游乐废水、生产废水等,和主要建筑周围、游乐场地周围、园景广场周围、主园路两侧等地方,则主要靠管道排水。这些管道在设计前,都需要进行计算。

1. 管网水力计算原则

排水管网的水力计算是保证管网系统正确设计的基本依据。通过计算,要求使管网系统的设计达到:首先,是保证管道不溢流;如果发生溢流,将会对园林环境与景观产生很不好的影响。其次,要使管道中不发生淤积、堵塞现象,这就要求管道内的污水保证有一定的自净流速,这一流速能够避免管道的淤积。第三,应使管道内不产生高速冲刷,以免管道过早因冲刷而毁坏;管道内雨水、污水的流速要控制在一个不发生较大冲刷的最高限值以下。第四,要保证管道内的通风排气,以免污物产生的气体发生爆炸。只有满足了这些要求,管网计算才是合乎实际需要的。

2. 管网流量与流速的计算

在管道系统中,因管道材料及其内壁粗糙度的不同以及其他方面因素的影响,实际计算管道水力数据时,还应加入另外一些参数。按照我国现行《室外排水设计规范》GB 50014—2006 (2011 年版)的规定,在排水管网的流量、流速等水力计算中,应当加入由曼宁公式计算得出的数值。

$$Q = \omega u \,(\text{流量公式}) \tag{3-16}$$

$$u = C\sqrt{RI}\,(\text{谢才公式}) \tag{3-17}$$

$$C = \frac{1}{n}R^{1/6}\,(\text{曼宁公式}) \tag{3-18}$$

式中　Q——设计流量(m^3/s);

　　　ω——管道过水断面面积(m^2);

　　　u——流速(m/s);

C——流速系数(或称谢才系数);

R——水力半径(m);

I——水力坡度;

n——粗糙系数(按表 3-19 选用)。

管渠粗糙系数 n 值   表 3-19

管渠类别	n 值	管渠类别	n 值
陶土管	0.013	浆砌砖渠道	0.015
混凝土管和钢筋混凝土管	0.013~0.014	浆砌块石渠道	0.017
石棉水泥管	0.012	土砌块石渠道	0.020~0.025
铸铁管	0.013	土明渠(包括带草皮的)	0.025~0.030
钢管	0.012	水槽	0.012~0.014
水泥砂浆抹面渠道	0.013~0.014		

若将曼宁公式代入流量公式和流速公式,则可得出计算排水管网流量和流速的式(3-19)、式(3-20)。公式中各种符号的含义与式(3-16)～式(3-18)相同。

$$Q = \frac{1}{n}R^{2/3}I^{1/6}\omega \tag{3-19}$$

$$V = \frac{1}{n}R^{2/3}I^{1/2} \tag{3-20}$$

3. 管道的设计充满度

对排水管道或暗渠而言,当管渠的排水量达到设计流量时,管渠中的水深与管内径或暗渠高之比(或称水深比),就是管渠的设计充满度。通常设计水深以 h 表示,管内径以 D 表示,暗渠高用 H 表示。当排水管道或暗渠的充满度 $h/D=1$ 或 $h/H=1$ 时,称为满流;当 $h/D \leqslant 1$ 或 $h/H \leqslant 1$ 时,称为不满流。在我国,排水管网按不满流设计。最大设计充满度按表 3-20 确定,最小充满度一般不小于 0.5。

最大设计充满度   表 3-20

管径 D 或暗渠高 H(mm)	最大设计充满度:h/D 或 h/H
150~300	0.60
350~450	0.70
500~900	0.75
≥1000	0.80

4. 最小设计坡度和管径计算

1) 管道的最小设计坡度

对应于最小设计流速时的管道坡度,就是管道的最小设计坡度。一般情况下,管道的设计坡度是很小的,其坡度大小可以表示为: $i = \Delta hL_x = \tan\alpha$。管道的设计坡度对其埋深影响很大,在设计中要慎重考虑;既要保证管道内污水排放的自净条件,又不能使流速太快而造成冲刷加剧。

2) 最小管径计算

在排水管网的起始段,一般收集水量很小。如果按设计流量进行计算,往往求得的管径很小。管径较小的管道很容易淤塞,而且难于疏通。在同等条件下,管径为 150mm 的管道堵塞次数,是管径 200mm 管道的 2 倍。而在同等埋深条件下,上述两种管径的管道造价却基本相当。由此可见,即使在设计流量很小的情况下,也不宜采用很小管径的管道。

园林绿地中雨水管出水口的设置标高应参照水体的常水位和最高水位来决定。一般来说,为了不影响园林景观,出水口最好设于常水位以下,但应考虑雨季水位涨高时不致倒灌,影响排水。

雨水管网系统的设计方法和步骤,一般可按下述程序进行:

(1)根据设计地区的气象、雨量记录及园林生产、游乐等废水排放的有关资料,推求雨水排放的总流量。

(2)在与园林总体规划图比例相同的平面图上,绘出地形的分水线、集水线,标上地面自然坡度和排水方向,初步确定雨水管道的出水口,并注明控制标高。

(3)按照雨水管网设计原则、具体的地形条件和园林总体规划的要求,进行管网的布置。确定主干渠道、管道的走向和具体位置,以及支渠、支管的分布和渠、管的连接方式。并确认出水口的位置。

(4)根据各设计管段对应的汇水面积,按照从上游到下游、从支渠支管到干渠干管的顺序,依次计算各管段的设计雨水流量。

(5)依照各设计管段的设计流量,再结合具体设计条件并参照设计地面坡度,确定各管段的设计流速、坡度、管径或渠道的断面尺寸。

(6)根据水力、高程计算的一系列结果,从《给水排水标准图集》或地区的给水排水通用图集中选定检查井、雨水口的形式,以及管道的接口形式和基础形式等。

(7)在保证管渠最小覆土厚度的前提下,确定管渠的埋设深度,并依此进行雨水管网的一系列高程计算;要使管渠的埋设深度不超过设计地区的最大限埋深度。

(8)综合上述各方面的工作成果,绘制雨水排水管网的设计平面图及纵断面图,并编制必要的设计说明书、计算书和工程概预算。

以上是对一般园林雨水管网系统设计过程的介绍。一些大型的管网工程,其设计过程和工作内容还要复杂得多;要根据具体情况灵活处理。

3.3.7　污水管网设计

在园林内部的分流制排水系统中,生活污水是主要的污水来源,它是由一个单独的污水排水系统所收集、输送和排除的。污水排水系统和雨水排水系统的最大不同,是在系统中必须有一些污水处理设施,其管网的布置也和雨水系统有所不同。

1. 污水量计算

计算园林的污水量,一般可以参照园林用水量来进行推算;只要算出的污水量略小于用水量,就都是正常的。但在计算中，还是要参照有关的污水量标准。由于园林中的污水绝大部分都是生活污水，因此在确定污水量标准中，就以生活污水量标准为依据。目前还没有制定园林内部的生活污水量标准，只有居住区的生活污水量标准可供参考或套用，表3-21就是这个标准。

表3-21中所列各分区，是按我国各地区的气候特点和生活习惯等情况来划分的。第一分区是指东北和华北北部地区；第二分区是华北南部地区、西北的东部地区和山东、山西等地区；第三分区指华东、华中地区；第四分区指东南沿海地区和广东、广西等；第五分区是西南地区。在污水管网的设计中，可根据设计地区的具体条件在表中选用适宜的数值，还应与该地区的给水量标准进行协调。

居民区生活污水量标准 表 3-21

建筑物内部卫生设备情况	污水量标准 [L/(d·人)] 与分区				
	第一分区	第二分区	第三分区	第四分区	第五分区
室内无给水排水卫生设备，从集中给水龙头取水，由室外排水管排水	10～20	10～25	20～35	25～40	10～25
室内有给水排水设备，但无水冲式厕所	20～40	30～45	40～65	40～70	25～40
室内有给水排水设备，但无淋浴设备	55～90	60～95	65～100	65～100	55～90
室内有给水排水设备和淋浴设备	90～125	100～140	110～150	120～160	100～140
室内有给水排水设备，并有淋浴和集中热水供应	130～170	140～180	145～185	150～190	140～180

上述污水量标准是以生活污水的平均流量为基础所确定的标准数。实际上，排入污水管网中的污水流量总是时刻在变化着的。污水量的变化可用变化系数反映出来，而且主要是以总变化系数 K_z 来反映。总变化系数是污水量日变化系数和时变化系数的乘积，其值可见表3-22。总变化系数还可以用式(3-21)计算得出。有了总变化系数，就可以据此算出最大日最大时的污水量。

生活污水量总变化系数 K_z 值 表 3-22

污水平均日流量(L/日)	≤5	15	40	70	100
总变化系数	2.3	2.0	1.8	1.7	1.6
污水平均日流量(L/日)	200	500	1000	≥1500	—
总变化系数	1.5	1.4	1.3	1.2	—

$$K_z = \frac{2.7}{Q^{0.11}} \tag{3-21}$$

$$Q_z = QK_z \tag{3-22}$$

式中　K_z——总变化系数；

　　　Q——平均日平均时的污水流量(L/s)；

　　　Q_z——最大日最大时的污水流量(L/s)。

　　总变化系数的值与污水平均流量的大小是成反比的。总变化系数值越小，污水平均流量就越大；而总变化系数值越大时，污水平均流量就越小。也就是说，污水流量的变化幅度与其平均流量的大小是相反的。

　　污水管网系统计算所采用的污水设计流量，是指污水最大日最大时的流量。我们已知道，总变化系数可以从表 3-22 中查到或算出。那么，在污水管网的计算和设计中，只要求出污水的平均日平均时流量，就可以确定污水的设计流量。

2. 污水管网平面布置

　　一般污水管网平面布置任务和内容是：确定排水区界；划分排水区域；确定污水处理设施的位置及出水口的位置；以及污水干管、总干管的定线等。

　　排水区域通常由地形的边界或自然分水线来划分，一个排水区域实际上就是一个独立的排水管渠系统。污水干管通常都布置在污水管道系统的高程最低位置上。在地势平坦地区没有明显的分水线时，一般要考虑污水主干管的最大合理埋深，要力求使得每个流域内的污水都以重力自流方式输送和排除。

　　管网的定线，一般应按照从大口径管到小口径管的顺序进行。先确定大口径主干管的位置和流向，再确定干管的位置、流向及污水处理点和出水口的位置与数量。在施工图设计阶段，还要确定支管的位置和流向。整个管网的定线，都要注意尽量使线路最短，埋深最小。因为线路越长、埋地越深，则工程造价就越是高。因此，污水干管不一定都要沿着园路布置，更多的时候，是可以采取最短的路线横、斜穿过树林、草坪甚至园林水体等区域的。

　　由于污水管道是重力流管道，在地势平坦的地方，随着污水管线长度增加，管道的埋深也越来越大。当增大超过一定限值时，就需要设置污水泵将污水提升到一个新的高度。但在管网中，增设排水泵站必定要增加工程投资，因此在设计中要尽量避免设置排水泵。

　　在管网的水力计算中，设计流量是逐段地增加的。为防止管道淤积，相应各管段的设计流速也应当逐段增加。即使在设计流量不变的情况下，沿线的设计流速也不应减小。在支管接入干管时，支管的设计流速不应高于干管的设计流速。在特殊情况下，当下游管段的流速大于 1.2m/s 时，坡度大的管道接到坡度小的管道，设计流速才允许减小。当坡度小的管道接入坡度大的管道时，管径也可能减小，但减小的范围不得超过 50~100mm。

　　用于污水排水的管道，应具备的条件是：首先，必须有足够的机械强度，能够承受土壤压力及车辆行驶所造成的外部荷载。其次，必须保证不渗水，如果管道渗水就会污染土壤。第三，管道应有一定的抗腐蚀、抗冲刷能力，以防管道在短期内被很快磨损和腐蚀。第四，应具有较好的水力条件，管道内壁要光滑，阻力小。

3. 污水管网的设计步骤

　　污水排水管网的设计可按以下方法和步骤进行：

　　1) 利用地形界线和地形分水线，划分排水流域；确认污水源的位置和污水处理设施的布置位置。在必须设置泵站时，一般在划分的流域范围内以泵站为中心构成一个独立的排水系统。

　　2) 对污水排水管网进行选线、定线及平面位置的组合，确定主干管、干管的走向和布置位置，对污水处理设施进行布置，确定出水口。

　　3) 从干管、主干管引出各条支管，与污水源相互连接。

4）进行设计管段的划分，将各处的主干管、干管和支管按其设计流量大小和所需管径大小进行管段划分，同时确定其设计流量。

5）根据管网的初步布置平面图，绘制污水管网的水力计算草图，编制污水管网水力计算表。管道水力计算草图如图3-21所示。图上要先注明各设计管段起迄检查井的编号及各设计管段的长度，并标出较大集中流量的接入位置，再将数据填入水力计算表中。污水管网水力计算表的内容，应有：

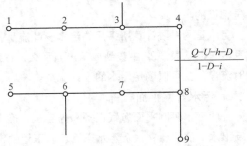

图3-21　污水管水力计算草图

（1）地面部分，如园路名称、检查井号次、设计管段间距(长度)；

（2）污水量部分，包括本段服务面积、比流量、本段平均流量、转输平均流量、合计平均流量、变化系数 K_z、设计生活污水量、本段流量、累积流量、设计污水量；

（3）管渠部分，含管径 D、坡度 I、流速 v、应用流量 Q'、充满度、降落量；

（4）高程部分，有地面上端和下端高程、水面上端和下端高程、管内底部上端和下端高程；

（5）埋设深度部分，包括覆土上端和下端的厚度、埋深上端和下端的深度。水力计算表一般要作为设计和计算的资料保存起来。

6）进行管网的水力计算与高程计算。根据设计范围污水量标准及用水人数，求得单位面积的生活污水流量(即比流量)、各管段平均设计流量、总计平均流量、总变化系数；确定设计管段起迄检查井的地面(或路面)设计高程，并据此求出设计管段相应地面(或路面)的坡度，作为确定管道设计坡度的参考值；所得出的这些数据都要填入污水管网水力计算表中。

7）根据上述各方面数据，确定设计管段的设计管径、设计坡度、设计流速及设计充满度；确定各管段断面的位置。

8）绘制管道平面图与纵断面图。污水排水管网系统的平面详图一般采用 1∶200～1∶500 的比例，图上要绘出基本的地形和各种主要园林设施的平面轮廓。要按设计的走向和准确位置，画出污水排水主干管、干管、支管以及污水处理设施、出水口的图例。要注明设计管段起迄检查井的编号和位置、设计管段的长度、管径、坡度及管道的排水流向。同时，还应标明管道与周围建筑物，与拟建地下构筑物等的相对位置关系。管道纵断面图是与平面详图相互对照和补充的，它要着重反映设计管道在道路路面以下的位置情况。其比例关系是，在管道的纵向一般采用与平面详图相同的比例，而在竖直方向上则通常采用 1∶50～1∶100 的比例(图3-22)。

园林污水排水管网系统的平面制图，和雨水排水管网系统、给水管网系统的制图一样，都要在图上画出基本的地形和主要园林设施的平面轮廓。而在管网及其附属构筑物的表达方面，都要用突出的方式，按照规定的平面图图例绘出各类管道及其附属构筑物。

3.3.8　园林污水处理

园林中的污水是城市污水的一部分，但和城市污水不尽相同。园林污水量比较少，性质也比较简单。它基本上由两部分组成：一是餐饮部门排放的污水，二是厕所及卫生设备产生的污水。在动

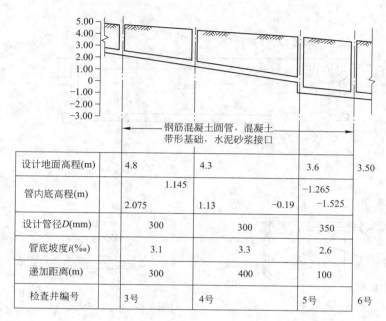

比例：纵向
1:400 竖向前看:50

图 3-22 污水管道纵断面图

物园或带有动物展览区的公园里，还有部分动物粪便及清扫禽兽笼舍的脏水。由于园林污水性质简单，排放量少，所以处理这些污水也相对简单些。

1. 污水处理方法

1）以除油池除污

除油池是用自然浮法分离，取出含油污水中浮油的一种污水处理池。污水从池的一端流入池内，再从另一端流出，通过技术措施将浮油导流到池外。用这种方式，可以处理公园内餐厅、食堂排放的污水。

2）用化粪池化污

这是一种设有搅拌与加温设备，在自然条件下消化处理污物的地下构筑物，是处理公园宿舍、公厕粪便最简易的一种方法。其主要原理是：将粪便导流入化粪池沉淀下来，在厌氧细菌作用下，发酵、腐化、分解，使污物中的有机物分解为无机物。化粪池内部一般分为三格：第一格供污物沉淀发酵，第二格供污水澄清，第三格使澄清后的清水流入排水管网系统中。

3）沉淀池

是水中的固体物质(主要是可沉固体)在重力作用下下沉，从而与水分离。根据水流方向，沉淀池可分为平流式、辐流式和竖流式三种。平流式沉淀池中，水从池子一端流入，按水平方向在池内流动，从池的另一端溢出；池呈长方形，在进口处的底部有贮泥斗。辐流式沉淀池，池表面呈圆形或方形，污水从池中间进入，澄清的污水从池周溢出。竖流式沉淀池，污水在池内也呈水平方向流动；水池表面多为圆形，但也有呈方形或多角形者；污水从池中央下部进入，由下向上流动，清水从池边溢出。三种形式的沉淀池见图 3-23。

设计地面高程(m)	4.8	4.3	3.6	3.50
管内底高程(m)	1.145 2.075	1.13	-0.19	-1.265 -1.525
设计管径D(mm)	300	300	350	
管底坡度i(‰)	3.1	3.3	2.6	
递加距离(m)	300	400	100	
检查井编号	3号	4号	5号	6号

钢筋混凝土圆管，混凝土带形基础，水泥砂浆接口

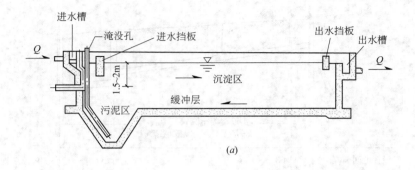

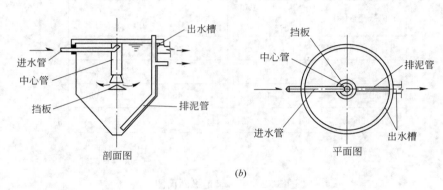

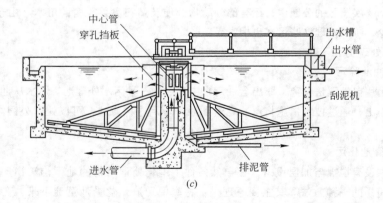

图 3-23 沉淀池的形式

(*a*) 平流式；(*b*)竖流式；(*c*)辐流式

4）过滤池

是使污水通过滤料(如砂等)或多孔介质(如布、网、微孔管等)，以截留水中的悬浮物质，从而使污水净化的处理方法。这种方法在污水处理系统中，既用于以保护后继处理工艺为目的的预处理，也用于出水能够再次复用的深度处理。

5）生物净化池

是以土壤自净原理为依据，在污水灌溉的实践基础上，经间歇砂滤池和接触滤池而发展起来的人工生物处理。污水长期以滴状洒布在表面上，就会形成生物膜。生物膜成熟后，栖息在膜上的微生物即摄取污水中的有机污染物作为营养，从而使污水得到净化。

2. 污水的排放

净化污水应根据其性质，分别处理。如饮食部门的污水主要是洗涤废水，污水中含有较多油脂。对这类污水，可设带有沉淀池的隔油井，经沉淀隔油后，排入就近的水体。这些肥水可以养鱼，也可以给水生生物施肥，水体中就可广种藻类、荷花、水浮莲等水生植物。水生植物通过光合作用放出大量的氧，溶解在水中，为污水的净化创造了良好的条件。

粪便污水处理则应采用化粪池。污水在化粪池中经沉淀、发酵、沉渣、液体再发酵澄清后，可排入城市污水管网，也可作园林树木的灌溉用水。少量的可排入偏僻的或不进行水上活动的园内水体。水体应种植水生植物及养鱼。对化粪池中的沉渣污泥，应根据气候条件每三个月至一年清理一次。这些污泥是很好的肥料。

排放污水的地点应该远离设有游泳场之类的水上活动区，以及公园的重要部分。排放也宜选择在闭园休息时。

3.4　园林给水排水工程实例

3.4.1　雨水灌渠的水力计算实例

【例 3-2】 图 3-24 是南方某城市一公园的一个局部，需设雨水管排除雨水，雨水就近排至公园水体。已知该市的暴雨强度 $q = 1120 (1 + 0.81gP)/(t + 10)$，设计重现期 $P = 1$ 年，地面集水时间 $t_1 = 10min$，平均径流系数 $P = 0.25$。

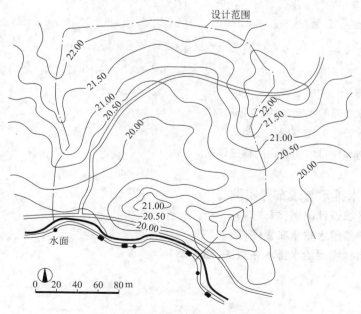

图 3-24　雨水管的布置及汇水区域

【解】 (1) 划分汇水区域。根据地形及地物情况划分区域、编号及计算面积,见表3-23。

汇 水 区 及 面 积 　　　　表 3-23

编号	汇水区面积(hm²)	编号	汇水区面积(hm²)	编号	汇水区面积(hm²)
F1	0.86	F3	0.36	F5	0.87
F2	0.63	F4	0.23		

(2) 作雨水管布置图。标示雨水井的位置、编号、管道走向及出口等。

(3) 求单位面积的径流量 q_0。依据已知条件求得:$q_0 = 1120/(20 + 2t_2)$,根据此公式可以画出 $q_0 － t_2$ 的关系曲线图,以备使用。

(4) 雨水管的水力计算。求各管段的设计流量,根据所选择的管材(本例选择钢筋混凝土),查水力计算图或计算表,确定管径、坡降、流速、管底标高以及管道埋深等。

AC 管段:

$$t_2 = D \cdot q = 1.120/20 = 239.83 \text{L}/(\text{s} \cdot \text{hm}^2)$$

$$Q = P\Psi F_1 = 239.83 \times 0.25 \times 0.86 = 51.56 \text{L}/(\text{s} \cdot \text{hm}^2)$$

为了便于查表或水力计算图,可以取一个合适的设计流量,取 $Q = 55 \text{L}/(\text{s} \cdot \text{hm}^2)$,求得管径 d、坡度 l 和流速 v。

BC 管段:

$$t_2 = D \cdot q = 1.120/20 = 239.83 \text{L}/(\text{s} \cdot \text{hm}^2)$$

$$Q = P\Psi F_2 = 239.83 \times 0.25 \times 0.63 = 37.77 \text{L}/(\text{s} \cdot \text{hm}^2)$$

取 $Q = 55 \text{L}/(\text{s} \cdot \text{hm}^2)$,求得管径 d、坡度 l 和流速 v。

CE 管段:流经 AC 管段,$t_2 = 1.28 \text{min}$,流经 BC 管段,$t_2 = 1.05 \text{min}$,选 $t_2 = 1.28 \text{min}$

$$q = 1120/(20 + 2t_2) = 231.40 \text{L}/(\text{s} \cdot \text{hm}^2)$$

$Q = q\Psi(F_1 + F_2 + F_3) = 231.40 \times 0.25 \times 2.85 = 164.88 \text{L}/(\text{s} \cdot \text{hm}^2)$,取 $Q = 170.00 \text{L}/(\text{s} \cdot \text{hm}^2)$,求出管径 d、坡度 l 和流速 v 等。

(5) 绘制雨水管布置平面图(图3-25)。

(6) 绘制雨水管纵剖面图(图3-26)。

(7) 绘出管道系统排水构筑物的构造详图。

3.4.2 给水排水管线布置实例

1. 给排水管线设计图例(表3-24)

2. 某城市道路给水排水布置图(图3-27)

3. 某城市园林绿地给水排水布置图(图3-28)

图 3-25 雨水管设计图

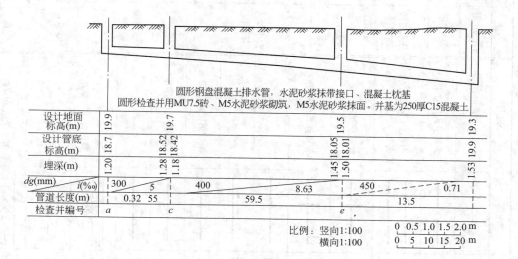

图 3-26 某公园雨水干管纵剖面图

给水排水管线设计图例

表 3-24

名称	图例	说明
管道	—j—	只一种管道时用；拼音字头示管别
交叉管		用图例表示管道的类别；管道交叉不连接
三通四通		管道连接的画法
管道流向	↑	—
管道坡向		—
固定架		示管道固定支架
保温管		防结露也适用
拆除管		—
有盖的排水渠	1/40.00	数据标示同截水沟或排洪沟；其他同排水明渠
急流槽		箭头示水流方向

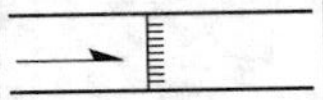

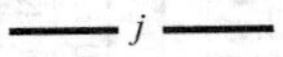

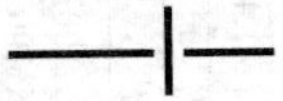

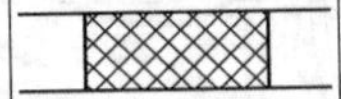

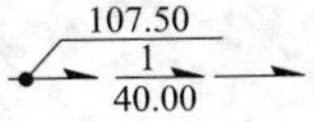

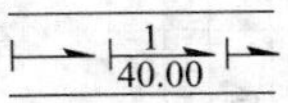

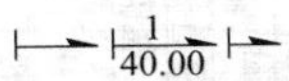

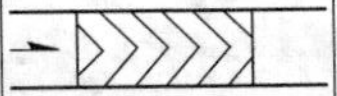

名称	图例	说明
地沟管		—
洪水线		可用红线涂底
分水脊线与谷线		上图表示脊线 下图表示谷线
排水方向		—
截水沟或排洪沟	1/40.00	1 表示纵坡 1%，40.00 示变坡距
排水明渠	107.50 1/40.00	上图适用比例较大，下图相反，107.50 为底标高
泄水井		—
水表井	▲	—

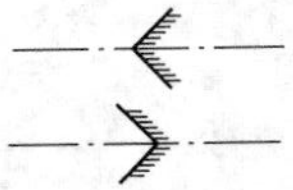

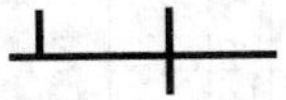

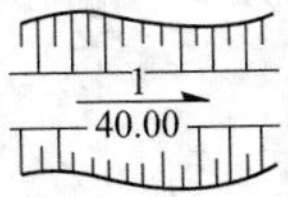

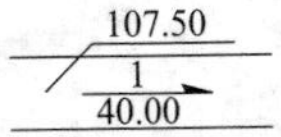

名称	图例	说明
跌水	→|	箭头示水流方向
透水路堤		边坡较长时可只画一端或两端
出水口		—
过水路面		—
消火栓井		室外消火栓
雨水井		—
管道井	○	阀门井、检查井
跌水井		—
除油池	YC	YC 为除油池代号
化粪池	HC	HC 为化粪池代号。上图为矩形池，下图为圆形池

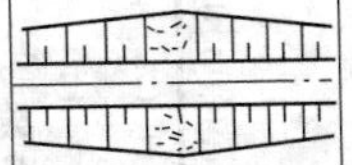

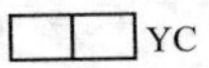

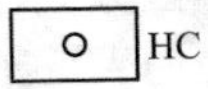

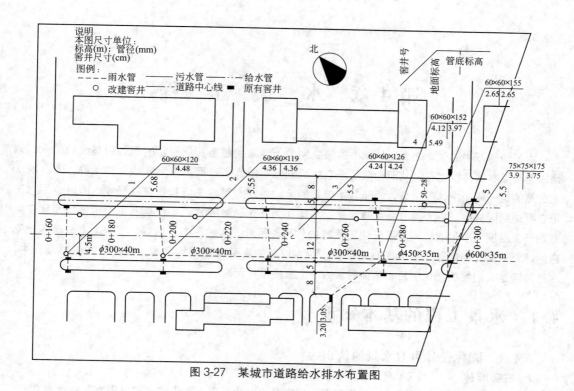

图 3-27　某城市道路给水排水布置图

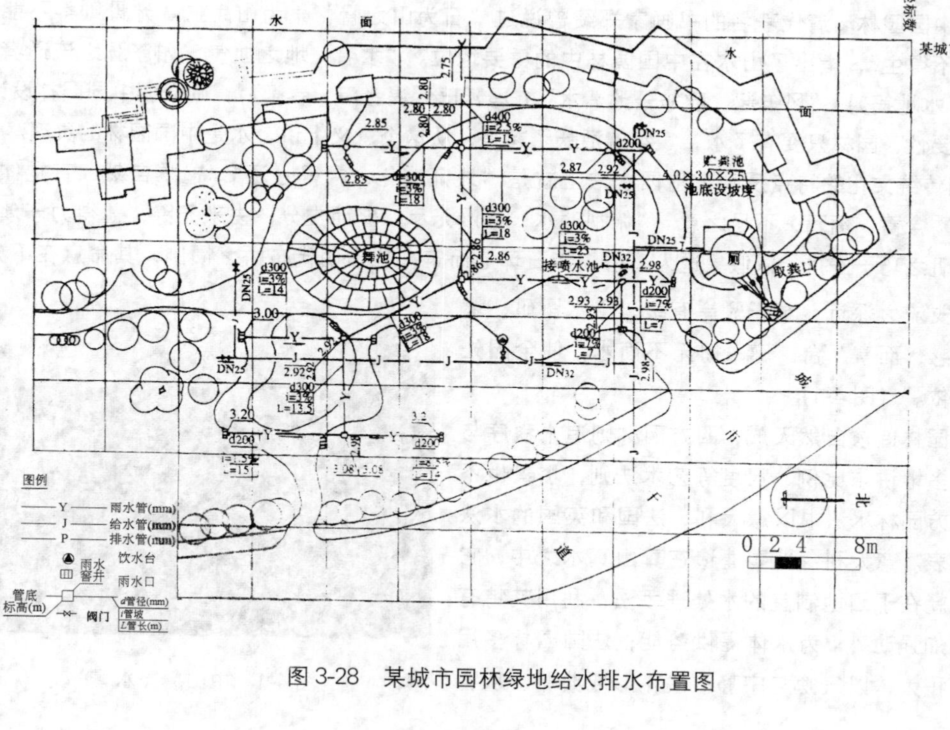

图 3-28　某城市园林绿地给水排水布置图

第4章 水景工程

水是地球万物的生命之源，从微小的细胞到数十吨重的鲸鱼，从原始的藻类到高大的树木，都是因为有了水才得以生存，从而构成了一个生机勃勃、丰富多彩而异常活跃的生物世界。人类则从大自然的这一赐予中休养生息，领略其所带来的美，得到心灵的洗涤和智慧的释放，同时也没忘记把它吸纳到园林中，成为随时可观的美景。水体作为一个造景要素，不仅具有生态价值，而且还具有调节温湿度、净化空气、增强居住舒适感的作用。另外，水的形态、风韵、气势、声音蕴涵着无穷的诗意、画意和情意，能丰富空间环境，给人以美的享受和无限的联想。因此，在园林设计中，水景是满足人们物质文化生活和精神需求的一个重要设计元素。

4.1 水景工程的基本知识

4.1.1 园林设计中对水景的认识

1. 古典园林

中国古典园林十分注重水体，其思想源于儒家朴素的生态理念和讲究"藏风得水"的风水理论，甚至城市的选址布局也多与水体有关。另外，我国秀丽的山川湖泊，浓郁的乡土风情，造就了诗情画意般的中国园林。清代著名的书画家郑绩曾说过"石为山之骨，泉为山之血。无骨则柔不能立，无血则枯不得生"，指出了山水在中国园林中的重要地位。"水者，地之血气，如筋脉之流通者也"（《管子·水地篇》），"风乍起，吹皱一池清水"（冯延巳《谒金门·春闺》），则强调中国园林设计中理水的重要性，园林只要有了水，气氛就活跃了起来，从这个意义上讲，水是中国园林的灵魂。

中国传统文化的特点反映在造园水法上就是"外师造化，中得心源"，追求自然、直觉体会，讲究自然、含蓄、蕴藉、不尽之意。"俯视池水，弥漫无尽，聚而支分，去来无踪，盖得力于溪口、湾头、石矶之巧于安排，以假象逗人，桥与步石环池而筑，犹沿明代布桥之惯例，其命意在不分割水面，增支流之深远。至于驳岸有级，出水留矶，增人浮水之惑，而亭、台、廊、榭无不面水，使全园处处有水可依。"（图4-1）

中国园林追求自然天成，西方园林则追求秩序与控制，更多地讲求比例、尺度等艺术法则，水景也不例外。西方园林水法中以意大利、法国和英国的水法为典型代表。意大利台地园建造在真山真水之中，它的突出成就在于因地制宜的水处理手法，利用其特有的山地来加强动势，为水体提供势能；法国园林多用静水，面积大，以气魄与宁静取胜，形成典雅、从容

图4-1 中山詹园水景

的风格，水面比意大利台地园大许多，以突出帝国的雄伟气魄；英国的自然风致园则推崇自然的浪漫主义思潮，讲究不留痕迹地模仿自然、巧借地形、顺势筑坡，草地斜浸入水，树木杂错间植。至此，西方园林水法体现出一些和中国自然园林水法相似的特征。

2. 现代园林

中西传统园林到现代都经历了一个重大的转变，即私家园林基本被公共园林及景观环境所取代。园林中的水法也转化为现代水景艺术，被运用于各种公共及私密空间。在中国，水景最多运用于居住区室外空间设计，在创作手法上多汲取于东西方造园手法与要素，是对古典园林的模仿与微缩；在西方发达国家，私人拥有的花园水景在技术进步的支持下，形式和艺术方面有了很大的发展，而公共场所的水景设计则更是倍受重视。另外，工业革命以来，人们对水的认识和行为是利用和征服水，尤其近代工业的迅猛发展又大量地使用工业用水，同时排放了巨大的工业废水。人们掠夺性地开发利用水资源，又以种种不良行为对水资源造成了破坏。近些年，人们逐渐体验到了洪涝成灾、干旱缺水、水土流失、沙尘袭击、地面沉陷、水质污染等环境恶化的后果，使水问题成为世界各国最重大的问题之一。因此，现代园林水景研究的课题，已经从单纯追求如何美化环境的问题，转向高效率利用水，减少水资源消耗，注重水域生态修复理论和技术问题的研究等。另外，现代水景设计在继承古典园林理论及方法的基础上，突破了传统理水的形式及内涵，体现出现代环境艺术的成就和当代人的哲理思考、精神状态、生态及人文关注。

4.1.2　水景的美学观赏功能

水具有许多实用功能，如改善环境，调节气候，控制噪声，提供生活和生产用水，交通运输，汇集和排泄天然雨水，防护与隔离，防灾用水，提供体育娱乐活动场所，提供观赏性水生动物和植物的生长条件等。在园林设计的发展过程中，水由其实用功能逐渐转化为视觉审美的功能，在长期的使用、观察、认识和了解中摸索出两种造景方式，一是以水作景观；二是借水形成景观。

1. 水作景观

以水为主体形成景观，通过人为的方式将水体做成具有不同视觉形态与状态的景观作品，如喷泉、跌水、水池和人工溪流等。

2. 借水形成景观

借助河流、湖泊、沼泽湿地、海洋等自然水体，并营建、美化与之相关的景观环境，如堤坝、护栏、滨水道路、观景平台、桥梁、垒砌山石、公共艺术品、景观建筑、滨水植物、休闲环境等。

这两种方式使水的运用与景观的结合，产生相互映衬、相互对比、相互依存的造景作用。这些作用大致分为以下四种：

（1）映衬作用。利用宽阔、平坦的水面，对映、衬托岸畔的山峦、植物、建筑以及天色等物象，使之形成具有风景价值又富于变幻的景观环境。要达到良好的映衬效果，适宜于选择有较大尺度的水面环境，如滨江、滨海、滨湖等。

（2）主体作用。以水为造景主体，突出水景在陆地环境中的视觉价值，使之成为景观环境中的主体景观。适宜于广场、步行街、中央观景平台等场所，造景形式以喷泉、水池、流水为主。

（3）带系作用。这一作用来自于人类与生俱来依水生存的规律，集居的群落大多都分布于水系的两岸，带状的水成为构成社会关系、维系生命需要的首要条件，这种生存形式一直延续至今，由生存需要衍生为视觉需要，并以此种方式作用于景观环境之中。

（4）灵动作用。在景观环境设计中，水景观的运用给予了不变的场所具有可变的视觉要素，使得环境有了一些不确定性，由此产生灵动的作用。它是由视觉引发的精神感受，是东方造园思想中追求的一种境界，在不变中求变化，这在中国的山水艺术中已是着力表达的一种格律。在水景观表现形式上常常以瀑布、池塘、溪流、涌泉、跌落等方式表现。

4.1.3 应用水景需注意的问题

水是强有力的设计元素，能改变人们对环境的感知和增强美感，但在决定是否设计水景之前，应考虑以下的因素：

（1）设计水景时，安全永远是首要问题。人们有亲水的欲望，但人流密集、不设栏杆的亲水堤岸和平台（图 4-2），接近水景时极易出现危险，尤其是那些无人看管的儿童。因此，大型人造湖及游泳池式水景，应设置满足相关规范的栏杆或提供警示标牌，针对小型溪流、喷泉等还要注意防止摔跤等不安全因素的出现。

（2）干旱缺水的地区应慎重采用水景。水资源短缺地区尽量不要设计水景，如特殊需要而设置时，景观用水系统要符合原建设部 2003 年颁布的《绿色生态住宅小区建设要点与技术导则》（试行）中作出的规定：小区绿化、景观、洗车、道路喷洒、公共卫生等用水宜使用中水或雨水，并采用循环系统和设置水净化设施。

（3）寒冷地区要考虑冬季无水期的景观效果。水冻成冰后会对池壁、池底和管线等产生冻胀影响，因此水池结构基础要采取防冻措施。放干水后则要避免因裸露出锈迹斑驳的喷头、管线和池底而影响整体景观（图 4-3）。因此，在北方地区尽量少做刚性防水池底的大水面，可以采用卵石、细砂等材料制作的旱溪或利用冰雕、雪雕等点缀冬季水池。

图 4-2　杭州西湖的亲水堤岸

图 4-3　哈尔滨某小区冬季喷水池

（4）设置水景之前要先考虑经济性。水景的设计、安装以及维护费用较高，因此水体尽可能实现多种功能（如美学、野生动物栖息、灌溉、防火、雨水管理等），且其投资比单一展示功能更有价值。另外，水池在运行中需进行水处理以及不断的清洁和维修，必须考虑如何长期管理的问题。

（5）充分利用高科技在水景建设中的作用。某种程度上水景是以各种设计及技术手段去体现水的特性，是液态的立体艺术、雕塑艺术，因此，水的营造都和建造技术的进步密切相关。运用现代技术、材料，可以创造出完全不同于以往的水景形态，例如太阳能喷泉、水幕电影、音控喷泉以及与不锈钢、玻璃等材质相结合的水景等，使现代水景的形态和内容更加丰富。

4.1.4　水景设计的内容

1. 水的形态设计

水是无色无味的液体，具有不稳定性和流动性，如果没有斜坡或驳岸的阻挡和包容，水将向四处溢流，故水的形状取决于容器的形状。丰富多彩的水态，主要取决于容器的大小、形状、色彩和质地或所依的山体。从这个意义上讲，园林水体设计实际上是"容器"的设计。另外，由于水是高塑性的液体，其外貌和形状还受到重力的影响，如由于重力的作用，高处的水向低处流，形成流动的水，而静止的水也是由于重力，使其保持平衡稳定，一平如镜。

在重力的作用下，水的形态主要表现为以下四种：静水、流水、落水、喷水。静水在自然界中无处不在，如大海、湖水、静静的小溪；流水是自然界带状的水面，它既有狭长曲折的形状，又有宽窄、高低的变化，还有深远的效果，流水具有活力和动感，给人一种欢快的心情；落水是从高处突然落下形成的，自然界中落水的主要形式为瀑布，适合于城市环境的落水是水墙瀑布；喷水除了个别天然喷泉外，最常见的是压力水通过喷头而构成的人工喷泉。

2. 水的音响设计

当水漫过或绕过障碍物时，当水喷射到空中然后落下时，当水从岩石跌落到水潭时，都会产生各种各样的声音，有时欢悦清脆，有时压抑烦躁，有时狂暴粗野，有时涓涓细流、断续滴落，发出滴滴答答、叮叮咚咚的水声，那动人的声音是那样的迷人。因此，水的设计包含了水的音响设计。

3. 水的意境设计

从中国传统造园要求的"虽由人作，宛自天开"，到今天更强调的"回归自然"、"可持续发展"等，人们的观念在不断地进步，人们在追求更高的艺术境界。园林中处理人工溪流时，往往要将源头和去路隐藏起来，取得似有源、似无尽的效果，意味深长。《白雨斋词话》中写道"意在笔先，神余言外。若隐若现，欲露不露，反复缠绵，终不许一语道破"，道出了意境的天机，就是不能一语道破的意思。杭州西湖"三潭印月"有一亭，题名"亭亭亭"，乍一看使人摸不着头脑，但如果到实地观赏，就会看到亭前亭亭玉立的荷花，原来"亭亭亭"取的是亭前荷花亭亭玉立之意。可见，水的设计需要意境的设计。

4.2　静水

4.2.1　静水的分类及相关特点

静水是指以自然的或人工的湖泊、池塘、水洼景观等为主要对象，是城市环境中最为常用的水景观形式。静水以其可塑的特性，形成各种式样的水景造型；平滑如镜的水面映照着环境的各种物象，满足各个视角的影印观赏，因此无论在公共环境或生活环境中都得以广泛地应用。从早到晚一池水，阅尽千年沧桑事，只要水不枯竭，环境中的无穷变化尽在池中。这是人对于一池静水所寄予的一种人文意境。

1. 静水的分类

根据水池的平面变化，静水一般可分自然式静水和规则式静水两类。

自然式静水的池岸线一般为自然曲线，以自然或模仿自然静水的形态为景观主体，水域面积较大。其特点是平面曲折有致，宽窄不一，即使由人工开凿，也宛若自然天成，不露人工痕迹。水面有聚有分，大型静水轮廓平远，小水面则讲究清新小巧，方寸之间见天地（图4-4）。自然式静水常见于大面积自然形成的湖泊、池塘；公园游乐区中结合地形、花木种植而设计成的自然式水塘；水源不太丰富的风景区及生态植物园中，为培养荷花、鱼类等各种水生生物而设置的生态水池；为饲养河马、

图4-4　日本茨城县朝日啤酒茨城工厂庭院水景

海豚等大型水生动物，动物园中也常设计模仿动物天然栖息地的自然式水池等。这一类型的水池在中国古典园林中最为常见。

规则式静水的池岸线一般为规则的几何图形，线条概括分明，强调理性与对称，显得整齐大方，是现代园林建设中应用较多的水池类型。规则式静水适合于城市环境中灵活应用，如直线条的城市空间；人工痕迹较明显的环境；广场和建筑前起衬托、倒影作用的小水池；处于轴线中心或庄严肃穆的空间环境等。规则式水景设计应处理好水景规模的大小，形态的方圆、宽窄、曲直，巧妙地运用规则形与不规则形景观物象的对比，如山石、植物等，以及景观物象所呈现的点、线、面等关系，结合周边广场、植物、建筑、街道和其他景观因素构成景观。

2. 自然式静水

1）自然式静水的特点

（1）自然或半自然形式的静水，形状不规则，有一种随意轻松而又富于变化的感觉，适合于较为悠闲的空间环境。

（2）人工修建或经人工改造的自然式水体，由泥土、石头或植物收边，适合自然式庭园或乡野风格的景区。

（3）自然式静水的水际线强调自由曲线式的变化，并可使不同环境区域产生统一连续感（借水连贯），其景观可引导行人经过一连串的空间，充分发挥静水的系带作用。

2）自然式静水的设计要点

（1）自然式静水应根据整体环境的风景条件、观景视线、地形关系等因素设置景观，并划分景观区域的主次关系，准确突出水景在区域中的视觉作用，不要喧宾夺主，在水景形态的丰富变化中体现生动、和谐的自然意趣。

（2）在设计时应多模仿自然湖海，池岸的构筑、植物的配置以及其他附属景物的运用，均须非常自然，最忌僵化死板。

（3）自然式水池的深度，硬底人工水体的近岸2.0m范围内的水深，不得大于0.7m，达不到此要求的应设护栏，无护栏的园桥、汀步附近2.0m范围以内的水深不得大于0.5m。

（4）自然式水池可作游泳、溜冰（北方冬季）、休息、眺望、消遣等的场所。在设计时，应一并加以考虑，配置相应的设施及器具。

（5）为避免水面平坦而显单调，在水池的适当位置，应设置小岛，或栽种植物，或设置亭榭等。

（6）人造自然式水池的任何部分，均应将水泥或人工堆砌的痕迹遮隐，避免有失自然效果。

3. 规则式静水

1）规则式静水的特点

（1）水池的形状如人造容器，池缘线条坚硬分明，通常与周围的铺地密切相关，色彩与材料的选择要与整体环境相协调。

（2）静水池的形状规则，多为几何形，给人以特定的图案感，具有现代城市生活的欣赏特质。

（3）这种静水池适合市区空间，在构筑的色彩与边沿的处理上都体现着人工美学的特点，与规整的建筑有着相辅相成的关系。

2）规则式水池的设置位置

规则式水池的设置应与其周围环境相协调，多运用于规则式庭园、城市广场及建筑物的外环境装饰中。水池设置地点多位于建筑物的前方，或庭园的中心（图4-5），或室内大厅，尤其对于城市硬质景观较多的地方更为适宜，可作为地坪组成的重要部分，并成为景观视觉轴线上的一种重要点缀物或关联体。

图 4-5　法国驻阿曼大使馆中庭浅水池

3）规则式水池的设计要点

（1）水池面积与庭园和环境空间面积要有适当的比例，过大则散漫无趣，过小则局促紧张，所以水池的大小要能给人以合适的空间张力。

（2）规则式静水池也是倒影池常用的形式，用来映射天空或水边的景物，增加景观层次。所以，水面的清洁度、水面的距离、水池的方位、人的观赏角度在设计水池位置时都应加以仔细考虑，以获得清晰而又完整的物象。水池的长宽可依物体大小及映射的面积大小决定。

（3）较浅的水景池池底可用图案或特别材料式样来增加视觉趣味。在规则式的植物种植池中，水池深度以 50～100cm 为宜，植物的配置形式也要遵循规则性的原则，以保持风格的统一。

（4）水池的四周可为人工铺装地坪，或独具创意的建筑物，地面略向水池的一侧倾斜，可显美观，也可防止风吹时水的泼溅。

（5）水池水面可高于地面，亦可低于地面，应根据环境的需求进行合理的选择，在有霜的地区，池底面一般在霜作用线以下，水平面则不可高于地面。

4.2.2　静水的工程设计

中国许多著名的园林均以水体为中心，四周环以假山和亭台楼阁，环境幽雅，园林风格突出，充分发挥了人工湖在园林工程建设中的作用，如颐和园、拙政园（图4-6）等。人工湖的方位、大小、形状均与园林工程建设的目的、性质密切相关。在以水景为主的园林中，人工湖的位置居于全园的重心，湖岸线变化丰富，并占据园中的大半面积，如北京的圆明园，西安的兴庆公园、莲湖公园等。

图 4-6　苏州拙政园水体

自然式静水包括自然形成或人工挖掘的湖、塘。自然形成的湖、塘一般面积较大，地质条件、水面蒸发量以及渗漏情况都已达到平衡状态，只需考虑驳岸和护坡的处理、相关的景观设施的设计及施工；人工挖掘的湖、塘首先要考虑基址条件、土方量的计算、水面蒸发量以及渗漏损失等，再进行相关的工程设计。

规则式水池是城市环境中应用较广的一种静态水体，与人工湖、塘有较大的不同。它的形式多样，可由设计者任意发挥。一般规则式水池的面积较小，岸线规则或变化丰富，具有装饰性和图案感。水较浅，不能开展如划船一类的水上活动，以观赏为主，常配以雕塑、花坛或喷水造型等。规则式水池通常是整体环境景观的构图中心。一般可用作广场中心、道路尽端以及和亭、廊、花架、花坛组合形成独特的景观。水池布置要因地制宜，充分考虑营建地区的现状，其位置应在整体环境中较为醒目的地方，使其融于环境中。

1. 静水(湖、塘)现场调研及分析

1) 基址对土壤的要求

在平面设计之前，要对拟挖湖所及的区域进行土壤探测，为施工技术设计作准备。

(1) 黏土，砂质黏土，壤土，土质细密、土层深厚或渗透力小于 0.006～0.009m/s 的黏土夹层是最适合挖湖的土壤类型。

(2) 以砾石为主，黏土夹层结构密实的地段，也适宜挖湖。

(3) 砂土、卵石等容易漏水，应尽量避免在其上挖湖。如漏水不严重，要探明下面透水层的位置深浅，采用相应的截水墙或用人工铺垫隔水层等工程措施。

(4) 基土为淤泥或草煤层等松软层的，必须全部挖出。

(5) 湖岸立基的土壤必须坚实。黏土虽透水性小，但在湖水到达低水位时，容易开裂，湿时又会形成松软的土层、泥浆，故单纯黏土不能作为湖的驳岸。

为实际测量漏水情况，在挖湖前对拟挖湖的基础需要进行钻探，要求钻孔之间的最大距离不得超过 100m，待土质情况探明后，再决定这一区域是否适合挖湖，或施工时应采取的工程措施。

2) 易造成大量水损失的地段，不宜建湖

(1) 喷发岩，如玄武岩；

(2) 可溶于水的沉积岩，如石灰岩、砂岩；

(3) 粗粒和大粒碎屑岩，如砾岩、砂砾岩。

3) 水源选择应考虑地质、卫生、经济上的要求，并充分考虑节约用水

(1) 蓄集雨水；

(2) 池塘本身的底部有泉；

(3) 引天然河湖水；

(4) 自己打井。

4) 静水(湖、塘)的土方量计算

一般地讲，规则式水池的土方量可以按其几何形体来计算，比较简单。对于自然形体的湖池，可以近似地作为台体来计算。其方法是：

$$V = \frac{1}{3}h\sqrt{S + \sqrt{SS'} + S'}$$ (4-1)

式中 V——土方量(m^3)；

    h——湖池的深度(m);

S、*S′*——上下底的面积(m²)。

    湖池蓄水量用式(4-1)同样可以求得,只需将湖池的水深代入 *h* 值,水面的面积代入 *S* 值即可。

5)水面蒸发量的测定和估算

    目前我国主要采用 E-601 型蒸发器测定水面蒸发量。但其测得数值比水体实际的蒸发量大,因此必须乘以折减系数,年平均蒸发折减系数为 0.75～0.85。在缺乏实测资料时,可按式(4-2)估算。

$$E = 0.22 \times (1 + 0.17\omega_{200}^{1.5})(e_0 - e_{200}) \tag{4-2}$$

式中 *E*——水面蒸发量(mm);

    e_0——对应水面温度的空气饱和水汽压(mbar);

    e_{200}——水面上空 200cm 处的空气水汽压(mbar);

    ω_{200}——水面上空 200cm 处的风速(m/s)。

6)渗漏损失

    计算水体的渗漏损失是非常复杂的,需对水体的底盘和岸边进行地质和水文等方面的研究后方可进行。对于园林水体,可参照表 4-1 进行估算。

渗 漏 损 失 表   表 4-1

底盘的地质条件	全年水量损失(占水体体积的百分比)
良 好	5%～10%
一 般	10%～20%
不 好	20%～40%

2. 人工水池的营建要点

1)明确水池的用途

    首先要明确拟设计水池的主要功能,是作为观赏的景观水池,还是儿童嬉水用的涉水池,或是养鱼及种植池。另外,还要明确水池是作为景观中欣赏的主要焦点,还是作为其他景观的衬托。只有在目的明确后,才能确定水池应用形式,如水池的大小、水深、池底的处理等。如为戏水池,其设计水深应在 30cm 以下,池底应作防滑处理,特别要注意安全性。另外,儿童有可能误饮池水,所以池中应尽量设置过滤和消毒装置。如果是养鱼池,应确保水质,水深在 30～50cm 左右,并设置越冬用鱼巢。另外,在亲水水池等处,为解决水质问题,除安装过滤装置外,还务必作水除氯处理。

2)池底处理

    水深小于 30cm 的水池,其池底清晰可见,所以应考虑对池底作相应的艺术处理。浅水池一般可采用与池壁相同的饰面处理。如贴陶瓷锦砖拼图。自然式水池常采用洗石子饰面或嵌砌卵石的处理。但需注意各种不同的池底处理也有不同的利弊,如瓷砖、石料铺砌的池底,但如无过滤装置,存污后会很醒目,而铺砌鹅卵石虽耐脏,但不便清扫。所以,就游泳池和浅水池来说,一般都需表现池水的清澈、洁净,可采用水色涂料或瓷砖装饰池底。而倒影池如想突出水深以及形成较好的倒影,可以采用与池壁同样材质的深色池底,会给人明显的深度感(图 4-7)。

图 4-7　西班牙庭院水池池底铺设深色瓷砖

3) 确定用水种类

城市水池的用水一般包括自来水、中水、地下水、雨水等，水的种类不同，也决定水池中是否需要安装循环用水装置。现在城市中为了节约用水，一般水池都采用循环方式。地下水、雨水如无顺循环，则不必安装循环装置。

4) 确认是否需要安装过滤装置

对养护费用有限但又需经常进行换水、清扫的小型水景池，只需安装氯化灭菌装置，就可不用安装过滤装置。但考虑到藻类的生长繁殖会污染水质，还应配备过滤装置。一般常用过滤装置种类很多，从小型池常用的、利用过滤材料的小型过滤器，到高尔夫球场中大规模水池所用的、依靠微生物进行过滤的生物过滤器。还有抑制藻类繁殖、利用空气进行臭氧无害化处理的方法。

5) 确保循环、过滤装置的场所和空间

设有喷水的水景池应配备泵房或水下泉井，以利用于系统设备的工作及操作。小型水池的泵井规模一般为 1.2m×1.2m，井深 1m 左右。

6) 设置水下照明

配备水下照明时，为防止损伤照明器具，池水需没过灯具 5cm 以上，因此池水总深应保证达30cm 以上。另外，水下照明设置尽量采用低压型。

7) 水池配管、配线与建筑用管线的连接

人工水池通常会与喷泉、落水等动态水景形式结合出现，所以在规划设计时首先应注意瀑布、水池、溪流等水景中的管线与建筑内部设施管线的连接，以及调节阀、配电室(站)、控制开关的设置位置。其次，确保水位浮球阀、电磁阀、溢水管、补充水管等配件的设置位置要避免破坏景观效果。其三，水池的进水口与出水口应分开设置，以确保水循环均衡。另外，也可利用太阳能或风车所产生的动力来进行给水排水。

8) 水池的防渗漏

城市人工水池的防渗漏是一个需要特别重视的环节，如产生这方面的问题，会影响水景的应用，所以水池的池底与池壁应设隔水层。如需在池中种植水草，可在隔水层上覆盖 30~50cm 左右厚的覆土再进行种植。如在水中放置叠石则需在隔水层之上涂一层具有保护作用的灰浆。而蜻蜓池一类的生态调节水池中，可利用黏土类的截水材料防渗漏。

3. 湖底与池底的做法

湖底施工时排水尤为重要。如水位过高，施工时可用多台水泵排水，也可通过梯级排水沟排水。如果水位过高，为避免湖底受地下水挤压而被抬高，必须特别注意地下水的排放。通常做法是整个湖底铺设 15cm 厚的碎石层，上面再铺5~7cm 厚的砂子。如果这种方法还无法解决，则必须在湖底开挖环状排水沟，并在排水沟底部铺设带孔聚乙烯管，四周用碎石填塞，会取得较好的排水效果(图4-8)。同时，要注意开挖岸线的稳定，必要时用块石或竹木支撑保护，最好做到湖底与护坡或驳岸同步施工。

基址条件较好的湖底不作特殊处理，适当夯实即可，如北京龙潭湖、紫竹院等由于地层不漏水，因此无须进行湖底处理。

1) 湖底的构造层次及做法

(1) 湖底构造层次自下而上分为基层、防水层、保护层、覆盖层。

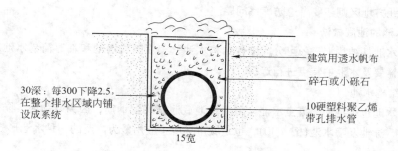

30深：每300下降2.5，
在整个排水区域内铺
设成系统

建筑用透水帆布

碎石或小砾石

10硬塑料聚乙烯
带孔排水管

15宽

图 4-8　聚乙烯排水管铺设示意

基层一般土层经辗压平整即可，砂砾或卵石基层经辗压平后，面上须再铺 15cm 厚的细土层，如遇有城市生活垃圾等废物应全部清除，用土回填压实。

防水层使用的材料很多，主要有聚乙烯防水毯、聚氯乙烯防水毯、三元乙丙橡胶、膨润土防水毯、赛柏斯掺合剂、土壤固化剂等。

保护层是在防水层上平铺 15cm 厚的过筛细土，以保护塑料膜不被破坏。

覆盖层是在保护层上覆盖 50cm 厚的回填土，防止防水层被撬动，其寿命可保持 10～30 年。

（2）湖底的常见做法。

常见的湖底做法有灰土层湖底、塑料薄膜湖底和混凝土湖底等，其中灰土层做法适于大面积湖体，混凝土湖底宜于较小的湖体(图 4-9)。

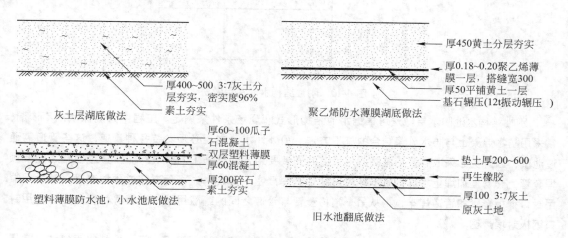

厚400～500 3:7灰土分
层夯实，密实度96%
素土夯实

灰土层湖底做法

厚450黄土分层夯实
厚0.18～0.20聚乙烯薄
膜一层，搭缝宽300
厚50平铺黄土一层
基石辗压(12t振动辗压)

聚乙烯防水薄膜湖底做法

厚60～100瓜子
石混凝土
双层塑料薄膜
厚60混凝土
厚200碎石
素土夯实

塑料薄膜防水池，小水池底做法

垫土厚200～600
再生橡胶
厚100 3:7灰土
原灰土地

旧水池翻底做法

图 4-9　湖底的基本做法

当湖的基土防水性能较好时，可以采用灰土层湖底，即在湖底做二步灰土，每 20m 留一伸缩缝，灰土在水中硬化慢，抗水性差，当灰土硬化后，具有一定的抗水性能。灰土早期抗冻性较差，不适宜在冬期和雨期施工。

湖底渗漏情况中等的时候可以采用聚乙烯薄膜防水层湖底，这种方法不但造价低，而且防渗效果好。但铺塑料薄膜前必须做好底层处理。

当水面不太大，防漏要求又很高时，可采用混凝土湖底设计。长度在 25m 以上的湖底应设变形缝和伸缩缝，北方地区则还要考虑防冻底问题。

2）人工水池的池底做法

城市人工水池从结构上一般可分为刚性结构水池、柔性结构水池和临时简易水池三种。具体地可根据环境的需要及水池的特点进行选择。

（1）刚性结构水池

刚性结构水池也称钢筋混凝土水池。特点是池底池壁均配钢筋，因为寿命长、防漏性好，适用于大部分水池、泳池及喷水池（图4-10），也是城市环境中应用最为广泛的一种水池形式。

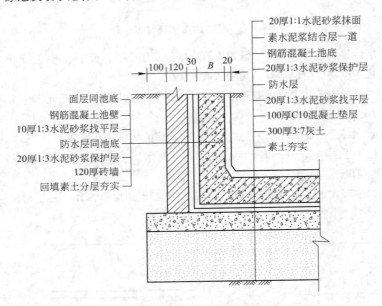

面层同池底
钢筋混凝土池壁
10厚1:3水泥砂浆找平层
防水层同池底
20厚1:3水泥砂浆保护层
120厚砖墙
回填素土分层夯实

100 120 30 B 20

20厚1:1水泥砂浆抹面
素水泥浆结合层一道
钢筋混凝土池底
20厚1:3水泥砂浆保护层
防水层
20厚1:3水泥砂浆找平层
100厚C10混凝土垫层
300厚3:7灰土
素土夯实

图4-10 刚性结构水池常用做法

刚性结构水池防水层做法可根据水池结构形式和现场条件来确定。工程中为确保水池不渗漏，常采用防水混凝土与防水砂浆结合的施工方法。另外，水池内还必须安装各种管道，这些管道需通过池壁，因此务必采取有效措施防漏。管道的安装要结合池壁施工同时进行。在穿过池壁之处要预埋套管，套管上加焊止水环，止水环应与套管满焊严密。安装时先将管道穿过预埋套管，然后一端用封口钢板套管和管道焊牢，再从另一端将套管与管道之间的缝隙用防水油膏等材料填充后，用封口钢板封堵严密。

对于溢水口、泄水口的处理，其目的是维持一定的水位和进行表面排污，保持水面清洁。常用溢水口形式有堰口式、漏斗式、管口式、联通式等，可视实际情况选择。水口应设格栅。泄水口应设于水池的池底最低处，并使池底有不小于1%的坡度。

（2）柔性结构水池

近几年，随着新型建筑材料的出现，特别是各式各样的柔性衬垫薄膜材料的应用，使水池的建造方法产生了新的飞跃，摆脱了单纯的光靠加厚混凝土和加粗加密钢筋网的方法。尤其对于北方地区水池的渗漏冻害，采用柔性不渗水的材料做水池防水层更为有利。衬砌材料的优点是具有灵活性，使池塘的设计更富有多样性，因为小型衬砌材料能够随坑穴成型，质量好的衬砌材料寿命也有一定的保证。衬砌材料的缺点是容易破损，如尖利的岩石、迅速伸展的树根(如竹子)等都会将它们损破，并且损坏不能都提前预防或者及时发现。因此，在公共场合建水景池最好还是采用较为安全和长久的刚性结构水池。当水池形状设计得较为复杂时，铺设的衬砌材料会产生褶皱现象，也不利于清洗。另外，衬砌材料不能阻止松散泥土的下滑，用一段时间后可能会变形。所以，在选择时应多加考虑。

3) 湖底与池底做法实例说明

(1) 大型湖底做法(图4-11)

(2) 中型湖底做法(图4-12)

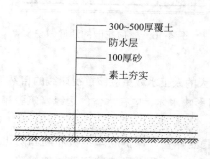

图4-11 大型湖底做法

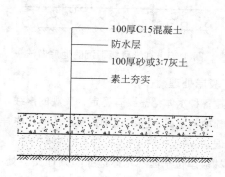

图4-12 中型湖底做法

(3) 小型池底做法(图4-13)

(4) 小溪、河底做法(图4-14)

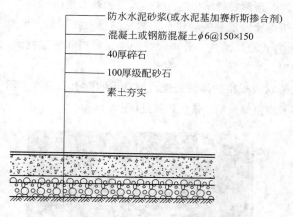

图4-13 小型池底做法

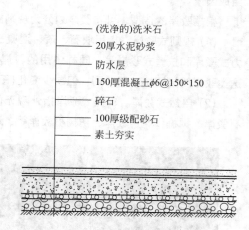

图4-14 小溪、河底做法

(5) 基址可能下沉的池底做法(图4-15)

(6) 屋顶花园的池底做法(图4-16)

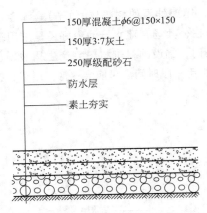

150厚混凝土φ6@150×150
150厚3:7灰土
250厚级配砂石
防水层
素土夯实

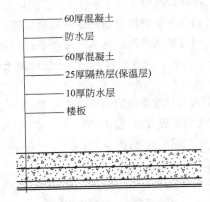

60厚混凝土
防水层
60厚混凝土
25厚隔热层(保温层)
10厚防水层
楼板

图 4-15　基址可能下沉的池底做法　　　　图 4-16　屋顶花园的池底做法

4. 驳岸处理

营建各种水体都需要有稳定、美观的岸线，尤其较大的人工水域更应该重视岸线的自然与稳固，并突出陆地与水面之间的比例关系。为防止水岸坍塌而影响水体，应在水体的边缘修筑驳岸或进行护坡处理。

园林驳岸位于园林水体边缘与陆地交界处，能够稳定岸壁、保护湖岸不被冲刷和防止厚壁坍塌。其作用一是维系陆地与水面的界限，防止因水的侵蚀、冻胀、风浪冲刷使岸壁塌陷，导致陆地后退，岸线变形，影响园林景观；二是通过驳岸强化岸线的景观层次，丰富水景的立面层次，加强景观的艺术效果。中国古典园林的驳岸往往运用自然山石砌筑，与假山、置石、花木结合，共同组成园景。

根据驳岸的造型，可将驳岸划分为规则式驳岸、自然式驳岸和混合式驳岸三种基本结构。

(1) 规则式驳岸。指用块石、砖、混凝土砌筑得比较规整的驳岸，如常见的重力式驳岸、半重力式驳岸和扶壁式驳岸等。园林中用的驳岸以重力式驳岸为主，要求较好的砌筑材料和施工技术。这类驳岸简洁明快，耐冲刷，但缺少变化(图 4-17)。

(2) 自然式驳岸。自然式驳岸指外观无固定形状或规格的岸坡处理，如常见的假山石驳岸、卵石驳岸、树桩(木桩)驳岸、仿树桩驳岸等，这种驳岸自然亲切，景观效果好(图 4-18)。

图 4-17　北京菖蒲河公园规则式驳岸　　　　图 4-18　北京北海公园自然式驳岸

(3) 混合式驳岸。这种驳岸结合了规则式驳岸和自然式驳岸的特点，一般用毛石砌墙，自然山石封顶，园林工程中也较为常用(图4-19)。

5. 护坡处理

护坡一般用于湖体的防护及溪流的边坡构筑。护坡没有驳岸那样支撑土壤的岸壁直墙，而是在土壤斜坡上铺各种材料护坡。其作用是防止滑坡现象，减少地面水和风浪的冲刷，保证岸坡的稳定。

护坡在园林工程中得到广泛的应用，原因在于水体的自然缓坡能产生天然而具亲和力的效果。护坡形式的选择要综合考虑坡岸用途、景观设计要求、水岸地质状况和水流冲刷程度等。目前，在园林工程中常用的护坡形式有块石护坡、草皮护坡和编柳抛石护坡三种。

1) 块石护坡。如果坡岸较陡，风浪变化大时，可考虑块石护坡。块石护坡抗冲刷能力强，经久耐用，也是园林工程中常用的护坡方式(图4-20)。护坡石料要求密度大(大于 2t/m³)、吸水率小(不超过 1%)及较强的抗冻性，如花岗岩、砂岩、砾岩、板岩等石料。其中以块径 18～25cm、边长比为 1:2 的方形石料最好。块石护坡的坡面设计应根据水位和土壤状况确定。一般常水位以下部分坡面小于 1:4，常水位以上部分宜用 1:1.5～1:5。块石护坡还应有足够的透水性，以减少土壤从坡面上流失，因此需要在块石下面设倒滤层垫底。

图 4-19 混合式驳岸

图 4-20 块石护坡

块石护坡的施工程序：

(1) 开槽。坡岸地基平整后，按设计要求用石灰将基槽轮廓放出。根据设计深挖出基础梯形槽，并将土基夯实。

(2) 铺倒滤层，砌坡脚石。按要求分层填筑倒滤层，倒滤层常做成 1～3 层：第一层为粗砂层；第二层为小卵石或小碎石层；第三层用级配碎石。总厚度 15～25cm。有时也可用青苔、水藻、泥灰、煤渣等做倒滤层。如果水深超过 2m，为使块石护岸更加稳固，就要在水淹部分采用双层铺石，厚度 50～60cm。铺石时每隔 5～20m 预留泄水孔，20～25m 设伸缩缝一道，并在坡脚处设挡水板。要求高的块石护坡，宜用 M7.5 水泥砂浆勾缝，并浆砌压顶石。倒滤层沿坡铺料颗粒要大小一致，厚度均匀。然后在挖好的沟槽中浆砌坡脚石，坡脚石宜选用块径大于 400mm 的大石，砌时先在基底铺一层厚 10～12cm 的水泥砂浆，而后一一砌石，并灌满砂浆，以保证坡脚石的稳固。

(3) 铺砌块石，补缝勾缝。从坡脚石起，由下而上铺砌块石，砌时石块呈品字形排列，保持与坡面平行，彼此紧贴，用铁锤打掉过于突出的棱角并挤压上面的碎石，使之密实地压入土内。石间用碎石填满、垫平，不得有虚角。铺完后可以在上面行走，试一下石块的稳定性，如人在上面行走石头不动，说明铺石质量好，最后用M7.5水泥砂浆勾缝。

2）草皮护坡。当岸壁坡度在土壤自然安息角以内，地形变化在1：20～1：5之间时，可以考虑用草皮护坡。草皮护坡自然而富有情趣，如果草皮上能散置石头，且恰到好处，则更加美观、舒心（图4-21）。

护坡用的草种要求耐水温，根系发达，生长快，生存能力强，如假俭草、狗牙根等。草皮护坡做法应视坡面具体条件而定，一般有以下几种方法：

(1) 直接在坡面上播草种，并加盖塑料薄膜。

(2) 在预制混凝土植草砖内种草，然后用竹签固定四角作护坡。

图4-21　草皮护坡

(3) 直接在坡面上种植块状或带状草皮，施工时沿坡面自下而上成网状铺草，并用木条或预制混凝土条分隔固定，稍加踩压。如果在坡面上种植矮灌木可加强护坡效果。

用草皮护坡应注意坡面临水处的处理，有时可做成水面直接与草皮坡面接触；有时则要在临水处先埋设大块石或大卵石，再沿坡植草。

3）编柳抛石护坡。采用新截取的柳枝十字交叉编织成格筐，格筐平面尺寸为1m×1m或0.3m×0.3m，厚度30～50cm，而后在柳格筐内抛填厚20～40cm的块石，块石下方设置10～20cm的砾石层以利于排水和减少土壤流失。柳条萌发后可使护坡坚固耐用并形成视觉效果良好的景观设施。

同时，可以将粗柳杆截成1.2m左右的柳橛，用铁钎开深50～80cm的孔洞，间距40～50cm打入土中，并高出坡面5～15cm。

这种护坡，柳树成活后，根抱石，石压根，很坚固，而且水边形成可观的柳树带，非常漂亮，在我国的东北、华北、西北等地的自然风景区应用较多。

6. 临时水池

在城市生活中．经常会遇到一些临时性的水池施工，尤其是节日、庆典期间。临时水池要求结构简单，安装方便，使用完毕后能随时拆除，在可能的情况下能重复利用。临时水池结构形式简单，如果铺设在硬质地面上，一般可以用角钢焊接水池的池壁，其高度一般比设计水池的水面高20～25cm，池底与池壁用塑料布铺设，并应将塑料布反卷包住池壁外侧，以素土或其他重物固定。为了防止地面上的硬物破坏塑料布，可以先在池底部位铺厚20mm的聚苯板。水池的池壁内外可以临时以盆花或其他材料遮挡，并在池底铺设15～25mm厚的砂石，这样，一个临时水池就完成了。还可以在水池内安装小型的喷泉与灯光设备，根据设计情况而定。

4.2.3　庭园游泳池的工程设计

在园林环境中，游泳池有双重功能，既有它本身的健身价值，又可以成为整体环境中一种令人感到愉悦的观赏焦点，所以在城市休闲环境中越来越受到人们的青睐。

1. 庭院游泳池分类

游泳池可以根据其构筑特点分为地上泳池和地下泳池。地上泳池是指泳池边缘与地面水平的泳池。一般为矩形、圆形或卵圆形，不需要挖土方，建设周期短，便于移动，通常较浅、深度固定，不适宜跳水，一般设在私人庭院中的硬质铺地上。而地下泳池往往是永久性的，土方工程较大，因此造价也较高。但地下泳池在景观的作用上，会起到人工水池的作用。这一点要比地上泳池有优势。

地下泳池一般可用以下三种材料建造：混凝土、乙烯树脂材料或玻璃纤维。

（1）混凝土泳池。混凝土泳池的主要优点是坚固、持久，而且设计时可以有很大的灵活性。钢筋混凝土泳池可以很好地承受土壤和水的压力，可现场浇筑，或将石块砌筑起来。混凝土泳池的建造周期可能长达数周，一般的建造方法与人工刚性水景池相近，但注重装饰，尤其是色彩及图案。泳池的装饰材料既可以是涂料，也可以是油漆，还可以是瓷砖，每种材料都有多种颜色可选，并可组合为不同图案。

（2）乙烯树脂材料泳池。乙烯树脂材料泳池利用罩在墙体上的乙烯树脂材料作为里衬(墙体可以用钢、铝、木材或其他耐腐蚀材料制作)，而不需用涂料、油漆或瓷砖。乙烯树脂材料泳池的池底垫层一般为压实的砂土，比混凝土要便宜得多。乙烯树脂里衬有多种设计图案和色彩，而且可根据特定的泳池形状现场裁剪，达到与混凝土泳池一样的视觉效果。很多乙烯树脂材料泳池的建造周期不超过一个星期，非常适合于快速建造的要求。缺点是易老化，一般每10年需要换一次。另外，锋利的物体也会划破里衬，导致渗漏。

（3）玻璃纤维泳池。不管是价格、耐久性，还是使用寿命等方面，玻璃纤维泳池都居于混凝土泳池和乙烯树脂材料泳池之间。这种泳池是脱模翻制的，所以对尺寸、形状和场地的要求都是固定的。

玻璃纤维泳池表面光滑，易于清洁和维护。当然，在维护和清洁玻璃纤维泳池的时候，不应使用尖锐的器物，以免损坏外饰面。另外，保持池水的化学物质平衡也非常重要，否则泳池外饰面长期浸泡在化学物质不平衡的池水中，会遭到损坏。虽然玻璃纤维泳池有一些限定因素，但由于它便于在场地现场建造，所以越来越受欢迎。

2. 庭园游泳池的营造特点

1）尺度

一般拥有6条赛道的竞赛用泳池的尺度大约是13.7m×22.9m，很少有庭园泳池能达到这个尺寸。一般较大的庭园泳池尺度约为9.8m×18.3m。常见的庭园游泳池占地约为6.1m×12.2m，可以盛放将近95000L水。如果比这个尺度再小的话，只能算是一个小水池了。

2）深度

大部分泳池的深度在1.1～1.5m之间。但如果要进行跳水，如跳板跳水的话，就必须有足够的水深。一般跳水区域深度应至少为3m。当然，比跳水深度和距离更重要的是跳水时的安全问题，尤其对儿童而言，更应该有人监护。但总的来说，专门为了满足跳水要求而设计的泳池，造价很大，所以在公共的活动场所或水上游乐园，一般不易流行。

目前，国际上的庭园泳池深于1.5m的已逐渐减少，大部分泳池的深度都小于1.5m。这是因为深水泳池造价高，同时与泳池水质相关联的加热、过滤和化学药物的处理费用也会随着池水容量的增大而增加，而且深水泳池的安全问题也十分突出。

3）泳池出入口

泳池的入口和出口位置在设计中也很重要。如果泳池的入口和出口布置错误，游泳者进出泳池将会非常艰难。应尽可能在泳池的深水区和浅水区都布置爬梯和台阶。与爬梯相比，台阶比较安全，也比较方便，而且凹入式台阶正变得越来越流行。而那些利用坡道，能让人直接步入池底的泳池在国外较为普及，非常适合于小孩、老人和残疾人士，而且可增添自然风格的情趣。

4) 形状

从景观价值来讲，泳池的形状是最为重要的。一般而言，狭长的泳池比短宽的泳池更为理想，一方面，更适合人们进行运动和健身，另一方面，视觉上也比短宽的泳池更加令人愉悦。大多数地上和地下的玻璃纤维泳池在尺寸和形状上可供选择的余地不大，但混凝土地下泳池的形状和池底轮廓的设计则更富有变化，其效果取决于设计者与建造者的创造性工作。而且现在富有个性化的庭园泳池越来越多，体现了当地的风俗习惯或地域特点。

5) 安全

不管何种泳池，安全问题永远是第一位的，所以泳池深度和轮廓的设计必须非常仔细。站在泳池平台上的人们很难判断出池水的准确深度，但很多泳池建造者往往忽视或根本就不考虑这一点。池水深度必须标注在泳池平台上，如有可能，还必须标注在泳池池壁上，标示泳池深度变化的最好方法是利用颜色对比强烈的涂料或瓷砖。标注文字的最小高度是 10.2cm，而且如果池水深度有变化，应该在水下 0.6m 的地方标出。泳池表面还应该标示出一条安全线，以免不会游泳的人误从浅水区滑入深水区。如果建造的是自然式泳池，应在不破坏自然景观风格的前提下，作出各种安全标记。

3. 泳池的其他要求

泳池的池底、池壁可以按照人工水池的做法来做，但泳池还具有特殊的水循环系统、消毒系统以及水质要求。

1) 水循环系统

为了保持池水的清澈和卫生，需在泳池中安装水循环系统。水循环系统经常被看做是泳池的支撑系统。它的主要功能是过滤清除水中的残渣和杂物，并有助于化学消毒剂的扩散。水循环系统中最重要的部件是：出水口、进水口、过滤网、水泵、过滤器，以及加热器、化学药品添加器、仪表、阀门、量表等。

2) 消毒系统

消毒系统一般指采用化学的方法消除水中的病菌、微生物及有害物质。它的关键在于消毒剂的选择。目前，泳池中常用的消毒剂包括：氯消毒剂、溴消毒剂和其他消毒剂等。选用消毒剂应该保证消毒充分、消毒剂及消毒副产品浓度符合水质的要求，以及在保持必要的剩余消毒剂量的前提下，比较其他利弊得失，择优选定。

3) 水质要求

(1) 化学平衡。使用了消毒剂，可使泳池和按摩浴的池水保持洁净、清澈、无菌的状态，这时，为了使游泳者的眼睛和皮肤舒适，并保护泳池壁、水管装置和设备，必须保持水的化学平衡。要进行 pH 值、总碱度、钙硬度和总溶解固体的测定。

(2) 平衡池水。平衡水是指 pH 值、总碱度和钙硬度都处于推荐值范围内，泳池或按摩浴池里的水就是平衡的，并且不会带来麻烦。当泳池不断发生变化，例如今天它像水晶般清澈，明天就会变得浑浊；今天是绿色的，明天就会变成棕色的，这表明泳池是不平衡的。这时只能利用检测仪器来决定需要加入哪种化学药品来平衡池水。

(3) 水质检测。正确地检测泳池和按摩浴池里的水是很重要的事情。基本的检测应该包括以下参数：泳池消毒剂(包括游离的、结合的和总残余物)、pH值、总碱度、钙硬度、三聚氰酸。

(4) 我国泳池常用水处理药剂。

混凝剂：明矾、精制硫酸铝、碱性氯化铝、聚合氯化铝等，应根据各地的不同水质和货源选用。

pH值调整剂：氢氧化钠、碳酸钠、碳酸氢钠，其中，氢氧化钠是强碱，使用时要注意安全。

除藻剂：硫酸铜，应与消毒剂配合投加，效果更好。

消毒剂：液氯、次氯酸钠、漂白粉、漂精、二氯异氰尿酸钠、三氯异氰尿酸、溴化物、臭氧、紫外线等，根据各地货源和水质选用。

4.2.4 水生植物池与养鱼池

规则式或自然式水池都可以搭配适用的动植物，增加观赏的情趣，所以就出现了水生植物池和养鱼池。对于这类水池的构筑可参见水池和湖泊的方法，它的关键在于对水质的控制和调节。

1. 水池的构筑要求

城市园林用水多用自来水，有时引入附近水体的流动水。正规的水生动植物池在放水之前要具备以下几件重要的设施：

(1) 注水口。有截门井在附近以便控制水量。

(2) 排水口。设在池底，在清洗池底、冬季防寒时放掉池水，也常有截门控制。

(3) 溢水口。常设在理想的水位处，目的是在雨水多的季节或地面径流可能流入池中时，超过既定的水位可自溢水口流出。这个口常与排水管连通。

(4) 池底。要设缓和坡度。

(5) 水放流。较理想的是以在夏天1天内就能将池内全部水量的一半更换掉较适当，水温在25℃左右最理想。

(6) 养鱼时池深30～60cm，一般应有最大鱼长的深度即可。

2. 水生动植物池的营建要点

(1) 用水泥铺设的新水池，要有5天左右的湿养护，即加盖湿的草帘或湿麻袋，夏天要经常喷水。放水后水泥中有残余的碱性石灰质，慢慢溶在水中对植物及金鱼都不利，经过6个月全部溶解完毕，将水放掉重新注水才比较保险，但时间太长。急于求成即用过锰酸钾溶液洗涤全池，要洗6次才比较安全，但投资太多。还有人放水浸泡全池7～10天之后，将水放光再换新水，然后加中和剂将水中残余的氢氧化物变成可以沉淀的盐类(如矽盐、钙盐之类)，并能将水泥表面的小缝隙填充起来，这是比较理想的方法。

(2) 如果用城市的饮用自来水，其中常含有的氯气味来自消毒剂漂白粉，也对池中动植物不利，常放水数日后才能逸去，应事先加以注意。

(3) 植物是采用池底土壤种植或容器种植，水池或湖的放水一般要在春季栽植工作安排妥善后才进行，为免入水冲起土壤，引起浑浊，常先将水口引到一片蒲包或塑料布上。水面缓缓上升达到溢水口为止，才算放水完成。

4.2.5　枯山水庭园艺术

14 世纪时，日本的僧侣们就已经用岩石来设计寺院庭园，以表现各种各样的禅宗理念和佛教意象。到了 17 世纪，在一些缺水的寺院中，开始出现了没有水的庭园，传统庭园中的山和河流在这里是以抽象和静止的形式存在的，这就形成枯山水庭园，即"干泉水庭"（图 4-22）。

现在，枯山水庭园的造景技术被广泛用于城市景观的营建上，对各国的园林发展都产生了深远的影响，形式与材料都更加新颖，更趋向于展示现代艺术与传统内涵的互通互融，以表达一种理性的思考与探索。

图 4-22　日本龙安寺枯山水庭园景观

1. 枯山水庭园的基本特点

（1）有明显的边界限定。一般枯山水庭园都建成在平坦的长方形地面上，而且通常由一道篱笆、泥墙或高高的树篱与外界隔开。它们追求的是一种永恒不变的东西，和许多其他种类的日式庭园不一样，枯山水庭园给人一种超凡脱俗的感觉，而这种感觉又是通过周围的围墙加以突出的。

（2）一般不能进入。传统的枯山水庭园是专门供人从寺院的楼阁或高处观看的。除非是为了进行打扫，否则也不准许进入庭园。

（3）植物修剪严格。枯山水庭园里按设计种植的树木和灌木，必须严格地加以修剪，以使其形状保持不变。而在日本的传统枯山水庭园中，植物与置石都充满着佛教意义与内涵。

（4）含义深邃。虽然有些枯山水庭园逐渐丧失了象征的意味，而且变得越来越一丝不苟和抽象，最后只剩下了砂子、岩石和苔藓。这种庭园看起来似乎非常简单，实际上，它是所有日式庭园中最抽象和最深奥的一类庭园，其意义取决于每一块岩石的质量、美感和形状。

2. 枯山水庭园的营建要点

（1）因地取势。枯山水庭园中未必需要平坦的地势，砂地中也可以堆一些土丘代表小岛，其上可以置石，而在砂地中也可以种植一些精心维护修剪的植物，如杜鹃或针叶树。

（2）正确应用石料。在枯山水庭园中，用鹅卵石或细砂砾铺设一条小溪或河床。在用鹅卵石时，应该像鱼鳞一样交叠排列，以使它们看起来像流动的河流。选石时，应注意其色泽的统一。在这些"溪流"上可以架设石板桥梁。

（3）仔细选择植物。较大的枯山水庭园可以种些容易生根的竹叶草、黄叶冬青或者剪短的光叶石楠，也可在布满苔藓的小岛上种植一些野花。而较小的庭园则尽量简化种植方法。

（4）合理分区，过渡自然。庭园可以通过小径或植栽来进行分区，在交界处应处理得曲折自然，使不同区的过渡非常和谐。

（5）精心管理。在枯山水庭园中选用地被植物时，必须和砂地或砾石的色彩形成鲜明的对比。砂地或砾石园区应该保持洁净，而不应泥泞或泛绿。要经常用水管冲洗砂地，并将其耙平。

3. 砂园的营建

枯山水庭园中最重要的一个环节就是对砂园的应用。几乎所有的枯山水庭园都以朴实无华的砂砾尤其是白砂来为庭园增添宁静和纯洁之感。在日本很多类型的庭园中，砂都扮演着重要的角色。尤其在那些空间较小、不太适宜建造水景的地方，砂就可以代表一条小河、一个湖乃至于浩瀚的大海，而且砂园还有一个好处：不必担忧保水的问题。更为重要的是，在最狭小、光线很差的庭园里，白砂可以给人以宽敞的感觉。在许多现代的庭园中，砂园的应用也日益频繁，并且已经超越了它原来的象征意义，成为一种极富装饰性或个性化的景观艺术表现手段。

创建砂园的要点如下：

(1) 平整地面。将土壤滚动夯实，然后铺上一层粗砾石，再在砾石上面铺一层混凝土或浆，厚度约 5cm。这样可以确保砂砾不会与土壤产生混合，而且防止杂草长出。在混凝土层内要设有排水装置，以便雨水流走。砂园的四周可以用砖块、石头、铺路材料、瓷砖和木材等围边，但要避免使用塑料。

(2) 砂子的选择。就一个砂园来说，直径为 3～8mm 的粗砂或砂砾比较合适。在日本传统庭园中，常使用经分解后又细又白的花岗岩砂砾。而且砂砾在干燥时与湿润时的颜色变化在建园时都要考虑在内。

(3) 砂层的厚度。砂的厚度可以在 3～10cm 之间，其厚薄取决于是否要在砂面梳理出一些图案。图案完成以后，砂层下面的混凝土不可暴露在外，而砂面上图案的深度至少要求 5cm 或更深，这样才会出效果。

(4) 砂面造图。在对砂面的图案进行造型之时，首先要用扫帚将砂扫一遍，再用在长柄上固定一块木板之类的工具来平整砂面。一般用普通的庭园钉耙来制作图案。日本很多著名的寺院都有自己特别制作的木耙或竹耙。有很多传统的造型图案可供选择，当然也可由设计者自己设计出富有个性的图案。

(5) 图案选择。砂园传统的基本图集都是以波浪形为主，尤其是寺院中的砂园采用这种图案来象征流水的永恒涌动。微波荡漾的线条让人联想到风平浪静时的溪流、江河或者海洋。有些图案模仿自然的形状，有些却高度程式化。有一种代表海洋巨浪的图案在西方常被误解为龟鳞图案。涡状和螺旋状图案代表着旋涡。也可以置石为中心向外耙出一圈圈的波纹，远远望去，置石就好像一个小岛，或刚刚浮出水面的水牛或一片树叶落入池中，荡起一层涟漪。

4.3 流水

流水是连续的带状动态水体，在城市水景营建中应用广泛。它也许是所有水景形式中，最为强调对水的自然性的展示、也是最富有个性的水景形式。无论是静静流淌，还是飞流急湍、奔腾跳动，流水总是能带给人以别样的自然情趣和深邃的哲思(图 4-23)。

目前，在城市园林中的流水仍以仿自然的溪流应用最为广泛，但令人欣慰的是，现今也有很多设计者已突破了传统的流水框架，将流动的水体与构筑物的设计紧密结合，营建出了简洁、现代、具有图案化、装饰化的流水景观。这种流水景观突出了水在流动中与构筑物所形成的水纹的变化效果，或者二者在整体环境中所起到的点缀、烘托、强调的作用，使流水的应用范围跳出了古典山水园林的圈子，成为更能与现代化城市景观特质相契合的、极具个性化与表现力的水体造景元素，极大地丰富了流水的内涵与形式，充满了想象力与创造力(图 4-24)。

图 4-23　流水景观

图 4-24　成都活水公园流水景观

4.3.1　流水的形式及特性

自然界中的溪流多是在瀑布或涌泉下游形成的，上通水源，下达水体。在河床发育过程中，一般是在凹岸侵蚀不断加强，在凸岸渐渐堆积，河床摆动，形成曲流，并不断发展。在平原地区，由于地势平坦，河谷开阔，河床受地形的约束力小，河水能自由迂回流淌，形成自由的曲流。在山区曲流受地形的约束力大，水的流线相对变化慢，往往形成深地的曲流，在曲水水平转折处，由于侵蚀力强，又往往出现深槽的曲水地貌。

在城市环境中，由于地形条件的限制，在平坦的基址上设计流水有一定的难度，但通过合理有效的工程措施是可以再现自然溪流的，如流水可设计于较平稳的斜坡或与瀑布等水景相连（图 4-25）。流水虽局限于槽沟中，但仍能表现水的动态美，潺潺的流水、声与波光激潋的水面，也给城市景观带来特别的山林野趣，甚至也可借此形成独特的现代景观。

1. 小溪的组成和形态（图 4-26）

(1) 小溪狭长形带状，曲折流动，水面有宽窄变化。

(2) 溪中有河心滩、三角洲、河漫滩，岸边和水中有岩石、矶石、汀步、小桥等。

(3) 岸边有若近若离的、自由的小路。

图 4-25　广州保利国际广场流水景观

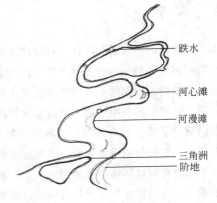

图 4-26　小溪模式图

2. 流水的特性

流水依其流量、坡度、槽沟的大小，以及槽沟底部特征与缘沿的性质而有各种不同的特性。

(1) 槽沟的宽度及深度固定，质地较为平滑，流水也较平缓稳定。这样的流水适合于宁静悠闲、平和亲切的景观环境中。

(2) 如果槽沟的宽度、深度富有变化，而底部坡度也有起伏，或是槽沟表面的质地较粗糙或经过人为的设计，流水就容易形成旋涡或其他水纹景观。槽沟的宽窄变化较大处，也容易形成涡流，并产生不同的音响效果。

(3) 流水的设计多模仿自然的河川，盘绕曲折，但一般情况下流水道的曲折角度不宜过小，弯曲处须较为宽大，引导水体向下缓流。一般采用"S"形或"Z"字形，曲折合乎自然，但不可过多，否则有失自然。

4.3.2 流水的设计原则

流水之所以能够增加景物层次、丰富景物内涵，是因为它弯弯曲曲，而每弯一处，或是有山石逼近而可观；或是岸滩树木茂盛，芳草萋萋而可赏。在流水平面设计时，应注意曲折、宽窄的变化，及其水流的变化和所产生的水力的变化引起的副作用，水面窄则水流急，水面宽则水流缓，从而创造出水流的多种变化。

1. 流水位置的确定

在传统园林设计中，流水常设于假山之下、树林之中或瀑布的一端。而在现代城市公共环境中，流水不仅可以设置在道路两侧的绿化带与建筑红线之间，而且可以在广场中心、居住区庭园等处设置；规则式流水则可以成为景观的中轴线，或成为水池、喷泉、落水之间的传承纽带；在较为封闭的环境中，流水的走向应避免贯穿庭园中央，因为流水在整体环境中为线的运用，所以最好使水流穿过庭园的一侧或一隅，以取其自然的效果(如图4-27)。

图4-27 承德避暑山庄庭园流水

2. 流水坡度、深度、宽度以及曲折度的确定

一般情况下，流水道上流坡度宜大，下流坡度宜小。坡度大的地方放圆石块，坡度小的地方放砾石。坡度的大小取决于给水的多寡，给水多则坡度大，给水少则坡度小。在平地上，其坡度宜小；在坡地上，其坡度宜大。水流的深度可在20～35cm之间，宽度则依水流的总长和园中其他景物的比例而定。至于曲折度，应以自然为主，但也有一些特别的曲水景观，如在中国水景中出现的"曲水流觞"非常富有文人气息、古典韵味以及装饰美感(图4-28)。

(1) 坡度一般为1%～2%，最小坡度为0.5%～0.6%，有趣味的坡度是在3%内变化。最大的坡度一般不超过3%，因为超过3%河床会受到影响，如坡度超过3%应采取工程措施。

(2) 河床宽窄变化决定流速和流水的形态(图4-29)。

河道突然变窄会产生湍急汹涌的水流，平滑等宽的河道产生缓缓流畅的水流，河床变宽，水流缓慢、平稳、安静。

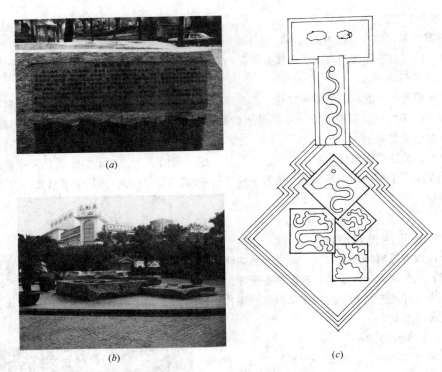

图 4-28 广西桂林正阳街曲水流觞

（a）曲水流觞展示说明图；（b）曲水流觞景观效果；（c）贵州曲水流觞平面布置示意图

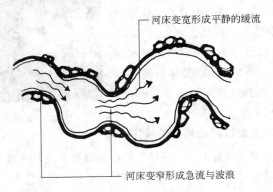

图 4-29 河道的宽窄变化对水流形态的影响

(3) 河床的平坦和凹凸不平能产生不同的景观效果（图 4-30）。

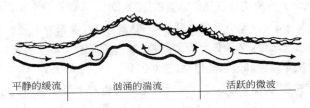

图 4-30 形成波浪的河床

　　在园林中溪流的底，上流河底粗糙，可存有大块的石，下游的石较少，即使有个别的石块，体量也较小，河底较为平坦。流水中置石的方式不同，亦会产生不同的效果（图4-31）。在园林设计时，恰当地利用水中置石也可以创造不同的景观（图4-32）。

上游河底高低不平,所以水面上下翻滚,欢快活跃　　下游河底石块光滑,大小较一致。因此,水面变得温顺而平静

图4-31　河底粗糙情况不同对水面波纹的影响

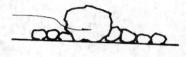

跨越石,水面隆起,水一弯一曲的蠕动着,像是被风吹起的微微涟漪,增加水面的起伏变化

迎水石分流水面,可渲染上游水的气氛。在阳光的照片射下,水面亮闪闪的。上游的水往往清彻得像个水晶一样

跌水石,水面跌落,水声跌荡。像回旋缭绕的音,创造出水的音响的效果

泡沫石,能产生水泡,或几条皱纹或小小的斡旋,可丰富活跃水面的姿态

图4-32　利用水中置石创造不同的景观

3. 伴生环境设计

　　流水景观，除去水本身的造型设计外，还有各种不同景观境界的创造，更重要的是伴生环境设计（图4-33）。北京市植物园西区小溪，两岸峡谷曲折，古树杂木阴森，忽然淡灰色的迷雾围着山岩流动，不时地吞没了溪边那一片片五颜六色的野花（图4-34）。一会儿又向远处的山谷飘去。溪边露出了峭壁上金黄色的小花，溪水伴着蓝色的、深蓝色的花草静静地流淌着。

　　那是"如虹卧波"、"河街相邻"、"人家尽枕河"的景象和高度文明的民俗。玉琴峡表现了"月作金徽风作弦，清声岂待指中弹；伯牙别有高山调，写在松风乱石间"的情趣（图4-35）。

　　水面的宽度是一样的，但环境不同，则空间气氛或活泼，或开朗，或深邃幽静。由于环境不同，颐和园的苏州街则充分表现了苏州水网之中的风物清嘉（图4-36）。

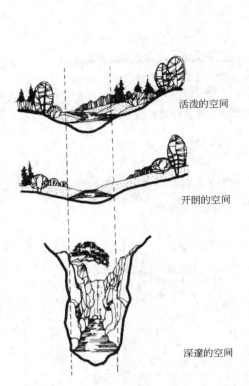

活泼的空间

开朗的空间

深邃的空间

图 4-33　伴生环境的创造

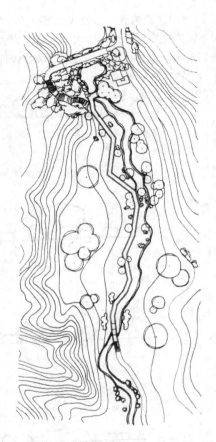

图 4-34　北京植物园西区小溪平面示意图

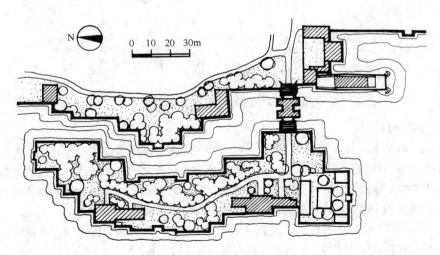

图 4-35　颐和园石舫附近水面

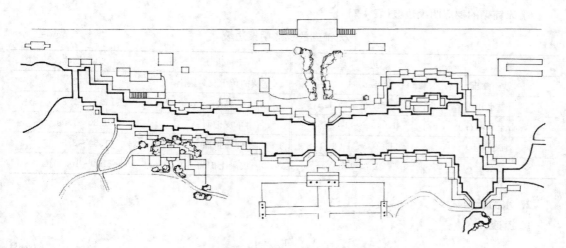

图 4-36 北京颐和园苏州街后溪河平面示意图

4.3.3 流水的工程设计

1. 一般概念

1）过水断面（ω）

是指水流垂直方向的断面面积。其断面面积随着水位变化而变化，因而又可分洪水断面、枯水断面、常水断面，通常把经常过水的断面称为过水断面。

2）湿周（χ）

水流和岸壁相接触的周界称湿周。湿周的长短表示水流所受阻力的大小。湿周越长，表示水流受到的阻力越大；反之，水流受到的阻力就越小。

3）水力半径（R）

水流的过水断面积与该断面湿周之比，称水力半径。即：

$$R = \frac{\omega}{\chi} \tag{4-3}$$

4）边坡斜率（m）

是指边坡的高与水下距离的比。砖石或混凝土铺砌的明渠边坡一般用 $1：0.75 \sim 1：1.0$。

$$m = \frac{H}{L} \tag{4-4}$$

5）河流比降（i）

任一河段的落差与河段长度的比称为河流比降，以千分率（‰）计。

$$i = \frac{\Delta H}{L} \tag{4-5}$$

6）无铺砌的梯形明渠边坡（表 4-2）

无铺砌的梯形明渠边坡　　　　　　　表 4-2

土　质	边　坡	土　质	边　坡
砂质黏土	1：1.5～1：2.0	坚实的黄土及黏壤土	1.00～2.00
砂石黏土和黏土	1：1.25～1：1.5	黏土	1.20～1.80
砾石土和卵石土	1：1.25～1：1.5	草皮护面	0.80～1.00
半岩性土	1：0.5～1：1.0	卵石护面	1.50～3.50
泥炭土	0.7～1.00	混凝土护面	5.00～10.00

2. 水力计算

1）流速

$$v = \frac{1}{n} R^{\frac{2}{3}} i^{\frac{1}{2}} \qquad\qquad (4\text{-}6)$$

式中　R——水力半径；

　　　i——河流比降；

　　　n——河槽粗糙系数；n 值可查表 4-3、表 4-4。

河渠粗糙系数 n 值　　　　　　　表 4-3

n		河渠特征		n	河渠特征
土质	$Q > 25\text{m}^2/\text{s}$ 平整顺直，养护良好 平整顺直，养护一般 河渠多石，杂草丛生，养护较差	0.0225 0.0250 0.0275	各种材料护面	光滑的水泥抹面	0.012
				不光滑的水泥抹面	0.014
				光滑的混凝土护面	0.05
				平整的喷浆护面	0.015
				料石砌护面	0.015
	$Q = 1\sim25\text{m}^2/\text{s}$ 平整顺直，养护良好 平整顺直，养护一般 河渠多石，杂草丛生，养护较差	0.0250 0.0275 0.030		砌砖护面	0.015
				粗糙的混凝土护面	0.017
				不平整的喷浆护面	0.018
				浆砌块石护面	0.025
				干砌石护面	0.033
	$Q < 25\text{m}^2/\text{s}$ 渠床弯曲，养护一般 支渠以下的渠道	0.0275 0.0275～0.03	岩石	经过良好修整的	0.025
				经过中等修整的无凸出部分	0.030
				经过中等修整的有凸出部分	0.033
				未经修整的有凸出部分	0.035～0.045

小河的粗糙系数 n 值　　　　　　　表 4-4

小河类型	平坦土质	弯曲或生长杂草	杂草丛生	阻塞小河沟，巨大顽石
粗糙系数	25	20	15	10

河道的安全流速在河道的最大和最小允许流速之间。根据河道的土质、砌护材料、河水含泥砂的情况，其最大允许流速可查表4-5。

河道最大允许速度   表4-5

土壤或砌护种类	最大流速(m/s)
泥炭分解的淤泥	0.25~0.50
瘠薄的砂质土及中等黄土	0.70~0.80
泥炭土	0.70~1.80
坚实黄土及黏壤土	1.00~1.20
黏土	1.20~1.80
草皮护面	0.80~1.00
卵石护面	0.50~3.50
混凝土护面	5.00~10.00

当河槽糙率变化不大或河槽形状呈现出宽浅的状态时，取$H(平)$代替R，则公式可简化为：

$$v = n h_平^{\frac{2}{3}} i^{\frac{1}{2}}$$

$$(4-7)$$

式中 $h_平$——河道平均水深(m)。

当河道为三角形断面时：$h_平 = 0.5h$；

当河道为梯形断面时：$h_平 = 0.6h$；

当河道为矩形断面时：$h_平 = h$；

当河道为抛物线形断面时：

$$h_平 = \frac{2}{3}h$$

$$(4-8)$$

h——河道中最大水深(m)。

最小允许流速(临界淤积流速或叫不淤积流速)根据含泥砂性质，按达西公式计算决定：

$$v_k = C\sqrt{R}$$

$$(4-9)$$

式中 v_k—— 临界淤积的平均流速(m/s)；

R——水力半径(m)；

C——泥砂粗细的系数，其大小可查表4-6。

达西公式系数 C 值表   表4-6

泥砂性质	C
粗砂质黏土	0.65~0.77
中砂质黏土	0.58~0.64
细砂质黏土	0.41~0.54
极细砂质黏土	0.37~0.41

在园林中，地面排水的最小坡度为0.5%~0.6%，小溪的坡度一般为1%~2%，能让人感到流水趣味的最小坡度是3%。当无护坡时，引入庭园的水，其坡度不宜超过3%，否则河床受到冲刷，

并带来泥砂。

2）流量

单位时间内通过河渠某一横截面的流体量，一般以 m³/s 计。

$$Q = \omega v \tag{4-10}$$

式中　　Q——流量（m³/s）；

　　　　ω——过水断面积（m²）；

　　　　v——平均流速（m/s）；

在园林中，如果小溪很小，也可以参阅概略流量表（表 4-7）进行估算。

概 略 流 量 表 表 4-7

水流宽（m）	5	3	2	2	2
水深（cm）	3	5	5	5	4
坡度	1/100	1/100	1/200	1/100	1/50
流量（m³/s）	250	150	68	100	86

在计算要求不高的情况下，河道断面可以近似为梯形、矩形或抛物线形进行粗略计算。

3）河道的流量损失

河道的流量损失主要是渗漏。影响渗漏的因素有河道的长短、水量的大小及土壤的渗漏性等。其流量损失的计算主要用两种方法。

（1）估算法。视土壤的情况而定，一般为输水损失的 10%～50%，对轻砂土壤采用输水损失的 20%～30%。

（2）公式法（考斯加可夫公式）（表 4-8）。1km 长河道的损失量 = 10×系数×流量×（1-指数）。

不同性质土壤的系数和指数 表 4-8

土壤性质	系数	指数
强透水性	3.4	0.5
中透水性	1.9	0.4
弱透水性	0.7	0.3

3. 水源及其设置

庭园内的流水，其水源可与瀑布、喷水或假山石隙中的泉洼相连，只是其出水口须隐蔽，方显自然。

（1）将水引至山上，使其聚集处成瀑布流下。

（2）将水引至山上，以岩石假山伪装，使水从石洞流出。

（3）将水引至山上，使水从石缝中流出。

（4）与喷水相结合，一般多用于规则式流水。

4. 护岸工程

为了创造流水中的湍流、急流、跌水等景观，流水的局部必须作工程处理。水岸的破坏主要是由水的流动造成的，如图 4-37 所示，水的主流线与崩岸部位的关系，也就是护岸的重点部位。

流水弯道处中心线弯曲半径一般不小于设计水面宽的 5 倍，有铺砌的河道，其弯曲半径不小于水面宽的 2.5 倍，如图 4-38 所示。弯道超高一般不宜小于 0.3m，最小不得小于 0.2m，折角、转角处其水流不应小于 90°。

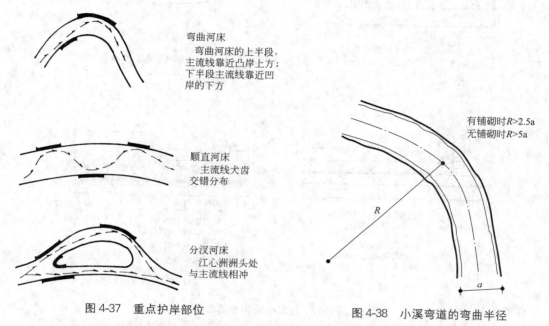

弯曲河床
　弯曲河床的上半段，主流线靠近凸岸上方；下半段主流线靠近凹岸的下方

顺直河床
　主流线犬齿交错分布

分汊河床
　江心洲洲头处与主流线相冲

图 4-37　重点护岸部位

有铺砌时 R>2.5a
无铺砌时 R>5a

图 4-38　小溪弯道的弯曲半径

小溪的构造主要由溪流所在地的气候、土壤、地质情况，溪流的水深、流速等情况决定。其常用构造如图 4-39、图 4-40 所示。

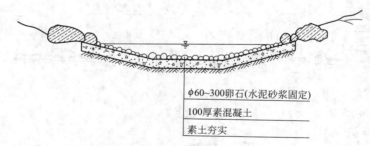

φ60~300卵石(水泥砂浆固定)

100厚素混凝土

素土夯实

图 4-39　卵石混凝土结构小溪剖面图

无论做湖还是做溪流，都要注意防水毯各种节点的处理，以保证防水安全(图 4-41)。

流水道两边堤岸的角度，除以上规则式的水渠及水道可用 90°外，一般都以 35°～45°为宜，依土质及堤岸的坚固程度而异。堤岸的构造分以下三种：

(1) 土岸。水流两岸坡度较小，在安息角的范围内，为较黏重不会崩溃的土质，在岸边宜培植草类或湿生植物，也可搭配矮灌木(图 4-42)。

(2) 石岸。在土质松软或堤岸要求坚固的地方，堤岸两边可用河石堆砌，讲究自然情趣，最忌死板(如图 4-43)。

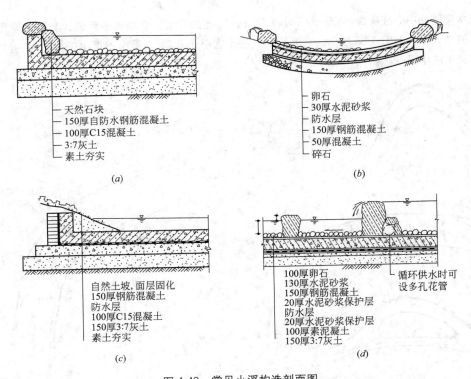

图 4-40 常见小溪构造剖面图

(a)自防水钢筋混凝土结构小溪剖面图;(b)自然山石护岸的浅水溪流;

(c)自然草坡的小溪;(d)溪流中的跌水汀步纵剖面示意图

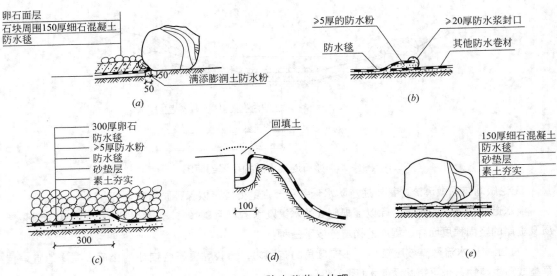

图 4-41 防水毯节点处理

(a)石块周边防水处理;(b)两种防水材料搭接;(c)搭接要求示意图;(d)防水毯固定;(e)大块石固定

图 4-42　北京奥林匹克森林公园土岸

图 4-43　北京奥林匹克森林公园石岸

（3）水泥岸。为求堤岸的安全及永久牢固，可用水泥岸。规则式水泥岸，可磨平或作假斩石，或者用表层块料，如石材、陶瓷锦砖、砖料等进行拼贴装饰；自然式庭园的水泥岸，则宜在其表面作浆砌石砾或铺以置石，以增加美观和自然感。

4.4　落水

利用自然水或人工水聚集一处，使水流从高处跌落而形成垂直水带景观，即为落水。在城市景观设计中，常以人工模仿自然瀑布来营造它。落水的水位有高差变化，常成为设计的焦点，落水面变化丰富，视觉趣味多。落水向下坠落时所产生的水声、水流溅起的水花，都能给人以听觉和视觉的享受。根据落水的形式与状态，可分为瀑布、叠水、跌水、水梯、溢流、滚水坝、管流等多种形式。

4.4.1　瀑布

瀑布有天然瀑布和人工瀑布之分。天然瀑布是由于河床突然陡降形成落水高差，水经陡坎跌落如布帛悬挂在空中，形成千姿百态的落水景观。人工瀑布是以天然瀑布为蓝本，通过工程手段而营造的水体景观。

1. 瀑布的主要形式

（1）自然式瀑布。源于自然景观，模仿河床陡坎所造成的落水形式，水从陡坡处滚落下跌形成气势恢宏的瀑布景观。此类瀑布可分为面形和线形两大类。面形瀑布是指瀑布宽度大于瀑布的落差；线形瀑布是指瀑布宽度小于瀑布的落差。自然式瀑布多用于突出自然景观与情趣的环境中（图 4-44）。

（2）规则式瀑布。这种形式强调落水的规则与秩序性，有着规整的人工构筑的落水口，瀑面连续而平滑，可形成一级或多级的跌落形式，蓄水池也多为规则式，有着很强的装饰效果，多用于较为规整的人工

图 4-44　成都市人民公园自然式瀑布

建筑环境中(图4-45)。

(3) 斜坡瀑布。这种形式的落水是规则式瀑布的一种变化形式,落水由斜面滑落,它的表面效果受斜坡表面的质地和结构的影响,体现了一种较为平静、含蓄的趣味,适用于较为安静的场所(图4-46)。

图4-45 西安大雁塔景区规则式瀑布

图4-46 坡瀑布

2. 瀑布的组成

一个完整的瀑布一般由背景、水源(蓄水池)、瀑布口(落水堰口)、瀑布底衬、瀑身、承瀑潭(或称循环水池)、溪流等组成,人工瀑布还需要辅助循环水泵、净水设备、循环管道系统及照明彩灯等人工设施(图4-47)。

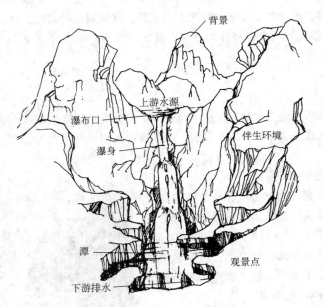
图4-47 瀑布组成示意图

(1) 背景。人工瀑布常以山体上的山石、树等组成浓郁的背景。就结构而言,凡瀑布流经的岩石缝隙都必须封死,以免泥土被冲刷至潭中,影响瀑布水质。瀑身墙体一般不宜采用白色材料作饰面，如白色花岗岩。利用料石或花砖铺砌墙体时，必须密封勾缝，避免墙体"起霜"。另外，把瀑布的墙面内凹，既可以衬托水色，又可以聚声、反射，也可以减少瀑布水流与墙面之间产生的负压。

（2）水源（蓄水池）。瀑布需要足够的水源，瀑布水量越大，越接近大自然，气势越雄伟，能量的消耗越大，因此水量的问题在设计中很重要。

瀑布在跌落的过程中，水体和空气摩擦碰撞，逐渐造成水滴分散、瀑布破裂，瀑面将不再完整。因此，水量要达到一定的厚度，才能保持水形。国外资料显示，随着瀑布跌落高度的增加，水流厚度、水量也要相应增加，才能保证落水面完整的效果。而作为城市中的瀑布应用，由于形式多种多样，有时水量会非常大。

现代庭园中多用水泵（离心泵和潜水泵）加压供水，或直接采用自来水作水源，不论引用自然水源或城市供水系统，都会在瀑布出水口上端设立蓄水槽，再由水槽中落下。瀑布的规模决定人工瀑布的水源蓄水池尺寸。至于瀑布形式，则由水源的水量决定，水的供给量在每秒钟能有一立方米左右者，可用重落、离落、布落等；如仅有十分之一立方米的水量，可用线落、丝落等。根据经验，高2m的瀑布，每米宽度流量为 0.5m³/s 较为适当。若瀑高为 3m 的瀑布，沿墙滑落，水厚应达 3～5mm 左右；若为一般瀑布，水厚则为 10mm 左右；颇具气势的瀑布，则水厚常在 20mm 以上。

瀑布用水要求较高的水质，因此一般都应配置过滤设备。

（3）瀑布口（落水堰口）。上游积聚的水（或水泵动力提水）流至瀑布口，其形状和光滑程度影响到瀑身水态，其中水流量是瀑布设计的关键。落水堰口的主要形式是宽顶堰，可分为自然式、规则式与曲折式落水堰口。如瀑布口平直，则跌落下来的水形亦较平板，像一条悬挂在半空中的白毛巾，而较少动感。如瀑布口平面形式曲折，有进有退的变化，瀑布口立面又高低不平，则跌落下来的水就会有薄有厚、有宽有窄，这对活跃瀑身水的造型就会有一个好的开始（图4-48、图4-49）。

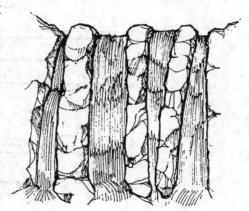

图 4-48 瀑布口的立面示意图

图 4-49 瀑布口的平面示意图

（4）瀑布底衬。瀑布从落水堰口溢出后，顺着瀑布底衬直流而下。瀑布底衬的材料可用混凝土、花岗岩、玻璃幕墙或石块等砌成。为了使水流更具动感、光的折射以及水形变化丰富多彩，可将瀑布底衬做成折线形，粗糙凹凸；或在底衬上镶嵌凸出的块石。根据块石所起作用的不同，分为折射光线的镜面石、切割水流的分流石、使水流翻腾而下的破滚石及迎接下落水流并起消能作用的承瀑石等。

(5) 瀑身。瀑身是指从瀑布口开始到坠入潭中之前的这一段水，是人们欣赏瀑布的所在。根据岩石种类、地貌特征，上游水量和环境空间的性格等决定瀑布的气质，或轻盈飘舞、或万雷齐鸣、或万马奔腾、或江海倒悬。水是没有形状的，瀑布的水造型除受出瀑布口形状的影响外，很重要的是由瀑身所依附山体的造型所决定的，所以瀑布的造型设计，实际上是根据瀑布水造型的要求进行山体的造型设计。水流从落水堰口溢出后，距底衬有一定距离，不受底衬的影响，成幕布状直流而下，称悬挂式瀑身；瀑布底衬呈折线状，瀑布沿折线底衬流淌时，逐级溅泛，卷起层层水珠，称折线状瀑身。沿底衬流淌的瀑身底衬可建成垂直形、斜坡形，水流沿底衬流淌，形成垂直瀑身或倾斜瀑身，也可在底衬上镶嵌镜面石、分流石、破滚石后，形成不同形状的瀑身，如分瀑、侧瀑、溅瀑等，形象万千。

(6) 承瀑潭(循环水池)。瀑布上跌落下来的水，在地面上形成一个深深的水坑，这就是承瀑潭，又称瀑布循环水池。承瀑潭的作用是承接瀑布下落的水量，并起消能作用；使瀑布形成倒影，丰富水形，增强气势。在承瀑潭内可隐装照明彩灯、循环水泵与水管。有人说承瀑潭蕴涵着瀑布集中的美，这里有大大小小的岩石，有岩石自身褶皱的皴纹，有瀑布下落的柔和水汽和水珠与空气分子撞击下形成的大量负氧离子，这一切都让人享受到瀑布带来的清凉感。

① 潭底结构：根据瀑布落水的高度即瀑身高 H 来决定(图 4-50)。

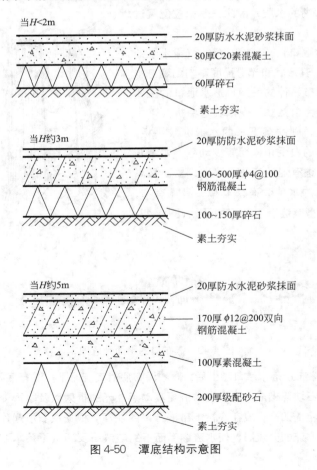

当$H<2m$
—— 20厚防水水泥砂浆抹面
—— 80厚C20素混凝土
—— 60厚碎石
—— 素土夯实

当H约3m
—— 20厚防防水泥砂浆抹面
—— 100~500厚$\phi4@100$钢筋混凝土
—— 100~150厚碎石
—— 素土夯实

当H约5m
—— 20厚防水水泥砂浆抹面
—— 170厚 $\phi12@200$双向钢筋混凝土
—— 100厚素混凝土
—— 200厚级配砂石
—— 素土夯实

图 4-50　潭底结构示意图

② 潭的大小应能正好承接瀑布流下来的水，因此它横向的宽度应略大于瀑身的宽度；为防止水花四溅，其纵向宽度应等于或大于瀑身宽度的 2/3(图 4-51)。

③ 如需安装照明设备，其基本水深应在 30cm 左右。

室内瀑布为减少水跌落时的噪声可在潭内铺人工草坪，避免瀑布的水直接跌落产生较大的声音。

(7) 循环水泵与循环水管系统。人工瀑布的水必须循环使用，循环水泵常用潜水泵直接隐蔽安装在承瀑潭中。潜水泵的流量与扬程须经水力计算，满足瀑布流量与跌落高差的需要。循环管道系统包括输水管道与穿孔管。穿孔管隐蔽铺设在蓄水池内，穿孔管的长度等于堰口宽度。

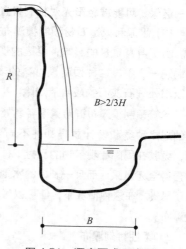

图 4-51 潭宽要求示意图

(8) 净水设备。瀑布在循环使用过程中，会受到灯光或日光照射、大气降尘、地面杂质、底衬材料等的污染，污染物主要是藻类、无机悬浮物及细菌等，需定期作净化处理与消毒。

(9) 照明彩灯。照明彩灯都隐蔽安装在承瀑潭的水面以下，供晚上照明，使瀑布丰富多彩。

3. 瀑布施工

1) 基本施工程序

瀑布施工流程：现场放线→基槽开挖→瀑道与承水潭施工→管线安装→瀑布装饰→试水。

(1) 现场放线。注意落水口与承水潭的高程关系(用水准仪校对)，同时要将落水口前的高位水池用石灰或砂子放出。如属掇山型瀑布，平面上应将掇山位置采用"宽打窄用"的方法放出外形，这类瀑布施工最好先按比例做出模型，以便施工时参考，还应注意循环供水线路的走向。

(2) 基槽开挖。可采用人工开挖，挖方时要经常与施工图校对，避免过量挖方，保证各落水高程的正确。如瀑道为多层跌落方式，更应注意各层的基底设计坡面。承水潭的挖方请参考水池施工。

(3) 瀑道与承水潭施工。可参考溪流水道和水池的施工。

(4) 管线安装。埋地管可结合瀑道基础施工同步进行。各连接管(露地部分)在浇捣混凝土 1~2d 后安装，出水口管段一般要等山石堆掇完毕后再连接。

(5) 瀑布装饰与试水。根据设计的要求对瀑道和承水潭进行必要的点缀，如装饰卵石、水草，铺上净砂、散石，必要时安装上灯光系统。瀑布的试水与流水相同。

2) 预制瀑布造景

在国外，可以自己动手安装风格自然的预制瀑布。预制瀑布造景成品数量多，选择面广，有些生产商还可以专门为业主设计制造。还有一些装有小型瀑中袋，可供培植水生植物。

(1) 预制瀑布造景的材料有玻璃纤维、水泥、塑料和人造石材等。而玻璃纤维预制模是最为普通的，质地轻且强度高，而且表面可以上色以模仿自然岩石，还可以涂上一层砂砾或石料进行遮饰。

(2) 塑料预制件也有许多规格可供选择，质地轻，容易安装，造价便宜，但其光滑的表面和单一的颜色很难进行遮饰，水下部分会很快覆盖上一层自然的暗绿色水苔，与露出水面的部分形成不自然的反差。当然，如果塑料的颜色与周围石头的颜色不协调的话，可以在其表面铺上色泽自然的石头，或再粘涂一层颜色合适的砂砾。这并非易事，但要做得恰到好处也是件一举两得的事，因为这一层保护可能减轻阳光对预制模直接照射所造成的损害，从而使它的寿命大大延长。

（3）水泥和人造石材预制模瀑布造景相对玻璃纤维和塑料材料等会重一些，但强度好，结实耐用。由于自身重量的影响，能选的规格较为有限。人造石材预制模瀑布色泽自然，容易与周围环境协调统一。不过这种预制模材料的表面都有一出气孔，容易附着水中的沉淀物。若出现这种情况，可以用处理石灰石的酸溶液清除。

尽管预制模瀑布群造景既容易处理又便于安装，它们的规格种类和设计式样却并不周全。在大型的园林中，尤其在周围壮观景物的反衬下，规格过小的瀑布常常显得全无风采。而且一长串的水池和瀑布也会使造价过于昂贵。在这种情况下，便可以考虑铺设有柔性衬砌的瀑布。

3）柔性衬砌瀑布

有衬里的瀑布群在水池规格的大小以及瀑布的落差上有很大的选择自由，可以适用于所有风格的水池，包括非常正统、形状规则的水景。柔性衬砌的作用相当于防水衬垫。

一般来说，柔性衬砌瀑布适宜于营造连续的瀑布水池群。这一串瀑布与其水池中的水最终汇入最下面的蓄水池中。这主要是因为关掉水泵的开关后，在斜坡上蜿蜒流淌的流水道便会干涸，十分碍眼，所以把它们造成几段效果就会好得多。如果只想小规模地设上一景，可以选择一个高于地面的水池，通过中间一个瀑布泻入下边的水池。但是如果想设计一串瀑布加上一个主水池，最好用一整块的水池衬里，并连着伸出来的一块，这一块可以用来铺垫瀑布口。这样一来，整个水塘和瀑布就可以浑然一体，渗漏的可能性就很小了。

瀑布大部分的衬里上还要铺上一层装饰物，衬里就不会因阳光直射而过早老化。可以选用较为经济的塑料材料。如果采用质量较好的橡胶衬里则更为理想，可以与复杂的瀑布和溪流造型相协调。如果计划把岩石铺在衬里上，要防止岩石划破衬里，在衬里上还要再铺上一层保护层。但绝对不能用纤维类材料，因为虹吸作用会让水渗流到周围的土壤里。

4）瀑布的水体净化装置

为保护水体的清洁无公害，应对瀑布水体进行净化，其装置如图 4-52 所示。

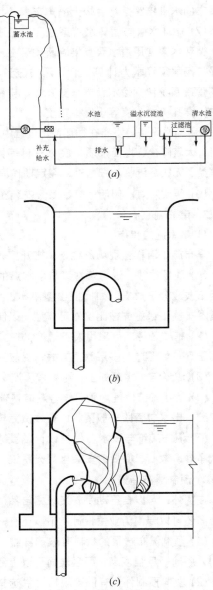

图 4-52　瀑布的水体净化装置

(a)瀑布净水装置示意图；(b)蓄水池出水口处理；

(c)岸壁出水口处理

4.4.2　叠水、跌水、水梯

1. 叠水

水从落水堰口溢出后，沿着底衬逐级流淌而下，但每级的高度小于跌水，水形不似跌水分明，有重重叠叠的感觉，上一级叠于下级之上，下一级承托着上一级，级与级之间的交界处，溅卷起层层水花，水花跳跃非常活泼好看。底衬同样可造成三角形、倒三角形、矩形、多面体等几何形状。典型叠水如台北市世贸中心的叠水景观。

叠水本质上是瀑布的变异，它强调非常有规律的阶梯式落水形式，大多强调人工设计的美学创意，具有韵律感及节奏感。它是落水遇到阻碍物或平面使水暂时水平流动所形成的，水的流量、高度及承水面大小都可通过人工设计来控制。在应用时应注意层数，以免适得其反。叠水的外形就像一道楼梯，其构筑的方法和瀑布基本一样，只是它所使用的材料更加规则，如砖块、混凝土、厚石板、条形石板或辅路石板，目的是为了取得设计中所严格要求的几何形结构。台阶有高有低，层次有多有少，构筑物的形式有规则式、自然式及其他形式，故产生了形式不同、水量不同、水声各异的丰富多彩的叠水。它是善用地形、美化地形的一种最理想的水态，具有很广泛的利用价值。

2. 跌水

水从落水堰口溢出后，沿着阶梯状底衬逐级流淌跌落，各级阶梯都成为宽顶堰，级与级之间的跌落高度远小于瀑布，但大于叠水，底衬的整体几何形状，可建成为三角形梯级、倒三角形梯级、多面体梯级、矩形梯级等，视设计者的意图及环境而异(图4-53)。

3. 水梯

水梯是跌水的特定形式。主要特点是底衬形如楼梯，宽度相等，每级高度也相等，水从落水堰口溢出后，沿着底衬的梯级，逐级流淌。

图4-53　北京奥林匹克森林公园跌水景观

4.4.3　溢流、泻流

1. 溢流

池水满盈而外流谓之溢流。人工设计的溢流形态取决于水池或容器面积的大小、形状及层次，如直落而下则成溢流瀑布；沿台阶而下则成叠水溢流池；与杯状容器结合，形成垂落的水帘效果则成溢水杯。在合适的环境中，这种无声垂落的水幕将会产生一种非常有效的梦幻效果，尤其当水从弧形的边沿落下时经常会产生这种效果(图4-54)。

1) 溢流池(杯)

在历史上，大多数摩尔式风格的水景中，水池都是平满或盈溢的，而溢水池的边沿设计显得尤其重要，

图4-54　溢流形成的水幕景观

是营造平滑溢流效果的关键。一般来讲，池沿表面越窄小越理想。而且池沿的设计与溢水池中的水量有关。如果水的体量较小，则池口最好使用金属建造，以确保形成一个绝对的平面，并从相邻的垂直面突出。在这种形式下，即使在水流缓慢的情况下也会形成光滑下落的水幕效果。但需注意的是，突出口无论为何种材料，其突出部分的下表面都应设有一道凹槽，来打破水的表面张力，防止水在下表面贴流，影响落水表面的平滑完整。

池口和边缘细节的不同设计可以形成千变万化的落水效果。不规则或起伏的池沿会形成一个不连贯或破碎的水幕、凹槽或孔流，或者以突起将落水分开，形成一种光影的变化节奏和图案效果（图 4-55）。

2）喷泉溢流池或瀑布溢流池

当溢水池与喷泉或瀑布相结合时，水流会以一定的速度沿池口溢出，如果池沿是有一定角度的，则水不会垂直落下，而是向外有一定的角度，速度越快，角度越大。尤其当沿口的形状为方形时，这种情况更为明显。所以，这时池口的表面应设计为弧形，这样无论水流的速度为多少，水都以接近垂直的角度落下（图 4-56）。

图 4-55　池口边缘处理后的溢流景观

图 4-56　溢流池口的弧形处理

3）溢水盘

溢水盘是西方水景中常见的一种水装饰物，布置在规则式或自然式庭园中。材料既有大理石等石制水盘，也有铸铁等制成的金属水盘。在日式庭园中还配有水井状且有水井功能的水盘。

水盘的出水一般是与喷泉相结合，系统较为简单，无须过高喷水，在喷头上增加普通的不锈钢管即可。水泵也可用家庭水池常用的简易水下泵。水盘的边缘即落水口需作适当的处理，如作切水槽，或做成花瓣形状，形成形式多样的落水组合并防止贴流。

水盘等水景设计有时会被布置在大厅等室内环境中。此时，应使用不锈钢，并作双重防水，预防渗漏。

2. 泻流

泻流的含义原来是低压气体流动的一种形式。在园林水景中，则将那种断断续续、细细小小的流水称为泻流。它的形成主要是降低水压，借助构筑物的设计点点滴滴地泻下水流，形成细碎的音响效果，一般多设置于较安静的角落（图 4-57）。

图 4-57　庭院泻流景观

4.4.4　落水的工程设计

1. 落水的水力计算

水盘、瀑布、叠流等的堰口水量设计一般是将溢水断面近似地划分成若干个溢流堰口，分别计算其流量后再叠加。各种溢流堰口的近似水力计算公式如下。

1) 宽顶堰

当堰口宽度大于两倍的堰前水头时(即 $b > 2H$ 时)为宽顶堰。

$$q = mbH^{\frac{3}{2}} \tag{4-11}$$

2) 三角堰

$$q = AH_0^{\frac{5}{2}} \tag{4-12}$$

3) 半圆堰

$$q = bD^{\frac{3}{2}} \tag{4-13}$$

4) 矩形堰

$$q = CH_0^{\frac{3}{2}} \tag{4-14}$$

5) 梯形堰

$$q = A_1 H_0^{\frac{3}{2}} + A_2 H_0^{\frac{5}{2}} \tag{4-15}$$

上述各式中：

m——宽顶堰的流量系数，取决于堰流进口形式；

b——堰口水面宽度(m)；

H——堰前动水头(mH_2O)；

$$H = H_0 + \frac{V_0^2}{2g} \tag{4-16}$$

H_0——堰前静水头(mH_2O)；

V_0——堰前水流速度(m/s)；

A——三角堰流量系数，与堰底夹角 q 有关；

b——半圆堰流量系数，与堰前静水头 H_0 和半圆堰直径 D 的比值有关；

C——矩形堰流量系数，与堰口宽度 b 有关；

D——水盘直径(m)；

A_1——梯形堰流量系数，与堰底宽度 e 有关；

A_2——梯形堰流量系数，与堰侧边夹角 q 有关。

如果水池的边缘非规则或有各种形状的花边，则可按近似的几何形状来计算，如按三角堰、半圆堰、梯形堰等来计算。

2. 瀑布的用水量计算

1) 瀑布用水量计算

$$Q = KBh^{\frac{2}{3}} \tag{4-17}$$

式中　Q——流量(m^3)；

B——堰宽(m);

h——水幕宽(m);

K——系数 $= 107.1 + \left(\dfrac{0.177}{h} + \dfrac{14.22}{D}h \right)$;

D——储水槽的深(m)。计算后加3%的富余量。

2）亦可采用简便的查表方法（表4-9）

瀑布用水量表（每米用水量）　　　　　　　　　　　表4-9

瀑布的叠水高度(mm)	堰顶水深(mm)	用水量(L/s)
0.30	6.35	3.10
0.90	9.25	4.13
1.50	12.70	5.17
2.10	16.00	6.20
3.00	19.00	7.23
4.50	22.20	8.27
7.50	25.40	10.33
>7.50	32.00	12.40

3）日本经验

瀑布高2m以每米宽度的流量为 0.5m³/min 为宜。

4）国内经验

以每秒每延长米 5～10L 或每小时每延长米 20～40t 为宜。

3. 水池的水量损失计算

由于风吹、蒸发、溢流、排污和渗漏等原因，水池的水量会有一定的损失，需要及时补充。补充的水量一般按循环水流量或按水池容积的百分数进行估算。

溢流流失部分则按漏斗式溢流量计算：

$$q_y = 6815 D_y H_0^{\frac{3}{2}} \tag{4-18}$$

式中　q_y——溢流漏斗溢流量(L/s);

　　　D_y——溢流漏斗的上口直径(m);

　　　H_0——溢流漏斗的淹没深度(m)。

4.5 喷水

喷水是将压力水喷出后所形成的各种喷水姿态用于观赏的动态水景，起装饰点缀园景的作用。喷水历史久远，形式多样，深得人们的喜爱。

世界上有很多著名的天然喷泉，其中最著名的要数美国落基山脉2000多米高地上的格兰喷泉，它喷出的水柱可高达76m。在美国黄石国家公园地下沸水喷泉就有3000个左右，比世界各地天然喷泉的总和还多。但我们这里讲的喷泉是指以造景为目的的人工喷水装置。随着时代的发展，喷泉已广泛用于现代城市公园、广场、宾馆、商贸中心、影剧院、广场、写字楼等处,配合构筑小品,与水下彩灯、音乐一起共同构成朝气蓬勃、欢乐振奋的城市水景(图 4-58)。喷泉能增加空气中的负离子,具有卫生保健之功效,所以备受青睐。

(*a*)　　　　　　　　　　　　　　　　(*b*)

(*c*)　　　　　　　　　　　　　　　　(*d*)

图 4-58　城市喷泉景观

(*a*)联合国欧洲总部入口喷泉景观;(*b*)杭州市南湖公园喷泉景观;
(*c*)居住区喷水景观;(*d*)重庆观音桥步行街喷泉景观

4.5.1　喷泉的分类

1. 喷泉的基本分类

喷泉的形式极其多种多样,变化灵活,其规模大小要根据不同的设置场所进行选择。

1) 喷水造型式

主要展现喷头在水中或水面喷出的水姿效果,较为常见。

2) 瀑布水帘式

像瀑布那样使水直落的喷泉,喷头一般安装于建筑物的高处,向下喷射,常与玻璃墙面或者空间的分隔处结合,形成水帘效果(图 4-59)。

3) 雕塑造型式

与雕塑等造型物进行组合的喷泉形式,可用于装饰或进行主题的营建(图 4-60)。

4) 声控喷泉

用声音或音响来控制喷泉的喷水高度、造型的变化,包括较为大型的音乐喷泉。

图 4-59　瀑布水帘式喷水

图 4-60　雕塑造型式喷水

2. 按喷水池的构筑形式分类

1）水池喷水

这是最常见的形式。设计水池，安装喷头、灯光、设备。停喷时，是一个静水池。

2）旱池喷水。

蓄水池及喷头等隐于地下，适用于有人参与的地方，如广场、游乐场。停喷时，是铺装平地或一块微凹地坪，缺点是水质易被污染。

3）浅池喷水

喷头建于山石、盆栽之间，可以把喷水的全范围做成一个浅水盆，也可以仅在射流落点之处设几个水钵，多用于间歇喷泉。

4）舞台喷水

影剧院、跳舞场、游乐场等场所，有时作为舞台前景、背景，有时作为表演场所和活动内容。这种小型的喷水设施中，水池往往是活动的。

3. 按喷嘴的射流方式分类

1）单股射流

单股射流由一股垂直向上的水柱构成，水柱高度视需要而定，最高喷泉水柱可达 140m。

2）密集射流

由多个单股射流组成相同或不同高度的密集射流，形成较大型的喷射水柱或组合成几何图形，喷泉造型十分壮观（图 4-61）。

3）分散射流

分散射流是由不同射角和不同射程的射流组成喷泉组合造景。

4）组合射流

组合射流是利用密集射流和分散射流组合而成，可以形成多种多样的美观图形（图 4-62）。

图 4-61　密集射流式喷水景观

图 4-62　组合射流式喷水景观

4.5.2 常用喷头类型与水造型

喷头是喷泉的一个重要组成部分。它的作用是把具有一定压力的水，经过喷嘴导水板的造型，使水射入水面上空时，形成各种形态的水花。因此，喷头的构造、材料、制造工艺以及出水口的粗糙度和喷头的外观等，都会对整个喷泉喷水的艺术效果产生重要的影响。

喷头制作材料的选择。喷头工作时由于高速水流会对喷嘴壁产生很大冲击和摩擦，因此，制造喷头的材料多选用耐磨性好，不易锈蚀，又具有一定强度的黄铜、青铜或不锈钢等。

常用喷头的种类、喷水造型及其主要技术参数如下。

1. 单射程喷头

它能喷射出单一的水线，是喷泉喷头中使用范围最广的一种。其构造简单，通常又分为三种类型：定向直射型、可调定向直射型、万向直射型。

（1）定向直射型喷头：它能喷射出垂直或倾斜的固定射流。它可以单独使用，也可以用多数喷头组合使用，形成多种多样的喷水图案。

（2）可调定向直射型喷头：它的性能与定向直射型喷头基本相同，唯其喷水的压力可调节(表4-10)。

单射程喷头的主要性能参数表　　　　　　　　　　表4-10

序号	选择尺寸		技术参数			喷水形状
	公称直径(mm)	英寸(″)	工作压力(kPa)	喷水量(m³/h)	喷水高度(m)	
1	65	2½	70～150	10～15	3.5～10	
2	50	2	50～150	5～8	3.5～8	
3	40	1½	50～150	3～5	3.5～8	
4	25	1	50～150	2.5～4	3.5～8	射线状
5	20	¾	50～150	1～3	5	
6	15	½	50～150	0.3～1.5	5	
7	10	⅜	50～150	0.1～1.0	4	

（3）万向直射型喷头：这种喷头的喷水形状与单射程喷头相同(表4-11)。

万向直射型喷头的主要性能参数表　　　　　　　　表4-11

序号	选择尺寸		技术参数			喷水形状
	公称直径(mm)	英寸(″)	工作压力(kPa)	喷水量(m³/h)	喷水高度(m)	
1	65	2½	70～150	10～15	3.5～10	
2	50	2	50～150	5～8	3.5～8	
3	40	1½	50～150	3～5	3.5～8	
4	25	1	50～150	2.5～4	3.5～8	射线状
5	20	¾	50～150	1～3	3.5～8	
6	15	½	50～150	0.3～1.5	3.5～8	
7	10	⅜	50～150	0.1～1	2.5～5	

　　但它是由活动喷嘴、套筒、底座和硬橡胶垫圈四个部件组成的。其喷嘴的球面体与套筒间为滑动配合，因此喷嘴的喷射角度可以以一定角度为轴任意选定，因此可组合成非常丰富的水造型。

　　其构造及水造型如图 4-63 所示。

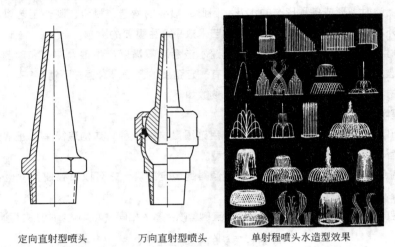

定向直射型喷头　　　　万向直射型喷头　　　　单射程喷头水造型效果

图 4-63　单射程喷头及水造型效果图

2. 涌泉喷头（表 4-12）

　　涌泉喷头仍是一种单射程的喷头，但出水口较大，当喷头在水面下垂直向上喷射时，在水面上能形成蘑菇状水造型（图 4-64）。

涌泉喷头的主要性能参数表　　　　　　　　　　表 4-12

序号	连接尺寸		技术参数			
	公称直径(mm)	英寸(″)	工作压力(kPa)	喷水量(m³/h)	喷水高度(m)	覆盖直径(m)
1	25	1	30～60	4～6	0.35～0.6	0.20～0.35
2	40	1 ½	50～150	8～20	0.40～1.5	0.30～1.0
3	50	2	50～150	10～25	0.60～2.0	0.50～1.5

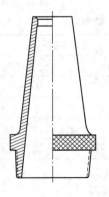

图 4-64　涌泉喷头及水造型

3. 喷雾喷头(表 4-13)

这种喷头一般在套筒内装有螺旋状导流板,使水沿导流板螺旋运动,当高压的水由出水口喷出后,能形成细细的雾状水珠。另一种做法是在喷头出水口外,装一个雾化针,当高速水流与雾化针碰撞时,将水流粉碎形成水雾(图 4-65)

喷雾喷头的主要性能参数表 表 4-13

序号	连接尺寸		技术参数			
	公称直径(mm)	英寸(″)	工作压力(kPa)	喷水量(m³/h)	喷水高度(m)	覆盖直径(m)
1	15	½	90~200	0.5~2	2.0~5.0	5.0~8.0
2	20	¾	90~200	0.5~2	2.0~6.0	5.0~8.0
3	25	1	90~200	0.58~3.5	2.5~6.0	5.0~10.0
4	50	2	25~200	0.58~2.68	2.5~7.0	5.0~10.0

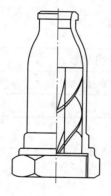 

图 4-65 喷雾喷头及水造型

4. 旋转式喷头(表 4-14)

此种喷头是利用压力将水送至喷头后,借助驱动孔的喷水,靠水的反推力带动回转器转动,使喷头不断地转动而形成欢乐愉快的水姿,并形成各种扭曲的线形,飘逸荡漾,婀娜多姿,而使喷嘴不断地旋转,从而形成旋转的喷水造型(图 4-66)。

旋转式喷头的主要性能参数表 表 4-14

序号	连接尺寸		技术参数			
	公称直径(mm)	英寸(″)	工作压力(kPa)	喷水量(m³/h)	喷水高度(m)	覆盖直径(m)
1	65	2 ½	100	33	7	2.0~3.0
2	50	2	100	22	7	1.5~2.0
3	25	1	40	3.5	3	1.0~1.5
4	40	¾	40	2.3	3	0.5~1.0

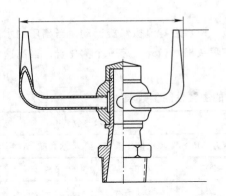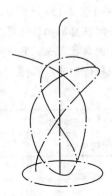

图 4-66 旋转式喷头及水造型

5. 孔雀型喷头(表 4-15)

这种喷头壳体上有 10 多个孔道, 能喷射出多条水线, 形成像孔雀开屏一样美丽的水花(图 4-67)。

孔雀型喷头的主要性能参数表　　　　　　　　　　表 4-15

序号	连接尺寸		技术参数			
	公称直径(mm)	英寸(")	工作压力(kPa)	喷水量(m³/h)	喷水高度(m)	覆盖直径(m)
1	50	1	50~100	3~5	2~4	3~6

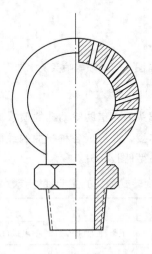

图 4-67 孔雀型喷头

6. 缝隙式喷头(表 4-16)

喷水时水流自扁平的喷嘴的缝隙中喷出, 形成扇形的水膜(图 4-68)。

缝隙式喷头的主要性能参数表　　　　表 4-16

序号	连接尺寸		技术参数			
	公称直径(mm)	英寸(")	工作压力(kPa)	喷水量(m³/h)	喷水高度(m)	覆盖距离(m)
1	50	2	30～80	15～33	0.6～1.3	1.0～2.2
2	40	1½	30～80	12～28	0.5～1.0	0.8～1.5
3	25	1	30～80	8～22	0.3～0.8	0.6～1.2
4	15	½	50	2.5	0.2～0.6	0.4～0.8

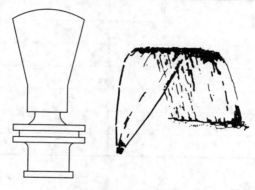

图 4-68　缝隙式喷头及水造型

7. 重瓣花喷头(表 4-17)

这种喷头的出水口分布在三个不同高度的台面上。各台面上有不同数量、不同大小的出水口,能喷出不同高度、不同水量的水造型,因而能形成一朵亭亭玉立的重瓣花形(图 4-69)。

重瓣花喷头的主要性能参数表　　　　表 4-17

序号	连接尺寸		技术参数			
	公称直径(mm)	英寸(")	工作压力(kPa)	喷水量(m³/h)	喷水高度(m)	覆盖距离(m)
1	40	1½	50～150	3～7	1.0～3.0	1.5～3.0

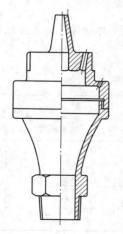 

图 4-69　重瓣花喷头及水造型

8. 伞形喷头(蘑菇形喷头)(表4-18)

这种喷头在出水口的上面,有一个弧形的反射器。当水流通过反射器的导水板的造型后能形成像伞一样薄薄的水膜(图4-70)。

伞形喷头的主要性能参数表 表4-18

序号	连接尺寸		技术参数			
	公称直径(mm)	英寸(″)	工作压力(kPa)	喷水量(m³/h)	喷水高度(m)	覆盖距离(m)
1	100	4	10~20	15	5	2.0
2	75	3	10~20	12	5	1.5
3	50	2	10~15	5	5	1.2
4	40	1½	6~10	3.0	4	1.0
5	25	1	6~10	2.0	25	0.6
6	20	¾	5~8	1.5	25	0.5
7	15	½	5~8	1.0	0.20	0.3

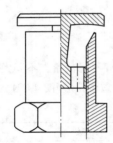 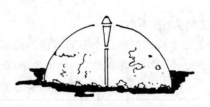

图4-70 伞形喷头及水造型

9. 牵牛花形喷头(表4-19)

该喷头在出水口的前面,有一个喇叭形的导水板,当水流沿导水板喷出,能形成像牵牛花一样的水造型(图4-71)。

牵牛花形喷头的主要性能参数表 表4-19

序号	连接尺寸		技术参数			
	公称直径(mm)	英寸(″)	工作压力(kPa)	喷水量(m³/h)	喷水高度(m)	覆盖距离(m)
1	40	1½	150~280	5~10	1.05~5.0	1.0
2	25	1	100~200	3~6	1.8~3.0	6.0
3	20	¾	80~150	3	1.0~2.0	5.0
4	15	½	60~100	1~2	0.8~1.5	0.3

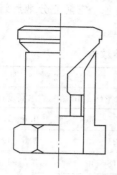

图 4-71 牵牛花形喷头及水造型

10. 冰树形喷头（表 4-20）

这种喷头的上部有一个花瓶形的套筒，并与下面的喷头间有支架相连接。当压力水由喷嘴喷出时，在出水口附近形成负压区，能将附近的水吸入套筒与喷嘴喷出的水汇合，形成树状的水柱喷向上空（图 4-72）。

冰树形喷头的主要性能参数表   表 4-20

序号	连接尺寸		技术参数			
	公称直径（mm）	英寸（"）	工作压力（kPa）	喷水量（m³/h）	喷水高度（m）	覆盖距离（m）
1	75	3	50～450	21～50	1～12	1.5
2	50	2	50～400	12～25	1～10	1.0
3	40	1½	20～300	8～13	1～8	0.6
4	25	1	40～200	6～10	1～6	0.3
5	20	¾	40～200	2～4	1～4	0.2

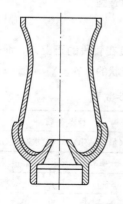

图 4-72 冰树形喷头及水造型

11. 吸气式喷头（表 4-21）

这种喷头是利用压力水在喷出时，在喷嘴的出水口附近形成负压区，由于压差的作用，它能把周围的空气和水吸入喷嘴外的套筒内，与喷嘴内喷出的水混合后一起喷出。这时水柱的体积会膨胀，同时可生成大量细小的空气泡，使水体呈现出不透明的乳白色。它能充分地反射阳光，因此色彩艳丽。夜晚如有彩色灯光照明，则更是光彩夺目（图4-73）。

吸气式喷头的主要性能参数表 表4-21

序号	连接尺寸		技术参数			
	公称直径(mm)	英寸(″)	工作压力(kPa)	喷水量(m³/h)	喷水高度(m)	覆盖距离(m)
1	100	4	100～150	35～65	0.6～1.3	0.6～0.8
2	75	3	100～150	25～40	0.5～1.0	0.5～0.7
3	65	2½	100～150	18～30	0.5～1.0	0.4～0.7
4	50	2	60～100	17～18	0.4～0.8	0.3～0.6
5	40	1½	50～100	9～13	0.3～0.5	0.3～0.5
6	25	1	50～100	3.5～8	0.3～0.5	0.2～0.4
7	20	¾	50～100	5	0.2～0.35	0.15～0.3
8	15	½	50～100	1.5～3	0.15～0.3	0.1～0.2

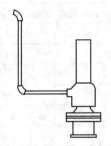

图4-73 吸气式喷头及水造型

12. 风车形喷头（表4-22）

这也是一种旋转的喷头，只是它的安装方式，不是安装在管段的正上方，而是横向安在管段的侧方。当水流喷出时能像车轮一样喷出旋转的水花或呈螺旋状的水花。

风车形喷头的主要性能参数表 表4-22

序号	连接尺寸		技术参数			
	公称直径(mm)	英寸(″)	工作压力(kPa)	喷水量(m³/h)	喷水高度(m)	覆盖距离(m)
1	50	2	30～50	5.5～13.8	2.0～4.5	2.3～3.2
2	40	1½	30～50	4.8～7.0	1.0～3.5	1.0～2.1
3	25	1	30～40	3.5～5.0	1.1～2.0	1.0～1.5

13. 蒲公英形喷头（表4-23）

此种喷头是通过一个圆球形外壳安装多个同心放射状短喷管，并在每个管端安置半球形喷头，喷水时，能形成球状水花，如同蒲公英一样，美丽动人（图4-74）。

蒲公英形喷头的主要性能参数表　　　　　　　　表 4-23

序号	连接尺寸		技术参数			
	公称直径(mm)	英寸(″)	工作压力(kPa)	喷水量(m³/h)	喷水高度(m)	覆盖距离(m)
1	100	4	100~150	80	2.5	2.3
2	75	3	100~150	65	2.3	2.0
3	65	2 ½	100~150	40~50	2.0	1.5
4	50	2	100~150	20~25	1.5	1.0
5	40	1 ½	80~100	8~15	1.3	0.8

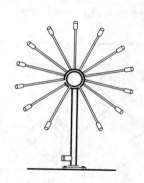

图 4-74　蒲公英形喷头及水造型

14. 宝石球喷头(表 4-24)

能喷出大大的、透明晶莹的、像珠宝一样的球体(图 4-75)。

宝石球喷头的主要性能参数表　　　　　　　　表 4-24

序号	连接尺寸		技术参数			
	公称直径(mm)	英寸(″)	工作压力(kPa)	喷水量(m³/h)	喷水高度(m)	覆盖距离(m)
1	25	1	—	—	—	—

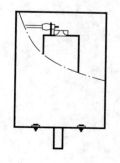

图 4-75　宝石球喷头及水造型

15. 跳跳泉喷头(表 4-25)

这种喷头能根据选择的间距和长度,由电子设备或微处理器控制,能喷射出实心水柱或断续的水流。跳跃射流的功能是由一个次级的高压喷水喷射器实现,它在给定的时间段上让水流通过,形成连续或断续的实心水柱。它以一定的角度射出的实心水柱,沿抛物曲线跃向空中。它具有对跳、错位跳、长跳、短跳等形式的组合。垂直使用时,会产生爆发式喷射或呈水母状水花,由于定时控制非常严格,必须在 0.01s 以内,因此在音乐喷泉中使用会有非常好的效果,具有极强的趣味性(图 4-76)。

跳跳泉喷头的基本参数表 表 4-25

序号	连接尺寸		技术参数			
	公称直径(mm)	英寸(″)	工作压力(kPa)	喷水量(m³/h)	喷水高度(m)	覆盖距离(m)
1	18	—	—	—	5	6

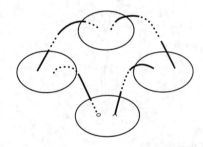 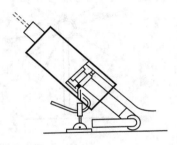

图 4-76　跳跳泉喷头及水造型

4.5.3　喷泉的水力计算

喷泉的水力计算是要求得喷水射流的水平射程,射流高度,流量,管径和所需要的水头,为喷泉的管道布置和水泵的选择提供参数。

1. 喷泉总流量的计算公式

$$q = \varepsilon \varphi f \sqrt{2gH} \times 10^{-3} \tag{4-19}$$
$$= \mu f \sqrt{2gH} \times 10^{-3}$$

式中　q——出流量(L/s);

　　　ε——断面收缩系数,与喷嘴形式有关;

　　　μ——流量系数(一般在 0.62~0.94),$\mu = \varepsilon \varphi$;

　　　φ——流速系数,与喷嘴形式有关;

　　　f——喷嘴断面积(mm²);

　　　g——重力加速度(m/s²);

　　　H——喷头入口水压(mH₂O)。

2. 喷泉总流量(Q)的计算

计算一个喷泉喷水的总流量,是指在某一时间内,同时工作的各个喷头,喷出的流量之和的最大值，即 $Q = q_1 + q_2 + \cdots + q_n$。

3. 计算管径

$$D = \sqrt{\frac{4Q}{\pi v}}$$　　　　　　　　　　　　　　　　(4-20)

式中　D——管径；

　　　Q——总流量；

　　　π——圆周率；

　　　v——流速，通常选用 $0.5 \sim 0.6 \text{m/s}$。

4. 求总扬程 H

总扬程＝净扬程＋损失扬程

净扬程＝吸水高度＋压力高度

一般喷泉的损失扬程可粗略地取净扬程的 $10\% \sim 30\%$。

5. 水平射程和喷水高度

影响喷头水平射程的因素很多，但最主要的是工作压力、喷嘴直径和喷射角度，射流曲线轨迹的几个主要参数如图 4-77 所示。

图中　L_1——射流上升部分的水平投影(m)；

　　　L_2——射流下降部分的水平投影(m)；

　　　R——水平射程(m)；

　　　h——射流高度(m)；

　　　α——倾斜射流的仰角(°)。

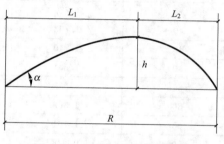

图 4-77　倾斜射流曲线轨迹图

其中：

$$L_1 = H\left[\frac{1}{2}\sin2\alpha + \cos^3\alpha \cdot \ln\left(\frac{1+\sin\alpha}{\cos\alpha}\right)\right]$$　　　　　　(4-21)

$$L_2 = 2H\cos\alpha\sqrt{\frac{2}{3}(1-\cos^3\alpha)}$$　　　　　　　　(4-22)

式中　H——喷头入口水压(mH_2O)。

$$R = L_1 + L_2$$　　　　　　　　　　　　　　　　(4-23)

$$= H\cos\alpha\left[\sin\alpha + \cos^2\alpha \cdot \ln\left(\frac{1+\sin\alpha}{\cos\alpha}\right) + 2\sqrt{\frac{2}{3}(1-\cos^3\alpha)}\right]$$

$$h = \frac{2}{3}H(1-\cos^3\alpha)$$

简化上式，设：

$$\cos\alpha\left[\sin\alpha + \cos^2\alpha \cdot \ln\left(\frac{1+\sin\alpha}{\cos\alpha}\right) + 2\sqrt{\frac{2}{3}(1-\cos^3\alpha)}\right] = B_0 \quad \frac{1}{2}\sin2\alpha + \cos^3\alpha \cdot \ln\left(\frac{1+\sin\alpha}{\cos\alpha}\right) = B_1$$

$$2\cos\alpha\sqrt{\frac{2}{3}(1-\cos^3\alpha)} = B_2$$

$$\frac{2}{3}(1-\cos^3\alpha) = B_3$$

所以：$L_1 = B_1 H$；
$\qquad L_2 = B_2 H$；
$\qquad R = B_0 H$；
$\qquad H = B_3 H$；

B_0、B_1、B_2、B_3 均和 α 有关，其值可由表 4-26 查出。

倾斜射流的日值 B_0、B_1、B_2、B_3 值　　　　　　　表 4-26

α	B_0	B_1	B_2	B_3
10	0.680	0.339	0.341	0.030
15	0.985	0.489	0.496	0.066
20	1.250	0.617	0.633	0.113
25	1.467	0.719	0.748	0.170
30	1.633	0.796	0.837	4.234
35	1.727	0.829	0.898	0.300
40	1.763	0.835	0.928	0.367
45	1.740	0.812	0.928	0.431
50	1.661	0.761	0.900	0.489
55	1.532	0.688	0.844	0.540
60	1.362	0.598	0.764	0.583
65	1.161	0.497	0.664	0.616
70	0.938	0.391	0.547	0.640
75	0.704	0.285	0.419	0.655
80	0.468	0.185	0.283	0.663
85	0.229	0.089	0.142	0.666
90	0.000	0.000	0.000	0.667

由计算公式可知，当仰角 $\alpha = 40° \sim 45°$ 时，其水平射程最大。

但实验证实水舌在空气中的水平射程在角度 $\alpha = 28° \sim 32°$ 时的射程最远。因此，当其他条件相同时，为达到水平射程最远，喷头仰角可选用 $30°$。

上述计算未考虑喷嘴直径的影响，实际是当喷头水压在 10m 以内时，则射程与喷嘴直径无关；当喷头水压在 20m 以内时，由于修正数接近 1，可以忽略不计；当喷头水压在 20m 以上时，喷头水压和喷嘴直径会影响射程，故应乘以修正系数(表 4-27)。

射程修正系数表　　　　　　　表 4-27

水压 H(mH₂O)	喷嘴直径 D(mm)			
	20	30	37	48.5
10	1.00	1.00	1.00	1.00
20	0.94	0.97	0.98	1.00
40	0.68	0.83	0.92	0.99
60	0.56	0.72	0.82	0.91

为了简化工作量，估算时可用下列经验公式进行：

$$R = 1 \times 3 \times 5 \sqrt{dH_{\text{嘴}}} \tag{4-24}$$

式中　R——水平射程(m)；

　　　$H_{\text{嘴}}$——喷嘴前的水压力(mH₂O)；

　　　d——喷嘴直径(mm)；

$$h = 2/3 H_{\text{嘴}}(\text{当 } h/d > 50 \text{ 时}) \tag{4-25}$$

式中　h——射流高度(m)。

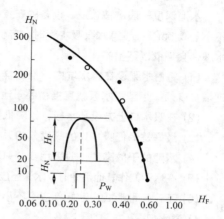

图4-78　水柱高、喷嘴淹没深度
和水压三者关系图

6. 涌泉喷水计算

涌泉喷头在水面下垂直向上喷射时，在水面上形成蘑菇形水柱。其中，水柱的高度与喷嘴出水口淹没的深度和嘴前的水压力有关(图4-78)。

图中　H_N——喷头喷嘴在水下淹没的深度；

　　　H_F——桶泉水柱涌出水面的高度，简称涌高；

　　　P_W——喷嘴前的压力。

其中，涌高与水压的比值(H_F/P_W)可以由表4-28中查得。

涌高与水压的比值 H_F/P_W　　　　　　　　　　　表4-28

淹没深度(mm)	10	20	30	40	50	60	70	80	90
H_F/P_W	0.64	0.58	0.51	0.48	0.44	0.41	0.38	0.35	0.33
淹没深度(mm)	100	120	140	160	180	200	250	300	—
H_F/P_W	0.31	0.27	0.23	0.20	0.17	0.14	0.10	0.07	—

将涌高与水压的比值乘以水压，即可求深得涌泉水柱的高度。

喷泉设计中影响的因素较多，有些因素不易考虑，因此设计出来的喷泉不可能全部符合预计要求。对于结构特别复杂的喷泉，为了达到预期的艺术效果，应通过试验加以校正。最后运转时还必须经过一系列的调整，甚至局部修改，以达设计目的。

4.5.4　喷泉构筑物设计及施工

1. 喷泉池及附属设施设计

喷水池的尺寸与规模主要取决于整体水景的观赏与功能要求，但又与水池所处地理位置的风向、风力、气候温度等关系极大，它直接影响了喷水池的面积和形状。喷出的水柱中的水量要基本回收在池内，所以对这部分水量还要考虑到水池容积的预留，即一旦水泵停止工作，各水柱落下会造成水池水位升高外溢，所以为了不浪费水资源，应在设计水池容积时就考虑到这部分水的储放。

1) 水池的平面尺寸

水池的平面尺寸除应满足喷头、管道、水泵、进水口、泄水口、溢水口、吸水坑等布置要求外，还应防止水的飞溅。在设计风速下应保证水滴不会被大量吹至池外，回落到水面的水流应避免大量泼溅到池外。所以，水池边缘应比水花外围至少大 0.5~1.0m。

2）水池的深度

水池深度一般应按管道、设备的布置要求确定。在设有潜水泵时，还应保证吸水口的淹没深度不小于 0.5m。在设有水泵吸水管时，应保证吸水喇叭口的淹没深度不小于 0.5m。有时为减小水池水深，会采取以下措施：

（1）将潜水泵设在集水坑内，但这样不仅增加了结构和施工的麻烦，坑内还易积污，给维护管理增加麻烦。小型潜水泵就直接横卧于池底，应注意美观。

（2）在吸水口上方设挡水板，以降低挡水板边沿的流速，防止产生旋涡。

（3）最好是降低吸水口的高度，如采用卧式潜水泵等。

（4）水池的干舷高度一般采用 0.2～0.3m，也有减小干舷高度的做法。

（5）在水池兼作其他用途时，水深还应满足其他用途的要求。浅碟式集水，最小深度不宜小于 0.1m。

（6）不论何种形式，池底都应有不小于 0.01 的坡度，坡底为泥水口或集水坑。

3）溢水口

水池设置溢水口的目的在于维持一定的水位和进行表面排污，保持水面清洁。

常用溢水口形式有堰口式、漏斗式、管口式、联通管式等，可根据具体情况选择。大型水池仅设一个溢水口不能满足要求时，可设若干个，但应均匀布置在水池内。溢水口的位置应不影响美观，且应便于清除积污和疏通管道。溢流口应设格栅或格网，以防止较大漂浮物堵塞管道，格栅间隙或网格直径应不大于管道直径的 1/4。

4）泄水口

为便于清扫、检修和防止停用时水质腐败或结冰，水池应设泄水口。水池应尽量采用重力泄水，也可利用水泵的吸水口兼作泄水口。利用水泵泄水，泄水口的入口应设格栅或格网，栅条间隙或网格直径应不大于管道直径的 1/4，或根据水泵叶轮间隙决定。

5）喷水池内的配管

喷泉管网主要由输水管、配水管、补给水管、溢水管和泄水管等组成。大型水景工程的管道可布置在专用管沟或者共同沟内。一般水景工程的管道可直接敷设在水池内。为保证各喷头的水压一致，宜采用环状配管或对称配管，并尽量减小水头损失。每个喷头或每组喷头前宜设有调节水压的阀门。对于高射程喷头，喷头前应尽量保持较长的直线管段或设整流器。现将喷泉管道布置要点简述如下：

（1）在小型喷泉中，管道可直接埋在池底下的土中，在大型喷泉中，如管道多而且复杂时，应将主要管道铺设在能通行人的渠道中，在喷泉底座设检查井。只有那些非主要管道才可直接铺设在结构物中或置于水池内。

（2）为了使喷水获得等高的射流，对于环形配水的管网多采用十字供水。

（3）喷水池内由于水的蒸发及喷射过程中一部分水会被风吹走等原因，造成池内水量的损失。因此，在水池中应设补给水管。补给水管和城市给水管连接，并在管上设浮球阀或液位继电器，随时补充池内的水量损失，以保持池内水位稳定。

（4）为防止因降雨使池内水位上涨造成溢流，在池内应设溢水管，直通雨水井，溢水管的大小应为喷泉总进水口面积的一倍。并应有不小于 0.3% 的坡度。在溢流口外应设拦污栅。

（5）为了便于清洗和在不使用的季节，把池水全部放空，水池底部应设泄水管，直通城市雨水井。亦可与绿地喷灌或地面洒水设计相结合。

(6) 在寒冷地区，为防止冬季冻害，将管内的水全部排出，为此所有管道均应有一定坡度，一般不小于0.2%。

(7) 连接喷头的水管不能有急剧的变化，如有变化必须使水管管径逐渐由大变小，并且在喷头前必须有一段长度适当的直管。该直管不小于喷头直径的20倍，以保持射流的稳定。

(8) 对每一个或每一组具有相同高度的射流，应有自己的调节设备。用阀门(或用整流圈)来调节流量和水头。

2. 喷泉构筑物的施工

1) 喷水池常见的结构与营造

喷水池的结构与人工水景池相同，也由基础、防水层、池底、压顶等部分组成。

(1) 基础。基础是水池的承重部分，由灰土和混凝土层组成。施工时先将基础底部素土夯实，密实度不得低于85%。灰土层厚30cm(3：7灰土)，C10混凝土厚10～15cm。

(2) 防水层。水池工程中，防水工程质量的好坏对水池安全使用及其寿命有直接影响，因此，正确选择和合理使用防水材料是保证水池质量的关键。目前，水池防水材料种类较多。按材料分，主要有沥青类、塑料类、橡胶类、金属类、砂浆、混凝土及有机复合材料等；按施工方法分，有防水卷材、防水涂料、防水嵌缝沥青和防水薄膜等。水池防水材料的选用，可根据具体要求确定，一般水池用普通防水材料即可。钢筋混凝土水池还可采用抹5层防水砂浆(水泥中加入防水粉)的做法。临时性水池则可将吹塑纸、塑料布、聚苯板组合使用，均有很好的防水效果。

(3) 池底。池底直接承受水的竖向压力，要求坚固耐久。多用现浇钢筋混凝土池底，厚度应大于20cm，如果水池容积大，要配双层钢筋网。施工时，每隔20m选择最小断面处设变形缝，变形缝用止水带或沥青麻丝填充；每次施工必须从变形缝开始，不得在中间留施工缝，以防漏水。

(4) 池壁。是水池竖向的部分，承受池水的水平压力。池壁一般有砖砌池壁、块石池壁和钢筋混凝土池壁三种。池壁厚视水池大小而定，砖砌池壁采用标准砖，M7.5水泥砂浆砌筑，壁厚不小于240mm。砖砌池壁虽然具有施工方便的优点，但红砖多孔，砌体接缝多，易渗漏，使用寿命短。块石池壁自然朴素，要求垒石严密。钢筋混凝土池壁厚度一般不超过300mm，常用150～200mm，宜配直径8～12mm的钢筋，中心距200mm，C20混凝土现浇。

(5) 压顶。压顶是池壁最上的部分，它的作用是保护池壁，防止污水、泥砂流入池内。下沉式水池压顶至少要高出地面5～10cm。池壁高出地面时，压顶的做法要与景观相协调，可做成平顶、拱顶、挑仲、倾斜等多种形式。压顶材料常用混凝土及块石等。

(6) 喷水池中还必须配套有供水管、补给水管、泄水管和溢水管等管网。这些管有时要穿过池底或池壁，这时必须安装止水环，以防漏水。供水管、补给水管要安装调节；泄水管需配单向阀门，防止反向流水污染水池；溢水管不要安装阀门，直接在泄水管单向阀门后与排水管连接。为了便于清淤，在水池最低处设置沉泥池，也可做成集水坑。

2) 水泵及泵房

水泵是一种应用广泛的水力机械，是喷泉给水系统的重要组成部分之一。从水源到喷头射流，水的输送是由水泵来完成的。泵房则是安装水泵动力设备及有关附属设备的建筑物。

水泵的种类很多，在喷泉系统中主要使用的有离心泵、潜水泵、管道泵……喷泉工程常用的陆用泵一般采用IS、S系列，潜水泵多采用QY、QX、QS系列和丹麦的格兰富(Grundfos)SP系列。

IS 系列为单级单吸悬臂式离心泵,是根据 ISO 国际标准由我国设计的统一系列产品,用来吸送清水及物理化学性质与清水类似的液体。它效率高、吸程大、噪声低、振动小。它的扬程为 3.3～140m,流量为 3.5～380m³/h。

S 系列双吸离心泵,用来输送不含固体颗粒及温度不超过 80℃ 的清洁液体,扬程为 8.6～140m,流量为 108～6696m³/h。

QY 系列为作业面潜水电泵,它适用于深井提水,农田及菜园排涝、喷灌、施工、排水等。流量为 10～120m³/h,扬程为 2～30m。

格兰富 SP 系列是丹麦格兰富公司生产的一种优质高效的不锈钢潜水泵,它的扬程可达 600m,流量为 0.2～250m³/h,可立式或卧式安装,可频繁启动,迅速关闭。外形美观,使用寿命长。因此,给喷泉特别是音乐喷泉的设计、管理带来方便。

喷泉水泵房内通常布置有水泵、管道、阀门、配电盘……各种机电设备的布置,要力求简单、整齐,施工、安装和管理操作方便。

(1) 机组布置

水泵机组的布置原则为:管线最短,弯头最少,管路便于连接,布置力求紧凑,尽量减少泵房平面尺寸以降低建筑造价。

水泵机组的安装间距,应当使检修时在机组中间能放置拆卸下来的电机和泵体。机组基础的侧面至墙面以及相邻基础的距离不宜小于 0.7m,口径小于或等于 50mm 的小型泵,此间中心距可适当减少。水泵机组端头到墙壁或相邻机组的间距,应比轴的长度多出 0.5m。机组和配电箱间通道不得小于 1.5m。

水泵机组应当设在独立的基础上,不得与建筑物基础相连,以免传播振动和噪声,水泵基础至少应高出地面 0.1m,当水泵较小时,为了节省泵房建筑面积,也可以两台泵共用一基础,周围应留有 0.7m 的通道。

(2) 配电箱布置

配电箱(盘)可布置在机房的一端,单机容量小于 75kg 的泵房,一般不专门留配电盘位置。靠近配电盘处不得开窗。

配电盘与水泵之间,一般应留有 1.5～2.5m 的距离,配电盘靠墙时与墙面留有 0.5m 的距离。配电盘地坪应比机房地面高出 0.2m 以上,潮湿地面应设防潮措施。

(3) 机房构造要求

机房尺寸应根据水泵的型号大小、数量及附件的多少来决定。小型机房的高度一般为 3m 左右。

机房应有良好的光照和通风条件,开窗面积应不小于室内地面积的 1/7～1/5,并有良好的排风设备,防止室外水流入机房内。在有自动控制设备的泵房内应使房内空气干燥,相对湿度最多不超过 60%。

3) 阀门井

有时在给水管道上要设置给水阀门井,根据给水需要可随时开启和关闭,便于操作。给水阀门井内安装止回阀控制。

(1) 给水阀门井。一般为砖砌圆形结构,由井底、井身和井盖组成。井底一般采用 C10 混凝土垫层,井底内径不小于 1.2m,井身采用 MV10 红砖、M5 水泥砂浆砌筑,井深不小于 1.8m,井壁应逐渐向上收拢,且一侧应为直壁,便于设置铁爬梯。井口圆形,直径 600～700mm。井盖采用成品铸铁井盖。

（2）排水阀门井。专门用于泄水管和溢水管的交接，并通过排水阀门井排进下水管网。泄水管道要安装闸阀，溢水管接于阀后，确保溢水管排水畅通。排水阀门井的构造同给水阀门井。

3. 设备、管道工程

1）喷头

（1）喷头材质。喷头是喷泉的一个主要组成部分。喷头的作用是把具有一定压力的水，经过喷嘴造型，喷出理想的水流形态。外形需美观，耗能小，噪声低。材质便于精加工，并能长期使用。在可能的情况下，喷头优先采用钢质材料，其表面应光洁、匀称，以保证喷头的造型效果。

喷头还可采用不锈钢和铝合金材料，也有采用陶瓷和玻璃的。用于室内时也可采用工程塑料和尼龙等材料。尼龙（己内酰胺）材料主要用于低压喷。

（2）喷头类型。喷头类型的选择应考虑造型要求。组合形式、控制方法、环境条件、水质状况等因素。喷头的选用应使其造成水头的损失为最少，在最少射流水量条件下，保证最佳造型效果，并结合经济因素确定。

（3）喷头的直径。喷头的直径（D_n）是指喷头进水口的直径，单位为毫米。在选择喷头的直径时，必须与连接管的内径相配合，喷嘴前应有不少于20倍喷嘴直径的直线管道长度或设整流装置，管径相接不能有急剧的变化，以保证喷水的设计水姿造型。

4.5.5　水幕电影

我国的首台水幕电影于1996年5月，由中美合资宜兴太平洋金龙水设备有限公司研制成功。当年即应用于杭州市著名的旅游景区——宋城，同年10月获中国专利局专利产品博览会金奖（图4-79）。紧接着于1997年在北京市雁栖湖、长沙市世界之窗，2002年江西省新余市西湖公园、重庆市沙坪坝三峡广场与西安市国际会议中心，2003年9月武汉市长江江面相继建成，在我国形成了一定的规模与影响力。

水幕电影由专用影片、投射设备、激光设备、水幕发生器、水幕以及音响设备等组成。观众可在投射设备的相对方向，远距离的广阔地区观赏。由于只见其形象而不见水幕，因此，立体感极强。

目前，水幕电影已经发展成固定式水幕电影、移动式水幕电影、浮箱式水幕电影、激光水幕表演等品种，可广泛安装于游乐场所、风景名胜区、休闲中心、城市广场、大型活动中心以及天然江河、湖泊、人工湖等处（图4-80）。

图4-79　杭州市宋城水幕电影

图4-80　大唐芙蓉园水幕电影

1. 固定式水幕电影

固定式水幕电影是指水幕的位置、投影设备、控制室的位置固定不变，水面宽度要求在 50m 以上，长度 60～150m，水幕发生器安装深度在水面以下 0.6m，水幕控制器的最佳安装位置是使其底板与水面相切。距水幕 30～60m 外，可建成固定的观众席位。投影设备、水幕、观众三点一线，观赏的效果好。水幕宜与当地的主导风向平行，尽量减少风向影响投射的最佳焦距。固定式水幕电影可与喷泉等结合一体，共建于一座水池之中，水幕电影与喷泉交叉表演，非常灵活。

固定式水幕电影布置如图 4-81 所示。

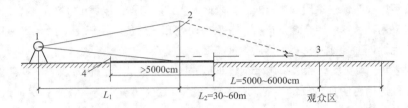

图 4-81　固定式水幕电影布置

1—投射设备；2—水幕；3—观众区；4—水池

我国目前采用的投射设备有以下两种。

1）胶片放映机

包括 70mm 放映机，由 35mm 双片磁性还音装置、ADAT 数码录音影片、循环大片盘、7kW 放映机氙灯、冷反光镜、水冷及电控柜等组成。水幕与放映机镜头的距离 L_1 决定于水幕的宽度 B。可参考表 4-29、表 4-30。

70mm5p 放映机镜头与水幕宽度关系表　　　　　　　　　表 4-29

水幕宽为 19m 时的 放映镜头焦距(mm)	水幕与放映镜头距离 L_1(m)	水幕宽为 20m 时的 放映镜头焦距(mm)
51.1	20	48.59
63.9	25	60.7
76.7	30	72.8
89.5	35	85.0

70mm8p 放映机镜头与水幕宽度关系表　　　　　　　　　表 4-30

水幕宽为 19m 时的 放映镜头焦距(mm)	水幕与放映镜头距离 L_1(m)	水幕宽为 20m 时的 放映镜头焦距(mm)
42.6	20	39.2
53.2	25	49.0
63.9	30	58.8
74.5	35	68.6

2）数字投影仪

宜选用亮度高、可靠性高的工程投影机，光通量为 5000～24000lm(流明)；对比度为 800：1 以上；动态缩放比例 VGA～UXGA；水平频率 15～20Hz；垂直频率 50～120Hz；镜头最好选择在标准镜头范围之内。

模块化输入：需配置 DVI 接口 1 个、BNC 接口 1 个、S-Video(Y. C)1 个、S-Video 输入 1 个。

模块化输出：音频左右声道输出。

视频源兼容：水幕、电影投影机必须兼容各种视频格式和图像格式。可以兼容 VGA、SVGA、XGA、SXGA、MAC、UXGA、SUN 和 SGI 等计算机源，并可自动识别 PAL、PALM、PALN、NTSC、NTSC4、43 和 SECAM 等制式，兼容 HDTV、800 线电视。

2. 移动式水幕电影

移动式水幕电影是把投射设备、水幕发生器等按不同规模制造成定型设备，用卡车整体运输，安装于需要放映的地点，如流动电影放映队。可以根据合同，到各地放映，以便满足广大观众的观赏要求。

3. 浮箱式水幕电影

浮箱式水幕电影适用于大型天然水体，如江河、湖泊以及人工湖、水库等处。配合旅游区规划设计，安装浮箱于水体的合适位置，浮箱可随水体水位的升降而升降。在北方地区，为了防止冬天冰冻，也可把水幕发生器做成升降式，在冬季可降至水面冰冻线以下。根据需要，也可以把装有水幕电影设备的浮箱用驳船拖至另一水面继续放映。

4. 激光水幕表演

激光水幕表演，除需水幕电影的组成外，还要增加激光演示系统、激光投影器及电脑控制器等设备。在电脑的控制下，彩色激光束经过彩色合成器、激光投影器投射到水幕上，可以表演各种图像、几何形状、文字数据，画面清晰，变化万千，色彩艳丽，还可投射各类广告，也可以用电脑软件事先或即时设计投射，与水幕电影轮流放映(图 4-82)。

图 4-82 激光水幕表演

第5章　假 山 工 程

5.1　假山史略与名园、名石

　　中国在园林中造假山始于秦汉。秦汉时的假山从"筑土为山"到"构石为山"。由于魏晋南北朝山水诗和山水画对园林创作的影响，唐宋时园林中建造假山之风大盛，出现了专门堆筑假山的能工巧匠。宋徽宗政和七年(1117年)，建艮岳于汴京(今开封)，并命朱勔用"花石纲"的名义搜罗江南奇花异石送往汴京，自此民间宅园赏石造山蔚成风气。造假山的手艺人被称为"山匠"、"花园子"。明清两代又在宋代的基础上把假山技艺引向"一卷代山，一勺代水"的阶段。明代的计成、张南阳，明清之交的张涟(张南垣)、清代的戈裕良等假山宗师从实践和理论两方面使假山艺术臻于完善(见《中国古代园林匠师》)。明代计成的《园冶》、文震亨的《长物志》、清代李渔的《闲情偶寄》中都有关于假山的论述。现存的假山名园有苏州的"环秀山庄"、上海的"豫园"、南京的"瞻园"、扬州的"个园"和北京北海的"静心斋"、中南海的"静谷"等。

　　假山是园林中以造景为目的，用土、石等材料构筑的山。假山具有多方面的造景功能，如构成园林的主景或地形骨架，划分和组织园林空间，布置庭院、驳岸、护坡、挡土墙，设置自然式花台；还可以与园林建筑、园路、场地和园林植物组合成富于变化的景致，借以减少人工气氛，增添自然生趣，使园林建筑融会到山水环境中。因此，假山成为表现中国自然山水园的特征之一。

　　假山艺术最根本的原则是"有真为假，做假成真"。大自然的山水是假山创作的艺术源泉和依据。真山虽好，却难得经常游览。假山布置在住宅附近，作为艺术作品，比真山更为概括、更为精炼，可寓以人的思想感情，使之有"片山有致，寸石生情"的魅力。人为的假山又必须力求不露人工的痕迹，令人真假难辨。与中国传统的山水画一脉相承的假山，贵在似真非真、虽假犹真，耐人寻味。

　　假山的主要理法有相地布局(即选择和结合环境条件确定山水的间架和山水形式)，混假于真，宾主分明，兼顾三远(宋代画家郭熙在《林泉高致》中说："山有三远。自山下而仰山巅谓之高远；自山前而窥山后谓之深远；自近山而望远山谓之平远")，依皴合山。按照水脉和山石的自然皴纹，将零碎的山石材料堆砌成为有整体感和一定类型的假山，使之远观有"势"，近看有"质"和对比衬托，包括大小、曲直、收放、明晦、起伏、虚实、寂喧、幽旷、浓淡、向背、险夷等。在工程结构方面的主要技术是要求有稳固耐久的基础，递层而起，石同互咬，等分平衡，达到"其状可骇，万无一失"的效果。

　　假山按材料可分为土山、石山和土石相间的山(土多称土山带石，石多称石山带土)；按施工方式可分为筑山(版筑土山)、掇山(用山石掇合成山)、凿山(开凿自然岩石成山)和塑山(传统是用石灰浆塑成的，现代是用水泥、砖、钢丝网等塑成的)；按在园林中的位置和用途可分为园山、厅山、楼山、阁山、书房山、池山、室内山、壁山和兽山。假山的组合形态分为山体和水体。山体包括峰、峦、顶、岭、谷、壑、岗、壁、岩、洞、坞、麓、台、磴道和栈道；水体包括泉、瀑、潭、溪、池、矶、壑、汀、石等。山水宜结合一体，才能相得益彰。

外国园林也有假山。古代的亚述人喜用人工造小丘和台地，并把宫殿建在大丘上，把神庙建在小丘上。日本很重视用假山布置园林，在山石命名和位置安排方面，受佛教的影响。欧洲一些国家在植物园中开辟的岩生植物园，以岩生植物为主体，用岩石和土壤创造岩生植物的生长条件，还在动物园中造兽山以展览动物。欧美现代园林中出现不少用水泥或钢化玻璃等材料塑成的假山。

5.1.1 假山史略

我国古代的园林假山艺术，真可以说是"千岩竞秀，万壑争流"。我国的人工假山，渊源极早。《尚书·旅獒》中有"为山九仞，功亏一篑"一语，可算是最早的人工假山的记载了。至秦汉，人工堆造假山的风气就更盛了。秦的野史中有："秦始皇作长池，引渭水，东西二百丈，南北二十里，筑土为蓬莱山"（《太平御览》引《三秦记》）。到了汉代有关人工堆山的记载渐多。把石头作为造景和观赏的对象，在园林中使用的记载，始见于汉，《西京杂记》中记载汉景帝的兄弟梁孝王筑兔园（公元前 156 年）"园中有百灵山，山有肤寸石、落猿岩、栖龙岫"。又记汉武帝时茂陵富人袁广汉于北邙山下筑园："激流水注其间。构石为山，高十余丈，连延数里。"说明当时不仅叠石堆山，而且第一次堆了假山洞。翻开我国园林的叠山史，可以看出叠山、置石大体可以分为四个阶段：

第一阶段，崇尚真山大壑、深岫幽谷的形式，以土筑或土石兼用自然地模仿山林泽野，无论形态、体量都追求与真山相似，规模宏大，创作方法以单纯写实为主。这一时期造山的特点是写实性，是以土山带石为主，一切仿效真山，在尺度上也接近真山之大小。如后汉桓帝时大将军梁冀的园囿"采土筑山，十里九坂，以像二崤（崤山，又名崤陵，在河南境内），深林绝涧，有若自然……"。从先秦到汉，假山大多是绵延数里或数十里的山岗式造型，是自然山形的摹写，过分追求自然，还不能概括和提炼自然山水的真意。魏晋以后，受玄学和佛教之影响，文学艺术有了脱离功利主义及应用性而转向纯文学艺术的趋向，有了"采菊东篱下，悠然见南山"那样表现悠远情感的诗。同时，造园在艺术和技术上也都有了很大的进步。

宋徽宗政和七年造"万岁山"（1117～1122 年），是模仿余杭凤凰山的样子，在平地建起的大山。因山在国之艮位，改称寿山艮岳。据记载"山周围十余里，其最高的一峰高九十步，山上奇峰怪石林立，千岩万壑，古木异卉。其中'神运峰'广百围，高六仞。万岁山有大洞数十，其洞中皆筑以雄黄及卢甘石。雄黄则避蛇虺，卢甘石则天阴也，能云雾溽郁，如致深山穷谷"，"穿石出罅，岗连阜属，东西相望，前后相继……"，"左山而右水，沿溪而傍陇，连绵而弥满，吞山怀谷"，"寿山嵯峨，两峰并峙，列嶂如屏，瀑布下入雁池，池水清眣涟漪，凫雁浮泳水面……峰峦崛起，千叠万覆，不知其几十里……"。寿山艮岳工程浩大，大山的叠造也发展到了"致广大而尽精微"的地步。寿山艮岳后为金兵所毁，今已不复存在了。

古人造大山，今尚存者，当属北海琼华岛假山。北海位于北京内城中心，是辽、金、元、明、清五代帝王的"宫苑"。11 世纪中叶，北海是辽燕京城郊的"瑶屿行宫"，金时改为离宫，距今已有800 多年的历史。北海的琼华岛，金时初叠。相传当时有望气者说，蒙古边境有一高山对金不利，金主强使蒙古把那座山进贡，以为厌胜。这座山高 32m，全岛面积 5.94hm^2，全岛是以幻想中的"仙山琼阁"建造起来的。假山叠于金中统三年（1262 年），以北太湖石为主叠积而成。据说岛上之石，有不少是"艮岳"的遗物。琼华岛之山，陡崖峭壁，险峻奇突，岩洞石室婉转相通，峰峦隐瑛，松桧隆郁，秀若天成。

第二阶段，盛唐以后，社会条件的变化和禅宗的兴起，使中国士大夫的心理愈加封闭，性格愈加内向，形成了追求宁静、和谐、淡泊、清幽、恬淡、超脱的审美情趣，以直觉观感、沉思冥想为创作的构思，以自然简练、含蓄为表现手法的艺术思维习惯。像王维《汉江临泛》中"江流天地外，山色有无中"的意境那样"言有尽而意无穷"。这时的园林是所谓移天缩地于一园的写意山水。"会心处，不必在远"，小园、小山足可消魂。曾先后出现"三亩园"、"一亩园"、"半亩园"、"勺园"、"残粒园"。因此，置石的风格是浪漫并富于夸张。白居易的"聚拳石为山，围斗水为池"，李渔的"一卷代山，一勺代水"，和绘画中的"竖画三寸当千仞，横墨数尺体百里之回"同出一辙。这时的石，体现了抽象的意境，它的色彩、结构、线条与广泛驰骋的形象联想凝聚在一起。山川溪石被注入了情感，启迪着欣赏者的艺术联想，任人神游。实际上士大夫对假山的爱好，已集中于奇峰怪石。如宋书画家米芾(1051~1107年)，爱石成癖，见佳石则拜为石丈人，传说人称米颠。

当时视太湖石为珍品，以透、漏、瘦、皱、丑为品评湖石的标准。

透——此通于彼，彼通于此，若有道路可行。

漏——石上有眼，四面玲珑。

瘦——壁立当空，孤峙无依。

皱——石上的褶皱。

丑——奇形怪状。

苏东坡曰："石文而丑，一丑字，则石之千态万状，皆从此出。"米元章曰："但知好之为好，而不知陋劣之中，有至好也。"郑板桥曰："蠻画石，丑石也，丑而雄，丑而秀。"还有人以秀、活、痴等为品评石材的标准，都从多方面描绘了石的体态和风姿。

第三阶段，明清时期，我国画坛中除了继承古代绘画"外师造化，中得心源"的精神外，还出现了一些以王履为代表，摆脱古人成法的束缚，走向大自然的画家。王履总结出"吾师心，心师目，目师华山"的见解，认为客观现实是山水画的本源。人们认为"虽云万重岭，所玩终一丘。"当时假山艺术的特点是体现真山的一个局部，好像自己处于大山之麓，"截溪、断谷，私此数石者，为吾用也"，而那"奇峰、绝障，累累乎墙外"。张南垣主张："曲岸回沙，平岗小坂，陵阜陂陀"，"然后错之以石……"；计成的"嘉树稍点玲珑石块"，"墙中嵌理壁岩，顶植卉木垂罗"，造成一种似有深境的艺术效果，像绘画中的空白，像《琵琶行》中的"此时无声胜有声"般的含蓄，意境的确更广阔。这一时期的代表作如北海的静心斋，它表现了山峦、溪水、峭壁、岫、峡谷……景色丰富、真实，好像还有千仞万壑，被爬山廊截在园外，那洞里的奥妙，那廊外的崇山峻岭，可以任你尽情神游(图5-1)。这一时期的优秀作品很多，苏州的环秀山庄就是非常杰出之作。假山从以玲珑剔透、清奇古怪为特

图5-1 北海静心斋假山局部

征，以微茫、惨淡为妙境中走出，使我国假山艺术达到了新的高峰。

第四阶段，近代园林中的叠山、置石，不仅继承了传统假山的营造技艺，二十世纪五十年代，开始对中国古典园林假山进行修复，使传统的叠山技艺得到全面的整理和发掘。

1958 年南京瞻园的修复全面展开，在著名建筑专家刘敦桢先生的指导下，瞻园进行了大规模的修缮，不但对原有假山水系进行了修整工作，还调整了园东侧的游廊，并在北假山上新建石屏，将水系北延，并做山石驳岸等。这次修缮的最突出之处，是新建了南假山。南假山是依元静妙堂南水池新建的。此处水池原为规则式驳岸，景观呆板。因此，在刘敦桢先生指导下，在此处新建大假山一座。此处假山全以湖石堆叠，仿天然岩溶洞景观，以绝壁、洞壑，和瀑布为特色，假山深邃灵秀，与北假山

图 5-2　瞻园南假山

的雄浑大气形成鲜明对照。这组假山由参与拙政园、留园假山修复工作的苏州韩氏兄弟担纲，在刘敦桢的指导下完成。其作品被国内园林界公认为新假山的代表作品(图 5-2)。

孟兆祯先生亲身参与了北京，承德多项古典园林假山的修复工作，并在实际工作中，对于传统的假山营造工艺有了直接的了解，而在与韩氏兄弟的长期接触中，对原来只为工匠所掌握的施工操作技术，有了全面的了解。因而，孟先生在 70 年代末编写的大学教材《园林工程》中第一次全面、系统、深入地将传统的假山营造工艺收入其中，使得这项原本口传心授的技艺第一次完整地见诸文字，并为广大专业学生所熟知。这对假山技艺传承发展的贡献是不可估量的。

但是由于受到山石开采及施工工期等因素的限制，自二十世纪八十年代出现了新的假山营造技术和新型材料，这些山石景观吸纳了新的营造理念，即从自然石料堆砌，渐渐变为以人工模仿塑造自然石与自然石料相结合的营造方式。较早的实例是建于 1982 年广州白天鹅宾馆中的假山景观-家乡水。这是一组假山瀑布景观，以"故乡水"表达海外游子思乡之意。假山全以钢为骨架，上附钢丝网，外表以水泥砂浆模仿自然岩石的质感纹理塑造而成，表面上色，并结合热带植物和瀑布形成景观。这组景观的引人之处，还并不全在于其以塑石的方式营造假山，还在于这组假山的形象，以写实的自然主义方式模仿自然山水景观。这种新的工艺以及全新的假山形象一经出现，就在国内产生了很大的影响。从此以后，大量的新园林假山以这种方式建成，而且这种工艺还进一步演化为将塑山，与直接在自然岩体上翻印模板，用于新的假山塑造。表面的钢丝网水泥砂浆，也渐渐变成施工更加方便的 GRC 混凝土材料。在室内景观项目中，也用到了玻璃钢这类更加轻盈的建筑材料。而现场塑山的作法，也逐渐变成了以加工好的山体模块，拼接，加后期接缝处理的操作工艺。

题(刻)字于塑石假山之上，与单纯以塑石假山为表现对象不同，题(刻)字的表现对象增加了书法。塑石假山是题刻文字书法的材料，其本身也因为受到欣赏，并而成为精神寄托。题刻字塑石假山可以点明环境的主题和立意，增强环境的文化氛围，在园林中起到的作用与建筑物的门楣、匾额是一致的，而用塑石假山的形式更容易与环境融合。如唐山市丰南区新华路九河公园(图 5-3)，北京市榆河滴翠公园(图 5-4)。

图 5-3 唐山市九河公园景石

图 5-4 北京市榆河滴翠公园景石

在塑石假山中穿插配置一些观赏价值高的天然山石作为分景，或是具有特殊风格的近景、特写景(如某些特殊风格的植物、水景、小品、题字)等，以此来转移其细致鉴赏的焦点。例如在黑龙江省哈尔滨市唐都生态园酒店的塑石假山，穿插配置了水景(瀑布、溪流)、小品(水车)、植物、动物(鱼)、盆景以及题字6种景观，使游人没有人造景观的生硬感(图5-5)。黑龙江省哈尔滨市太阳岛公园太阳瀑布的水泥塑石假山中，具体措施有：塑石假山与水景观结合，采用叠水和近景的植物配置等形式对作品进行虚掩弱化，采用水面的形式使人的观赏视距变大，减少其对塑石假山的细部欣赏等等(图5-6～图5-10)。

图 5-5 黑龙江省哈尔滨市唐都生态园酒店的塑石假山

图 5-6 太阳岛公园太阳瀑布的水泥塑石假山

图 5-7 黑龙江省农科院塑石假山

图 5-8 黑龙江省农科院塑石假山驳岸(一)

图 5-9　黑龙江省农科院塑石假山驳岸(二)

图 5-10　北京菖蒲河公园塑石假山

5.1.2　名园与名石

"本于自然、高于自然"向被认为是中国古典园林最重要的特点所在，其他园林设计要素，如建筑、植物等，均难以达到"高于自然"的层次，唯有假山，因其构筑材料为保留了自然形态的天然石块，但其组合手法则完全由人为操作，而建成的假山是浓缩的自然山川景观意象，经人为抽象和概括构筑而成，所以完全可以说，中国园林"本于自然，高于自然"的景观特色其最集中的体现即在于其精妙的叠山理水，而其中假山是最集中的代表。无论是模拟真山大壑，或是截取真山一角，假山均能以小尺度而创造峰峦叠嶂，洞壑峭拔的山水形象。从假山的构筑章法、形态组合以及所取的景观意象，均可以看到对天然山岳构成规律的提炼和概括。

目前现存的古典名山名园多为明清时期的作品，此时期造园普遍使用叠石假山，叠石技艺精湛，达到了古典园林造山的最高成就。古典园林除叠山外，还有一种特有的置石艺术。"石者，天地之骨也"(《林泉高致》)。中国的品石文化由来已久，而且在园林中遗留许多富有文化内涵的奇石。山石，经天地造化，蕴含着自然界的生命力，具鬼斧神工之形，同时，在历代人们的审美过程中，被赋予了丰富的内涵，沉淀了历史的精华，往往使游赏者产生各种意境联想。名石介绍如下。

1. 环秀山庄的湖石假山

环秀山庄虽然小，园的面积仅一亩(约 666.7m²)，但是它在苏州古典园林中却占有重要地位，其原因是园中的假山在园林的叠山造型中具有相当高的艺术水准。假山是环秀山庄的灵魂和风骨"叠造这些假山的，就是戈裕良"江南鱼米之乡，有造不完的园子，戈裕良年复一年东奔西走，渐渐的有了一些声名环秀山庄的主人找到他的时候，戈裕良已经是闻名遐迩的叠山高手了。

山由南太湖石叠成，高只有 7.2m，但山势峭拔峥嵘，气势宏大，峡谷幽深，溪壑婉转，岩屋洞府浑然一体，势若天成。行走其间，仿佛置身于省山绝壑之中。那磅礴的气势，令人叹为神技。大家看了环秀山庄的假山，很一致地交口称赞。比如金松岑说："凡余所涉匡庐、衡岳、岱宗、居庸之妙，千殊万诡，咸奏于斯！"陈从周说："环秀山庄假山允称上选，叠山之法具备。造园者不见此山，正如学诗者未见李杜，诚占我国园林史上重要一页。"刘敦祯也说："苏州湖石假山，当推此为第一"
(图 5-11～图 5-14)。

从叠山艺术上讲，其最突出之处：

(1) 山的外形简洁、浑厚、主峰呈向西南奔驰之势，整体感好。

(2) 额状崖的再创造。额状崖是砂岩地貌的一个重要特征。悬崖下凹上凸，有所谓的飞舞之势，
形成突兀惊人的气势。它更能强调悬崖峭壁的"悬"与"峭"。

(3) 峡谷、洞壑、洞穴，曲折幽深，不能一望而尽，自然形成深奥莫测的境界。峡谷不长，但
尽而不尽的手法，给人们留有深刻的印象，留有想像的空间。

(4) 石洞：洞内有几案，使人游至此，有如入屋，更增加了可居之意。拱券式洞，自然逼真，
特别是把水引入洞内，打破了洞的封闭感，天光水色，景致异然。

图 5-11 环秀山庄湖石假山(一)

图 5-12 环秀山庄湖石假山(二)

图 5-13 环秀山庄湖石假山(三)

图 5-14 环秀山庄湖石假山（四）

2. 个园四季假山

扬州个园是我国著名的假山园，取名"个园"是取苏东坡"宁可食无肉，不可居无竹；无肉令人瘦，无竹令人俗"的诗意，以示清雅。

(1) 春山

以粉壁为纸，青竹数竿，石笋参差。似雨后破土而出的春笋，修篁弄影，生机勃勃，展示着"春山淡冶而如笑"的意境。

(2) 夏山

由玲珑的湖石叠成，形体大，腹空，中构洞壑、洞谷，整个造型充分发挥了湖石瘦、皱、漏、透的特征。水洞曲折相连，内有曲桥相通，天光水影相映；同内外阴影变化，一派苍翠如滴的夏日景观(图 5-15)。

(3) 秋山

整座山由黄石叠成，东西宽约 35m，南北约 30m，主峰高约 9m。山体体量较大。造型时遵循"山臁必虚其腹"之法，因而山体高峻、雄浑又不失嶙峋、空透。

设计上通过主山中部创造围谷的景观。主峰山体中空。由两层洞穴及卜、中、下三层的蹬道盘旋贯通，结合蹬道、飞梁、深谷、岩洞，构成复杂的立体交通，创造深山幽谷的曲折、崎岖、深邃、迷惘的特点。不同于其他黄石山的特别之处是此山多起立峰，形成石峰林立的景观，有的在道路转弯处起峰，形成峰回路转之势(图 5-16)。

(4) 冬山

用洁白、浑圆的宣石叠成，坐南朝北，看上去大有如积雪未消的样子。假山背后的南墙上有 2 斗个洞孔如口琴式排列(图 5-17)。风从洞口掠过，发出声音，又让人联想到冬季北风呼啸，更渲染出隆冬的意境。

图 5-15　扬州个园夏山　　　　　　　　图 5-16　扬州个园秋山

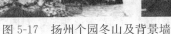

图 5-17　扬州个园冬山及背景墙

3. 冠云峰

位于苏州留园，相传冠云峰为北宋朱在太湖洞庭西山所采得的花石纲遗物，后因当年朱勔事败被杀，来不及运走而遗了下来。现峰高约 6.5 米，是苏州古典园林中现存最高的太湖石峰，瘦、皱、透、漏，形神兼备，堪称极品。其形宛似一含情的江南少女，亭亭玉立，秀丽而文静，故国学大师王国维说它是"奇峰颇欲作人立"。如从西北角视之，则冠云峰又如一尊怀抱婴儿、脚踩鳌鱼的送子观音，故其又名观音峰（图 5-18）。冠云峰曾是盛康、盛宣怀父子引以为骄傲而常夸耀于人的绝世珍品，当时盛氏延请了寓居苏州的清末朴学大师俞樾为其作赞，张之万题额，本地名宿绘图，在其四周筑起了以"云"为主题的冠云楼、冠云亭、冠云台、待云庵、浣云沼等一系列建筑。并在峰之东西两侧配置了瑞云峰、岫云峰，三峰合称为"留园三峰"。

冠云峰庭园景观模拟的是一种以自然界岩溶（即喀斯特）地貌为特征的造型，即石灰岩在强烈的风化溶蚀下，会发育成峰林谷地或孤峰平原地貌特征。除冠云、瑞云、岫云三峰之外，其他大小石峰散立其间；而亭台之基亦半隐于山石之中，山岩间迷花依石，佳木葱茏。主峰前有池水一泓曰"浣云沼"，更衬托出冠云峰的高耸。半方半曲之沼，睡莲浮翠，游鱼戏水，而冠云峰亦如西施浣纱，对镜梳妆，天光云影，绿树繁花倒影其中，虚实互参，景色幽绝。

4. 绉云峰

在杭州花圃的草地上，点缀着一块体态秀润的假山石——"绉云峰"。《聊斋志异》和《香祖笔记》中记载，此石原系清初广东水陆师提督吴六奇赠予海宁孝廉查伊璜的一块石峰。以后几易其主。1963 年从崇德移到花圃。这是一块英德石的峰石，全长 2. 6m，狭腰处仅 0. 4m。全石褶皱特多，确有"形同云立. 纹比波摇"的天趣，故题名"绉云"（图 5-19）。是现存江南四大名石之一。古人赞其"骨耸云岩瘦，风穿玉窦穴"。

图 5-18　苏州留园冠云峰

图 5-19　苏州杭州花圃绉云峰

5.2　假山设计与施工技艺

5.2.1　山石的品类

园林中用于堆山、置石的山石品类极其繁多，而且产石之所也分布极广。古代有关文献及许多"石谱"著作对山石的产地、形态、色泽、质地作了比较详尽的记载。如宋代的《云林石谱》、《宣和石谱》、《太湖石志》，明代的《素园石谱》以及《园冶》、《长物志》等，还有一些文学作品如白居易的《太湖石记》等。在这些文献中对山石多以产地（如太湖石）、色彩（如青石、黄石）或形象（如象皮石）等来命名，并以文学语言来描述它的特点。随着现代地学的发展，人们对岩石性质有了更多的认识，现代学者又对假山石的岩性作了补充。现将用于堆山、置石的主要山石品类介绍如下。

1. 太湖石（又称南太湖石）

太湖石是一种石灰岩的石块，因主产于太湖而得名（图 5-20）。其中以洞庭西山消夏湾一带出产的湖石最著名。好的湖石有大小不同、变化丰富的窝或洞，有时窝洞相套，疏密相通，石面上还形成沟缝坳坎，纹理纵横。湖石在水中和土中皆有所产，尤其是水中所产者，经浪雕水刻，形成玲珑剔透、瘦骨突兀、纤巧秀润的风姿，常被用作特置石峰以体现秀奇险怪之势。"太湖石"一词最早见于唐代。唐代吴融在《太湖石歌》中记载了它的生成和采集："洞庭山下湖波碧，波中万古生幽石。铁索千寻取得来，奇形怪状谁得识。"白居易在《太湖石记》中有"石有聚族，太湖为甲"。又因当时丞相牛僧儒讲："嗜者甲也"而广传。可见唐代对湖石之美，已有相当的领悟。至宋徽宗时，玩石丧国，把一块高4m的"艮岳"太湖石封为盘固侯。赵佶搜集名花异石，"花石纲运动"的兴起，使太湖石身价更高。世人对湖石的赏识与日俱增。玩赏太湖石已成为一种爱好。

2. 房山石（北太湖石）

房山石属砾岩，因产于北京房山县（现房山区）而得名（图5-21）。又因其某些方面像太湖石，因此亦称北太湖石。这种石块的表面多有蜂窝状的大小不等的环洞，质地坚硬，有韧性，多产于土中，色为淡黄或略带粉红色，如颐和园夕佳楼前的置石，平添了夕阳的光辉。它虽不像南太湖石那样玲珑剔透，但端庄、深厚、典雅，别是一番风采。年久的石块，在空气中经风吹日晒，变为深灰色后更有俊逸、清幽之感。

图 5-20　太湖石

图 5-21　房山石

3. 黄石与青石

黄石与青石皆墩状，形体顽夯，见棱见角，节理面近乎垂直。色橙黄者称黄石，色青灰者称青石，系砂岩或变质岩等。与湖石相比，黄石堆成的假山浑厚挺括、雄奇壮观、棱角分明，粗犷而富有力感。所叠之山有如黄子久的画，有所谓鬼斧神工之势（图5-22、图5-23）。

图 5-22　黄石假山

图 5-23　青石

4. 青云片

青云片是一种灰色的变质岩，具有片状或极薄的层状构造。在园林假山工程中，横纹使用时叫青云片，多用于表现流云式叠山。变质岩还可以竖纹使用，如作剑石，假山工程中有青剑、慧剑等（图 5-24）。

5. 象皮石

属石灰岩，在我国南北广为分布。石块青灰色，常夹杂着白色细纹，表面有细细的粗糙皱纹，很像大象的皮肤，因之得名。一般没有什么透、漏、环窝，但整体有变化（图 5-25）。

图 5-24　青云片石假山

图 5-25　象皮石

6. 灵璧石

石灰岩，产于安徽灵璧县磬山，石产于土中，被赤泥渍满，用铁刀刮洗方显本色。石中灰色、清润，叩之铿锵有声，石面有坳坎变化。可顿置几案，亦可掇成小景。灵璧石掇成的山石小品，巉岩透空，多有婉转之势（图 5-26）。

7. 英德石

属石灰岩，产于广东英德县含光、真阳两地，因此得名。粤北、桂西南亦有之。英德石一般为青灰色，称灰英。亦有白英、黑英、浅绿英等数种，但均罕见（图 5-27）。

图 5-26　灵璧石

图 5-27　英德石假山

英德石形状瘦骨铮铮，嶙峋剔透，多皱折的棱角。清奇俏丽。石体多皱皱，少窝洞，质稍润，坚而脆，叩之有声，亦称音石。在园林中多用作山石小景。如广东的"迎宾石"、"侍人石"等。广州西关逢源某宅的"风云际会"假山，完全用英德石掇成，别有一种风味。

传统的粤中庭园叠山置石，有其特有的"石谱"，除"风云际会"外，还有"美女梳妆"、"仙女散花"、"铁柱流沙"、"狮子滚球"、"狮子上楼台"、"黄罗伞遮太子"、"夜游赤壁"等很多造型的程式，又不失自然真趣。

8. 石笋和剑石

这类山石产地颇广，主要以沉积岩为主，采出后宜于直立使用形成山石小景。园林中常见的有如下几类。

1) 子母剑或白果笋

这是一种角砾岩。在青色的细砂岩中，沉积了一些白色的角砾石，因此称子母石。在园林中作剑石用称"子母剑"。又因此石沉积的白色角砾岩很像白果（银杏的果），因此亦称白果笋（图5-28）。

2) 慧剑

色黑如炭或青灰色，片状形似宝剑，称"慧剑"。慧剑一般形体很高，可达数米。北京中海、颐和园"瞩新亭"附近都有特高的慧剑（图5-29）。

图 5-28　白果笋

图 5-29　颐和园的剑石

3) 钟乳石笋

将石灰岩经溶融形成的钟乳石用作石笋以点缀园景。北京故宫御花园中有用这种石笋作特置小品的。

9. 木化石

地质学上称硅化木（petrified wood）。木化石是古代树木的化石。亿万年前，被火山灰包埋，因隔绝空气，未及燃烧而整株、整段地保留下来。再由含有硅质、钙质的地下水淋滤、渗透，矿物取代了植物体内的有机物，木头变成了石头（图5-30、图5-31）。

这种古朴、奇异、珍稀的石，被用于园林之中，如中南海瀛台蓬莱阁（又名香床殿）前的台景石，为清代将军福僧进献，石长2m。乾隆很喜爱，作诗镌刻于石上，曰："异质传何代，天然挺一峰。谁知三径石，本是六朝松。苔点犹疑叶，云生欲化龙。当年吟赏处，借尔抚遐踪。"还有杭州岳飞墓

图 5-30　木化石

图 5-31　木化石石林景观

入口处，有精忠柏亭，亭内陈列着几段木化石，这就是"精忠柏"。传说南宋大理院狱中风波亭畔有一古柏。岳飞入狱后，古柏枯死，坚如铁石，僵而不仆达 600 余年，人称"精忠柏"。故事反映了人民对岳飞的颂扬和热爱。其实这几块石头是 1992 年才到此地的，也绝不是"六朝松"。此树变成石，已在一亿两千年以上了。中国历史以有岳飞这样的民族英雄而自豪。西子湖的山水因有岳庙屹立而增辉。岳飞墓旁的"精忠柏"更显壮志未酬，浩气长存。

10. 菊花石

地质学上称红柱石(andalusite)，是一种热变质的矿物。因首先在西班牙的名城安达卢西亚发现，因而得名。其晶体属正交(斜方)晶系的岛状结构硅酸盐，化学组成为 Al_2SiO_5。集合体形态多呈放射状，因此俗称菊花石，有很高的观赏性。红柱石加热到 1300℃ 时变成英来石，是高级耐火材料，亦可作宝石(图 5-32)。

以上是古典园林中常用的石品。另外还有黄蜡石(图 5-33)、石蛋、石珊瑚等，也用于园林山石小品。近年来，北京郊区的泥质灰岩也多用于置石或掇山(图 5-34、图 5-35)。总之，我国山石的资源是极其丰富的。

图 5-32　菊花石

图 5-33　黄蜡石

图 5-34　泥质灰岩

图 5-35　泥质灰岩假山

5.2.2　掇山

假山是以造景游览为主要目的，以自然山水为蓝本并加以艺术概括和提炼，以土、石等为材料人工构筑的山。掇山可以是群山，也可以是独山；可以是高广的大山，也可以是小山。

群山、大山多以土筑或土石兼用模仿山林泽野，规模宏大，形态和体量都追求与真山相似。高广的大山，占地广而且工程浩大，一般多出现在皇家园林之中。艮岳寿山即是以土带石模仿凤凰山而精心构筑的完整山系。它有主峰，有侧峰，有余脉，整个山系"岗连阜属，东西相望，前后相续"，是天然山岳的典型化概括。山的局部以石构筑峰、崖、洞、瀑。无论是特置石或者叠石为山，都反映了相当高的艺术水平。

在明清遗存的宫苑中，如避暑山庄的湖洲区和圆明园残存的山形水系还可看到这种岗阜相连、重叠压覆的群山造型。

北京景山、北海琼华岛（元代万岁山），又不同于峰峦相连的群山造型，它们的山体轮廓简洁、突出、高耸，是整个园区的制高点和视线集中点，具有突出的地位。像北海琼华岛那样高广的大山，土石兼用，可说是叠大山中目前仅有的范例。前山部分未山先麓，山坡缓升，山石半露，错落有致。后山部分以石构筑，俨然是峰峦崖岫，巉岩森耸的形势，在局部的范围内崖、岫、岗、嶂、谷、洞、穴，形象丰富，不愧为北方叠石假山的巨制（图 5-36～图 5-39）。

图 5-36　北海琼岛春阴棣叠山

图 5-37　北海后山的崖

图 5-38　北海后山的谷

　　相比较于高广的大山而言，大部分的假山体量较小，一般叠筑于建筑和围墙或其他类型边界围合的空间之中，多是土石结合，以叠石成景而取胜的假山。有的以山形胜，有的以岩崖胜，有的以溪、谷胜，有的以洞、穴胜。例如，北海静心斋中的假山、上海豫园中的假山及江南大部分私家园林中的假山。全部用石叠成的假山数量也很多，但体形都比较小，如网师园池南的黄石假山便是一例(图 5-40)。

图 5-39　北海后山的单梁洞　　　　　　　　　图 5-40　网师园的黄石假山

　　无论是大山小山、土山石山，在历史的发展过程中叠山匠师不断探索，总结了丰富的布局法则和叠石理法，至今仍指导着假山艺术的创作。

1. 相石与假山之风格

　　"相"指观察和审度。相石这个术语由堪舆中的相地衍生而来。

　　山石原料的选择对于假山造景的效果有着直接的影响。相石主要从形态、皴纹、质地和色泽四方面来权衡。自从叠石为山的技巧发展以来，叠山匠们在识石、选石、叠山的实践中，根据山石石性不同，创造出不同的拼叠方法，产生相应的独特艺术风格。例如湖石，具有瘦、皱、透、漏的特点，以湖石叠山多采用环透拼叠技法，外观山形讲究弧形的峦势和曲线，处处体现出湖石的自然属性，假山多洞谷，玲珑秀美。而以"山"石类叠山，如黄石、青石、象皮石等，因山石墩壮、石质坚硬、纹理古拙，堆山强调横平竖直，讲究平中求变，一般用于表现壮美与雄浑之势。

　　作为掇山的山石和不宜掇山的山石的最大区别在于是否有供观赏的皴纹。《园冶》中有："须先选质，无纹俟后"之说。参与造园的画家或具有绘画修养的叠山家也常模仿绘画中表现各种峰峦山石的皴法来处理叠石的纹理拼接。山有山皱，石有石皴。掇山要求脉络贯通，而皴纹是体现脉络的主要因素。例如，黄石山多作大斧劈皴。赵之璧在《平山堂图志》中说："堂前广庭，列莳梅花、玉兰，假山皆作大斧劈皴，其后楹则为蓬壶影。"计成在《园冶·选石》中论黄石山："匪人焉识黄山，小仿云林，大宗子久。"黄子久，江苏常熟人。"有(人)谓其画，多做虞山石，层层驳荡者。"虞山，即黄石产地之一，悬崖绝壁层层叠叠，风景优美。而黄石假山也是横纹叠石，峭壁陡直，颇有皴法中斧劈皴的韵味。

　　除形态、皴纹、质感外，色彩也是强化假山风格意境的重要因素。例如，颐和园夕佳楼前的假山，选用红黄色的房山石(图 5-41)，夕阳西下时映霞抹金，夕佳楼的意境油然而生。扬州个园的冬山，以白色晶莹的宣石堆叠，表现皑皑白雪的景观氛围，颇具匠心。

图 5-41　房山石的色彩

2. 总体布局

掇山一般根据创作意图，配合环境，决定山的位置、形状与大小高低及土石比例。正如郑元勋在《园冶·题词》中所说："园有异宜，无成法，不可得而传也。"同样，掇山也是如此。虽然多有叠山名家在论著中论及掇山布形，对于假山的布局却没有一定之规。多数还是以山水画论的许多布局法则作为参照，指导假山的堆叠。如"先定宾主之位，决定远近之形，然后穿凿景物，摆布高低"(宋·李成《山水诀》)；"布山形，取峦向，分石脉"(荆浩《山水诀》)等阐述了山水布局的思维逻辑。"主峰最宜高耸，客山须是趋奔"；"主山正者客山低，主山侧者客山远。众山拱伏，主山始尊。群峰互盘，祖峰乃厚"(清·笪重光《画筌》)等，成为区分山景主次的要法。画论中的三远(平远、深远、高远)构图，也成为假山布局的理论指导。同时，叠山匠师在实践过程中，口授心传，流传下一些布局法则，如"十要、二宜、六忌、四不可"等。计成在《园冶·掇山》中也论述了叠山的构图经营手法和禁忌，并指出叠山应做到"有真为假，做假成真"。

3. 山体局部理法

明清以来的叠山，重视山体局部景观的创造。虽然叠山有定法而无定式，然而在局部山景的创造上(如崖、洞、涧、谷、崖下山道等)都逐步形成了一些优秀的程式。

1) 峰

掇山为取得远观的山势以及加强山顶环境的山林气氛，而有峰峦的创作。人工堆叠的山除大山以建筑来突出加强高峻之势(如北海白塔、颐和园佛香阁)外，一般多以叠石来表现山峰的挺拔险峻之势。山峰有主次之分，主峰居于显著的位置，次峰无论在高度、体积或姿态等方面均次于主峰。峰石可由单块石块形成，也可多块叠掇而成。"峰石一块者……理宜上大下小，立之可观。或峰石两块三块拼掇，亦宜上大下小，似有飞舞势。或数块掇成，亦如前式；须得两三大石封顶"(《园冶·掇山》)。峰石的选用和堆叠必须和整个山形相协调，大小比例恰当。巍峨而陡峭的山形，峰态应尖削，具峻拔之势(图 5-42)。以石横纹参差层叠而成的假山，石峰均横向堆叠，有如山水画的卷云皴，这样，立峰有如祥云冉冉升起，能取得较好的审美效果(图 5-43)。

图 5-42　峰顶

图 5-43　流云顶

　　峰顶峦岭岫的区分是相对而言的，相互之间的界阈不是很分明。但峰峦连延，"不可齐，尔不可笔架式，或高或低，随致乱掇，不排比为妙"（《园冶·掇山》）。

　　2）崖、岩

　　叠山而理岩崖，为的是体现陡险峭拔之美，而且石壁的立面上是题诗刻字的最佳处所。诗词石刻为绝壁增添了锦绣，为环境增添了诗情。如崖壁上再有枯松倒挂，更给人以奇情险趣的美感。

　　关于岩崖的理法，早已有成功的经验。计成在《园冶·掇山》中有："如理悬岩，起宜小，渐理渐大，及高，使其后坚能悬。斯理法古来罕有，如悬一石，又悬一石，再之不能也。予以平衡法，将前悬分散后坚。仍以长条堑里石压之，能悬数尺，其状可骇，万无一失。"

　　3）洞府

　　洞，深邃幽暗，具有神秘感或奇异感。岩洞在园林中不仅可以吸引游人探奇、寻幽，还可以打破空间的闭锁，产生虚实变化，丰富园林景色，联系景点，延长游览路线，改变游览情趣，扩大游览空间等。

　　山洞的构筑最能体现传统假山合理的山体结构与高超的施工技术。山洞的结构一般有梁柱式和叠涩式两种，发展到清代，出现了戈裕良创造的券拱式山洞使用钩带法，使山洞顶壁浑然一体，如真山洞壑一般，而且结构合理。苏州环秀山庄即是此例（图 5-44）。

　　假山洞的堆叠技术正如《园冶》理洞法中所讲："起脚如造屋，立几柱着实，掇玲珑如门窗……合凑收顶……斯千古不朽也。"堆山洞时除追求其一般造型艺术效果外，在功能上还要注意洞内的采光不能过亮，过亮则什么都看得清清楚楚，没有了趣味；亦不能过暗，洞内漆黑一片，则令人恐惧而寸步难行。布光时应以光线明暗的变化渲染洞内空间的曲折、幽深，衬托其自然之情趣。采光口要防止雨水灌入，采光口还可以和通风口结合。因此，对采光口的位置、大小、朝向、形状、间距等均要精心考虑，创造一种神仙洞府的气氛。如北京北海公园琼华岛后山的假山洞，无论在布局、结构、造型、规模等方面均堪称国内精品（图 5-45）。

图 5-44　苏州环秀山庄的拱券式山洞
（摘自《江南园林假山》，邵忠编著）

图 5-45　北海琼华古洞

　　洞的结构有多种形式，有单梁式、挑梁式、拱券式等（图 5-46～图 5-48）。精湛的叠山技艺，创造了多种山洞形式结构，有单洞和复洞之分；有水平洞、爬山洞之分；有单层洞、多瞑洞之分；有岸洞、水洞之分等。

  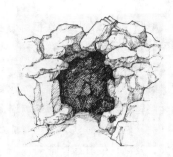

图 5-46　单梁式结构(郭明绘制)　　图 5-47　挑梁式结构(郭明绘制)　　图 5-48　拱券式结构(郭明绘制)

4) 谷

理山谷是掇山中创作深幽意境的重要手法之一。山谷的创作,使山势婉转曲折,峰回路转,更加引人入胜。

大多数的山谷,两崖夹峙,中间是山道或流水,平面呈曲折的窄长形(图 5-49)。个园的秋山,在主山中部创造围谷景观的确别具特色。人在围谷中,四面山景各不相同,而幽静处是观赏主峰的极佳场所,空间的围合限定,使得视距缩短,仰望主峰,雄奇挺拔,突兀惊人。

凡规模较大的叠石假山,不仅从外部看具有咫尺山林的野趣,而且内部也是谷洞相连;不仅平面上看极尽迂回曲折,而且高程上力求回环错落,从而造成迂回不尽和扑朔迷离的幻觉。

5) 山坡、石矶

山坡是指假山与陆地或水体相接壤的地带,具平坦旷远之美。叠石山山坡一般山石与芳草嘉树相组合,山石大小错落,呈出入起伏的形状,并适当间以泥土,种植花木藤萝,看似随意的淡、野之美,实则颇具匠心。

石矶一般指水边突出的平缓的岩石,多数与水池相结合的叠石山都有石矶,使崖壁自然过渡到水面,给人以亲和感(图 5-50)。

6) 山道

登山之路称山道。山道是山体的一部分,随谷而曲折,随崖而高下,虽刻意而为,却与崖壁、山谷融为一体,创造假山可游、可居之意境(图 5-51)。

图 5-49　曲折窄长形谷　　　　　图 5-50　水岸石矶　　　　　　图 5-51　山道

5.2.3 置石

石,天地之骨也。

园林中常常以较少的石精心点置,形成突出的特置石或山石组景。对于用于置石的山石,特别是特置石,对其形态、纹理、色彩等方面要求较高。同时,要求有意境、有韵味,给人以思索,达到独到的艺术效果。

由于石的体态、重量、倾斜度、纹理方向等各不相同,使每块石头具有不同的"力感"——即"势",或"气势"。造"势"对置石非常重要,使山石体现出各自独特的风格(图5-52)。

置石一般有特置、对置、散置、群置、山石器设等。往往要求格局严谨,手法洗练,以达到以简胜繁的效果。

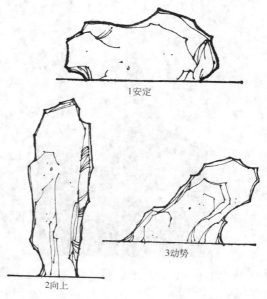

图 5-52 置石的"势"(郭明绘制)

1. 特置

特置石也称孤赏石,即用一块出类拔萃的山石造景。也有将两块或多块皱纹相类似的石头拼掇在一起,形成一个完整的孤赏石的做法。

特置石的自然依据就是自然界中著名的单体巨石。如仙女峰——长江巫峰,在朝云峰和松峦峰间,海拔912m处,白云缭绕,纤奇秀丽。雨后初晴,常常有淡淡的彩云,缥缈在奇峰之间,就像仙女身披轻柔的纱,忽隐忽现。她超然卓立,又有飘然欲下之感。有人说冠云峰是仙女峰的姐妹,如翔如舞,亭亭玉立。

自然界中还有许多花岗岩风化后形成的圆形孤石,如福州东山岛的摇摆石、辽宁千山的无根石等。虎丘的白莲池中也有点头石与之类似。据说南朝梁时高僧讲经说法,列坐千人,当时"生公说法,顽石点头"。虎丘白莲池中的点头石即是此意境的体现。

承德避暑山庄河东山上有磬锤峰(图5-53),也是自然风景中的"特置"石。康熙《磬锤峰》诗云:"纵目湖山千载留,白云枕涧报深秋;岫岩自有争佳处,未若此峰景最幽。"

无论是自然界著名的孤立巨石还是园林里的特置石,都有题名、诗刻、历史传说等以渲染意境,点明特征。

特置石一般是石纹奇异且有很高欣赏价值的天然石,如杭州的绉云峰,上海的玉玲珑,苏州的瑞云峰、冠云峰,北京的青芝岫等。但也有特例——须弥山(图5-54),是一块经入厂雕琢的有山形几何图案的石,置于规则形的水池中心,它象征大千世界中心的须弥山。有可能与日本的八山九海石(亦寓须弥山之意)同源。比较理想的特置石每一面观赏性都很强(图5-55)。有的特置石与植物相结合也很美(图5-56)。

古典园林中常有排衙石布置,如颐和园排云门外十二生肖排衙石(图5-57、图5-58)。

现代置石选材丰富,造型风格也更加多样(图5-59、图5-60)。而且现代置石的意境也比传统置石更加丰富,如中国人民大学的"实事求是",体现了现代人的精神及现代人的哲学理念(图5-61)。

图 5-53　磬锤峰

图 5-54　北海须弥山

图 5-55　中山公园特置石——理想的特置石每一面观赏性都很强

图 5-56 与植物相结合的特置石

图 5-57 排云门外排衙石

图 5-58 特置石——十二
生肖石之一

图 5-59 特置石——补天遗

图 5-60 特置石——南极石

图 5-61 中国人民大学特置石

1）特置的要求

（1）特置石应选择体量大、造型轮廓突出、色彩纹理奇特、颇有动势的山石。

（2）特置石一般置于相对封闭的小空间，成为局部构图的中心。

（3）石高与观赏距离之比一般介于1:2~1:3之间。例如石高3~6.5m，则观赏距离为8~18m之间。在这个距离内才能较好地品玩石的体态、质感、线条、纹理等。为使视线集中，造景突出，可使用框景等造景手法，或立石于空间中心使石位于各视线的交点上，或石后有背景衬托。

（4）特置山石可采用整形的基座，也可以坐落于自然的山石面上，这种自然的基座称"磐"。带有整形基座的山石也称为台景石。台景石一般是石纹奇异，有很高欣赏价值的天然石。有的台景石基座、植物、山石相组合，仿佛大盆景，展示整体之美。

2）特置峰石的结构

峰石要稳定、耐久，关键在于结构合理。传统立峰一般用石榫头固定，《园冶》有"峰石一块者，相形形状，选合峰纹石，令匠凿眼为座……"就是指这种做法。石榫头必须正好在峰石的重心线上，并且榫头周边与基磐接触以受力，榫头只定位，并不受力。安装峰石时，在榫眼中浇灌少量粘合材料即可（图5-62）。

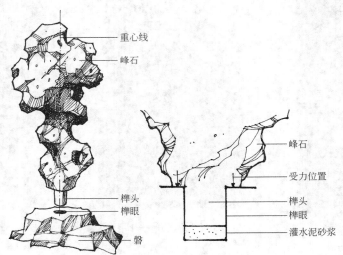

图5-62 特置峰石的结构（郭明绘制）

2. 对置

以两块山石为组合，相互呼应，立于建筑门前两侧或立于道路出入口两侧，称对置（图5-63、图5-64）。

图5-63 建筑门前的对置石

图5-64 庭院入口两侧的对置石

3. 散置

即用少数几块大小不等的山石，按照艺术美的规律和法则搭配组合，或置于门侧、廊间、粉壁前，或置于坡脚、池中、岛上，或与其他景物组合造景，创造多种不同的景观。散置山石的经营布置也借鉴画论，讲究置陈、布势，要做到"攒三聚五，散漫理之，有聚有散，若断若续，一脉既毕，余脉又起"。石随星罗棋布，仍气脉贯穿，有一种韵律之美(图 5-65)。

图 5-65　山坡散置石

4. 山石器设

用山石作室内外的家具或器设也是我国园林中的传统做法。李渔在《一家言》中讲："若谓如拳之石，亦需钱买，则此物亦能效用于人。使其斜而可依，则与栏杆并力。使其肩背稍平，可置香炉茗具，则又可代几案。花前月下有此诗人，又不妨于露处，则省他物运动之劳，使得久而不坏。名虽石也，而实则器也。"

山石器设一般有以下几种：

仙人床：无锡惠山有"听松"石床，是一块横卧似床略扁平的巨石。古人在此听松、醒酒，"听松"二字为李白的叔父李冰阳所题。

石室、石桌、石凳(图 5-66)。

石门、石屏(图 5-67)。

名牌(图 5-68、图 5-69)。

花台(图 5-70)。

踏跺(台阶)(图 5-71)：以自然山石代替建筑的台阶，随形而做，自然活泼(图 5-72)。

图 5-66　石室、石桌、石凳、石床

图 5-67　石洞中的石门

图 5-68 名牌(一)　　　　　　　　　图 5-69 名牌(二)

图 5-70 山石花台　　　　　　　　　图 5-71 山石踏跺

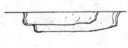

(a)

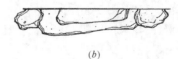

(b)

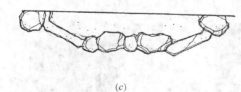

(c)　　　　　　　　　　　　　　　(d)

图 5-72 山石踏跺图示(郭明绘制)

(a)石级错列，简洁、自然；(b)石级平列，直入；(c)与蹲配相结合，分道而上；(d)偏径斜上

5. 角隅理石

角隅理石包括抱角和镶隅。建筑或围墙的墙面多成直角转折，常以山石加以美化。用于外墙角的成环抱之势紧抱墙基的山石，称为抱角(图 5-73)。墙内角多留有一定的空间，以山石点缀，有的还与观赏植物组合，花木扶疏，光影变化。打破了墙角的单调与平滞，这填镶其中的山石称为镶隅(图 5-74)。

图 5-73　抱角

图 5-74　镶隅

6. 粉壁理石

粉壁理石也称壁山（图 5-75）。《园冶》中说："峭壁山者，靠壁理也。藉以粉壁为纸，以石为绘也。理者相石皴纹，仿古人笔意，植黄山松柏、古梅、美竹。收之园窗，宛然镜游也。"粉壁理石一般要求背景简洁，置石要掌握好重心。不可依靠墙壁，同时注意山石排水，避免墙角积水。

图 5-75　粉壁理石

5.2.4　传统假山的设计与施工技术

1. 假山的设计

1）假山的设计内容

（1）设计前的准备工作

假山根据使用材料不同，分为土山和石山，假山设计图纸主要包括平面图、立面图、剖（断）面图、基础平面图等，对于要求较高的细部，还应绘制详图说明。

（2）假山的平面设计

平面图表示假山的平面布置、各部的平面形状、周围地形和假山所在总平面图中的位置。

（3）假山的立面设计

立面图表现山体的立面造型及主要部位高度，与平面图配合，可反映出峰、峦、洞、壑的相互位置。为了完整地表现山体各面形态，便于施工，一般应绘出前、后、左、右四个方向的立面图。

（4）假山的剖面设计

剖面图表示假山某处内部构造及结构形式、断面形状、材料、做法和施工要求。

（5）假山模型的设计及效果图

（6）假山施工图的绘制

施工图中基础平面图表示基础的平面位置及形状。基础剖面图表示基础的构造和做法，当基础结构简单时，可同假山剖面图绘在一起或用文字说明。

　　假山施工图中，由于山石素材形态奇特，施工中难以完全符合设计尺寸要求。因此，没有必要也不可能将各部尺寸一一标注，一般采用坐标方格网法控制。

2）假山的设计案例

（1）湖石假山平立面设计（图 5-76）

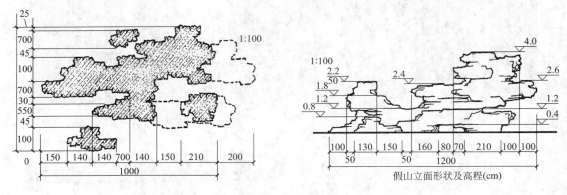

图 5-76　湖石假山平立面设计

（2）瀑布假山平立剖面设计（图 5-77）

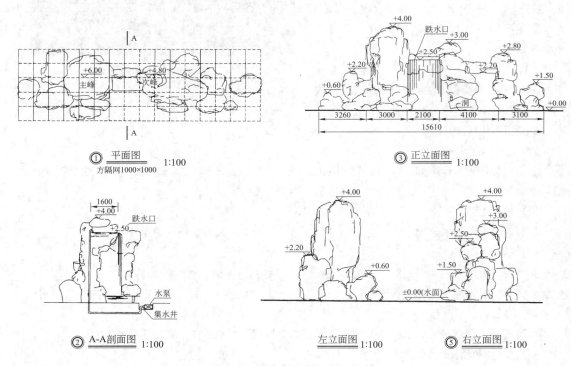

图 5-77　瀑布假山平立剖面设计

(3) 假山施工设计(图 5-78)

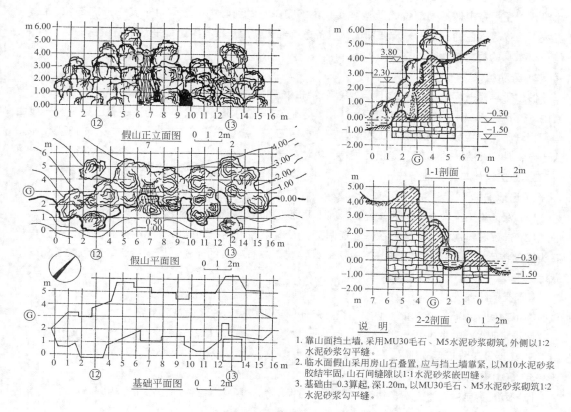

图 5-78　假山施工设计

说　明

1. 靠山面挡土墙,采用MU30毛石、M5水泥砂浆砌筑,外侧以1:2水泥砂浆勾平缝。
2. 临水面假山采用房山石叠置,应与挡土墙靠紧,以M10水泥砂浆胶结牢固,山石间缝隙以1:1水泥砂浆嵌凹缝。
3. 基础由-0.3算起,深1.20m,以MU30毛石、M5水泥砂浆砌筑1:2水泥砂浆勾平缝。

2. 施工前的准备工作

1) 制订施工计划

施工计划是保证工程质量的前提,它主要包括以下内容。

(1) 读图

像其他工程一样要以设计图纸作为施工的依据,熟读图纸是完成施工的必须,但由于假山工程的特殊性,它的设计很难完全到位。一般只能表现山形的人体轮廓或主要剖面,为更好地指导施工,设计者大多同时做出模型。又由于石头的奇形怪状,而不易掌握,因此,全面了解设计内容和设计者的意图,是十分重要的。

(2) 察地

施工前必须反复详细地勘察现场。其主要内容为:

① 看土质、地下水位,了解基土的允许承载力,以保证山体的稳定。在假山施工中,确定基土承载力的方法主要是凭经验,即根据大量的实践经验,粗略地概括出各种不同条件下承载力的数值,以确定基础处理的方法。

② 看地形、地势、场地大小、交通条件、给水排水的情况及植被分布等,以决定采用的施工方法,如施工机具的选择、石料堆放及场地安排等。

③ 相石：是指对已购来的假山石，用眼睛详细端详，了解它们的种类、形状、色彩、纹理、大小等，以便根据山体不同部位的造型需要，统筹安排，做到心中有数。对于其中形态奇特、巨大、挺拔、玲珑等出色的石块，一定要熟记，以备重点部位使用。相石的过程是对石材使用的总体规划，使石材本身的观赏特性得以充分地发挥。

2）劳动组织

假山工程是一门造景技艺的工程。我国传统的叠山艺人，多有较高的艺术修养。他们不仅能诗善画，对自然界山水的风貌亦有很深的认识。他们有丰富的施工经验，有的还是叠山世家。一般由他们担任师傅，组成专门的假山工程队，另外还有石工、起重工、泥工等，人数不多，一般以8～10人为宜，他们多为一专多能，能相互支持，密切配合。

3）施工材料与工具准备

4）场地安排

(1) 保证施工工地有足够的作业面，施工地面不得堆放石料及其他物品。

(2) 选好石料摆放地，一般在作业面附近，石料依施工用石的先后有序地排列放置，并将每块石头最具特色的一面朝上，以便施工时认取。石块间应有必要的通道，以便搬运，尽可能避免二次搬运。

(3) 交通路线安排

施工期间，山石搬运频繁，必须组织好最佳的运输路线，并保证路面平整。

(4) 保证水、电供应。

5）工期及工程进度安排

3. 筑山叠石的施工工序

(1) 选石：自古以来选石多重奇峰孤赏，追求"透、漏、瘦、皱、丑"，追求山形山势，了解石性，则叠石有型。叠石的选材必须符合自然山石的规律与工程地质表象。

(2) 采运：中国古代采石多用潜水凿取、土中掘取、浮面挑选和寻取古石等方法，现在多用掘取、浮面挑选、移归和松爆等方法。

(3) 相石：又称读石、品石。施工时需先对现场石料进行反复观察，区别不同色质、形纹和体量，按筑山部位和造型要求分类排队，对关键部位和结构用石作出标记，以免滥用。

(4) 立基：奠立基础，挖土打桩，基础深度取决于山石高度和土基状况，一般基础底面标高应在土表或常水位线以下 0.3～0.5m，基础常见形式有石基 (或条石)、桩基 (木和石桩)、灰土基、钢筋混凝土板基或桩。

(5) 拉底：又称起脚。稳固山脚底层和控制平面轮廓，常在周边及主峰下安底石，中间填土，以节约材料。

(6) 堆叠中层：中层指底层以上，顶层以下的大部分山体，叠石掇山的造型技法与工程措施主要表现在这部分，古代匠师归纳了 30 字诀：安、连、接、斗、挎；拼、悬、卡、剑、垂；挑、飘、飞、戗、挂；钉、担、钩、榫、扎；填、补、缝、垫、杀；搭、靠、转、顶、压，以体现堆叠的技巧。另外，中层部分还需安排留出狭隙洞穴，至少深 0.5m 以上，以便置土种植树木花草 (图 5-79)。

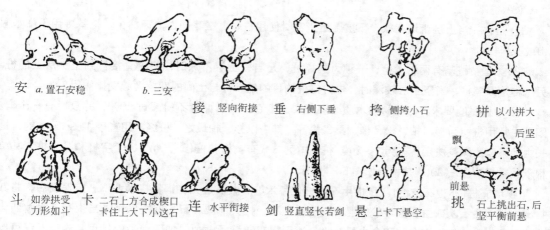

安　a.置石安稳　　b.三安　　接　竖向衔接　　垂　右侧下垂　　挎　侧挎小石　　拼　以小拼大

斗　如券拱受力形如斗　　卡　二石上方合成楔口卡住上大下小这石　　连　水平衔接　　剑　竖直竖长若剑　　悬　上卡下悬空　　挑　飘 后坚 前悬 石上挑出石,后坚平衡前悬

图 5-79　堆叠中层技法

4. 施工要点

1) 基础

假山像建筑一样,必须有坚固耐久的基础,假山基础是指它的地下或水下部分。通过基础把假山的重量和荷载传递给地基。在假山工程中,根据地基土质的性质、山体的结构、荷载大小等不同分别选用独立基础、条形基础、整体基础、圈式基础等不同形式的基础。基础不好,不仅会引起山体开裂破坏、倒塌,还会危及游客的生命安全,因此必须安全可靠。现将常用基础分别介绍如下。

(1) 灰土基础的施工

① 放线:清除地面杂物后便可放线。一般根据设计图纸作方格网控制,或目测放线,并用白灰划出轮廓线。

② 刨槽:槽深根据设计,一般深 50～60cm。

③ 拌料:灰土比例为 1:3,拌灰时注意控制水量。

④ 铺料:一般铺料厚度 30cm,夯实 20cm,基础打平后应距地面 20cm。通常当假山高 2m 以上时,做一步灰土,以后山高 1m,基础增加一步灰土,灰土基础牢固,经数百年亦不松动。

(2) 铺石基础

常用的有两种,即打石钉和铺石,其构造如图 5-80 所示,当土质不好,但堆石不高时使用打石钉;当土质不好,堆石较高时使用铺石基础,一般山高 2m 砌毛石厚 40cm,山高 4m 砌毛石厚 50cm。

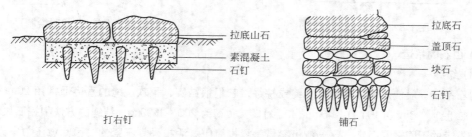

打石钉　　　　　　　　　铺石

拉底山石　素混凝土　石钉　拉底石　盖顶石　块石　石钉

图 5-80　铺石基础(郭明绘制)

(3) 桩基

① 条件：当上层土壤松软，下层土壤坚实时使用桩基，在我国古典园林中，桩基多用于临水假山或驳岸。

② 类型：桩基有两种类型，一种为支撑桩，是当软土层不深时，将桩直接打到坚土层上的桩。另一种是摩擦桩，当坚土层较深时，这时打桩的目的是靠桩与土间的摩擦力起支撑作用。

③ 对桩材的要求：做桩材的木质必须坚实、挺直，其弯曲度不得超过 10%，并只能有一个弯。园林中常用桩材为杉、柏、松、橡、桑、榆等，其中以杉、柏最好。桩经常用直径 10～15cm 的，桩长由地下坚土深度决定，多为 1～2m。桩的排列方式有：梅花桩(5 个 /m²)、丁字桩和马牙桩，其单根承载重量为 15～30t。其构造如图 5-81 所示。

④ 填充桩(亦称石灰桩)：是指用石灰桩代替木桩。做法是先将钢钎打入地下一定深度后，将其拔出，再将生石灰或生石灰与砂的混合料填入桩孔，捣实而成。石灰桩的作用是当生石灰水解熟化时，体积膨大，使土中孔隙和含水量减少，达到提高土壤承载力、加固地基的作用，这样不仅可以节约木材，又可以避免木桩易腐烂之弊。

(4) 混凝土基础

近代假山多采用混凝土基础。在山体高大，土质不好或水中、岸边堆叠山石时使用。这类基础强度高，施工快捷，基础深度是依叠石高度而定，一般 30～50cm，常用混凝土强度等级为 C15，配比为水泥：砂：卵石 = 1：2：4。基宽一般各边宽出山体底面 30～50cm，对于山体特别高大的工程，还应做钢筋混凝土基础。

假山无论采用哪种基础，其表面都不宜露出地表，最好低于地表 20cm。这样不仅美观又易在山脚种植花草。在浇筑整体基础时，应留出种树的位置，以便树木生长，这就是俗称的"留白"。如在水中叠山，其基础应与池底同时做，必要时做沉降缝，防止池底漏水(图 5-82)。

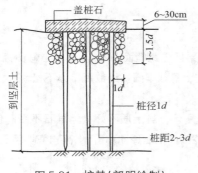

图 5-81　桩基(郭明绘制)

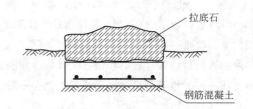

图 5-82　钢筋混凝土基础(郭明绘制)

2) 山石的吊运

(1) 结绳

山石吊运一般使用长纤维的黄麻绳或棕绳，它们很结实、柔软。绳的直径通常用 20mm(8 股)、25mm(12 股)、30mm (16 股)、40mm(18 股)。其负荷为 200～1500kg，结绳的方法根据石块的大小、形状和抬运的不同需要而定，要求结扣容易，解扣简便。活扣是靠压紧的，因此愈压愈牢固，并不会滑动。常用的结绳法如图 5-83 所示。

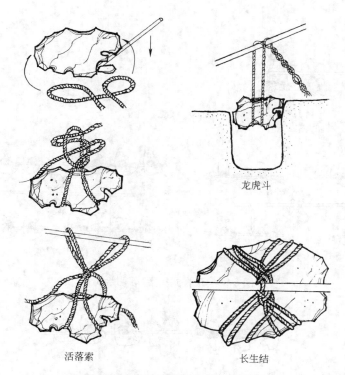

图 5-83　常用的结绳法(郭明绘制)

(2) 抬运

① 直杆式：有两人抬、四人抬、六人抬、加杆抬等，如图 5-84 所示。

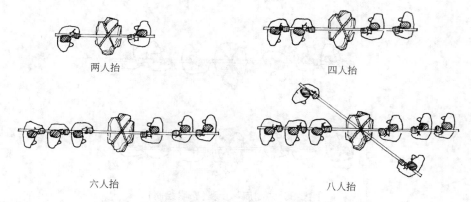

图 5-84　直杆式抬运(郭明绘制)

② 架杆式：分四人架、八人架、十六人架等，如图 5-85 所示。

抬石工应身高相等，听从统一指挥。抬石时应同起同落，否则易压伤一方。石材重 100kg 以上时，抬工应"对脸"前进，以便动作、用力协调。如运距较远，"对脸"起杆后应"倒肩"，即一方转换方向。倒肩必须严守顺序，其做法如图 5-86 所示。系石高度以起杆后石底距地面 20cm 为佳。抬石杠棒南方用新毛竹，北方多用黄檀木。单杠负重约 200kg。

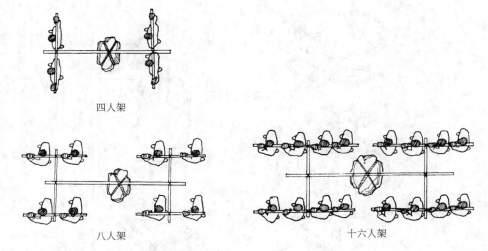

四人架

八人架   十六人架

图 5-85 架杆式抬运(郭明绘制)

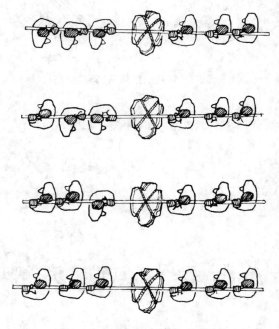

图 5-86 "倒肩"步骤(郭明绘制)

(3) 走石

走石多用在施工作业中,当巨大的石块需要找平石面或稍加移动时,俗称"走石"。走石用钢撬操作完成,一般钢撬用 $\phi20\sim40$mm 的粗钢打制而成,其形状如图 5-87 所示。撬的用法通常有舔撬、叨撬、辗撬等手法,使石块向后、向前或左右移动,如图 5-88 所示。用撬走石有一定的难度,常需有经验的技工操作。

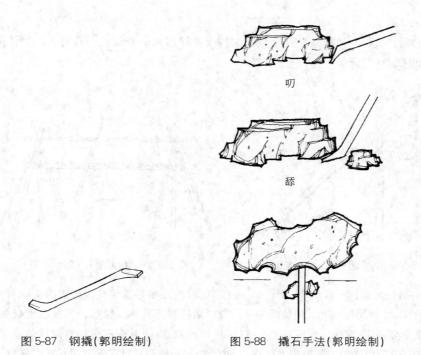

叨

舔

图 5-87　钢撬(郭明绘制)　　　　　图 5-88　撬石手法(郭明绘制)

(4) 起重

① 人工起重：山石施工现场大多场地狭窄，因此小石块的起重，多用人工抬起或挑起，做法如图 5-89 所示。

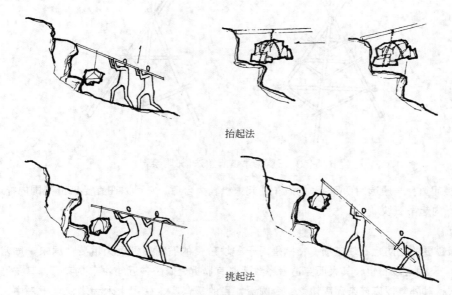

抬起法

挑起法

图 5-89　人工起重法(郭明绘制)

② 小秤起重：用两根焊径粗约 20cm 的杉篙做成小秤，其主力臂与重力臂的比为 7：3 或 8：2。

其式样如图 5-90 所示。

③ 大秤起重：大秤亦用杉篙搭构而成，这种大架秤可放一个或几个秤杆，同时使用，起重量大。其构造如图 5-91 所示。

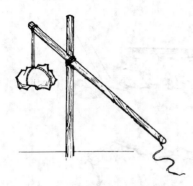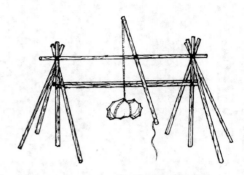

图 5-90　小秤起重法(郭明绘制)　　　　图 5-91　大秤起重法(郭明绘制)

④ 三脚架吊链起重：一般用 4～8m 长、径粗 20cm 的三根杉篙组成，杉篙的头尾各用镀锌钢丝箍牢，在上端 50cm 处用粗 30mm 的黄麻绳将三根杉篙按顺序扎牢、拉起，要求底盘成等边三角形，并与地平面成不小于 60°夹角，即可系上吊链(俗称神仙葫芦)。并在三根杉篙间横向设"拉木"。拉木应首尾相接，使受力均匀。每层拉木高约 1.8m，如起重需要还可在吃力面加扎"绑杆"或拴好大绳。其做法如图 5-92 所示，吊起的石块一般应在三脚架的底盘范围之内。

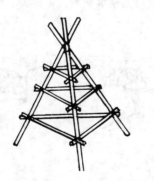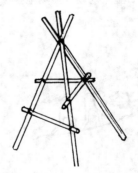

图 5-92　三脚架吊链起重法(郭明绘制)

⑤ 机械起重：一般选用 0.5～3t 的汽车式起重机较为合适。它可以在直径 30m 范围内拖运石块，在直径 15m 内起吊石块。

(5) 运输

运石最重要的是防止石块破损，特别是对于一块珍贵的石材，则更为重要。据宋·周密《癸辛杂识》载："艮岳之取石也，其大而穿透者，致远必有损折之虞……近闻汴京文者云，其法乃先以胶泥实填众穴，其外复以麻筋杂泥固济之，令圆滑，目的极坚实，始用大木为本，至于舟中，直俟抵京然后浸之水中，旋去泥土，则省人力而无他虞。此法甚奇，前所未闻也。"常用的运石方法很多，如用水道(船)、冰道、走"旱船"(图 5-93)；用"小地龙"(铁轮木板车)(图 5-94)；用人力、马力或绞盘等拉运。现代多用汽车运输，如遇好的峰石，为保护石块，最好在车中装垫 20cm 的砂或土，将峰面朝上置于其上，确保安全。

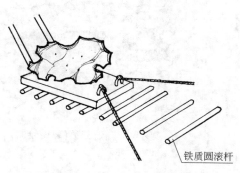

图 5-93 走"旱船"(郭明绘制)

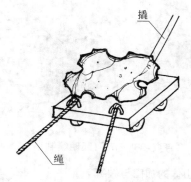

图 5-94 小地龙(郭明绘制)

3）山体的堆叠

山体堆叠是假山造型最重要的部分，根据选用石材岩石种类的不同，艺术地再现各自岩石地貌的自然景观，不同地貌有不同的山体形态，如不同的峰、峦、峭壁、峡谷、洞、岫和皴纹……

一般堆山常分为：拉底、中层、收顶三部分。

（1）拉底

石块要大，坚硬、耐压，安石要曲折错落，石块之间要搭接紧密，石块摆放时大而平的面朝上，好看的面要朝外。上面要找平，塞垫要平稳。

（2）中层

堆叠时要分层进行，用石要掌握重心，挑出的部位要在后面加倍压实，使万无一失，全山石材要统一，既要质地相同，纹理相通，色泽一致，咬槎合缝，亲靠牢固，浑然一体；又要注意层次、进退，有深远感。

（3）收顶

假山的顶部，对山体的气势有着重要的影响，因此一般选姿态、纹理好，体量大的石块做收顶石。根据岩石地貌类型的不同，常用的收顶方式有三种：

① 峰顶(又称斧穴式)：选竖向纹理好的巨石，作峰石，以造成一峰突起的气势，统揽全局(图 5-95)。

② 峦顶(又称堆秀式)：由单块或数块粗犷而略有圆状的石块，组成连绵起伏的山头(图 5-96)。

③ 流云顶(又称流云式)：用于横纹取胜的山体，状头之石有如天空行云(图 5-97)。

图 5-95 峰顶(郭明绘制)

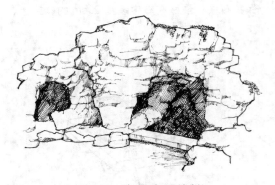

图 5-96　峦顶(郭明绘制)

图 5-97　流云顶(郭明绘制)

4)山体的加固与做缝

(1)加固措施

① 塞——当安放的石块不稳固时，通常打入质地坚硬的楔形石片，使其垫牢，称"打塞"(图 5-98)。

② 戗——为保证立石的稳固，沿石块力的方向的迎面，用石块支撑，叫戗(图 5-99)。

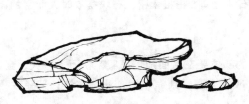

图 5-98　打塞(郭明绘制)

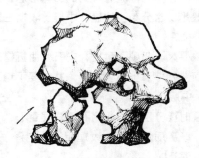

图 5-99　戗(郭明绘制)

③ 灌筑——每层山石安放稳定后，在其内部缝隙处，一般按 1:3:6 的水泥:砂:石子的配比灌筑，捣固混凝土，使其与山石结为一体。

④ 铁活——假山工程中的铁活主要有铁爬钉、铁吊链、铁过梁、铁扁担等，其式样见图 5-100。

铁制品在自然界中亦锈蚀，因此铁活都埋于结构内部，而不外露，它们均系加固保护措施，而非受力结构。

(2)做缝

是把已叠好的假山石块间的缝隙，用水泥砂浆填实或修饰。这一工序从某种意义上讲，是对假山的整容。其做法是，一般每堆 2~3 层，做缝一次。做缝前先用清水将石缝冲洗干净，如石块间缝隙较大，应先用小石块进行补形，再随形做缝。做缝时要努力表现岩石的自然节理，可增加山体的皱纹相真实感。做缝时砂浆的颜色应尽力与山石本身的颜色相统一。做缝的材料可用糯米汁加石灰或桐油加纸筋加石灰，捶打拌合而成，或者用明矾水与石灰捣成浆。如用于湖石加青煤，用于黄石加铁屑盐卤。现代通常用标号 42.5 级的水泥加砂，其配比为 3:7，如堆高在 3m 以上则用 52.5 级的水泥。做缝的形式亦根据需要做成粗缝、光缝、细缝、毛缝等。

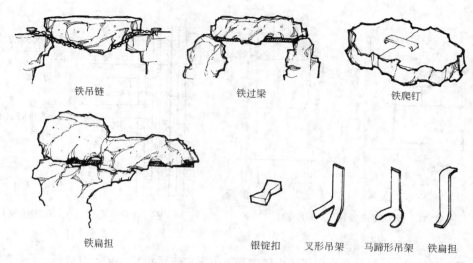

铁吊链　　　　　　　铁过梁　　　　　　　铁爬钉

铁扁担　　　　　　　银锭扣　叉形吊架　马蹄形吊架　铁扁担

图 5-100　铁活(郭明绘制)

堆山时还应预留种植穴,处理好排水和防水土流失。

5.2.5　塑山、塑石工艺

塑山——是用雕塑艺术的手法,以天然山岩为蓝本,人工塑造的假山或石块。早在百年前,在广东、福建一带,就有传统的灰塑工艺。20 世纪 50 年代初在北京动物园,用钢筋混凝土塑造了狮虎山,20 世纪 60 年代塑山、塑石工艺在广州得到了很大的发展,标志着我国假山艺术发展到一个新阶段,创造了很多具有时代感的优秀作品。那些气势磅礴,富有力感的大型山水和巨大奇石,与天然岩石相比,它们自重轻,施工灵活,受环境影响较小,可按设想预留种植穴。因此。它为设计创造了广阔的空间。塑山、塑石通常有两种做法,一为钢筋混凝土塑山,一为砖石混凝土塑山,也可以两者混合使用。现将其施工工艺简述如下。

1. 钢筋混凝土塑山

基础:根据基地土壤的承载能力和山体的重量,经过计算确定其尺寸大小。通常的做法是根据山体底面的轮廓线,每隔 4m 做一根钢筋混凝土柱基,如山体形状变化大,局部柱子加密,并在柱子上做墙。

立钢骨架:它包括浇筑钢筋混凝土柱子,焊接钢骨架,捆扎造型钢筋,盖钢板网等。其做法如图 5-101 所示。其中,造型钢筋架和盖钢板网是塑山效果的关键之一,目的是为造型和挂泥之用。钢筋要根据山形作出自然凹凸的变化。盖钢板网时一定要与造型钢筋贴紧扎牢,不能有浮动现象。

面层批塑:先打底,即在钢筋网上抹灰两遍,材料配比为水泥＋黄泥＋麻刀,其中水泥:砂为 1:2,黄泥为总重量的 10%,麻刀适量。水灰比 1:0.4,以后各层不加黄泥和麻刀。砂浆拌合必须均匀,随用随拌,存放时间不宜超过 1h,初凝后的砂浆不能继续使用,构造如图 5-102 所示。

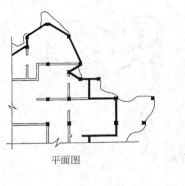

平面图

图 5-101 钢骨架示意图(郭明绘制)

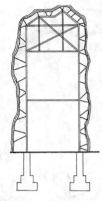

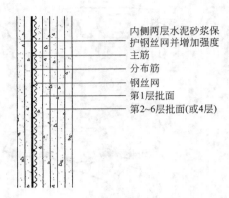

内侧两层水泥砂浆保
护钢丝网并增加强度
主筋
分布筋
钢丝网
第1层批面
第2~6层批面(或4层)

图 5-102 面层批塑(郭明绘制)

表面修饰:主要有两方面的工作。

(1) 皱纹和质感:修饰重点在山脚和山体中部。山脚应表现粗犷,有人为破坏、风化的痕迹,并多有植物生长。山腰部分,一般在 1.8~2.5m 处,是修饰的重点,追求皱纹的真实,应做出不同的面,强化力感和棱角,以丰富造型。注意层次,色彩逼真。主要手法有印、拉、勒等。山顶,一般在 2.5m 以上,施工时不必做得太细致,可将山顶轮廓线渐收,同时色彩变浅,以增加山体的高大和真实感。

(2) 背色:可直接用彩色配制,此法简单易行,但色彩呆板。另一种方法是选用不同颜色的矿物颜料加白水泥再加适量的 108 胶配制而成,颜色要仿真,可以有适当的艺术夸张,色彩要明快,着色要有空气感,如上部着色略浅,纹理凹陷部色彩要深,常用手法有洒、弹、倒、甩。刷的效果一般不好。

光泽:可在石的表面涂过氧树脂或有机硅,重点部位还可打蜡。

还应注意青苔和滴水痕的表现,时间久了,还会自然地长出真的青苔。

其他:

种植池——种植池的大小应根据植物(含土球)的总重量决定池的大小和配筋,并注意留排水孔。给水排水管道最好塑山时预埋在混凝土中。做时一定要作防腐处理。在兽舍外塑山时,最好同时做水池,可便于兽舍降温和冲洗,并方便植物供水。

养护——在水泥初凝后开始养护,要用麻袋片、草帘等材料苫盖,避免阳光直射,并每隔 2~3h 洒水一次。洒水时要注意轻淋,不能冲射。养护期不少于半个月。在气温低于 5℃ 时应停止洒水养护,采取防冻措施,如苫盖稻草、草帘、草包等。假山内部钢骨架、钢筋……一切外露的金属均应涂防锈漆,并以后每年涂一次。

2. 砖石塑山

首先在拟塑山石土体外缘清除杂草和松散的土体,按设计要求修饰土体,沿土体外开沟做基础,其宽度和深度视基地土质和塑山高度而定,接着沿土体向上砌砖,要求与挡土墙相同,但砌砖时应根据山体造型的需要而变化。如表现山岩的断层、节理和岩石表面的凹凸变化等。再在表面抹水泥砂浆,进行面层修饰,最后着色。

塑山工艺中存在的主要问题,一是由于山的造型、皱纹等的表现要靠施工者的手上工夫,因此对师傅的个人修养和技术的要求高；二是水泥砂浆表面易发生龟裂，影响强度和观瞻；三是易褪色。以上问题亦在不断改进之中（图 5-103～图 5-108）。

图 5-103 钢筋混凝土塑山施工现场

图 5-104 RC 塑山施工现场

图 5-105 北京植物园大温室 RC 塑山

图 5-106 珠海圆明新园 RC 塑山

图 5-107 北京中华民族园 RC 塑山

图 5-108 RC 塑山易出现的问题——造型、皱纹严重失真

5.2.6 FRP 塑山、塑石

FRP(玻璃纤维强化塑胶，Fiber Glass Reinforced Plastics)，是由不饱和聚酯树脂与玻璃纤维结合而成的一种重量轻、质地韧的复合材料。不饱和聚酯树脂由不饱和二元羧酸与一定量的饱和二元羧酸、多元醇缩聚而成。在缩聚反应结束后，趁热加入一定量的乙烯基单体配成黏稠的液体树脂，俗称玻璃钢，下面介绍 191 号聚酯树脂玻璃钢的胶液配方：

191 号聚酯树脂 70%，苯乙烯(交联剂)30%，然后加入过氧化环乙酮糊(引发剂)，占胶液的4%；再加入环烷酸钴溶液(促进剂)，占胶液的 1%。

先将树脂与苯乙烯混合，这时不发生反应，只有加入引发剂后，产生游离基，才能激发交联固化，其中环烷酸钴溶液是促进引发剂的激发作用，达到加速固化的目的。

玻璃钢成型工艺有以下几种。

1. 席状层积法

利用树脂液、毡和数层玻璃纤维布，翻模制成。

2. 喷射法

利用压缩空气将树脂胶液、固化剂(交联剂、引发剂、促进剂)、短切玻纤同时喷射沉积于模具表面，固化成型。通常空压机压力为 200~400kPa，每喷一层用辊筒压实，排除其中气泡，使玻纤渗透胶液，反复喷射直至 2~4mm 厚度，并在适当位置做预埋铁，以备组装时固定，最后再敷一层胶底，调配着色可根据需要。喷射时使用的是一种特制的喷枪，在喷枪头上有三个喷嘴，可同时分别喷出树脂液加促进剂；喷射短切 20~60mm 的玻纤树脂液加固剂，其施工程序如下：

泥模制作—翻制模具—玻璃钢元件制作—运输或现场搬运—基础和钢骨架制作—玻璃钢元件拼装—焊接点防锈处理—修补打磨—表面处理，最后罩以玻璃钢油漆。

这种工艺的优点在于成型速度快、薄、质轻，便于长途运输，可直接在工地施工，拼装速度快，制品具有良好的整体性。存在的主要问题是树脂液与玻纤的配比不易控制，对操作者的要求高，劳动条件差，树脂溶剂为易燃品，工厂制作过程中有毒和气味，玻璃钢在室外是处于强日照下，受紫外线的影响，易导致表面酥化，故此其寿命大约为 20~30 年。但作为一个新生事物，它总会在不断的完善之中发展。

5.2.7 GRC 假山造景

GRC(玻璃纤维强化水泥，Glass Fiber Reinforced Cement)，是将抗碱玻璃纤维加入到低碱水泥砂浆中硬化后产生的高强度的复合物。随着时代科技的发展，20 世纪 80 年代在国际上出现了用 GRC 造假山，它使用机械化生产制造假山石元件，使其具有重量轻、强度高、抗老化、耐水湿、易于工厂化生产、施工方法简便、快捷、成本低等特点，是目前理想的人造山石材料；用新工艺制造的山石质感和皱纹都很逼真，它为假山艺术创作提供了更广阔的空间和可靠的物质保证，为假山技艺开创了一条新路，使其达到"虽由人作，宛自天开"的艺术境界(图 5-109~图 5-112)。

图 5-109　GRC 假山

图 5-110　GRC 假山洞

图 5-111　GRC 大卵石

图 5-112　GRC 假山瀑布

　　GRC 假山元件的制作主要有两种方法：一为席状层积式手工生产法；二为喷吹式机械生产法。现就喷吹式工艺简介如下。

　　模具制作：

　　根据生产"石材"的种类、模具使用的次数和野外工作条件等选择制模的材料。常用模具的材料可分为软模如橡胶模、聚氨酯模、硅模等；硬模如铜模、铝模、GRC 模、FRP 模、石膏模等。制模时应以选择天然岩石皱纹好的部位为本和便于复制操作为条件，脱制模具。

　　GRC 假山石块的制作：

　　是将低碱水泥与一定规格的抗碱玻璃纤维以二维乱向的方式同时均匀分散地喷射于模具中，凝固成型。在喷射时应随吹射随收实，并在适当的位置预埋铁件(图 5-113)。

　　GRC 的组装：

　　将 GRC "石块"元件按设计图进行假山的组装。焊接牢固，修饰、做缝，使其浑然一体(图 5-114)。

图 5-113　GRC 石块

图 5-114　GRC "石块"

表面处理：

主要是使"石块"表面具有憎水性，产生防水效果，并具有真石的润泽感。

GRC 假山生产工艺流程见图 5-115～图 5-117。

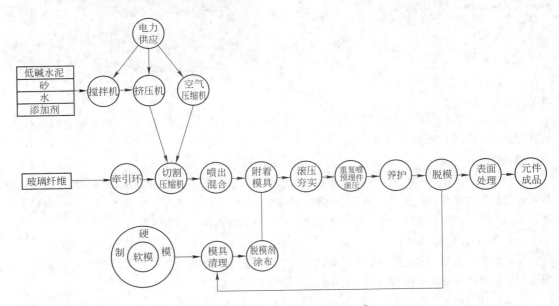

图 5-115　喷吹式生产流程图

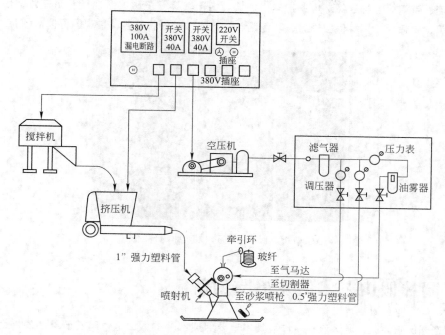

图 5-116　GRC 喷射设备流程图

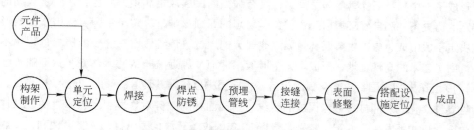

图 5-117　GRC 假山安装工艺流程图

5.2.8　CFRC 塑石

20 世纪 70 年代，英国首先制作了聚丙烯氰基(PAN)碳素纤维增强水泥基材料的板材，并应用于建筑，开创了 CFRC(碳纤维增强混凝土，Carbon Fiber Reinforced Cement or Concrete)研究和应用的先例。

在所有元素中，碳元素在构成不同结构的能力方面似乎是独一无二的。这使碳纤维具有极高的强度，高阻燃，耐高温，具有非常高的拉伸模量、与金属接触电阻低和良好的电磁屏蔽效应，故能制成智能材料，在航空、航天、电子、机械、化工、医学器材、体育娱乐用品等工业领域中广泛应用。

CFRC 人工岩是把碳纤维搅拌在水泥中，制成的碳纤维增强混凝土，并用于造景工程。CFRC 人工岩与 GRC 人工岩相比较，其抗盐侵蚀、抗水性、抗光照能力等方面均明显优于 GRC，并具抗高温、抗冻融、干湿变化等优点。因此，其长期强度保持力高，是耐久性优异的水泥基材料。因此，适合于河流、港湾等各种自然环境的护岸、护坡。由于其具有电磁屏蔽功能和可塑性,因此可用于隐蔽工程等,更适用于园林假山造景、彩色路石、浮雕、广告牌等各种景观的再创造(图 5-118)。

图 5-118　日本宇治市植物园 CFRC 假山

5.3　园林假山艺术的发展与创新

中国造园历史悠久,源远流长。作为其中重要组成部分的假山,也随着园林的发展而发展,与其具有相同的发展脉络。中国古典园林,从萌生、产生、发展到兴盛,始终沿着自然山水园的道路发展,形成了一个独特而完善的园林体系,具有强烈的民族风格和地方特色,达到了较高的艺术成就。特定的历史条件和自然环境以及古代美学思想的深刻影响,决定了中国自然山水园的形成和发展,也决定了假山成为中国古典园林重要组成部分的地位。传统假山在漫长的历史进程中不断自我完善,达到了艺术的高峰境地,形成了一个博大精深而又源远流长的艺术体系。然而随着社会历史的变革,19 世纪末,中国封建文化日趋没落,古典园林也暴露其衰落的倾向。进入 20 世纪,现代园林作为世界性文化潮流冲击着古老民族的传统。中国园林的服务对象发生了根本性的改变,园林从性质到内容、形式都发生了变革,特别是最近 30 年的改革开放,国门打开,交通便利,出版事业发达,各种彩色印刷品、电子出版物以及 Internet 传递信息的高速、便捷,使得世界各国、古今各历史时期的园林信息大量涌现,同时新的社会生活方式,新的哲学、美学思潮,以及新材料、新技术的发展,使得中国现代园林发生了巨大的改变。现代园林内容丰富、形式多样。在现代园林中假山的使用空间呈现出多样化。结合现代材料和技术的发展,假山也出现在屋顶花园、室内庭院、城市广场等多种园林空间,表现了其较强的创造能力,同时假山的塑造也成为创造个性空间的一个重要手段,如创造人工峡谷,为漂流活动提供景观依托;应用于海洋馆创造水下地貌景观,配合游鱼,通过分割空间、塑造地形来丰富水上游览和观赏空间;在现代大型展览温室里,通过假山造景来体现各种热带及亚热带植物生长的原始环境,为各种植物提供展示空间等。

在应用于现代园林的过程中,假山产生了一些有别于传统的变化,集中体现在造型、风格、尺度三个方面。

假山艺术是一种造型艺术,它靠形象的魅力去感染观者,在应用的过程中假山造型不断丰富、不断创新。出现了许多传统园林中所没有过的造型,如昆明世博园贵州园的山水景观,深圳世界之窗的天生桥等。同时，现代科技工艺也应用于园林造景，如与喷雾技术结合来表现深山大壑般沐浴雾中的山水。现代制冷技术使人造冰洞成为现实，为假山增添了无限情趣，也再现了更自然的冰洞景观的魅力。

　　传统园林服务于帝王及社会上流贵族和富豪阶层，其服务对象和使用方式决定了园林空间的规模、尺度和特点。私家园林的规模一般较小，再加上建筑的分割和围合，假山所处的空间更加有限，即使是规模宏大的皇家园林，代表假山艺术成就的叠石山(包括土石结合、以石塑形的土石山)也仍然处于相对狭小的空间，欣赏假山的视距较短。因而传统假山的规模尺度较小。现代城市公园运动拉开了现代园林发展的序幕。面向市民的城市公园通常用地规模较大，空间尺度大。虽然规模、尺度小的假山在现代园林中应用也非常广泛，但是适应现代园林开敞空间的特点，大尺度夸张造型的山石景观也出现在现代园林之中，例如北京中华民族园门区的山水景观，尺度大，与周围环境极为协调。

　　假山的造型、尺度的变化也带来了假山风格的变化。简洁的造型、概括的轮廓、细致自然的纹理以及适宜的尺度，与现代园林的风格更加协调，特别是现代园林中的置石，其简洁如抽象雕塑般的造型更能与现代风格的园林空间融为一体。在现代风格的探索中还出现了一种抽象山水。中国的园林师也有作品，但最具代表性的作品是美国波特兰市大会堂前广场的山水景观。这组山水景观使得这一现代城市开放空间独具魅力。

　　除造型、尺度、风格外，现代园林假山在意境方面也不同以往。传统的文人园林强调"超然避世"，假山的风格协调统一于山水园的整体风格中，其布局及造型多为幽静、闲适、古雅、淡泊的山水隐居内容服务。而当今社会所需的文化的现代化导致了现代艺术的创作成为时代的主流。假山的风格、意境也不可避免地朝着多元、并存、变化的方向发展，体现现代人要求参与，要求体现自我，追求豪迈、奔放、潇洒的精神气质。

　　面临现代环境艺术中无限的发展机遇，现代的山石景观展示了它不衰的生命力。无论材料、设计手段、施工方法、艺术风格等方面都取得了一些阶段性的成果，但仍处于发展、探索之中。

5.3.1　创新的必然与机遇

1. 社会文化的变迁——假山艺术创新的必然

　　在漫长的中国古代社会，文化的发展变化处于一种微观变化之中。而近代以来，中国社会和文化充满动荡和天翻地覆的转变。鸦片战争一变，"五四"一变，新中国成立一变，最近20年的改革开放又是一变。巨大的转变不但使中国的文化获得充满活力的发展，而且使人们不断感受到巨大的"文化冲击"。

　　20世纪80年代以来，社会的现代化所需的文化的现代化导致了现代艺术的创作成为时代的主流。现代园林要符合当代人的生活方式，以表达当代人的精神与心理状态、审美情趣为己任，追求独特的个性，要求探索、发展新的内容与形式，反映时代的特色。这是一个朝气蓬勃，功业辉煌的时代；人们要求参与，要求体现自我；追求豪迈、奔放、潇洒的精神气质；再也不是追求"超然避世"、"淡泊宁静"的时代了。今天的文化表现的一个基本特点就是多变性和不确定性。它对艺术的影响是多方面的。例如，人们经常讲的题材多样化、造型多样化、风格多样化等，因而现代假山的特征应该是多元、并存、吸收、变化。只有创新和发展才能使传统假山走出今天的困境。"假山"不应该成为人们头脑中等同于"传统"、"过时"等的固化概念，它能够具有现代的形式与内涵，也能够与现代园林协调同步发展。

2. 科学的发展——为创新提供理论基础

传统的山水造型已远远不能满足现代创作的需求。我们又重新体味"师法自然"的含义与作用。而且，国外山石景观创作的成功经验，也使我们看到了自然地貌景观在假山造型创作中的重要作用。同时，现代地貌学的发展，为我们深入地认识自然、掌握自然地貌的景观规律奠定了坚实的基础。

近代地貌学是在 19 世纪中叶以后才发展起来的，戴维斯(Davis WM.)提出的侵蚀循环理论把地貌形态归纳为构造营力和时间的函数，将地貌发育划分为幼年、壮年和老年期三个阶段，从而把以往单纯从形态描述的地貌学上升为解释性地貌学。20 世纪 50 年代美国地貌学家斯瑞勒提出了面积—高程分析法，从而把戴维斯的侵蚀发育模式给予定量化，这是定量研究中的一次飞跃。随着地貌学研究向广度和深度发展，现代地貌研究以定量、过程和微观机制研究为特征。近年来，计算机技术发展迅速，应用日益广泛，促进了地理信息系统(GIS, Geographic Information Systems)的产生和发展，地貌研究中常用地理信息系统进行数字地形模型的生成及地形分析。20 世纪 70 年代后分形理论的形成与发展，为地貌形态的分析与模拟提供了新的思路与方法。随着这些相关学科的发展，并逐渐成熟地引入地貌景观研究应用的领域，无疑有助于人们对自然地貌景观特征的把握，为园林中艺术地再现自然提供理论基础。

3. 材料、技术的发展——是创新的基础和保证

近代开始了人工造石的探索。最初的人造石是用灰土塑山。现在的人工塑山以砖石砌结或以钢筋混凝土成型，外表用水泥砂浆批面，手工处理纹理，如广州动物园狮山、虎山，北京世界公园的科罗拉多大峡谷等。优秀的塑山，无论体量大小，都要求纹理细致、自然逼真、整体造型与环境协调，达到以假乱真的地步。由于水泥塑山，不仅要求塑造假山的整体轮廓造型，同时还有手塑山石的细部纹理，对施工人员的造型艺术水平要求较高。因此，难免产生一些失败的作品，有的表面处理过于平板，有的则纹理均匀整齐如同砌墙。

我国南方地区的塑山水平较高，加上气候湿润，石面润泽，而且假山塑后不久，石面便滋生青苔等，经修饰更加真假难辨，而北方气候干燥，在阳光的暴晒下，石面的水泥感更显强烈。

随着人们的不断探索，一些新型人造石也逐渐研制成功，并应用于山石景观的创作，如 GRC、FRP、CFRC 等。这些材料符合现代造型材料——高性能、多功能、复合化的特点，具有较强的表现力，在国内人工造山中的应用不过十多年的时间，虽然还不完善，还在进一步探索、改进，但从这些新的材料及技术特性中演变出完全不同于过去石材及水泥塑山材料的造型能力。由于脱模于天然山石，因而假山具有自然山石的纹理，它避免了水泥塑山手塑纹理的缺陷。同时，用这种"石块"叠山内部可使用现代建筑的钢筋混凝土框架结构，大大提高了造型能力。一些大跨度山洞，大体量的山石景观的创造成为非常普通而简单的事情。而且，由于"石块"重量轻，使得屋顶花园堆山简单易行，应用范围极为广泛。不夸张地说，这一材料独特的施工技术和造型的潜在能力，所带来的不仅是技术的革命，更重要的是艺术的革命。新材料、新技术需要一种完全不同的艺术形式与之相适应、相协调，以充分发挥新材料的优势。新材料、技术的应用，必然会给假山艺术的发展带来新的春天。

所有这一切，都为现代假山走出传统的旧框提供了契机。在现代科学技术的发展所带来的崭新的课题中，我们能够期望得到一个新型的、现代的、民族的假山艺术的导向和启示。

5.3.2　现代假山造型艺术的发展

任何艺术形式都要发展、创新，才能保持不衰的生命力。在现代假山的发展中，有以下建议。

1. 保护古典园林假山，继承、发展其艺术成就

假山作为古典园林的重要组成部分，兼大地山川的钟灵毓秀及历史文化的深厚积淀，以其独特的风格和高度的艺术水平而在世界上独树一帜。传统假山优秀的作品流传下来的较少，大部分得到保护、修复，也有的正处于修复之中。假山的修复工作应当慎重，避免面目全非。同时，挖掘、完善古典假山艺术理论，使其成为可资借鉴并部分继承的财富。展望前景，当新的现代园林体系确立之日，博大精深的古典园林艺术必然会发挥其作用，取其精华、弃其糟粕而融汇于新园林之中。

2. 探索、建构现代假山艺术的理论体系

结合古典假山艺术成就、传统山水理论、现代艺术发展的新成果、现代地貌景观方面的理论等，共同形成兼具民族特色及现代风格的假山艺术理论体系，指导山石景观的艺术创作。

3. 新形式、新内容、新风格山石景观的探索

创造新造型、新风格的假山，使假山造型艺术丰富、发展、创新。

现代艺术的研究指出，只求满足于美的经典定义并不能产生真正的艺术品。一件真正的艺术作品还要能激发兴趣，启迪深思。这些刺激源自"创新"，也就是我们视觉器官看到新的以往没有过的现象时的一种感受。大自然是创作的无穷的源泉，假山是对自然地貌的艺术再现，只有认识自然、了解自然、掌握自然规律才能产生优秀的假山作品。对自然的感受来自于融身其中的体验。没有一种手段，包括照片、录像、文字描述等能够产生流连于名山大川中的对自然的强烈的感受、理解和认识。

自然地貌千变万化，即使同一类地貌具有共同的特点，但具体到某一座山无论是山体轮廓，还是局部形态，都是独一无二的。这为人工造山提供了丰富的创作原型。

虽然古典假山限于石材及施工技术条件等，在景观的创作方面有一定的局限性，但现代施工技术及人造石材料的发展逐渐使创造多变的、丰富的山石景观成为可能。特别是对于大规模、大体量石山的创作，可从自然地貌形态特征及组合特点中汲取到创作的灵感。对于园林艺术创作的发挥来说，天地是广阔的，可谓鬼斧神工、夺天地造化。而只有自然地貌才是永恒的、唯一的创作源泉。人们对自然地貌景观规律进一步的认识、理解、掌握，必然会丰富山石景观的创作。

同时，自然地貌的形象美万象纷呈，雄、奇、险、秀、幽、奥、旷等都是形象美的表现。每一类岩石地貌都有其独特的风格。研究自然地貌的形态风格，并探究其风格形成的原因，非常有益于不同风格山石景观的创造。

4. 使新技术、新材料不断完善，并继续创新、发展

材料、技术的进步是创新的动力。任何新技术、新材料，在产生之初，总是会存在不足之处。但随着研究的深入，不断改进，必然会逐步完善。国外的 GRC 材料研制于 20 世纪 60 年代末、20 世纪 70 年代初应用于山石景观。而今，这种材料已在创造山石景观方面显示着它特有的造型能力。

5. 完善计算机假山设计技术

结合新的 GRC 等人造石技术并应用计算机进行假山辅助设计，能够避免传统的设计手法中的不足，真正做到设计中的"石块"定位，使设计真正发挥它应有的指导施工的作用，使山石景观真正体现规划设计的意图。

古典假山艺术的辉煌已经成为永远的历史，现代假山在探索的徘徊之后，必然会找到它应有的位置，进入一个新的发展时期，创造它的再次辉煌。

第6章 园林植物种植工程

四大造园要素中最为重要的植物要素在园林工程中也占有非常重要的地位，由于植物是具有生命的要素，其施工根据不同的种类需遵循不同的规程、规范。目前，指导园林植物种植工程的有相应的国家及地方规范、标准，在实际工作中应根据地方的气候环境特点进行施工，具体的步骤是根据施工图进行现场踏查、施工准备、植物栽种及后期养护管理等。本章首先介绍植物种植施工图的基本要求，然后对园林植物种植工程进行概述，最后结合不同植物类型阐述相应的种植施工要求。

6.1 种植施工图

种植施工图是植物种植施工、工程预决算、工程施工监理和验收的依据。绘制时应在整体把握植物生态习性和园林设计构思的基础上，通过图形、图线和文字的有机组合，清晰、准确地表达出种植设计的各项要求，达到直接用于指导施工的目的。种植施工图设计多是在种植扩初设计的基础上进行的，如果设计项目所涉及的面积较小，绿化内容比较简单，扩初设计与施工图设计可合二为一。

6.1.1 种植施工图的内容

1. 种植施工平面图

根据树木种植设计，在施工总平面图基础上，用设计图例绘出各种植物的具体位置和种类、数量、种植方式及株行距等。

2. 种植施工局部大样图

对于重点树群、树丛、林缘、绿篱、花坛、花卉及专类园等，可附种植大样图，表示种植平面图中表示不清的其他细部尺寸、材料和做法。如要将群植和丛植的各种树木位置画准，注明种类数量，用细实线画出坐标网，注明树木间距，并作出立面图，以便施工参考。

3. 种植施工立面图、剖面图

对于较复杂的种植设计，为表示在竖向上各园林植物之间的关系、园林植物与周围环境及地上、地下管线设施之间的关系可绘制种植施工立面图、剖面图。

4. 通过文字阐述、图形、线条所不能表达的内容

通过文字将园林种植施工图中共性的内容进行概括总结，完善施工图中图形、线条所不能表达的内容，起到提纲挈领的作用。园林种植施工图中，需要以文字阐述的内容分别为植物名录表以及种植说明。

6.1.2 种植施工平面图的基本要求与方法

根据树木种植设计，在施工总平面图基础上，用设计图例绘出各种植物的具体位置和种类、数量、种植方式及株行距等。图纸内容应包括种植定位、种植标注、植物名录表以及种植说明。园林种植施工图的深度，要达到根据图纸文件能够准确做出概预算及施工组织管理方案，并将图纸内容准确地落实到地面上，从而顺利完成整个植物种植工程。

1. 种植定位

通过图形、图线准确表达种植点的位置及种植密度、种植结构、种植范围及种植形式。将各种植物按平面图中的图例，绘制在所设计的种植位置上，并应以圆点表示出树干位置，此点即为种植点。

将针叶树、阔叶树、丛植灌木、花卉、地被、花带、绿篱、水生植物等加以区分，丛植灌木、花卉、地被、花带、绿篱、水生植物等，可先绘制种植外轮廓线，然后进行图形填充并标出其面积和名称，种植密度及种植方式在植物名录表备注中加以说明。对蔓生和成片种植的植物，用细实线绘出种植范围。针叶树可重点突出，保留的现状树与新栽的树应加以区别。同一幅图中树冠的表示不宜变化太多，花卉绿篱的图示也应简明统一，使图纸清楚、整洁、一目了然。

复层绿化时，可采用分图法将乔木和灌木分不同图纸绘制，也可在同一幅图中绘制。在同一图中表示复层绿化时，应用细线画大乔木树冠，用粗一些的线画冠下的花卉、树丛、花台等，画法是下压上，如乔木树冠下有灌木或花卉时，则画灌木或花卉，乔木的树冠可不画全。树冠的尺寸大小应以成年树为标准，如大乔木 5~6m、孤植树 7~8m、小乔木 3~5m、花灌木 1~2m，绿篱宽 0.5~1m，数量可在树冠上注明，如果图纸比例小，不易注明，可用编号的形式，在图纸上标明编号树种的名称、数量对照表。行列式种植树木要注明每两株树的间距。

单株种植的表示应从种植点作引出线，文字应由序号、树种、数量组成；群植的可标种植点亦可不标种植点，从树冠处作引出线，文字应由序号、树种、数量、株行距或每平方米株数组成，序号和苗木表中序号相对应。株行距单位为米(m)，应保留小数点后 2 位。为了使图面清晰，相同的树种在可能的情况下尽量以直线相连，并用索引符号逐树种编号(也可直接写种名而不编号)，索引符号用细实线绘制，圆圈的上半部注写植物编号或种名，下半部注写数量，应排列整齐使图面清晰。

对于较大面积的工程，一张图纸不能清晰、完整地表示全部的绿化内容，因此会有总图与分图，在总图中以较大比例尺绘制各个分图的具体位置与总体的种植设计情况，在分图中以正常比例尺绘制各小区域内的种植设计。

2. 种植标注

自然式植物种植设计图，宜用与设计平面图、地形图同样大小的坐标系确定种植位置，规则式植物种植设计图，宜相对某一原有地上物，用标注株行距的方法，确定种植位置。标明与周围固定构筑物和地下管线距离的尺寸，注明施工放线的依据。针对于现状保留树种，如属于古树名木，则要单独注明；图的比例尺为 1：100~1：500。

3. 苗木统计表

用列表方式绘制苗木统计表，并说明设计植物的编号或图例、树种名称、拉丁文名称、规格、出圃年龄和数量等。要详细注明苗木的种类或品种；苗木规格(胸径以厘米(cm)为单位，可精确到小数点后 1 位；冠径、高度以米(m)为单位，可精确到小数点后 1 位)；属观花类的要标明花色；苗木数量。目前，电脑制图软件具有相应的植物标注、数量统计等功能，使植物种植施工图的制图效率及准确率得到了很大的提高。

对于较大面积的工程，针对总图与分图，苗木统计表也有相应的总表与分表，即每一张分图上要有分表，用于说明该图纸范围内的施工量；在总图种植说明中要有总表，用于说明整个工程需要的苗木量(表 6-1)。

苗木统计表

表 6-1

编号	树种名称	学名	数量	规格		出圃年龄	备注
				干茎(cm)	高度(m)		
1	垂柳	*Salix babylonica*	4	5	—	3	
2	白皮松	*Pinus ungeana*	8	8	—	8	
3	油松	*Pinus tabulaeformis*	14	8	—	8	
4	五角枫	*Acer mono*	9	4	—	4	
5	黄栌	*Cotinus coggygna*	9	4	—	4	
6	悬铃木	*Platanus rienfalis*	4	4	—	4	
7	红皮云杉	*P. koraiensis*	4	8	—	8	
8	冷杉	*Abies cloohvlla*	4	10	—	10	
9	紫杉	*Taxus cusdidata*	8	6	—	6	
10	铺地柏	*S. procumbens*	100	—	1	2	每丛 8 株
11	卫茅	*Euonymus alatus*	5	—	—	1	
12	银杏	*Ginkgo biloba*	11	5	—	5	
13	紫丁香	*Syringa oblata*	100	—	1	3	每丛 10 株
14	暴马丁香	*Syringa reticulata var. mamdshurica*	60	—	1	3	每丛 10 株
15	黄刺玫	*Rosa xanthina*	56	—	1	3	每丛 8 株
16	连翘	*Forsythia suspensa*	35	—	1	3	每丛 7 株
17	黄杨	*Buxus sinica*	11	3	—	3	
18	水腊	*L. obtusfolium*	7	—	1	3	
19	珍珠花	*Spiraea thunberpii*	84	—	1	3	每丛 12 株
20	五叶地锦	*Parthenocissus quinquefolia*	122	—	3	3	
21	花卉	—	60	—	—	1	
22	结缕草	*Zoysia jiponica*	200	—	—	—	

4. 种植说明

种植说明是园林种植施工图的重要组成部分，它是对植物种植施工要求的详细阐述。它包括对种植设计构思的说明；栽植地区客土层的处理，客土或栽植土的土质要求；地形的要求；对选用苗木规格、苗木修剪、施工过程、后期管理等方面的具体要求；苗木供应规格发生变动的处理；以及与本工程项目中除种植施工外其他单项施工的衔接与协调，对施工中可能发生的未尽事宜的协商解决办法；与各市政设施、管理单位配合情况；非植树季节的施工要求等。

6.1.3 种植施工局部大样图

注明重点树丛、各树种关系；古树名木周围处理；复层混交林种植详细尺寸；花坛的花纹细部；与山石的关系等，图的比例尺为 1:100。要将组成树群或树丛的各种树木位置画准，品种数量用细笔注明，并用细线画出坐标网，注明树木间的距离。重点树群、树丛最好在平面大样的上部画上立面，以便于施工参考选苗。如要说明种植某一种植物时的挖坑、覆土、施肥、支撑等种植施工要求，常用比例为大于等于 1:50(图 6-1)。

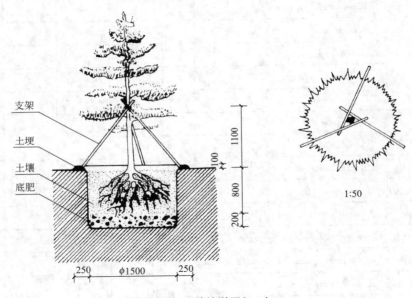

图 6-1 种植详图(mm)

6.1.4 种植施工立面图、剖面图

在竖向上标明各园林植物之间的关系、园林植物与周围环境及地上、地下管线设施之间的关系；标明施工时准备选用的园林植物的高度、体形；标明与山石的关系；图的比例尺为 1:20～1:50。

6.1.5 种植施工图实例(图 6-2、图 6-3)

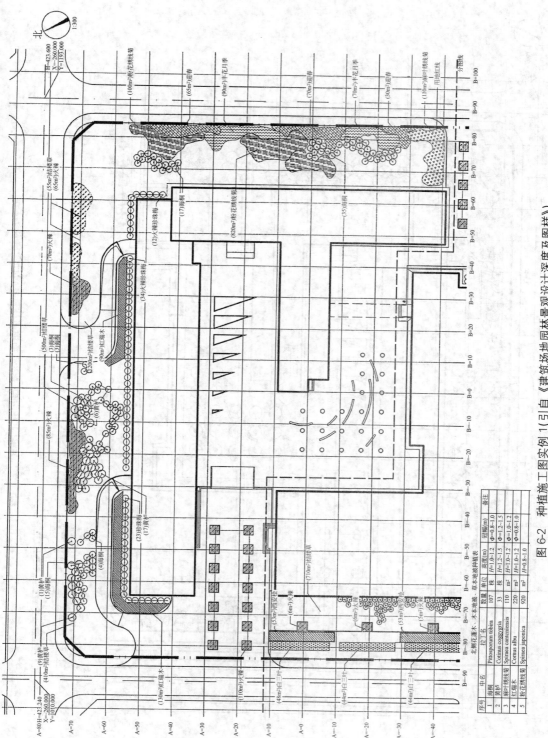

序号	中名	拉丁名	数量	单位	高度(m)	冠幅(m)	备注
1	海桐	Pittosporum tobira	107	株	H=1.0~1.2	Φ=0.8~1.0	
2	黄栌	Cotinus coggygria	33	株	H=1.2~1.5	Φ=1.2~1.5	
3	黄叶绣线菊	Spiraea cantoniensis	110	m²	H=1.0~1.2	Φ=1.0~1.2	
4	红瑞木	Cornus albu	220	m²	H=1.0~1.2	Φ=0.8~1.0	
5	粉花绣线菊	Spiraea japonica	920	m²	H=0.8~1.0		

图 6-2 种植施工图实例 1(引自《建筑场地园林景观设计深度及图样》)

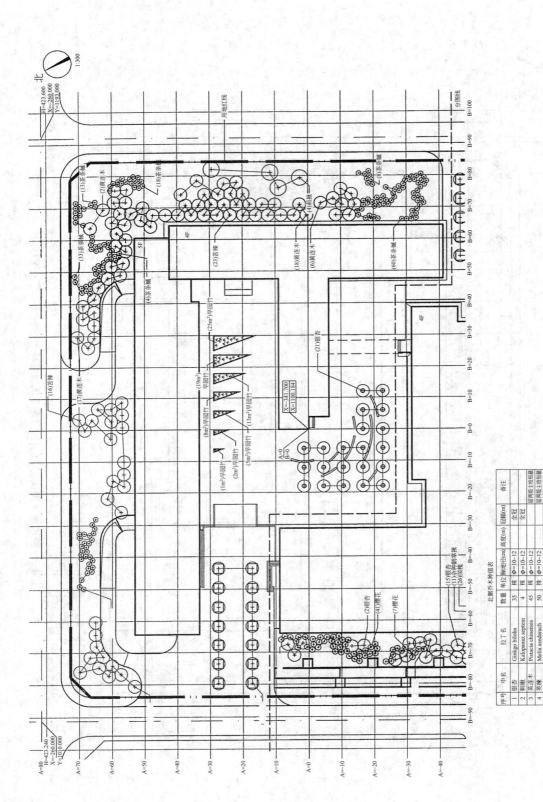

北侧乔木种值表

序号	中名	拉丁名	数量	单位	胸地径(cm)	高度(m)	冠幅(cm)	备注
1	银杏	Ginkgo biloba	35	株	$\Phi=10\sim12$		全冠	
2	刺楸	Kalopanax septum	4	株	$\Phi=10\sim12$		全冠	
3	黄连木	Pistacia chinensis	45	株	$\Phi=10\sim12$			留两级主枝短截
4	苦楝	Melia azedarach	50	株	$\Phi=10\sim12$			留两级主枝短截

图 6-3 种植施工图实例 2(引自《建筑场地园林景观设计深度及图样》)

6.2 园林植物栽植工程概述

6.2.1 相关概念

1. "栽植"

狭义"栽植"仅被理解为树木的"种植",而广义"栽植"应包括起挖、搬运、种植三个基本环节。

2. "起苗"

将树苗从某地连根(裸根或带土球并包装)起出的操作叫"起苗"。

3. "搬运"

把掘出的植株用一定的交通工具(人力或机械、车辆等)运到指定栽植地点叫"搬运"(运苗)。

4. "种植"

按要求将运来的树苗栽入适宜的土壤内的操作叫"种植"。

5. "定植"

如栽植后不再移动,长期栽植于该地,则该次栽植称为"定植"。

6. "移植"

只有在某种特殊情况下或某种特殊工程需要时,把一些树木从这一绿地搬迁到另一绿地称"移植",如大树移植。

7. "假植"

所谓"假植"是指在苗木或树木挖起或搬运后不能及时栽植时,为了保护根系、维持生命活动而采取的短期或临时的将根系埋于湿土中的措施。这项工作的好坏对保证栽植成活关系极大。

8. "绿化工程"

是指按照正式的园林设计及一定的计划安排,完成某一地区的全部或局部的绿化任务。

6.2.2 植物栽植成活的原理

要保证栽植的植物成活,必须掌握植物生长规律及其生理变化,了解植物栽植成活的原理。一株正常生长的植物,其根系与土壤密切接触,根系从土壤中吸收水分和无机盐并运送到地上部分供给枝叶制造有机物质。此时,地下部分与地上部分的生理代谢是平衡的。栽植植物时,首先要挖起,根系与原有土壤的密切关系被破坏了,即使是苗圃中经多次移植的苗木,也不可能挖起全部根系,仍会有大量的吸收根断留在土壤中,这样就降低了根系对水分和营养物质的吸收能力,而地上部分仍然不断地蒸发水分,生理平衡遭到破坏,此时,植物就会因根系受伤失水不能满足地上部分的需要而死亡。而根系断了还能再生,根系与土壤的密切关系可以通过科学的、正确的栽植技术重新建立。一切利于根系迅速恢复再生能力和尽早使根系与土壤建立紧密联系的技术措施都有助于提高栽植成活率,能做到树挪而不死。

由此可见,如何使新栽的植物与环境迅速建立密切联系,及时恢复树体以水分代谢为主的生理平衡是栽植成活的关键。这种新的平衡关系建立的快慢与树种习性、年龄时期、物候状况以及影响生根和蒸腾为主的外界因子都有着密切的关系，同时也不可忽视人的栽植技术和责任心。一般来说，发根能力和再生能力强的树种容易成活；幼、青年期的植物及处于休眠期的植物容易栽活；有充足的土壤水分和适宜的气候条件的植物成活率高。严格的、科学的栽植技术和高度的责任心可以弥补许多不利因素而大大提高栽植的成活率。

6.2.3 园林栽植工程施工原则

为了保证园林栽植工程质量，应遵循以下原则。

1. 必须符合设计要求

施工人员必须理解设计要求，熟悉设计图纸，通过设计人员的设计交底充分了解设计意图，并严格按照设计图纸进行施工。如果施工人员发现设计图纸与施工现场实际不符，则应及时向设计人员提出。如需变更设计时，必须征得设计部门的同意，决不可自行其是。同时，不可忽视施工建造过程中的再创造作用，可以在遵从设计原则的基础上，不断提高，这样才能取得最佳效果。

2. 必须熟知施工对象

必须熟知各种乔、灌木植物及花草的生物学特性和生态学特性以及施工现场的状况。不同植物对环境条件的要求和适应能力各不相同，面对不同生活习性的树木，施工人员必须了解其共性与特性，并采取相应的技术措施，才能保证植树成活和工程的高质量完成。如再生力和发根力强的植物（如杨、柳、榆、槐、连翘、丁香等）栽后容易成活，一般可裸根栽植，苗木的包装、运输可以简单些，栽植技术及管理可以粗放些。而一些常绿树种，尤其是常绿针叶树种，发根再生能力差一些，则必须带土坨栽植，管理上要求严格得多。又如土质条件好，即土层深厚、水分条件好，栽后易成活；反之如土质条件差、土层薄或碱性大的地块，则应采取相应的措施，方可提高成活率。

3. 必须选择适宜季节

适宜的植树季节就是树木所处物候状况和环境条件最利于栽植成活而所花费的人力、物力却较少的时期。植树季节决定于树木的种类、生长状态和外界环境条件。不同地区的树木的适宜种植期也不相同，同一地区，不同树种由于其生长习性不同，施工当年的气候变化和物候期也有差别。为了提高苗木的移栽成活率，降低移植和养护管理成本，应抓紧适宜的植树季节实施移栽。

确定植树时期的基本原则是要尽量减少栽植对树木正常生长的影响。最适宜的植树季节是春季萌芽前和秋季落叶后，即树木落叶后开始进入休眠期至土壤冻结前，以及树木萌芽前刚开始生命活动的时候。至于春植好还是秋植好，则须依不同树种和不同地区条件而定。具体各地区哪个时期最适合植树，要根据当地的气候特点和不同树种生长的特点来决定。同一植树季节南北方地区可能相差一个月之久，这些都要在实际工作中灵活运用。如在春旱相当严重的地区，则应考虑在雨季实施种植。我国长江以南冬季土壤基本不冻，因此冬季也可实施树木种植。在植树适宜期内，合理安排不同树种的种植顺序十分重要。原则上讲应该是发芽早的树应早栽植，发芽晚的可以推迟栽植；落叶树春栽宜早，常绿树栽植时间可晚些。同时树木经起挖、运输后，对栽植后的生长将会产生不利影响，在栽植过程中，应做到起、运、栽一条龙，即事先做好一切准备工作，创造好一切必要的条件，于最适宜的时期内，抓紧时间，随起苗，随运苗，随栽苗，环环扣紧，再加上及时的后期养护、管理工作，这样就可以提高栽植成活率。现将各季节植树的特点分述如下。

1）春季植树的特点

春季植树指自春天土壤化冻后至树木发芽前进行植树。此时树木仍处于休眠期，蒸发量小，消耗水少，栽植后容易达到地上、地下部分的生理平衡；多数地区土壤处于化冻返浆期，水分条件充足，有利于成活；土壤已化冻，便于起苗、刨坑。春植适合于大部分地区和几乎所有树种，对成活最为有利，故称春季是植树的黄金季节。但是有些地区不适合春植，如春季干旱多风的西北、华北部分地区，春季气温回升快，蒸发量大，适栽时间短，往往造成根系来不及恢复，地上部分已发芽，影响成活。另外，西南某些地区(如昆明)受印度洋干湿季风影响，秋冬、春至初夏均为旱季，蒸发量大，春植往往成活率不高。

2) 秋季植树的特点

秋季植树指树木落叶后至土壤封冻前进行植树。此时树木进入休眠期，生理代谢转弱，消耗营养物质少，有利于维持生理平衡。此时气温逐渐降低，蒸发量小，土壤水分较稳定，而且此时树体内贮存的营养物质丰富，有利于断根伤口愈合，如果地温尚高，还可能发生新根。经过一冬，根系与土壤密切结合，春季发根早，符合树木先生根后发芽的物候顺序。对于不耐寒的、髓部中空的或有伤流的树木不适宜秋植，而对于当地耐寒的落叶树的健壮大苗应安排秋植以缓解春季劳动力紧张的矛盾。

3) 夏季(雨季)植树的特点

只适合于某些地区和某些常绿树种，主要用于山区小苗造林，特别是春旱，秋冬也干旱，夏季为雨季且较长的西南地区。该地区海拔较高，夏季不炎热，栽植成活率较高，常绿树尤以雨季栽植为宜。雨季植树一定要掌握当地历年雨季降雨规律和当年降雨情况，抓住连阴雨的有利时机，栽后下雨最为理想。

4) 冬季植树的特点

在冬季土壤基本不冻结的华南、华中和华东等长江流域地区，可以冬植。以广州为例，气温最低的1月份平均气温仍在13℃以上，故无气候上的冬季，从1月份开始就可以栽植樟树、白兰花等常绿深根性树种，2月即可全面开展植树工作。在北方气温回升早的年份，只要土壤化冻就可以开始栽植部分耐寒树种。在冬季严寒的华北北部、东北大部，由于土壤冻结较深，对当地乡土树种可以利用冻土球栽植法进行栽植。

我们掌握了各个植树季节的优缺点就能根据各地条件因地、因树种制宜，恰当地安排施工时间和施工进度。

4. 必须执行技术规范

原建设部于1999年2月24日就城市绿化工程发布了《园林绿化工程施工及验收规范》(CJJ 82—2012)，其中对城市绿化中的土壤处理、种植穴挖掘、苗木的运输假植及各类苗木的种植要求，直至竣工验收作出了一系列规定。同时，全国各省、市、自治区编制了适应各省、市、自治区种植条件的有关地方规程，用以指导各地区的园林绿化工程施工管理和验收工作。必须严格执行绿化工程的操作规程进行施工和养护，确保植物的移栽成活和复壮生长。

开工之前，应该安排一定的时间，对参加施工的全体人员(或骨干)进行一次技术培训。学习本地区植树工程的有关技术规程和规范，贯彻落实施工方案，并结合重点项目进行技术练兵。

6.2.4 施工前的准备

植树工程施工前必须做好各项施工的准备工作，以确保工程顺利进行。准备工作内容包括：掌握资料、熟悉设计、现场勘察、制订方案、编制预算、材料供应和现场准备。

1. 掌握资料

开工前应掌握工程的有关资料，如工程范围、任务量、施工期限、工程投资、设计概(预)算、用地手续、上级批示、工程投资来源、工程要求等。

(1) 了解植树与其他有关工程的范围和工程量：包括了解植树、铺草坪、建花坛以及土方、道路、给水排水、山石、园林设施等的范围和工程量。

(2) 了解施工期限：包括了解工程总的进度，始、竣工日期。应特别强调植树工程进度的安排必须以不同树种的最适栽植日期为前提，其他工程项目应围绕植树工程来进行。

(3) 了解工程投资及设计概算：包括了解主管部门批准的投资数和设计预算的定额依据，以备编制施工预算计划。

2. 熟悉设计

施工单位拿到设计单位全部设计资料(包括图面材料、文字材料及相应的图表)后应仔细阅读，看懂图纸上的所有内容。并听取设计技术交底，向设计人员了解设计的指导思想、设计意图、预期所达目的或意境，以及施工完成后近期所要达到的效果，并可通过工程主管部门了解工程情况。

3. 现场勘察

在了解设计意图和工程概况之后，负责施工的主要人员必须亲自到现场进行细致的踏勘与调查。如现场有与设计不符之处时，应提交设计单位作变更设计。现场勘察一般包括：现场周围环境、施工条件、电源、水源、土源、交通道路、生活暂设的位置，以及市政、电信应配合的部门和定点放线的依据。

(1) 各种地上物(如房屋、原有树木、市政或农田设施等)的去留及须保护的地物(如：古树名木等)。要拆迁的应如何办理有关手续与处理办法。

(2) 现场内外交通、水源、电源情况，现场内外能否通行机械车辆，如果交通不便，则需确定开通道路的具体方案。

(3) 场地安排：包括施工期间生活设施(如食堂、厕所、宿舍等)及堆料场地的安排。

(4) 土壤调查：施工地段的土壤调查，以确定是否换土，估算客土量及其来源等。

(5) 施工现场地上与地下情况：向有关部门了解地上物的处理要求；地下管线分布现状；设计单位与管线管理部门的配合。

(6) 定点放线的依据：了解施工现场及附近水准点，以及测量平面位置的导线点，以便作为定点放线的依据，如不具备上述条件，则需和设计单位协商，确定一些永久性的构筑物，作为定点放线的依据。

4. 制订施工方案(或称施工组织设计)

根据工程规划设计所制订的施工计划就是施工方案，又叫"施工组织设计"或"组织施工计划"。根据绿化工程的规模和施工项目的复杂程度制订的施工方案，在计划的内容上尽量考虑得全面而细致，在施工的措施上要有针对性和预见性，文字上要简明扼要，抓住关键。施工方案由施工单位的领导部门负责制订，也可以委托生产业务部门负责制订。根据工程任务和现场情况，研究出一个基本的方案，然后由经验丰富的专人执笔，负责编写初稿。编制完成后，应广泛征求群众意见，反复修改，定稿、报批后执行。

施工方案(施工组织设计)，包括以下内容：

1）工程概况

工程名称，施工地点；设计意图；工程的意义、原则要求以及指导思想；工程的特点以及有利和不利条件；工程的内容、包括的范围、工程项目、任务量、投资预算等。

2）确定施工方法

采用人工还是机械施工，劳动力的来源，劳动力、机械、运输力应事先由专人负责联系安排好；以及是否有社会义务劳动参加，如有须确定义务劳动的来源及人数。

3）编制施工程序和进度计划

制订工程所需材料、工具、机械及运输车辆使用计划及进度表。

(1) 材料工具供应计划：了解各项工程材料的来源渠道，其中主要是苗木的出圃地点、时间及质量。根据工程进度的需要，提出苗木、工具、材料的供应计划，包括用量、规格、型号、使用期限等。

(2) 机械运输计划：了解施工所需用的机械和车辆的来源。根据工程需要提出所需用的机械、车辆，并说明所需机械、车辆的型号，日用台班数及具体使用日期。

(3) 进度计划：分单项进度与总进度，规定起止日期。

4）施工组织机构的建立

确定工程的组织领导、指挥系统、部门分工、职责范围、施工队伍的建立和任务的分工等。

(1) 参加施工的单位、部门及负责人；

(2) 需设立的职能部门及其职责范围和负责人；

(3) 明确施工队伍，确定任务范围，任命组织领导人员，并规定有关的制度和要求。

5）制定措施及制度

为确保工程质量，在制订施工方案的时候，应对植树工程的主要项目确定具体的技术质量措施和安全生产制度要求。

(1) 技术和质量措施：包括制定操作细则；施工中除遵守当地统一的技术操作规程外，还应提出本项工程的一些特殊要求及规定；确定质量标准及具体的成活率指标；进行技术交底，提出技术培训的方法；制定质量检查和验收的办法。

(2) 安全生产制度：包括建立、健全保障安全生产的组织；制定安全操作规程；制定安全生产的检查、管理办法。

绿化工程项目不同，施工方案的内容也不可能完全一样，要根据具体工程情况加以确定。另外，生产单位管理体制的改革、生产责任制、全面质量管理办法和经济效益的核定等内容，对于完成施工任务都有重要的影响，可根据本单位的具体情况加以实施。

6）现场平面布置图

对于比较大型的复杂工程，为了了解施工现场的全貌，便于对施工的指挥，在编制施工方案时，应绘制施工现场平面图。平面图上主要标明施工现场的交通路线；放线的基点，料场、库房、苗木假植、水源、电源以及生活设施(临时工棚、厕所)等的具体位置图。

7）计划表格的编制和填写

在编制施工方案时，凡能用图表或表格说明的问题，就不要用文字叙述，这样做既明确又精练，便于落实和检查。目前还没有一套统一完善的计划表格式样，各地可依据具体工程要求进行设计。表格应尽量做到内容全面，项目详细，现提供一套计划表格式样供参考，详见表 6-2～表 6-5。

工程进度计划表　　　　　　　　　　表 6-2

工程名称　　　　　　　　　　　　　　　　　　年　月　日

工程地点	工程项目	工程量	单位	定额	用工	进度			备注
						×月 ×日	×月 ×日	×月 ×日	

主管　审核　技术员　制表

工程工具材料计划表

表 6-3

工程名称　　　　　　　　　　　　　　　　　　年　月　日

工程地点	工程项目	工具材料名称	单位	规格	需用量	使用日期	备注

主管　审核　技术员　制表

工程用苗计划表　　　　　　　　　　表 6-4

工程名称　　　　　　　　　　　　　　　　　　年　月　日

苗木品种	规格	数量	出苗地点	供苗日期	备注

主管　审核　技术员　制表

机械车辆使用计划表　　　　　　　　　表 6-5

工程名称　　　　　　　　　　　　　　　　　　年　月　日

工程地点	工程项目	机械车辆名称	型号	台班	使用时间	备注

5. 编制施工预算

以设计概算为主要依据，根据工程定额和现场施工条件、当时市场价格、质量要求和采取的施工方法等合理地编制施工预算。

6. 重点材料的准备

如特殊需要的苗木、材料应事先了解来源、材料质量、价格、可供应情况。

7. 做好施工现场准备

施工现场的准备是植树工程准备工作的重要内容，这项工作的进度和质量对完成绿化施工任务影响较大，必须加以重视，但现场准备的工作量随施工场地的不同而有很大差别，应因地制宜，区别对待。包括：三通一平，搭建暂设房屋，生活设施，库房，并事先与市政、电信、公用、交通等有关单位配合好，并办理有关手续。

1) 三通一平

即接通电源、水源、修通道路及平整场地，这些是保证工程开工的必要条件。平整场地是施工现场准备的重要内容，主要包括：

(1) 清理障碍物：绿化工程用地边界确定之后，凡地界之内，有碍施工的市政设施、农田设施、房屋、树木、坟墓、堆放杂物、违章建筑等，一律应进行拆除和迁移。对这些障碍物的处理应在现场踏勘的基础上逐项落实，根据有关部门对这些地上物的处理要求，办理各种手续。凡能自行拆除的限期拆除，无力清理的，施工单位应安排力量进行统一清理。对现有房屋的拆除要结合设计要求，如不妨碍施工，可物尽其用，保留一部分作为施工时的工棚或仓库，待施工后期进行拆除。对现有树木的处理要持慎重态度，对于病虫严重的、衰老的树木应予砍伐。凡能结合绿化设计可以保留的尽量保留，无法保留的可进行移植。清除障碍物是一项涉及面很广的工作，有时仅靠园林部门不可能推动，这就必须依靠领导部门和当地居民的支持和协助。

(2) 地面土壤的整理：地形地势整理完毕之后，为了给植物创造良好的生长基地，必须在种植植物的范围内，对土壤进行整理。园林绿地的土壤条件十分复杂，因此，园林树木的整地工作既要做到严格细致，又要因地制宜。在疏林草地或栽种地被植物的树林、树群、树丛中，整地工作应分两次进行，第一次在栽植乔灌木以前，第二次则在栽植乔灌木之后、铺草坪或其他地被植物之前。

整地季节的早晚与完成整地任务的好坏有直接关系，在一般情况下，应提前整理，以便发挥蓄水保墒的作用。并可保证植树工作及时进行，这一点在干旱地区，其重要性尤为突出。一般整地应在植树前3个月以上的时期内(最好经过一个雨季)进行，如果现整现栽，效果将会大受影响。整地应结合地形进行整理，除满足树木生长发育对土壤的要求外，还应注意地形地貌的美观。

园林的整地工作，包括以下几项内容：适当整理地形翻地、去除杂物碎土、耙平、填压土壤。其方法应根据各种不同情况进行。

对于8°以下的平缓耕地或半荒地，可采取全面整地。通常翻耕30cm的深度，以利蓄水保墒。对于重点布置地区或深根性树种可翻掘50cm深，并施有机肥，借以改良土壤。平地、整地要有一定倾斜度，以利排除过多的雨水。

对于市政工程场地和建筑地区，常遗留大量灰槽、灰渣、砂石、砖石、碎木及建筑垃圾等，在整地之前应全部清除，还应将因挖除建筑垃圾而缺土的地方，换入肥沃土壤。由于夯实地基，土壤紧实，所以在整地的同时应将夯实的土壤挖松，并根据设计要求处理地形。

对于低湿地区，土壤紧实，水分过多，通气不良，土质多带盐碱，即使树种选择正确，也常生长不良。解决的办法是挖排水沟，降低地下水位，防止返碱。通常在种树前一年，每隔20m左右就挖出一条深1.5~2.0m的排水沟，并将挖起来的表土翻至一侧培成垅台，经过一个生长季，土壤受雨水的冲洗，盐碱减少了，杂草腐烂了，土质疏松，不干不湿，即可在垅台上种树。

对于人工新堆的土山，要令其自然沉降后才可整地植树，因此，通常多在土山堆成后，至少经过一个雨季，才可以进行整地。人工土山多不太大，也不太陡，又全是疏松新土，因此，可以按设计进行局部的自然块状整地。

对于荒山，要先清理地面，刨出枯树根，搬除可以移动的障碍物，在坡度较平缓、土层较厚的情况下，可以采用水平带状整地，这种方法是沿等高线整成带状的地段，故可称环山水平线整地。在干旱石质荒山及黄土或红壤荒山的植树地段，可采用连续或断续的带状整地，称为水平阶整地。

在水土流失较严重或急需保持水土，使树木迅速成林的荒山，则应采用水平沟整地或鱼鳞坑整地。

(3) 地形整理：地形整理是指从土地的平面上，将绿化地区与其他用地划分开来，根据绿化设计图纸的要求整理出一定的地形，此项工作可与清除地上障碍物相结合。对于有混凝土的地面一定要刨除，否则影响树木的成活和生长。地形整理应做好土方调度，先挖后垫，以节省投资。

地势整理主要指绿地的排水问题。具体的绿化地块里，一般都不需要埋设排水管道，绿地的排水是依靠地面坡度，从地面自行径流排到道路旁的下水道或排水明沟。所以将绿地界限划清后，要根据本地区排水的大趋向，将绿化地块适当填高，再整理成一定坡度，使其与本地区排水趋向一致。一般城市街道绿化的地形整理要比公园的简单些，主要是与四周的道路、广场的标高合理衔接，使行道树所在区域排水畅通。洼地填土或是去掉大量渣土堆积物后回填土壤时，需要注意对新填土壤分层夯实，并适当增加填土量，否则一经下雨或经自行下沉，会形成低洼坑地，而不能自行径流排水。如地面下沉后再回填土壤，则树木被深埋，易造成死株。

2) 根据需要，搭盖临时工棚

如果附近没有可利用的房屋，应搭盖工棚、食堂等必要的生活设施，安排好职工的生活。

3) 土壤改良与管理

土壤好坏影响着树木的成活，栽植地的土壤有的含有建筑废土及其他有害成分，有的是强酸性土、强碱性土、盐土、盐碱土、重黏土、砂土等，因此栽植前应对土壤进行勘探，化验理化性质和测定土壤肥力，采取相应的消毒、施肥、客土或采取改良土壤的技术措施。园林绿地土壤改良和管理的任务，是通过各种措施，来提高土壤的肥力，改善土壤结构和理化性质，不断供应园林树木所需的水分与养分，为其生长发育创造良好的条件。同时，还可以结合实行其他措施，维持地形地貌整齐美观，减少土壤冲刷和尘土飞扬，增强园林景观效果。园林绿地的土壤改良多采用深翻熟化、客土改良、培土与掺砂和施有机肥等措施。

(1) 深翻熟化

园林树木很多是深根性植物，根系活动很旺盛，因此，在整地、定植前要深翻，给根系生长创造良好条件，促使根系向纵深发展。对重点布置区或重点树种还应适时深耕，以保证树木随着树龄的增长，对肥、水、热的需要。深翻后土壤的水分和空气条件得到改善，使土壤微生物活动加强，可加速土壤熟化，使难溶性营养物质转化为可溶性养分，相应地提高了土壤肥力。

深翻的时间一般以秋末冬初为宜。深翻后经过冬季，有利于土壤风化积雪保墒；早春土壤化冻后应当及早进行深翻，此时地上部尚处于休眠期，根系刚开始活动，生长较为缓慢，但伤根后除某些树种外也较易愈合再生。但是，春季劳力紧张，往往受其他工作冲击影响此项工作的进行。

深翻的深度与地区、土质、树种、砧木等有关，黏重土壤深翻应较深；砂质土壤可适当浅耕；地下水位高时宜浅；下层为半风化的岩石时则宜加深以增厚土层；深层为砾石时，也应翻得深些，拣出砾石换好土，以免肥、水淋失；地下水位低，土层厚，栽植深根性树木时则宜深翻，反之则浅；下层有黄淤土、白干土、胶泥板或建筑地基等残存物时，深翻深度则以打破此层为宜，以利渗水。可见，深翻深度要因地、因树而异，在一定范围内，翻得越深效果越好，一般为60~100cm，最好距根系主要分布层稍深，稍远一些，以促进根系向纵深生长，扩大吸收范围，提高根系的抗逆性。

深翻后的作用可保持多年，因此，不需要每年都进行深翻。深翻效果持续年限的长短与土壤有关，一般黏土地、涝洼地翻后易恢复紧实，保持年限较短；疏松的砂壤土保持年限则长。

深翻应结合施肥、灌溉同时进行。深翻结合施肥，可改善土壤结构和理化性质，促使土壤团粒结构形成，增加孔隙度。深翻后的土壤，须按土层状况加以处理，通常维持原来的层次不变，就地耕松后掺合有机肥，再将心土放在下部，表土放在表层。有时为了促使心土迅速熟化，也可将较肥沃的表土放置沟底，而将心土覆在上面，但应根据绿化栽植的具体情况从事，以免引起不良的副作用。深翻后经过大量浇水，土壤下沉，土粒与根系进一步密接，有助于根系生长。

（2）客土栽培

园林树木有时必须实行客土栽培，主要在以下情况下进行：

树种需要有一定酸度的土壤，而本地土质不合要求，最突出的例子是在北方种酸性土植物，如栀子、杜鹃、山茶、八仙花等，应将局部地区的土壤全换成酸性土。至少也要加大栽植坑，放入山泥、泥炭土、腐叶土等，并混拌有机肥料，以符合酸性树种的要求。

栽植地段的土壤根本不适宜园林植物生长的，如坚土、重黏土、砂砾土及被有毒的工业废水污染的土壤等，或在清除建筑垃圾后仍然板结、土质不良的，这时亦应酌量增大栽植面，全部或部分换入肥沃的土壤。

（3）培土（压土与掺砂）

培土、压土与掺砂在我国南北各地区普遍采用。具有增厚土层、保护根系、增加营养、改良土壤结构等作用，在我国南方高温多雨地区，由于降雨多、土壤淋洗流失严重，多把树种在墩上，以后还大量增土。在土层薄的地区也可采用培土的措施，以促进树木健壮生长。

压土掺砂的时期，北方寒冷地区一般在晚秋初冬进行，可起保温防冻、积雪保墒的作用。压土掺砂后，土壤熟化，沉实，有利于树木的生长。

压土厚度要适宜，过薄起不到压土作用，过厚对树木生长不利，"砂压黏"或"黏压砂"要薄一些，一般厚度为5～10cm，压半风化石块可厚些，但不要超过15cm。连续多年培土，土层过厚会抑制树木根系呼吸，从而影响树木生长和发育，造成根茎腐烂，树势衰弱。所以，一般压土时，为了防止接穗生根或对根的不良影响，亦可适当扒土露出根茎，再进行培土。

（4）土壤管理

土壤管理包括松土透气、控制杂草及地面覆盖等工作。

松土透气、控制杂草：可以切断土壤表层的毛细管，减少土壤水分蒸发，防止土壤泛碱，改良土壤通气状况，促进土壤微生物活动，有利于难溶养分的分解，提高土壤肥力。同时除去杂草，可减少水分、养分的消耗，并可使游人踏紧的园土恢复疏松，改进通气和水分状态。早春松土，还可提高土温，有利于树木根系生长和土壤微生物的活动，清除杂草又可增进风景效果，减少病虫害，做到清洁美观。

松土、除草应在天气晴朗时，或者初晴之后，要选土壤不过干又不过湿时进行，才可获得最大的保墒效果。松土、除草时不可碰伤树皮，生长在地表的树木浅根，则可适当削断。

常用的方法有人工清除杂草、机械灭杂、化学除莠剂、熏杀法、地面覆盖与地被植物等。

人工清除杂草是在翻耕松土的同时，人工拣拾。这种方法劳力花费太多又非常劳累。

机械灭杂是松土使杂草种子萌发，再耕耙或铲除，以消灭之。

化学除莠法是在杂草长到10cm时，以每平方米0.2～0.4mL的除草剂量在耕翻前3～7天内施用，以便杂草将除草剂吸收并转移到地下器官，以彻底消灭杂草。等残效期过去之后（一般为两周的时间)再播种草坪草。目前，较常应用的几种除草剂有扑草净(Prometryne)、西马津(Simazine)、阿特拉津(Atrazine)、茅草枯(Dalapon)和除草醚(Nitrofen)。

熏杀法：是将高挥发性的农药施入土壤，以杀伤和抑制杂草种子和营养繁殖体。常用的熏杀剂有甲烷、棉隆和威百亩等。

地面覆盖与地被植物：利用有机物或活的植物体覆盖土面，可以防止或减少水分蒸发，减少地面径流，增加土壤有机质。调节土壤温度，减少杂草生长，为树木生长创造良好的环境条件。若在生长季进行覆盖，以后把覆盖的有机物随即翻入土中，还可增加土壤有机质，改善土壤结构，提高土壤肥力。覆盖的材料以就地取材，经济适用为原则，如水草、谷草、豆秸、树叶、树皮、锯屑、马粪、泥炭等均可应用。在大面积粗放管理的园林中还可将草坪上或树旁刈割下来的草头随手堆于树盘附近，用以进行覆盖。一般对于幼龄的园林树木或草地疏林的树木，多仅在树盘下进行覆盖，覆盖的厚度通常以3~6cm为宜，鲜草约5~6cm，过厚会有不利的影响，一般均在生长季节土温较高而较干旱时进行土壤覆盖。杭州历年进行树盘覆盖的结果证明，这样做可较对照树延迟20天抗旱。地被植物可以是紧伏地面的多年生植物，也可是一、二年生的较高大的绿肥作物，如饭豆、绿豆、黑豆、苜蓿、苕子、猪屎豆、紫云英、豌豆、蚕豆、草木樨、羽扇豆等。对地被植物的要求是适应性强，有一定的耐阴力，覆盖作用好，繁殖容易，与杂草竞争的能力强，但与树木矛盾不大。同时，还要有一定的观赏或经济价值。

6.2.5 选苗

苗木本身质量的好坏直接影响着绿化美化效果，为此苗木质量应符合苗木出圃质量标准和设计对苗木质量的要求。

1. 对苗木质量的要求

(1) 植株健壮：苗木通直圆满，枝条茁壮，组织充实，不徒长，木质化程度高。相同树龄和高度条件下，干径越粗苗木的质量越好。高径比值(系地上部分的高度与地际直径粗度之比)差距越小越好。无病虫害和机械损伤。

(2) 根系发达：根系发达而完整，主根短直，接近根茎一定范围内有较多的侧根和须根，起苗后大根系无劈裂。

(3) 顶芽健壮：具有完整健壮的顶芽(顶芽自剪的树种除外)，对针叶树更为重要，顶芽越大，质量越好。

2. 对于不同类型苗木的质量要求

(1) 乔木的质量标准：树干挺直，不应有明显弯曲，小弯曲也不得超出两处，无蛀干害虫和未愈合的机械损伤；行道树的分枝点高度应不低于2.5m；树冠丰满，枝条分布均匀，无严重病虫危害，常绿树叶色正常；根系发育良好，无严重病虫危害。

(2) 灌木的质量标准：根系发达，生长茁壮，无严重病虫危害，灌丛匀称，枝条分布合理，高度不得低于1.5m，丛生灌木枝条至少在4~5根以上，有主干的灌木主干应明显。

(3) 绿篱苗的质量标准：针叶常绿树苗高度不得低于1.2m，阔叶常绿苗不得低于50cm，苗木应树形丰满，枝叶茂密，发育正常，根系发达，无严重病虫危害。

3. 对苗木冠形和规格的要求

(1) 行道树苗木：树干高度合适；杨、柳等快长树胸径应在4~6cm，国槐、银杏、三角枫等慢长树胸径在 5～8cm(大规格苗木除外)；分枝点高度一致，具有 3～5 个分布均匀、角度适宜的主枝；枝叶茂密，树冠完整。

(2) 花灌木：高在 1m 左右，有主干或主枝 3～6 个，分布均匀，根际有分枝，冠形丰满。

(3) 观赏树(孤植树)：个体姿态优美，有特点；庭荫树干高 2m 以上；常绿树枝叶茂密，有新枝生长，不烧膛；中轴明显的针叶树基部枝条不干枯，圆满端庄。

(4) 绿篱：株高大于 50cm，个体一致，下部不秃裸；球形苗木枝叶茂密。

根据城市绿化的需要和环境条件的特点，一般绿化工程多需用较大规格的幼、青年苗木，栽植成活率高，绿化效果发挥也较快。为提高成活率，尤宜选用在苗圃经多次移植的大苗。因为经几次移植断根，再生后所形成的根系较紧凑丰满，栽植容易成活。

6.3 乔灌木栽植工程

6.3.1 定点、放线

1. 踏查现场

以设计提供的标准点或固定建筑物、构筑物等为依据，确定施工放线的总体区域。施工放线同地形测量一样，必须遵循"由整体到局部、先控制后施工"的原则，首先建立施工范围内的控制测量网，放线前要进行现场踏查，了解放线区域的地形，考察设计图纸与现场的差异，确定放线方法，并清理场地。

2. 基准点、控制点的确定

要把栽植点放得准确，首先要选择好定点放线的依据，确定好基准点或基准线、特征线，同时要了解测定标高的依据，如果需要把某些地物点作为控制点时，应检查这些点在图纸上的位置与实际位置是否相符，如果不相符，应对图纸位置进行修正，如果不具备这些条件，则须和设计单位研究，确定一些固定的地上物，作为定点放线的依据。测定的控制点应立木桩作为标记。定点放线后应由设计单位或有关人员验点，合格后方可施工。

3. 定点放线

定点放线即是在现场测出苗木栽植位置和株行距。放线时要考虑先后顺序，否则因为场地过大或施工地点分散，容易造成窝工、返工或人为踩坏已放的线。此外，定点放线的方法也有很多种，由于树木栽植方式各不相同，可根据具体情况灵活采用，现介绍几种常用的放线方法。

1) 整齐式配植的乔灌木放线法

整齐式配植的乔灌木，其树穴位置必须排列整齐，横平竖直。对于成片整齐式栽植或行道树的放线，可用仪器和皮尺定点放线，定点的方法是先将绿地的边界、园路广场和小建筑物等的平面位置作为依据，量出每株树木的位置，钉上木桩，上写明树种名称。

道路两侧成行列式栽植的树木称行道树。要求位置准确，尤其是行位必须绝对准确无误。定点时，行道树行位严格按横断面设计的位置放线，在有固定路牙的道路以路牙内侧为准；在设有路牙的道路，以道路路面的平均中心线为准，用钢尺测准行位，并按设计图规定的株距，大约每 10 棵左右，钉一个行位控制桩，通直的道路，行位控制桩可钉稀一些，凡遇道路拐弯则必须测距钉桩。行位控制桩不要钉在植树刨坑的范围内，以免施工时挖掉木桩。道路笔直的路段，如有条件，最好首尾用钢尺量距，中间部位用经纬仪照准穿直的方法布置控制桩。这样可以保证速度快，行位准。

行道树点位以行位控制桩为瞄准的依据，用皮尺或测绳按照设计确定株距，定出每棵树的株位。株位中心可用铁锹铲一小坑，内撒白灰，作为定位标记。

由于行道树位置与市政、交通、沿途单位、居民等关系密切，如遇电线杆、管道、涵洞、变压器等障碍物应遵照相关规定处理，还应注意以下情况：

(1) 遇道路急转弯时，在弯的内侧应留出 50m 的空档不栽树，以免妨碍视线。

(2) 交叉路口各边 30m 内不栽树。

(3) 公路与铁路交叉口 50m 内不栽树。

(4) 高压输电线两侧 15m 内不栽树。

(5) 公路桥头两侧 8m 内不栽树。

(6) 遇有出入口、交通标志牌、涵洞、车站电线杆尽量注意左、右对称。消火栓、下水口等都应留出适当距离，并点位定好后，必须请设计人员以及有关的市政单位派人验点之后，方可进行下一步的施工作业。

2）自然式配置的乔灌木放线法

自然式树木栽植有两种方式，一种是单株的孤植树，多在设计图上有单株的位置，应用木桩标志在树穴的中心位置上，木桩上写明树种和树穴的规格。另一种是群植，图上只标出范围而未确定株位的株丛、片林，定点放线应按设计意图保持自然的种植方式，自然式树丛用白灰线标明范围，其位置和形状应符合设计要求。树丛内的树木分布应有疏有密，不得成规则状，三点不得成行，不得成等腰三角形。树丛中应钉一木桩，标明所种的树种、数量、树穴规格。其定点放线方法一般有以下几种。

(1) 直角坐标放线法

这种方法适合于基线与辅线是直角关系的场地，根据植物配置的疏密度在设计图上按一定比例画出方格，现场与这对应地划出方格网，在图上量出某方格的纵横坐标、植物距其的尺寸，再按此位置用皮尺量在现场相对应的方格内。

(2) 仪器测放法

适用于范围较大，测量基点准确的绿地，可以利用经纬仪或平板仪，依据地上原有基点或建筑物、道路，将树群或孤植树按设计图上的位置依次定出每株的位置。当主要栽植区的内角不是直角时，可以利用经纬仪进行此栽植区边界的放线，用经纬仪放线需用皮尺、钢尺或测绳进行距离丈量。平板仪放线也叫图解法放线，但必须注意在放线时随时检查图板的方向，以免图板的方向发生变化出现误差过大。

(3) 目测法

对于设计图上无固定点的绿化栽植，如灌木丛、树群等可用上述两种方法划出树群、树丛的栽植范围，其中每株树木的位置和排列可根据设计要求在所定范围内用目测法进行定点，定点时应注意植株的生态要求并注意自然美观。

定好点后，多采用白灰打点或打桩，标明树种、栽植数量(灌木丛树群)、坑径。

3）等距弧线配置的乔灌木放线法

若树木栽植形式为一弧线，如街道曲线转弯处的行道树，放线时可从弧的开始到末尾以路牙或中心线为准，每隔一定距离分别画出与路牙垂直的直线，在此直线上，按设计要求的树与路牙的距离定点，把这些点连接起来就成为近似道路弧度的弧线，于此线上再按株距要求定出各点来。

6.3.2　乔灌木的挖掘

挖起苗木是植树工程的关键工序之一，起苗质量好坏直接影响植树成活率和最终的绿化成果。苗木原生长品质好坏是保证起苗质量的基础，但正确合理的起苗方法和时间，认真负责的组织操作，却是保证苗木质量的关键。起苗质量同时与土壤含水情况、工具锋利程度、包装材料的适用与否有关，故应于事前做好充分的准备工作。

1. 起苗前的准备工作

（1）选苗号苗：树苗质量的好坏是影响成活的重要因素之一。为提高栽植成活率、最大限度地满足设计要求，移植前必须对苗木进行严格的选择。这种选择树苗的工作称"选苗"。在选好的苗木上用涂颜色、挂牌拴绳等方法作出明显的标记，以免误掘，此工作称"号苗"。

（2）土地准备：为了便于挖掘，起苗前要调整好土壤的干湿情况，如果土质过于干燥应提前浇水浸地，起苗前1~3天可适当浇水使泥土松软，对起裸根苗来说也便于多带宿土，少伤根系。反之如土壤过湿，影响起苗操作，则应设法排水。

（3）拢冠：常绿树尤其是分枝低、侧枝分叉角度大的树种，如桧柏、龙柏、雪松等，掘前要用草绳将树冠松紧适度地围拢。这样，既可避免在掘取、运输、栽植过程中损伤树冠，又便于起苗操作。

（4）工具、材料准备：备好适用的起苗工具和材料。工具要锋利适用，材料要对路。带土球起苗用的蒲包、草绳等要用水浸泡湿透待用。

2. 起苗的时间

起苗的时间最好是在秋天落叶后或土冻前、解冻后均可，因此时正值苗木休眠期，生理活动微弱，起苗对它们影响不大，起苗时间和栽植时间最好能紧密配合，做到随起随栽。

3. 起苗规格

土球规格视树木高度、干径而定。掘取苗木时根部或土球的规格一般参照苗木的干径和高度、各地气候、土壤条件及现场的株行距来确定。一般情况下，土球的大小可按树木胸径的8~10倍左右确定，对于特别难成活的树种一定要考虑加大土球。根系或土球的纵向深度取直径的70%，一般可比宽度少5~10cm。土球的形状可根据施工方便而挖成方形、圆形、长方的半球形等。但是应注意保证土球完好。起苗时，要保证苗木根系完整。土球要削光滑，包装要严，草绳要打紧、不能松脱，土球底部要封严、不能漏土。

落叶乔木掘取根部的直径，常为乔木树干胸径的9~12倍。落叶花灌木，如玫瑰、珍珠梅、木槿、榆叶梅、碧桃、紫叶李等，掘取根部的直径为苗木高度的1/3左右。分枝点高的常绿树，掘取的土球直径为胸径的7~10倍，分枝点低的常绿苗木，掘取的土球直径为苗高的1/2~1/3。攀缘类苗木的掘取规格，可参照灌木的掘取规格，也可以根据苗木的根际直径和苗木的年龄来确定。

上述起苗规格，是根据一般苗木在正常生长状态下确定的，但苗木的具体掘取规格要根据不同树种和根系的生长形态而定。苗木根系的分布形态，基本上可分为三类。

1）平生根系

这类树木的根系向四周横向分布，临近地面，如毛白杨、雪松等。在起苗时，应将这类树木的土球或根系直径适当放大，高度适当减小。

2）斜生根系

这类树木根系斜行生长，与地面呈一定角度，如栾树、柳树等，起苗规格可基本见表6-6。

起苗规格表 表6-6

树木类别	苗木规格	掘取规格		打包方式
乔木（包括落叶和常绿高分枝单干乔木）	胸径（cm）	根系或土球直径（cm）		—
	3～5	50～60		
	5～7	60～70		
	7～10	70～80		
落叶灌木（包括丛生和单干低分枝灌木）	高度（m）	根系直径（cm）		—
	1.2～1.5	40～50		
	1.5～1.8	50～60		
	1.8～2.0	60～70		
	2.0～2.5	70～80		
常绿低分枝乔灌木	胸径（cm）	土球直径（cm）	土球高（cm）	—
	1.0～1.2	30	20	单股单轴6瓣
	1.2～1.5	40	30	单股单轴8瓣
	1.5～2.0	50	40	单股双轴，间隔8cm
	2.0～2.5	70	50	单股双轴，间隔8cm
	2.5～3.0	80	60	单股双轴，间隔8cm
	3.0～3.5	90	70	单股双轴，间隔8cm

3）直生根系

这类树木的主根较发达，或侧根向地下深度发展，如桧柏、白皮松、侧柏等，起苗时，要相应减小土球直径而加大土球高度。

4. 起苗方法

起苗的方法常有两种：裸根起苗及土球起苗。

裸根起苗：适用于大多数阔叶树在休眠期栽植。此法保存根系比较完整，便于操作，节省人力、运输和包装材料。但由于根部裸露，容易失水干燥和损伤弱小的须根。根系范围可比土球起苗稍大一些，并应尽量多保留较大根系，留些宿土。直径3cm以上的主根，需用锯锯断，小根可用剪枝剪剪断，不得用锄劈断或强力拉断。如掘出后不能及时运走，应埋土假植，并要求埋根的土壤湿润。

土球起苗：将苗木一定范围内的根系，连土掘削成球状，用蒲包、草绳或其他软材料包装起出。由于在土球范围内须根未受损伤，并带有部分原土，栽植过程中水分不易损失，对恢复生长有利。但操作较困难，费工，要耗用包装材料；土球笨重，增加运输负担，所耗投资大大高于裸根栽植。所以，凡可以用裸根栽植成活者，一般不采用带土球栽植。但目前栽植部分常绿树、竹类和生长季节栽植落叶树却不得不用此法。土球不得掘碎，铲除土球上部的表土及下部的底土时，必须换扎腰箍。土球需包扎结实，包扎方法应根据树种、规格、土壤紧密度、运距等具体条件而定，土球底部直径应不大于直径的 1/3。

6.3.3 挖栽植穴、槽

1. 穴、槽的规格

穴、槽的规格，应视土质情况和树木根系大小而定。一般规定：树穴直径和深度，应较根系或土球直径加大 15～20cm，深度加 10～15cm。树槽的宽度应在土球外两侧各加 10cm，深度加 10～15cm，如遇土质不好，需进行客土或采取施肥措施的应适当加大穴槽规格。但有的设计往往与实际种苗有差异，或大或小，此时则要作相应调整。

2. 穴、槽的开挖方法

挖穴、槽看似简单，但其质量好坏，将直接影响植株的成活和生长。挖穴、槽的主要方法有两种：一种是人工挖穴、槽，另一种是用挖坑机挖穴、槽。人工挖的主要工具是镐和锹。挖时以定点标记为圆心，按规定的尺寸，先在地面上用白灰或用锹画圆，然后沿圆四周垂直向下挖掘，穴、槽壁要平滑，挖到规定的深度，上下口要垂直一致，切勿挖成上大下小或上小下大，以免植物根系不能舒展或填土不实。挖坑机的种类很多，必须选择规格合适的。操作时轴心一定要对准定点位置，挖至规定深度，平整穴、槽底，必要时可加以人工辅助修整。

挖出的表土和底土、好土、坏土分别置放。回填时，上层表土因含有机质多应先回填至穴、槽下层养根，而底层生土可填回至穴、槽上层。如栽植绿篱则应挖沟，而不是挖单穴、槽。为行道树挖穴时，土应堆于与道路平行的树行两侧，不要堆在行内，以免影响栽树时瞄直的视线。

在新垫土方地区挖树穴、槽，应将穴、槽底部踏实。在斜坡挖穴、槽应先将斜坡整成一个小平台，然后在平台上挖穴，深度以坡的下沿口开始计算。在低洼地坡底刨穴要适当填土深刨。

挖植树穴、槽时遇障碍物，如市政设施、电信、电缆等应先停止操作，请示有关部门解决。如是自然式配置的树穴，可与设计人员协商，适当改动位置。

挖穴、槽后，应施入腐熟的有机肥作为基肥，在土层干燥地区应于栽植前浸穴。

6.3.4 栽植土壤要求

土壤好坏影响着树木的成活，对于土壤的处理详见相关内容。

栽植树木所必需的最低土层应视树木规格大小而定，一般较树木根系至少加深 30～40cm 以上。园林植物生长所必需的最低栽植土层厚度应符合表 6-7 的规定。

园林植物栽植必需的最低土层厚度表

表 6-7

植被类型	草本花卉	草坪地被	小灌木	大灌木	浅根乔木	深根乔木
土层厚度（cm）	30	30	45	60	90	150

为供给树木养分，促进发育生长，可掺入部分腐殖土，改良土壤结构和增加肥力，一般可掺入1/5 或 1/4 的腐殖土。也可采取施肥措施，施肥所需肥料应是经过充分腐熟的有机肥。根据树木规格、土壤肥力、有机肥效高低等因素而定施肥量。施肥的方法是将有机肥搅碎、过筛，与细土拌匀，平铺穴、槽底，上面覆 10cm 厚的栽植土。

6.3.5 装运、卸苗和假植

苗木的装运、卸苗与假植的质量，也是影响植树成活的重要环节，实践证明"随掘随运随栽"对植树成活率最有保障，可以减少树根在空气中暴露的时间，对树木成活大有益处。装、运、卸和假植苗木的各环节均应保护好苗木，轻拿、轻放，必须保证根系和土球的完好，严禁摔坨。

1. 装运

1) 装车前的检验

运苗装车前须仔细核对苗木的品种、规格、质量等，凡不符合要求的应由苗圃方面予以更换（表 6-8）。

待运苗的质量要求最低标准表   表 6-8

苗木种类	质量要求
落叶乔木	树干：主干不得过于弯曲，无蛀干害虫，有明显主轴树种应有中央领导枝
	树冠：树冠茂密，各方向枝条分布均匀，无严重损伤及病虫害
	根系：有良好的须根，大根不得有严重损伤，根际无肿瘤及其他病害。带土球的苗木，土球必须结实，捆绑的草绳不松脱
落叶灌木或丛木	灌木有短主干或丛灌有主茎 3～6 个，分布均匀；根际有分枝，无病虫害，须根良好
常绿树	主干不弯曲、无蛀干害虫，主轴明显的树种必须有领导干。树冠匀称茂密，有新生枝条，不烧膛；土球结实，草绳不松脱

2) 装运裸根苗

(1) 装运乔木时应顺序码放整齐，树根朝前，树梢向后。

(2) 车厢内应铺垫草袋、蒲包等物，以防碰伤树皮。

(3) 树梢不得拖地，必要时要用绳子围拢吊起来，捆绳子的地方需用蒲包垫上。

(4) 装时将树干加垫、捆牢，树冠用绳拢好。

(5) 长途运输应注意保持根部湿润，一般可采取沾泥浆、喷保湿剂和用苫布遮盖等方法。

(6) 装车不要超高，不要压得太紧。

3) 装运带土球苗

(1) 装带土球苗木，应将土球放稳、固定好，不使其在车内滚动，1.5m 以下苗木可以立装，高大的苗木必须放倒，土球向前（朝车头），树梢向后并用木架将树冠架稳。

(2) 土球直径大于 60cm 的苗木只装一层，小土球可以码放 2～3 层，土球之间必须排码紧密以防摇摆。

(3) 土球上不准站人和放置重物。

(4) 装绿篱苗时最多不得超过三层，以免压坏土球。

4) 苗木运输

运输过程应保护好苗木，要配备押运人员，装运超长、超宽的苗木要办理超长、超宽手续。押运人要和司机配合好，经常检查苫布是否漏风。短途运苗中途不要休息，长途行车必要时应洒水浸湿树根，休息时应选择荫凉之处停车，防止风吹日晒。

2. 苗木卸车

卸车时要爱护苗木，轻拿轻放。裸根苗要顺序拿取，不准乱抽，更不可整车推下，并按品种规格码放整齐。带土球苗卸车时不得提拉树干，而应双手抱土球轻轻放下。较大的土球最好用起重机卸车，但必须保证土球完好，拴绳必须拴住土球，严禁捆树干、吊树干。若没有条件时应事先准备好一块长木板从车厢上斜放至地，将土球自木板上顺势慢慢滑下，但绝不可滚动土球以免散球。

3. 苗木假植

所谓"假植"是指在苗木或树木掘起或搬运后不能及时栽植时，为了保护根系、维持生命活动而采取的短期或临时的将根系埋于湿土中的措施。这项工作的好坏对保证栽植成活关系极大。

假植场地应距施工现场较近，且交通方便，水源充足，地势高燥、不积水。假植树木量较多时，应按树种、规格分门别类集中排放，便于假植期间养护管理和日后运输。较大树木假植时，可以双行成一排，株距以树冠侧枝互不干扰为准，排间距保持在6～8m间，以便通行运输车辆。树木安排好后，在土球下部培土，至土球高度的1/3处左右，并用铁锹拍实，切不可将土球全部埋严，以防包装材料腐朽。必要时应立支柱，防止树身倒歪，造成树木损伤。

假植期间，要经常喷水保持土球和叶面潮湿，以保持树体水分代谢平衡。随时检查土球包装材料情况，发现腐朽损坏的应及时修整，必要时应重新打包。要注意防治病虫害。加强围护看管，防止人为破坏。一旦栽植条件具备，则应立即栽植。

(1) 裸根苗短期假植：可以平放地面，覆土或盖湿草即可，也可在距栽植地较近的荫凉背风处，先挖一浅横沟约2～3m长，后立排一行苗木，紧靠苗根再挖一同样的横沟，并用挖出来的土将第一行树根埋严，逐层覆土，将根部埋严。挖完后再码一行苗，如此循环直至将全部苗木假植完。如假植时间过长，则应适量浇水，保持土壤湿润。

(2) 裸根苗较长时间假植：可事先在不影响施工的地方挖好30～40cm深、1.5～3m宽，长度视需要而定的假植沟，将苗木分类排码，码一层苗木，根部埋一层土，全部假植完毕以后，还要仔细检查，一定要将根部埋严，不得裸露。若土质干燥还应适量浇水，保证树根潮湿。

(3) 带土球的苗木，运到工地以后，如能很快栽完则可不假植，如一两天内不能栽完，应选择不影响施工的地方(应尽量集中)，将苗木直立码放整齐，四周培土，将土球垫稳、码严，周围用土培好，树冠之间用草绳围拢。假植时间较长者，土球间隔也应填土。

6.3.6 修剪

树木修剪是为平衡树势，培养树形，保持水分代谢的平衡，提高植树成活率，除掉病虫枝条。修剪时应在保证树木成活的前提下，尽量照顾不同品种树木自然生长规律和树形。修剪的方法一般采取疏枝和短截。

1. 乔木类修剪

树木的根部和高大落叶乔木树冠的修剪，均应在散苗后栽植前进行，一般剪去劈、裂、断根、断枝、过长根、徒长枝和病虫根、枝，并应符合下列规定：

(1) 具有明显主干的高大落叶乔木应保持原有树形，适当疏枝，对保留的主侧枝应在健壮芽上短截，可剪去枝条的1/5～1/3。

(2) 无明显主干、枝条茂密的落叶乔木，对干径10cm以上树木，可疏枝保持原树形；对干径为

5～10cm 的苗木，可选留主干上的几个侧枝，保持原有树形进行短截。

(3) 枝条茂密具圆头形树冠的常绿乔木可适量疏枝。枝叶集生树干顶部的苗木可不修剪。具轮生侧枝的常绿乔木用作行道树时，可剪除基部的 2～3 层轮生侧枝。

(4) 常绿针叶树，不宜修剪，只剪除病虫枝、枯死枝、劈、裂、断枝条和疏剪过密、重叠、轮生枝和下垂枝。剪口处留 1～2cm 小木橛，不得紧贴枝条基部剪去。

(5) 用作行道树的乔木，定干高度宜大于 3m，第一分枝点以下枝条应全部剪除，分枝点以上枝条酌情疏剪或短截，并应保持树冠原形。

(6) 珍贵树种的树冠宜作少量疏剪。

2. 灌木类修剪

灌木类修剪应符合下列规定：

(1) 带土球或湿润地区带宿土裸根苗木及上年花芽分化的开花灌木不宜作修剪，当有枯枝、病虫枝时应予以剪除。

(2) 枝条茂密的大灌木，可适量疏枝。

(3) 对嫁接灌木，应将接口以下砧木萌生枝条剪除。

(4) 分枝明显、新枝着生花芽的小灌木，应顺其树势适当强剪，促生新枝，更新老枝。

(5) 用作绿篱的乔灌木，除根部修剪在栽植前进行外，树冠部分应在栽植、洒二遍水扶直后按设计要求进行整形修剪。

3. 苗木修剪质量规定

(1) 剪口要平整：要求剪口平滑整齐，不劈不裂，不撕破树皮，以使剪口能较快愈合。

(2) 短截剪口部位要合格：短截剪口部位要根据树木具体情况而定。要选择萌发抽条的方向符合今后树形要求的芽，应留外芽，定为剪口芽，剪口应距留芽位置 1cm 以上，剪口要成 45°斜面。

(3) 疏枝剪口部位要正确：需要疏枝的枝条一般可分为两类，一类是弱枝、枯枝、一年生枝，这类枝条弱小，疏枝剪口也较小，可齐枝条的着生部位剪除。另一类是粗壮大枝，疏枝剪口较大，切口部位要与主枝相适合，如紧贴主枝剪除，则会扩大切口面积，影响主枝生长。

如距离主枝较远，则留有残枝桩，不易愈合。因此，切口要微靠大枝，左右对称不歪斜，不留残枝桩。

(4) 修剪时应先将枯干及带病、破皮、劈裂的枝条剪除，过长的徒长枝应加以控制，较大的剪口、伤口应涂抹防腐剂。

(5) 高大乔木应于栽前修剪，小苗灌木可于栽后修剪。

6.3.7 栽植

栽植的程序和方法如下。

1. 散苗

将苗木按设计图纸或定点木桩，散放在定植坑(穴)旁边，称"散苗"。散苗时应注意：

(1) 必须保证位置准确，按图散苗，细心核对，避免散错。带土球苗木可置于穴内或穴边，裸根苗应根朝下置于坑内。对有特殊要求的苗木，应按规定对号入座，不许搞错。

(2) 保护苗木植株与根系不受损伤，带土球的常绿苗木更要轻拿轻放。应边散边栽，减少苗木暴露时间。

(3) 作为行道树、绿篱的苗木应于栽植前量好高度，按高度分级排列，以保证邻近苗木规格基本一致，并应与道路平行散放。

(4) 在假植沟内取苗时应顺序进行，取后及时用土将剩余苗的根部埋严。

(5) 散苗最好两人一组，一人扶苗，一人埋土，埋土时先将表土回填，填至一半时要踩实一次，后再埋土，直至最后填满。坡地可采用鱼鳞穴式栽植。

2. 栽苗

散苗后将苗木放入坑内扶直，提苗到适宜深度，分层埋土压实、固定的过程称"栽苗"。

(1) 埋土前必须仔细核对设计图纸，看树种、规格是否正确，若发现问题应立即调整。同时，应检查栽植穴、槽是否合格，植株根系是否完好，如主根太长可以剪除一部分，侧根、须根必要时才剪除。

(2) 树形及长势最好的一面应朝向主要观赏方向；平面位置和高程必须与设计规定相符，栽植苗木的本身应保持与地面垂直，不得倾斜，如果树干有弯曲，其弯向应朝向当地的主风方向。

(3) 成块栽植或群植时，应由中心向外顺序退植。坡式栽植时应由上向下栽植。大型块植或不同彩色丛植时，宜分区分块栽植。

(4) 规则式栽植要横平竖直，相邻植株规格应合理搭配，高度、干径、树形近似，树木应在一条直线上，不得相差半树干，最好用尺量距先栽标杆树(约20株的距离定植一株)，三点一线，以标杆树为瞄准依据。遇有树弯时方向应一致，行道树一般与路平行。树木高矮上，相邻两株不得相差超过30cm。

(5) 栽植深度对成活率影响很大，一般应与原土痕平齐。乔木不得深于原土痕10cm；带土球树种不得超过5cm；灌木及丛木不得过浅或过深。不可太深，太深了地温上不来，影响根系发育；也不可太浅，太浅了容易斜倒。

(6) 栽裸根苗最好每3人为一个作业小组，1人负责扶树、找直和掌握深浅度，2人负责埋土。栽种时，应将栽植穴底填土呈半圆土堆，将根部舒展、铺平，不得窝根，妥善安放在坑内新填的底土层上，直立扶正。待填土至一半时，将苗木轻轻提拉到深度合适为止，但不得错位，使根与土壤密接，并保持树身直立、不得歪斜，树根呈舒展状态，然后将回填坑土踩实或夯实，最后用余土在树坑外缘培起浇水堰。

(7) 栽植带土球苗木，必须先量好坑的深度与土球的高度是否一致。若有差别应及时将树坑挖深或填土，必须保证栽植深度适宜。土球入坑定位，安放稳当后，应尽量将包装材料全部解开取出，即使不能全部取出也要尽量松绑，应将包装物尽量压至穴的底部，以免影响新根再生。回填土时必须随填土随夯实，但不得夯砸土球，最后用余土围好浇水堰。

(8) 栽植绿篱的株行距应均匀，树形丰满的一面应向外，按苗木高度、树干大小搭配均匀。在苗圃修剪成形的绿篱，栽植时应按造型拼栽，深浅一致。

(9) 定植完毕后应与设计图纸详细核对，确定没有问题后，可将捆拢树冠的草绳解开。

(10) 珍贵树种应采取树冠喷雾、树干保湿和树根喷布生根激素等措施。

3. 非栽植季节栽植

绿化施工很少单独存在，往往和其他工程交错进行。有时，需要待建筑物、道路、管线工程建成后才能植树，一般按工程顺序进行，完工时不一定是植树的适宜季节。此外，对于一些重点工程，为了及时绿化早见效果往往也在非适宜季节植树。为保证树木的成活，在非适宜季节植树应采取以下措施：

(1) 苗木必须提前采取疏枝、环状断根或在适宜季节进行起苗、包装，用容器假植等处理措施。

(2) 苗木应进行强修剪，剪除部分侧枝，保留的侧枝也应疏剪或短截，并应保留原树冠的三分之一，同时必须加大土球体积。可摘叶的应摘去部分叶片，但不得伤害幼芽。

(3) 选择当日气温较低时或阴雨天进行移植，一般可在下午5点以后移植。

(4) 应采取带土球移植，于早春树木未萌芽时带土球掘好苗木，并适当重剪树冠，所带土球的大小规格可仍按一般规定或稍大，但包装要比一般的加厚、加密。包装好后运至施工现场附近进行假植。先装入较大的箩筐中；土球直径超过1m的应改用木桶或木箱，并进行养护待植。

(5) 各工序必须紧凑，尽量缩短根系暴露时间，随掘、随运、随栽、随浇水。

(6) 夏季可搭栅遮荫、树冠喷雾、树干保湿，保持空气湿润；冬季应防风防寒。

(7) 干旱地区或干旱季节，栽植裸根树木应采取根部喷布生根激素、增加浇水次数等措施。针叶树可在树冠喷洒聚乙烯树脂等抗蒸腾剂。

(8) 对排水不良的栽植穴，可在穴底铺10~15cm厚的砂砾或铺设渗水管、盲沟，以利排水。

(9) 常绿树的栽植，应选择春梢已停，二次梢未发的树种，起苗时应带较大的土球，对树冠进行疏剪或摘掉部分叶片。做到随掘、随运、随栽，及时多次浇水，并经常进行叶面喷水，晴热天气应结合遮荫。易日灼的地区，树干裸露者应用草绳进行卷干，入冬注意防寒。

(10) 落叶树的栽植，选春梢已停长的树种，疏剪尚在生长的徒长枝以及花、果。对萌芽力强、生长快的乔、灌木可以进行重剪，最好带土球移植。如果裸根移植，应尽量保留中心部位的心土。尽量缩短起(掘)、运、栽的时间，保湿护根，栽后为尽快促发新根，可灌溉一定浓度的(0.001%)生长素。晴热天气，树冠枝叶应遮荫喷水，易日灼地区应用草绳卷干。适当追肥，剥除蘖枝芽，应注意伤口防腐。剪后晚发的枝条越冬性能差，当年冬季应注意抗寒。

总之，栽植的关键要掌握一个"快"字，事先做好一切必要的准备工作，随掘、随运、随栽，环环相扣，争取在最短的时间内完成栽植工作。栽后应及时多次浇水，并经常进行叶面喷水。入冬加强防寒，方可保证成活。

6.3.8 验收前的养护管理

植树工程按设计要求定植完毕后，为了巩固绿化成果，提高植树成活率，还必须加强养护管理工作。

1. 立支柱

高大的树木，特别是带土球栽植的树木应当立支柱，这在多风的地方尤其重要。

支柱的材料，各地有所不同。不同地区可根据需要和条件运用适宜的支撑材料，既要实用也要注意美观。支柱的绑扎方法有直接捆绑与间接加固两种。直接捆绑是先用草绳把与支柱接触部位的树干缠绕几圈，以防支柱磨伤树皮，然后再立支柱，并用草绳或麻绳捆绑牢固。立支柱的形式多种多样，应根据需要和地形条件确定，可采取单支柱法、双支柱法、三支柱法或四支柱法，一般支柱立于土堰以外，深埋 30cm 以上，将土夯实，支柱的方向一般均迎风。支柱下部应深埋地下，支点尽可能高一些。树木绑扎处应垫软物，严禁支柱与树干直接接触，以免磨坏树皮。支柱立好后树木必须保持直立。间接加固主要用粗橡胶皮带将树干与水泥杆连接牢固，水泥杆应立于上风方向，并注意保护树皮、防止磨破。

2. 开堰、作畦

开堰：单株树木定植埋土后，在植树坑(穴)的外缘用细土培起 15～20cm 高的土埂，称"开堰"。土堰内边应略大于树穴、槽 10cm 左右。筑堰应用细土筑实，防止漏水。

作畦：株距很近、联片栽植的树木，如绿篱、色块、灌木丛等可将几棵树或呈条、块栽植的树木联合起来集体围堰，称"作畦"。作畦时必须保证畦内地势水平，确保畦内树木吃水均匀，畦壁牢固、不跑水。

3. 浇水

水是保证植树成活的重要条件，定植后必须连续浇灌几次水，尤其是气候干旱、蒸发量大的地区更为重要。

树木定植后必须连续浇灌三次水，以后视情况而定。第一次浇水应于定植后 24h 之内，称头水。浇头水的主要目的是通过浇水将土壤缝隙填实，保证树根与土壤紧密结合，故亦称为压水。水量不宜过大、过急，浸入坑土 30cm 上下即可，主要目的是通过浇水使土壤缝隙填实，保证树根与土壤紧密结合。在第一次浇水后，应检查一次，发现树身倒歪应及时扶正，树堰被冲刷损坏之处及时修整。然后再第二次浇水，水量仍以压土填缝为主要目的。第二次浇水距第一次浇水时间为 3～5 天，浇水后仍应扶直整堰。第三次浇水距第二次浇水 7～10 天，此次要浇透灌足，即水分渗透到全坑土壤和坑周围土壤内，水浸透后应及时扶直。

浇水时应防止因水流过急冲刷裸露根系或冲毁围堰，造成跑漏水。浇水渗下后，应及时用围堰土封树穴。每次浇水后均应整堰、堵漏、培土、扶直树干，一定要加强围护，用围栏、绳子围好，以防人为损害，必要时派人看护。秋季栽植的树木，浇足水后可封穴越冬。

4. 其他养护管理

(1) 围护：树木定植后一定要加强管理，避免人为损坏，这是保证城市绿化成果的关键措施之一。即使没有围护条件的地方也必须派人巡查看管，防止人为破坏。

(2) 复剪：定植树木一般都加以修剪，定植后还要对受伤枝条和栽前修剪不够理想的枝条进行复剪。

(3) 清理施工现场：植树工程竣工后(一般指定植灌完三次水后)，应将施工现场彻底清理干净，其主要内容为：

① 封堰：第三次水后可封堰，以免蒸发和土表开裂透风。单株浇水的应将树堰埋平，即将围堰土埂平整覆盖在植株根际周围。土中如果含砖石杂质等物应拣出，否则影响下一次开堰。封堰土堆应稍高于地面，使在雨季中绿地的雨水能自行径流排出，不在树下堰内积水。秋季植树应在树基部堆成 30cm 高的土堆，以保持土壤水分，并保护树根，防止风吹摇动，以利成活。

② 整畦：大畦浇水的应将畦埂整齐，畦内进行深中耕。

③ 清扫保洁：全面清扫施工现场，将无用杂物处理干净，并注意保洁，真正做到场光地净、文明施工。

6.3.9 验收、移交

植树工程竣工后，即可请上级领导单位或有关部门检查验收，交付使用。验收的主要内容为是否符合设计意图和植树成活率的高低。

设计意图是通过设计图纸直接表达的，施工人员必须按图施工，若有变动应查清原因。成活率是验收合格的另一重要指标。所谓"成活率"，就是定植后成活树木的株数与定植总株数的比例，其计算公式为：

$$成活率(\%) = 定期内定植苗发芽株数/定植总株数 \times 100\%$$

对成活率的要求各地区不尽相同，南京要求一般不低于95%。

这里必须说明，当时发芽了的苗木绝不等于已成活，还必须加强后期养护管理，争取最大的存活率。

经过验收合格后，签订正式验收证书，即移交给使用单位或养护单位进行正式的养护管理工作。至此，一项植树工程宣告竣工。

6.3.10 后期养护管理

新植植物浇三遍水后转入后期养护，应固定专人负责。主要项目包括：灌溉与排水、中耕除草、施肥、修剪整形、防护设施、防寒和看管维护。

1. 灌溉与排水

各类绿地，应有各自完整的灌溉与排水系统。对新栽植的树木应根据不同树种和不同立地条件进行适期、适量的灌溉，应保持土壤中的有效水分。对已栽植成活的树木，在久旱或立地条件较差、土壤干旱的环境中也应增加浇水次数并及时进行灌溉，对水分和空气湿度要求较高的树种，须在清晨或傍晚进行灌溉，有的还应适当地进行叶面喷雾。黏性土壤，宜适量浇水，根系不发达树种，浇水量宜较多；肉质根系树种，浇水量宜少。干热风季节，应对新发芽放叶的树冠喷雾，宜在上午10时前和下午15时后进行。灌溉前应先松土。夏季灌溉宜早、晚进行，冬季灌溉选在中午进行。灌溉要一次浇透，尤其是春、夏季节。树木周围暴雨后积水应及时排除，新栽树木周围积水尤应尽快排除。

2. 中耕除草

乔木、灌木下的大型野草必须铲除，特别对树木危害严重的各类藤蔓，例如菟丝子等。树木根部附近的土壤要保持疏松，易板结的土壤，在蒸腾旺季须每月松土一次。中耕除草应选在晴朗或初晴天气，土壤不过分潮湿的时候进行。中耕深度以不影响根系生长为限。

3. 施肥

树木休眠期和栽植前，需施基肥。树木生长期施追肥，可以按照植株的生长势进行。花灌木应在花前、花后进行。果木应按有关果木种类不同的养护技术要求进行。

施肥量应根据树种、树龄、生长期和肥源以及土壤理化性状等条件而定。一般乔木胸径在15cm以下的，每3cm胸径应施堆肥1.0kg，胸径在15cm以上的，每3cm胸径应施堆肥1.0~2.0kg。树木青壮年期欲扩大树冠及观花、观果植物，应适当增加施肥量。

乔木和灌木均应先挖好施肥环沟，其外径应与树木的冠幅相适应，深度和宽高均为25~30cm（图6-4）。

(*a*)   (*b*)   (*c*)   (*d*)

图6-4 开沟施肥法

(*a*)环沟施肥；(*b*)断续环沟施肥；(*c*)放射状沟施肥；(*d*)三点穴施肥

施用的肥料种类应视树种、生长期及观赏等不同要求而定。早期欲扩大冠幅，宜施氮肥，观花观果树种应增施磷、钾肥。注意应用微量元素和根外施肥的技术，并逐步推广应用复合肥料。

各类绿地常年积肥应广开肥源，以积有机肥为主。有机肥应腐熟后施用。施肥宜在晴天。除根外施肥外，肥料不得触及树叶。

4. 修剪、整形

树木应通过修剪调整树形，均衡树势，调节树木通风透光和肥水分配，调整植物群落之间的关系，促使树木生长茁壮。各类绿地中乔木和灌木的修剪以自然树形为主。凡因观赏要求可根据树木生长发育的特性对树木整形，将树冠修成一定形状。

乔木类：主要修除徒长枝、病虫枝、交叉枝、并生枝、下垂枝、扭伤枝以及枯枝和烂头。行道树主杆要求3.2m高；遇有架空线者应按杯形修剪(悬铃木按"三主六枝十二叉"杯形修剪)；树冠圆整，分枝均衡；树冠幅度，不宜覆盖全部路面，道路中间高空宜留有散放废气的空隙。

灌木类：灌木修剪应使枝叶茂繁，分布匀称；花灌木修剪，要有利于促进短枝和花芽形成，修剪应遵循"先上后下，先内后外，去弱留强，去老留新"的原则进行。

绿篱类：绿篱修剪，应促其分枝，保持全株枝叶丰满；也可作整形修剪，特殊造型绿篱应逐步修剪成形。

修剪时，切口都必须靠节，剪口应在剪口芽的反侧呈45°倾斜；剪口要平整，应涂抹园林用的防腐剂。对过于粗壮的大枝应采取分段截枝法，防扯裂，操作时必须保证安全。

休眠期修剪以整形为主，可稍重剪；生长期修剪以调整树势为主，宜轻剪。有伤流的树种应在夏、秋两季修剪。

5. 防护设施

(1) 围栏：为防止人畜或车辆碰撞树木，可在不影响游览、观赏和景观的条件下，在树木周围用各种栏栅、绿篱或其他措施围栏，兽类笼舍内的树木，必须选用金属材料制成防护罩。

(2) 预防风暴：高大乔木在风暴来临前夕，应以"预防为主，综合防治"为原则，对树木存在根浅、迎风、树冠庞大、枝叶过密以及立地条件差等实际情况分别采取立支柱、绑扎、加土、扶正、疏枝、打地桩等六项综合措施。预防工作应提前做好。

立支柱：在风暴来临前夕，应逐株检查，凡不符合要求的支柱及其扎缚情况应及时改正。

绑扎：是一项临时措施，宜采用8号镀锌钢丝或绳索绑扎树枝，绑扎点应衬垫橡皮，不得损伤树枝；另一端必须固定；也可多株树串联起来再行固定。

加土：穴、槽内的土壤，出现低洼和积水现象时，必须在风暴来临前加土，使根茎周围的土保持馒头状。

扶正：一般在树木休眠期进行；但对树身已严重倾斜的树株，应在风暴侵袭前立支柱，绑扎镀锌钢丝等，待风暴过后做好扶正工作。

疏枝：根据树木立地条件、生长情况，尤其是和架空线有碰撞可能的枝条以及过密的树枝，应采用不同程度的疏枝或短截。

打地桩：是一项应急措施。主要针对迎风里弄口等树干基部横置树桩，利用人行道边的侧石，将树桩截成与树干和侧石之间距离相等的长度，使树桩一端顶住树干基部，一头顶在侧石上。在整个风暴季节，还应随时做好检查、修补工作。

(3) 抢救工作：风暴来临时，应将已倒伏而影响交通的树木顺势拉到人行道上，并及时修剪树冠部分枝条。风暴后，应分轻重缓急进行抢救，首先抢救在市区和郊区主干道上妨碍交通的和将倒伏的植株；对于就地抢救难以成活的树木，应将树冠强截后移送苗圃栽种养护。并及时拆除有碍交通、观瞻的加固物。

6. 防寒

凡易受冻害的树木，冬季应采取根际培土、主干包扎等防寒措施。枝叶积雪时应及时清除；有倒伏危险的树木应竖立支柱支撑保护。

6.4 大树移植工程

6.4.1 前期准备工作

1. 办好相应手续

对需要移植的树木，应根据有关规定办好所有权的转移及必要的手续。做好施工所需工具、材料、机械设备的准备工作。施工前请交通、市政、公用、电信等有关部门到现场，配合排除施工障碍并办理必要手续。

2. 掌握相应情况

(1) 树木与建筑物、架空线，共生树木间距等是否具备施工、起吊、运输的条件。

(2) 品种、规格、定植时间、历年养护管理情况，目前生长情况、发枝能力、病虫害情况、根部生长情况(对不易掌握的要作探根处理)。

(3) 栽植地的土质、地下水位、地下管线等环境条件是否适宜移植树木的生长。

(4) 对土壤含水量、pH值、理化性状进行分析。

3. 制订移植方案

根据所移植树木的品种和施工的条件，制订移植方案，其主要项目为：栽植季节、切根处理、栽植、修剪方法和修剪量、挖穴、挖运、技术、支撑与固定、材料机具准备、养护、管理、应急抢救及安全措施等。

4. 选择和处理土壤

要选择通气、透水性好，有保水保肥能力，土内水、肥、气、热状况协调的土壤。土壤湿度高，可在根范围外开沟排水，晾土，情况严重的可在四角挖 1m 以下深洞，抽排渗透出来的地下水。含杂质、受污染的土质必须更换栽植土。用表层土拌草炭作为移植后的定植用土较好，草炭的用量一般为每株大树 10kg 左右。其好处有三：一是可增加根际周围的土壤有机质，易于形成土壤的团粒结构；二是通气性好，能促进根系活动；三是排水性能好，雨季能迅速排涝，免遭沤根。

在挖掘过程中要有选择地保留一部分原树根际土，更利于树木成活。同时，必须在移栽半个月前对穴土进行杀菌、除虫处理，用 50% 的托布津或 50% 的多菌灵粉剂拌土杀菌，用 50% 的面威颗粒剂拌土杀虫(以上药剂拌土的比例为 0.1%)。

5. 准备好所需材料与工具

起苗前应准备好需用的全部工具、材料、机械和运输车辆，并由专人管理。以上口 1.85m 见方、高 80cm 的土块大树为例，所需材料、工具、机械车辆列表如下(表 6-9)。

木板方箱移植所需材料与工具表

表 6-9

名称		数量与规格	用途
木板	大号	上板长 2.0m，宽 0.2m，厚 3cm。 底板长 1.75m，宽 0.3m，厚 5cm。 边板上缘长 1.85m，下缘长 1.75m，厚 5cm。 用 3 块带板(厚 5cm，宽 10～15cm)钉成。 高 0.8m 的木板，共 4 块	包装土球用
	小号	上板长 1.65m，宽 0.2m，厚 5cm。 底板长 1.45m，宽 0.3m，厚 5cm。 边板上缘长 1.5m，下缘长 1.4m，厚 5cm。 用 3 块带板(厚 5cm、宽 10～15cm)钉成。 高 0.6m 的木板，共 4 块	
方木		(10×10)～(15×15)cm，长 1.5～2.0m，需 8 根	吊运做垫木
木墩		10 个，直径 0.25～0.30m，高 0.3～0.35m	支撑箱底
垫板		8 块，厚 3cm，长 0.2～0.25m，宽 0.15～0.2m	支撑横木、垫木墩
支撑横木		4 根，10cm×15cm 方木，长 1.0m	支撑木箱侧面
木杆		3 根，长度为树高	支撑树木
镀锌薄钢板 (铁腰子)		约 50 根，厚 0.1cm，宽 3cm，长 50～80cm； 每根打孔 10 个，孔距 5～10cm，钉钉用	加固木箱
铁钉		约 500 个，长 3～3.5 寸	钉铁腰子
蒲包片		约 10 个	包四角，填充上下板
草袋片		约 10 个	包树干
扎把绳		约 10 根	捆木杆起吊牵引用
尖锹		3～4 把	挖沟用
平锹		2 把	削土台，掏底用
小板镐		2 把	掏底用
紧线器		2 个	收紧箱板用
钢丝绳		2 根，粗 0.4，每根长 10～12m，附卡子 4 个	捆木箱用
尖镐		2 把，一头尖、一头平	刨土用

名称	数量与规格	用途
斧 子	2把	钉镀锌薄钢板，砍树根
小铁棍	2根，直径0.6~0.8cm，长0.4m	拧紧线器用
冲子、剁子	各1把	剁镀锌薄钢板，镀锌薄钢板打孔用
鹰嘴钳子	1把	调卡子用
千斤顶	1台，油压	上底板用
起重机	1台，起重量视土台大小而定	装、卸用
货 车	1台，车型、载重量视树木大小而定	运输树木用
卷 尺	1把，3m长	量土台用
废机油	少量	钉坚硬木时润滑钉子
起钉器	2个	起弯钉用

6. 大树的准备和处理

1) 规划与计划

为预先在所带土球(块)内促发大量吸收根，就要提前一年至数年采取措施，而是否能做到提前采取措施，又决定于是否有应用大树绿化的规划和计划。事实上，许多大树移植失败的原因，是由于事先没有准备好已采取过促根措施的备用大树，而是临时应急任务，直接从郊区、山野移植而造成的。可见做好规划与计划对大树移植极为重要。

2) 移植树木的选择

根据设计图纸和说明的要求到郊区或苗圃进行调查，包括对树种、树龄、干高、干径、树高、冠径、树形进行测量记录，注明最佳观赏面的方位，如需要还可保留照片或录像。调查记录土壤条件，周围情况；判断是否适合挖掘、包装、吊运；分析存在的问题和解决措施；此外，还应了解树的所有权等。

选中的树木，应在树干北侧用油漆作出明显的标记，以便找出树木的朝阳面，同时采取树木挂牌、编号并做好登记，以利对号入座。应建立树木卡片，内容包括：树木编号、树木品种、规格(高度、分枝点干径、冠幅)、树龄、生长状况、树木所在地、拟移植的地点。

选择时应注意以下几点：

(1) 要选择接近新栽地生境的树木。野生树木主根发达，长势过旺，适应能力也差，不易成活。

(2) 不同类别的树木，移植难易不同。一般灌木比乔木移植容易；落叶树比常绿树容易；扦插繁殖或经多次移植须根发达的树比播种未经移植的直根性和肉质根类树木容易；叶型细小比叶少而大者容易；树龄小比树龄大的容易。

(3) 一般慢生树选20~30年生；速生树种则选用10~20年生；中生树可选15年生。果树、花灌木为5~7年生，一般乔木树高在4m以上，胸径12~25cm的树木则最合适。

(4) 应选择生长正常的树木以及没有感染病虫害和未受机械损伤的树木。

(5) 选树时还必须考虑移植地点的自然条件和施工条件，移植地的地形应平坦或坡度不大，过陡的山坡，根系分布不正，不仅操作困难且容易伤根，不易起出完整的土球，因而应选择便于挖掘处的树木,最好使起运工具能到达树旁。

3) 预掘的方法

为了提高大树移植后的成活率,在移植前应采取预掘的方法保证在带走的根幅内有足够的吸收根,使栽植后很快达到水分平衡而成活。一般需采用多次移植或断根缩坨的方法,使大树在移植前,即形成大量的可带走的吸收根。

(1) 多次移植:在专门培养大树的苗圃中多采用多次移植法,速生树种的苗木可以在头几年每隔 1～2 年移植一次,待胸径达 6cm 以上时,可每隔 3～4 年再移植一次。而慢生树待其胸径达 3cm 以上时,每隔 3～4 年移植一次,长到 6cm 以上时,则隔 5～8 年移植一次,这样树苗经过多次移植,大部分的须根都聚生在一定的范围内,因而再移植时可缩小土球的尺寸和减少对根部的损伤。

(2) 断根缩坨,也称回根法,古称盘根法。对 5 年内未作过移植或切根处理的大树在移植前 1～2 年进行断根缩坨处理。断根缩坨应分年、分段进行,因为一次完成则根系损伤太大,树木生长易受影响。先根据树种习性、树龄和生长状况,判断移栽成活的难易,决定分 2～3 年于东、西、南、北四面(或四周)一定范围之外开沟,每年只断周长的 1/3～1/2(图 6-5)。分两年断根时,第 1 年将一半根系切断、填土养根;第 2 年将另一半根系切断、填土养护,根盘范围内即可长出大量的吸收根;到第 3 年时,在四周沟中均长满了须根,这时便可移走。移植时在断根沟的外缘再挖沟掘树(比原断根沟的直径稍大即可)。如遇到直径 5cm 以上的粗根,为预防大树倒伏,一般不切断。

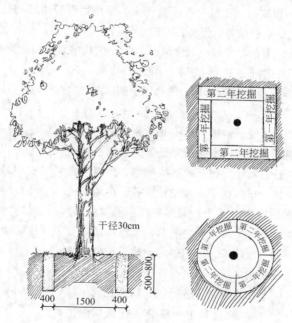

图 6-5 树木切根法

具体方法是:在移植前 1～3 年的立春,天气刚转暖到萌芽前,秋季落叶前进行。按树干胸径 3～4 倍或以小于移植时土球 10cm 为半径画圈,沿圈挖宽 30～40cm、深 50～70cm 的沟(遇粗侧根用手锯切断,伤口要平),填入粗质有机肥或疏松、肥沃的土壤。每填 30cm 为一层并夯实,填土完毕后浇水,这样便会在沟中长出许多须根。挖时最好只切断较细的根,保留 1cm 以上的粗根,于土球壁处，行宽约 10cm 的环状剥皮。涂抹 0.001% 的生长素(萘乙酸等)有利促发新根。填入表土，适当踏实至地平，并浇水，为防风吹倒，应立三支式支架。

有些地区为快速移植，断根 1～2 个月后即起挖栽植，如广州等地，通常采用下列两种方法：第一种是以距地面 20～40cm 处树干周长为半径，挖环状沟，沟深 0.8～1m，然后在沟的内壁贴填稻草、填土至满，浇水，相应剪除部分枝叶。但需留两段约占沟长 1/4 的沟段不挖，以维持树体继续吸收水分和流通养分的需要，供给地上部分生长。过 40～50 天后，等新根长出，将余下的 1/4 沟挖通，起树栽植，并再适当修剪部分枝叶。第二种方法是将环状沟一次挖通，只留底根吸收水分与养料维持树木生长，沟内壁垫上稻草，填土浇水，适当修去部分枝叶，待 40～50 天后，新根发出后，将底根铲断移植。

4）修剪方法及修剪量

为了方便起挖和运输，更重要的是为了减少水分蒸发，在不破坏树形的前提下，应对树冠进行适度修剪，一般以疏枝为主，短截为辅。修剪方法及修剪量应根据树木品种、树冠生长情况、移植季节、挖掘方式、运输条件、栽植地条件等因素来确定。

裸根移植一般采取重修剪，剪去枝条的 1/2～2/3。带土移植则可适当轻剪，剪去枝条的 1/3 即可。

落叶树可抽稀后进行强截，多留生长枝和萌生的强枝，修剪量可达 6/10～9/10。常绿阔叶树，采取收缩树冠的方法，截去外围的枝条，适当疏稀树冠内部不必要的弱枝，多留强的萌生枝，修剪量可达 1/3～3/5。针叶树以疏枝为主或一般不需修剪，定植后可剪去移植过程中的折断枝或过密、重叠、轮生、下垂、徒长、病虫枝等，修剪量可达 1/5～2/5。

修剪时剪口必须平滑，截面尽量缩小，修剪 2cm 以上的枝条，剪口应涂抹防腐剂。对易挥发芳香油和树脂的针叶树、香樟等应在移植前一周进行修剪，凡 10cm 以上的大伤口应光滑平整，进行消毒，并涂保护剂。

5）捆扎树干、树冠

经修剪整理后的大树，为便于运输，在挖掘后通常还要对树身进行缚枝、裹干，并根据树冠形态和栽植后造景的要求，对树木做好定方位的记号。对分枝较矮、树冠松散的树木，用绳索将树冠围拢拉紧；从基部开始分枝的树干，如松柏类等，可用草绳一端扎缚于盘干基部，然后按自下而上的顺序将枝条围拢扎紧。缚枝时，应由上至下，由内至外，依次向内收紧，大枝扎缚处要垫橡皮等软物，应注意不要折断枝干，以免破坏树姿，影响观赏栽培效果。对常绿树种更应特别关照。裹干高度通常至一级分枝处，裹干材料可用麻包片、草绳或草束。进行包扎后应在树上拉好浪风绳。挖树前必须拉好浪风绳，其中一根必须在主风向上位，其他两根可均匀分布(图 6-6)。

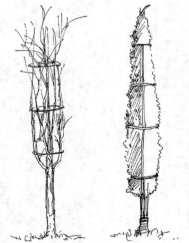

图 6-6 包扎树身示意图

6.4.2 选择移植季节

树木的最佳移植时期一般是从休眠期到春天萌芽前。落叶树应在落叶后树木休眠期进行，常绿树春、夏(雨)、秋三季均可进行，但夏季移植应错过新梢生长旺盛期，一般以春季移植最佳。

在寒冷地区以春季栽植比较适宜。特别是在早春解冻以后到树木发芽以前，这个时期土壤内水分充足，新栽的树木容易发根。到了气候干燥和刮风的季节，或是气温突然上升的时候，由于新栽的树木已经长根成活，已具有抗旱、抗风的能力，可以正常成长。

在气候比较温暖的地区以秋、初冬季栽植比较相宜。这个时期的树木落叶后，对水分的需求量减少，而外界的气温还未显著下降，地温也比较高，树木的地下部分并没有完全休眠，被切断的根系能够尽早愈合，继续生长新根。到了春季，这批新根既能继续生长，又能吸收水分，可以使树木更好地生长。

华北地区大部分落叶树和常绿树在3月上中旬至4月中下旬栽植。常绿树、竹类和草皮等，在7月中旬左右进行雨季栽植。秋季落叶后可选择耐寒、耐旱的树种，用大规格苗木进行栽植。这样可以减轻春季植树的工作量。一般常绿树、果树不宜秋天栽植。

华东地区落叶树的栽植，一般在2月中旬至3月下旬，在11月上旬至12月中下旬也可以。早春开花的树木，应在11月至12月栽植。常绿阔叶树以3月下旬最宜。梅雨季节(6～7月)、秋冬季(9～10月)进行栽植也可以。香樟、柑橘等以春季栽植为好。针叶树春、秋都可以栽种，但以秋季为好。

东北和西北北部严寒地区，在秋季树木落叶后，土地封冻前，栽植成活更好。冬季采用带冻土移植大树，其成活率也很高。

在实际施工过程中往往由于工期限制或其他特殊要求，非栽植季节植树的情况时有发生。为了保证树木成活，要采取适当的技术措施。落叶树反季节栽植则需带土坨，超过壮年的老树、珍贵的大树或生长不太好的树，如果时间允许最好作断根处理。最理想的是第一年春季断根，第二年春季或第三年春季移植。

6.4.3 树穴的准备

树木移栽前需先挖树穴。

1. 栽植穴的规格

树穴大小、形状、深浅应根据树根根系、土球、木箱规格的大小而定。

(1) 裸根和土球树木的栽植穴为圆坑，应较根系或土球的直径加大60～80cm，深度加深20～30cm。坑壁应平滑垂直。掘好后坑底部放20～30cm的土堆，夯实后为15cm。

(2) 木箱树木，挖方坑，四周均较木箱大出80～100cm，坑深可比木箱高度加深20～30cm。挖出的坏土和多余土壤应运走。将栽植土和腐殖土置于坑的附近待用。土质不好，还应加大坑穴规格。需要客土或施底肥时，应事先备好客土和有机肥。

2. 栽植穴的要求

树穴必须符合上下大小一致的规格，对含有建筑垃圾、有害物质的废土必须清除，换上栽植土，并及时填好回填土。树穴要排水良好，可于树穴、槽底部铺设一层厚15cm的砾石层，上面铺一层泥炭。砂质土壤地下水位位于树穴底部或底部以下时则不须考虑排水问题。

地势较低处栽植不耐水湿的树种时，应采取堆土栽植法，堆土高度根据地势而定，堆土范围为最高处面积小于根的范围，并分层夯实。

在重黏土地段，可将树穴、槽底部同集水穴、槽或主要排水管相连。基部必须施基肥。对重黏土或其他过于密实的土壤，最好将树穴四周的土敲碎，对树穴下部的底土可用20%的葛里炸药棒

115g，按下述规定实行爆破。

(1) 在树穴附近 20m 的范围内，如有地下设施，须经有关当局书面批准，方可进行爆破。爆破不能于地下设施的顶部处进行。

(2) 操作人员须持有可操作葛里炸药爆破的执照。例如，从事修建农田水利设施的爆破操作人员。

(3) 用土钻或尖头钢钎在树穴地面处打一深 45～60cm 的洞，将 115g 炸药和电动起爆雷管相接，并将其置于洞的底部，然后用砂土或细土将洞略加填实，用 12V 电池将若干个洞同时引爆。

(4) 用手锄和反铲将爆破出的土穴挖开后(爆破后须等烟雾散尽方可动手挖洞，因吸入爆破余烟会引起头疼)，再于穴底挖深 45～60cm，洞底置入炸药以炸裂底土层。炸出的裂缝有助于排水或树根延伸生长。为避免裂缝在浇水后重新密合或被黏粒填塞，最好填入小粒砂。

(5) 树穴的四壁用叉和锄将壁面刨成粗糙面，以使回填土和穴壁能紧密结合。

6.4.4 起树包装方法及施工技术要点

经提前 2～3 年完成断根缩坨后的大树，土坨内外发生了较多的新根，尤以坨外为多。因此，在起掘移植时，所起土坨的大小应比断根坨向外放宽 10～20cm。为减轻土坨重量，应把表层土铲去(以见根为度，北方习称"起宝盖")。其他起掘和包装技术，因具体移植方法而异。移植方法主要有：带土球法移植及裸根法移植，带土球法移植又可分为软材包装移植法、木箱包装移植法、机械移植法、冻土移植法。凡休眠期移植落叶树均可裸根移植或裸根少量带护心土。一般根系直径为干径的 8～10倍(有特殊要求的树木除外)。凡常绿树和落叶树非休眠期移植或需较长时间假植的树木均应采取带土球法移植，一般干径 15～20cm，土质坚硬可采用软包装土球法移植，土球直径 1.5～1.8m。干径20～40cm 采用木箱包装移植，木箱规格为 1.8～3.0m。一般土球，大木箱规格为干径的 7～9 倍。

1. 软材包装移植

适于移胸径 10～15cm 的大树，(壤土)土球不超 1.3m 时可用软材包装移植。

(1) 土球要求：应保证土球完好，尤其雨季更应注意。土球直径一般按干径 1.3m 处的 8～10倍，土球高度一般为土球直径的 2/3 左右(表 6-10)。

土 球 规 格 表

表 6-10

树木胸径	土球规格		
	土球直径(cm)	土球高度(cm)	留底直径
10～12	胸径的 8～10 倍	60～70	土球直径的 1/3
13～15	胸径的 7～10 倍	70～80	—

(2) 立支柱：挖掘高大乔木或冠幅较大的树木前应于树干分枝点以上立好支柱，支稳树木。将包装材料，蒲包、蒲包片、草绳用水浸泡好待用。

(3) 挖土球：挖前以树干为中心，以扩坨的尺寸(比规定土球大 3～5cm)为半径画圆圈，在圆圈外挖 60～80cm 的操作沟，其深度应与土球的高度相等。挖时先去表土，以见表根为准，再行下挖，挖时遇粗根必须用锯锯断再削平，不得硬铲，以免造成散坨。

(4) 修坨：用工具将所留土坨修成上大下小呈截头圆锥形的土球。

(5) 收底：土球底部不应留得过大，一般为土球直径的 1/3 左右。用工具将土球肩部修圆滑，四周土表自上而下修平至球高一半时,逐渐向内收缩(使底径约为上径的1/3)呈上大下略小的形状。收底时遇粗大根系应锯断,不要硬铲引起散坨。

(6)围内腰绳:用浸好水的草绳,将土球腰部缠绕紧,随绕随拍打勒紧,腰绳宽度视土球土质而定。一般为土球的1/5左右。先将预先湿润过的草绳理顺(以免扭拉而断),于土球中部缠腰绳,2人合作边拉边缠,边用木锤(或砖、石)敲打草绳,使绳略嵌入土球为度(下同)。要使每圈草绳紧靠,总宽达土球高的1/4～1/3(约20cm左右)并系牢即可,如图6-7所示。

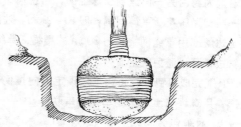

图6-7 打好腰绳的土球

(7)开底沟:围好腰绳后,在土球底部向内挖一圈5～6cm宽的底沟,并向内铲去土,直至留下1/5～1/4的心土,遇粗根应掏空土后锯断。以利打包时兜绕底沿,草绳不易松脱。

(8)包土球:用蒲包、蒲包片、麻袋片等将土球包严,壤土和砂性土均应用蒲包或塑料布先把土球盖严,并用细绳稍加捆拢,再用草绳包扎;黏性土可直接用草绳包扎。草绳包扎方式有:橘子式、井字(古钱)式、五角式。

橘子式包装法是较常用的一种方式,先将草绳一头系在树干(或腰绳)上,呈稍倾斜经土球底沿绕过对面,向上约于球面约一半处经树干折回,顺同一方向按一定间隔(疏密视土质而定)缠绕至满球。然后再绕第二遍,与第一遍的每道于肩沿处的草绳整齐相压,至满球后系牢。再于内腰绳的稍下部捆十几道外腰绳,而后将内外腰绳呈锯齿状穿连绑紧。最后在计划将树推倒的方向沿土球外沿挖一道弧形沟,并将树轻轻推倒,这样树干不会碰到穴沿而损伤。壤土和砂性土还需用蒲包垫于土球底部并用草绳于土球底沿纵向将绳拴连系牢。

井字式和五角式适用于黏性土和运距不远的落叶树或1t以下的常绿树,否则宜用橘子式或在橘子式的基础上再外加井子式和五角式。如图6-8所示。

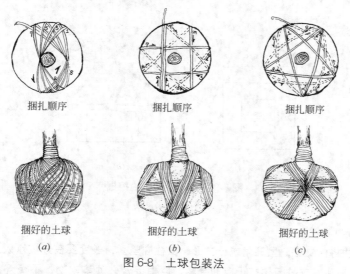

捆扎顺序	捆扎顺序	捆扎顺序
捆好的土球	捆好的土球	捆好的土球
(a)	(b)	(c)

图6-8 土球包装法

(a)橘子包包装法;(b)井字包包装法;(c)五角包包装法

打包时绳要收紧，随绕随敲打，用双股或四股草绳以树干为起点，稍倾斜，从上往下绕到土球底沿沟内再由另一面返到土球上面，再绕树干顺时针方向缠绕，应先成双层或四股草绳，第二层与第一层交叉压花。草绳间隔一般 8～10cm。注意绕草绳时双股绳应排好理顺。围外腰绳，打好包后在土球腰部用草绳横绕 20～30cm 的腰绳，草绳应缠紧，随绕随用木槌敲打，围好后将腰绳上下用草绳斜拉绑紧，避免脱落。

(9) 完成打包后：将树木按预定方向推倒，遇有直根应锯断，不得硬推，随后用蒲包片将底部包严，用草绳与土球上的草绳相串联。

2. 木箱包装移植

树木胸径超过 15cm，土球直径超过 1.3m 以上的大树，由于土球体积、重量较大，如用软材包装移植时，较难保证安全吊运，宜采用木箱包装移植法。这种方法一般用来移植胸径达 15～25cm 的大树。

1) 土台的规定

用木箱移植的土台呈正方形，上大下小，一般下部较上部少 1/10 左右。一般可按树木胸径的 7～10 倍作为土台的规格，具体见表 6-11。

土 台 的 规 格 表　　　　　　　　　　　　　　　　表 6-11

树木胸径(cm)	15～18	18～24	25～27	28～30
木箱规格(m)（上边×高）	1.5×0.6	1.8×0.7	2.0×0.7	2.2×0.8

2) 放线

先清除表土，露出表面根，按规定以树干为中心，选好树冠观赏面，划出比规定尺寸大 5～10cm 的正方形土台范围，尺寸必须准确。然后在土台范围外 80～100cm 再划出一正方形白灰线，为操作沟范围。如图 6-9 所示。

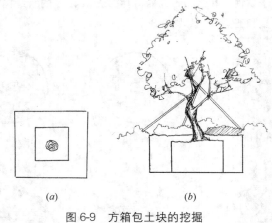

图 6-9　方箱包土块的挖掘
(a)平面；(b)剖面

3) 立支柱

用 3～4 根支柱将树支稳，呈三角或正方形，支柱应坚固，长度要在分枝点以上，支柱底部可钉小横棍，再埋严、夯实。支柱与树枝干应捆绑紧，但相接处必须垫软物，不得直接磨树皮。为更牢固支柱间还可加横杆相连。

4) 修土台

按所划出的操作沟范围下挖，沟壁应规整平滑，不得向内洼陷。挖到土台深度后，将四壁修理平整，使土台每边较箱板长5cm。修整时，注意使土台侧壁中间略突出，以使上完箱板后，箱板能紧贴土台。挖出的土随时平铺或运走。修好的土台上面不得站人。土台修好后，应立即安装箱板。如图6-10所示。

5) 上边板

土台修整后先装四面的边板，安装箱板时是先将箱板沿土台的四壁放好，使每块箱板中心对准树干，上边板时板的上口应略低于土台1~2cm，下口应高于土台底边1~2cm。在安装箱板时，两块箱板的端部在土台的角上要相互错开，可露出土台一部分(图6-11)，靠箱板时土台四角用蒲包片垫好再靠紧箱板，靠紧后暂用木棍与坑边支牢。

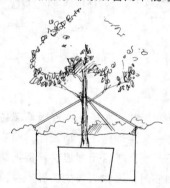

图6-10 修理后的土块状与箱板

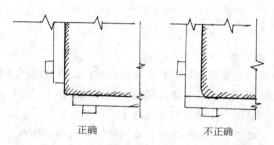

正确　　　　　　不正确

图6-11 两块箱板的端部安放位置图

6) 上钢丝绳

检查合格后用钢丝绳围起上下两道放置，位置分别置于上下沿的15~20cm处。两道钢丝绳接口分别置于箱板的相反方向(一东一西或一南一北)，钢丝绳接口处套入紧线器挂钩内，注意紧线器应稳定在箱板中间的带上，以便收紧时受力均匀(图6-12)。为使箱板紧贴土台，四面均应用1~2个木墩垫在绳板之间，放好后两面用驳棍转动，同步收紧钢丝绳，紧线器在收紧时，必须两边同时进行。随紧随用木棍敲打钢丝绳，直至发出金属弦音为止。

7) 钉箱板

用加工好的铁腰子将木箱四角连接，钉铁腰子，应距两板上下各5cm处为上下两道，中间每隔8~10cm一道，必须钉牢，元钉应稍向外倾斜，钉入，钉子不能弯曲，镀锌薄钢板与木带间应绷紧，敲打出金属颤音后方可撤除钢丝绳。2.5cm以上木箱也可撤出木墩后再收紧钢丝绳(图6-13)。

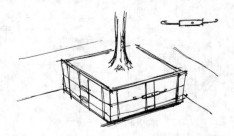

图6-12 套好钢丝绳、安好紧线器准备收紧图

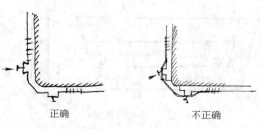

正确　　　　　　不正确

图6-13 钉镀锌薄钢板的方法

8）掏底

将四周沟槽再下挖 30～40cm 深后将沟土清理干净，并用方木箱板与坑壁支牢，如图 6-14 所示。用特制的小板镐和小平铲在相对的两边同时掏挖土台的下部。掏底宽度相当于安装单板的宽度，掏底时留土略高于箱板下沿 1～2cm。如遇粗根应略向土台内将根锯断，如图 6-15 所地。

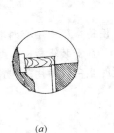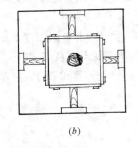

图 6-14　土块上部支撑法
(a)剖面；(b)平面

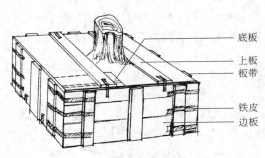

图 6-15　从两边掏底

9）上底板

当掏挖的宽度与底板的宽度相符时，在两边装上底板。在上底板前，应预先在底板两端各钉两条镀锌薄钢板，然后先将底板的一头顶在箱板上，垫好木墩。另一头用油压千斤顶顶起，使底板与土台底部紧贴。用元钉钉牢铁腰子，用圆木墩顶紧，撤出油压千斤顶，随后用支棍在箱板上端与坑壁支牢，坑壁一面应垫木板，支好后方可继续向内掏底，向内掏底时，操作人员的头部、身体严禁进入土台底部，掏底时风速达 4 级以上应停止操作。要注意每次掏挖的宽度应与底板的宽度一致，不可多掏。在上底板前如发现底土有脱落或松动，应垫蒲包片，底板可封严、不留间隙。遇少量亏土脱土处应用蒲包装土或木板等物填充后，再钉底板。

10）装上板

底板全部钉好后，即可钉装上板。先将表土铲垫平整，中间略高 1～2cm，上板长度应与边板外沿相等，不得超出或不足。上板一般 2～4 块，上板前先垫蒲包片，上板放置的方向与底板成垂直交叉，上板间距应均匀，一般 15～20cm。如树木多次搬运，上板还可改变方向再加一层呈井字形（图 6-16）。木板箱整体包装示意图如图 6-17 所示。

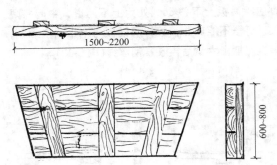

图 6-16　箱板图

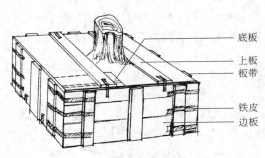

图 6-17　木板箱整体包装示意图

3. 机械移植

近年来在国内发展出了一种新型的植树机械，名为树木移植机(Tree Transplanter)，又名树铲(Tree Spades)，主要用来移植带土球的树木，可以连续完成挖栽植坑、起树、运输、栽植等全部移植作业。主要优点是：①生产率高，一般能比人工提高 5～6 倍以上，而成本可下降 50% 以上，树木径级越大效果越显著；②成活率高，几乎可达 100%；③可适当延长移植的作业季节，不仅春季而且夏天雨季和秋季移植时成活率也很高，即使冬季在南方也能移植；④能适应城市的复杂土壤条件，在石块、瓦砾较多的地方也能作业；⑤减轻了工人劳动强度，提高了作业的安全性。

树木移植机分自行式和牵引式两类，目前各国大量发展的都为自行式树木移植机，它由车辆底盘和工作装置两大部分组成。车辆底盘一般都是选择现成的汽车、拖拉机或装载机等，稍加改装而成，然后再在上面安装工作装置：包括铲树机构、升降机构、倾斜机构和液压支腿四部分，如图 6-18 所示。

铲树机构是树木移植机的主要装置，也是其特征所在，它有切出土球和在运移中作为土球的容器以保护土球的作用。树铲能沿铲轨上下移动。当树铲沿铲轨下到底时，铲片曲面正好能包容出一个曲面圆锥体，这也就是土球的形状。起树时通过升降机构导轨将树铲放下，打开树铲框架，将树围合在框架中心，锁紧和调整框架以调节土球直径的大小和压住土球，使土球不致在运输和栽植过程中松散。切土动作完成后，把树铲机构连同它所包容的土球和树一起往上提升，即完成了起树动作。其常见类型如图 6-19 所示。

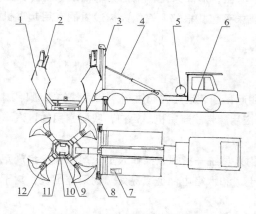 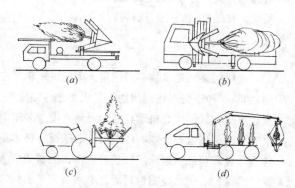

图 6-18　树木移植机结构简图　　　　　　图 6-19　树木移植机型示意图

1—树铲；2—铲轨；3—升降机结构；4—倾斜结构；
5—水箱；6—车辆底盘；7—液压操纵阀；8—液压支腿；
9—框架；10—开闭油缸；11—调平垫；12—锁紧装置

倾斜机构是使门架在把树木提升到一定高度后能倾斜在车架上，以便于运输。液压支腿则在作业时起支撑作用，以增加底盘在作业时的稳定性和防止后轮下陷。

4. 冻土球移植法

在土壤冻结期挖掘土球，不必包装，可利用冻结河道或泼水冻结的平土地，只用人畜便可拉运的一种方法。优点是可以利用冬闲，省包装和方便运输。

选用当地(尤其是根系)耐严寒的乡土树种，冬季土壤冻结不很深的地区，可于土壤冻前浇水湿润。待气温下降到零下 12～15℃，土层冻结深达 20cm 时，开始用羊角镐等挖掘土球。下部尚未冻结，可于坑穴内停放 2～3 天；预先未浇水，土壤干燥冻结不实，可于土球外泼水促冻。挖好的树，未能及时移栽时应用枯草、落叶覆盖，以免晒化或经寒风侵袭而冻坏根系。运输时间应选河道充分冻结时期为宜，如于土面运输应预先修平泥土地，最好选择泼水即冻的时期或利用夜间达此低温地面泼水形成冰层，以减少拖拉的摩擦阻力。

5. 大树裸根移植法

裸根移植仅限于落叶乔木，按规定根系大小，应视根系分布而定，一般为 1.3m 处干径的 8～10 倍。裸根移植大树必须在落叶后至萌芽前，当地最适季节进行。有些树种仅宜春季；土壤冻结期不宜进行。

对潜伏季芽寿命长的树木，地上部留一定的主、副主枝外，可对树冠实行重剪，但慢长树不可过重，以免影响栽后相当一段时期的观赏效果。锯截粗枝应避免劈裂，伤口应涂抹保护剂。

裸根移植成活的关键是尽量缩短根部暴露时间。未能及时定植的应假植，但时间不能过长，以免影响成活率。移植后应保持根部湿润，方法是根系掘出后喷保湿剂或沾泥浆，用湿草包裹等。沿所留根幅外缘按干径的 8～10 倍半径范围垂直下挖操作沟，沟宽 60～80cm，沟深视根系的分布而定，挖至不见主根为准，一般 80～120cm。挖掘过程所有预留根系外的根系应全部切断，剪口要平滑，不得劈裂。遇粗根应用手锯锯断，不宜硬铲引起劈裂。从所留根系深度 1/2 处以下，可逐渐向内部掏挖，切断所有主侧根后，即可打碎土台，保留护心土，清除余土，推倒树木以后，用尖镐由根颈向外去土，注意尽量少伤树皮和须根。如有特殊要求可包扎根部，挖倒大树过重的宜用起重机吊装，其他要求同一般裸根苗。

6.4.5 吊运

大树的装卸及运输必须使用大型机械车辆，应选用起吊、装运能力超过树木和泥球的重量(约 1 倍)的机车和适合现场施用的起重机类型。如松软土地应用履带式起重机。目前，我国常用的是汽车式起重机，其优点是机动灵活，行动方便，装车简捷。

为确保移植安全顺利地进行，必须配备技术熟练的人员统一指挥。操作人员应严格按安全规定作业。装卸和运输过程应保护好树木，尤其是根系，土球和木箱应保证其完好。树冠应围拢，树干要包装保护。树木挖掘包好后，必须当天吊出树穴。

吊运前先撤去支撑，捆绑树冠。软材包装用粗绳围于土球下部约 3/5 处并垫以木板。方箱包装可用钢丝绳围在木箱下部 1/3 处。另一粗绳系结在树干(干外面应垫物保护)的适当位置，使吊起的树略呈倾斜状。树冠较大的还应在分枝处系一根牵引绳，以便装车时牵引树冠的方向。

吊运软材料包装的或带冻土球的树木时，为了防止钢索损坏包装的材料，最好用粗麻绳，因为钢丝绳容易勒坏土球。先将双股绳的一头留出 1m 多长结扣固定，再将双股绳分开，捆在土球由上向下 3/5 的位置上，绑紧，然后将大绳的两头扣在吊钩上，在绳与土球接触处用木块垫起，轻轻起吊后，再用脖绳套在树干下部，也扣在吊钩上即可起吊(图 6-20)。这些工作做好后，再开动起重机就可将树木吊起装车。

木箱包装吊运时，应确保木箱完好，关键是拴绳、起吊。首先用钢丝绳在木箱下端约 1/3 处拦腰围住，绳头套入吊钩内。再用另一根钢丝绳或麻绳按合适的角度，一头垫上软物拴在树干恰当的位置，另一头也套入吊钩内，缓缓使树冠向上翘起后，找好重心，保护树身，则可起吊装车。装车时，车厢上先垫较木箱长20cm的10cm×10cm的方木两根，放箱时注意不得压钢丝绳。起吊绳必须兜底通过重心，树梢用绳(小于45°)，挂在吊钩上，收起缆风绳。起吊时，如发现有未断的底根，应立即停止上吊，切断底根后方可继续上吊。树木吊起后，装运车辆必须密切配合装运(图6-21)。

图6-20 土球吊运

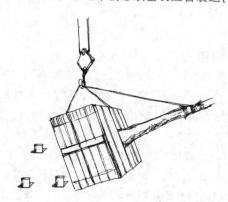

图6-21 木箱的吊装

装车时根系、土球、木箱向前，树冠朝后。装卸裸根树木，应特别注意保护好根部，减少根部劈裂、折断，装车后支稳、挤严，并盖上湿草袋或苦布加以保护。树干包上柔软材料放在木架或竹架上，用软绳扎紧。装卸土球树木应保护好土球完整，不散坨。为此装卸时应用粗麻绳捆绑，同时在绳与土球间，垫上木板，装车后将土球放稳，用木板等物将土球夹住或用绳子将土球缚紧于车厢两侧，土块下垫一块木衬垫。树冠凡翘起超高部分应尽量围拢。树冠不要拖地，在车厢尾部放稳支架，垫上软物(蒲包、草袋)用以支撑树干(图6-22)。

运输时应派专人站在树干附近(不能站在土球和方箱处)押车。押运人员应掌握树木品种、卸车地点、运输路线、沿途障碍等情况，押运人员备带撑举电线用的绝缘工具，如竹竿等支棍，如遇有电线等影响运输的障碍物，必须排除后方可继续运输。

卸车时，用两根方木(横截面为10cm×10cm，长2m)垫在木箱下，间距0.8～1.0m，以便起吊时穿绳操作，如图6-23所示。树木起吊前，检查树干上原包装物是否严密，以防擦伤树皮。用两根钢丝绳兜底起吊，注意吊钩不要擦伤树木枝、干。松缓吊绳，轻摆吊臂，使树木慢慢立直。树木吊入树穴时应使定位标记到位，放吊绳，待方位标记对好后，树身正直时，方可收吊绳。

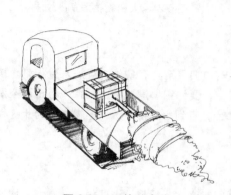

图6-22 运输装车法

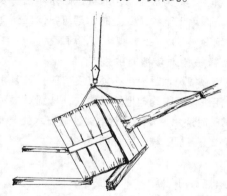

图6-23 卸立垫木法

树木运到栽植地后必须检查：树枝和土球损伤情况；土球有松散漏底的，树穴应在漏底的相应部位填上土，树木吊入树穴后不应出现空隙。

假植：半个月内不能栽植者应于工地假植，数量多时应集中假植，假植的具体方法参见6.3.5的内容。

6.4.6 定植

栽植的深浅应合适，一般与原土痕平或略高于地面5cm左右。栽植时应选好朝阳面，并照顾主要观赏面的方向，一般树弯应尽量迎风，栽植时要栽正扶直，树冠主尖与根在同一垂直线上。还土，一般用栽殖土加入腐殖土（肥和土制成混合土）使用，其比例为7/3。注意肥土必须充分腐熟，混合均匀。还土时要分层进行，每30cm一层，还土后要踏实，填满为止。

1. 带土球树木栽植时的规定

栽植土球树木时，应将土球放稳，用软材料包装的，要先去掉包装材料，如土球松散，腰绳以下可不拆除，以上部分则应解开取出。然后均匀填上细土，分层夯实。

2. 木箱树木栽植时的规定

栽植木箱树木时，栽前先量木箱底至树干原土痕深度，检查并调整坑的规格，要求栽后与土相平。土壤不好的还应加大。需换土或施肥的应预先备好，肥料应与表土拌匀。在坑内用土堆一个高20cm左右，宽30～80cm的长方形土台。将树木直立，如土质坚硬，土台完好，可先拆去中间的3块底板，用两根钢丝绳兜住底板，绳的两头扣在吊钩上，起吊入坑，置于土台上，如图6-24所示。注意：树木起吊入坑时，树下、吊臂下严禁站人。木箱近落地时，1人负责瞄准对直，4人坐坑穴边，用脚蹬木箱的上口来放正和校正位置。操作人员应在坑的上部作业，不得立于坑内，以免挤伤。树木落稳后，撤出钢丝绳，拆除底板，填土。将树木支稳，即可拆除木箱上板及蒲包。坑内填土至约1/3处时，则可拆除四边箱板，每填20～30cm土夯实1次，填满为止。

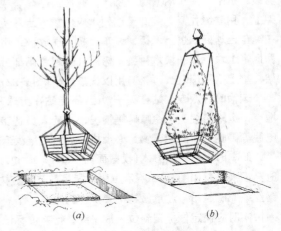

图6-24 大树栽植垂直吊放法

3. 裸根树木栽植时的规定

栽植裸根树木时根系必须舒展，剪去劈裂断根，剪口要平滑。有条件的可施入生根剂。树木到位后，用细土慢慢均匀地填入树穴，特别对根系空隙处，要仔细填满，防止根系中心出现空洞。土填到50%时浇水，发现冒气泡或快速流水处要及时填土，直到土不再下沉，不冒气泡为止。待水不渗后再加土，加到高出根部即可。

6.4.7 开堰

按土球大小与坑穴大小做双圈浇水堰，内外水圈同时浇水。裸根、土球树木开圆堰，堰内径与坑沿相同，堰高20～30cm左右，开堰时注意不应过深，以免挖坏树根或土球。木箱树木开双层方堰，内堰里边在土台边沿处，外堰边在方坑边沿处，堰高25cm左右。堰应用细土拍实，不得漏水。

6.4.8　浇水

大树移植后首先应浇水三遍，第一遍做堰后应及时浇水，水量不宜过大，水流要缓慢，使土下沉，待水渗完后覆土，一般栽后两三天内完成第二遍水，一周内完成第三遍水，此两遍水的水量要足，每次浇水后要注意整堰，填土堵漏。以后视天气及树木生长情况进行浇水，即进入后期养护期。

6.4.9　立支柱

大树的支撑常用扁担桩十字架、三角撑、细钢丝绳拉纤和四支柱法。

(1) 扁担桩十字架法：低矮树可用扁担桩，扁担桩的竖桩不得小于2.3m、入土深度1.2m，桩位应在根系和土球范围外，水平桩离地1m以上，两水平桩十字交叉位置应在树干的上风方向，扎缚处应垫软物，以防伤皮。

(2) 三角撑法：高大树木可用三角撑，三角撑宜在树干高2/3处结扎，用毛竹或钢丝绳固定，三角撑的一根撑干(绳)必须在主风向上位，其他两根可均匀分布。发现土面下沉时，必须及时升高扎缚部位，以免吊桩。树体不甚高大，可于下风方向立一根支柱，支柱基部应埋入土中30～50cm，使之牢固。风大树大的可两种桩结合起来用。

(3) 细钢丝绳拉纤法：要埋深立牢，绳与树干相接处应垫软物。

(4) 四支柱法：树阵栽植时，为提高景观效果，多采用四支柱法井字式支撑固定(图6-25～图6-29)。

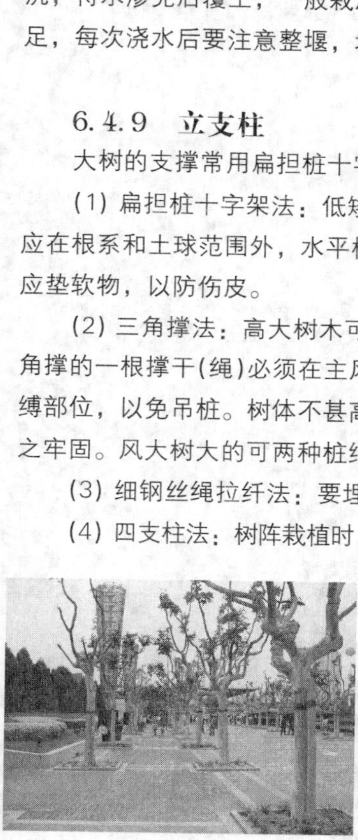

图6-25　支柱的实例1

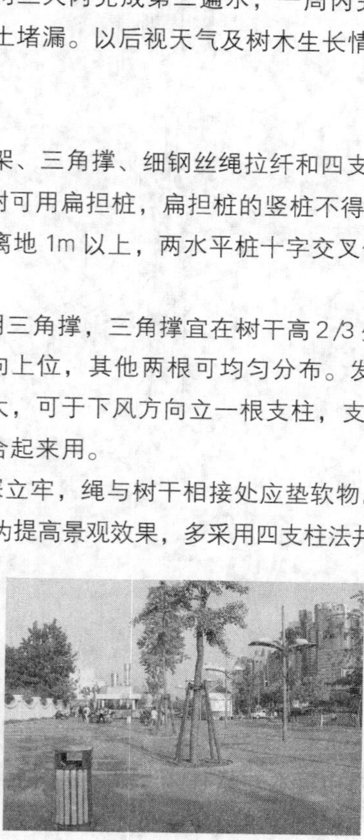

图6-26　支柱的实例2

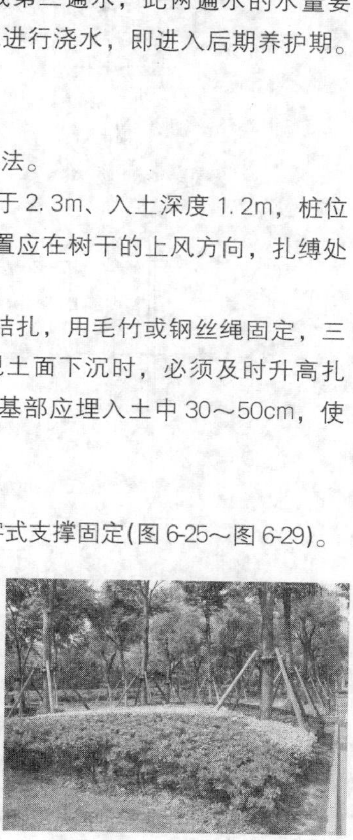

图6-27　支柱的实例3

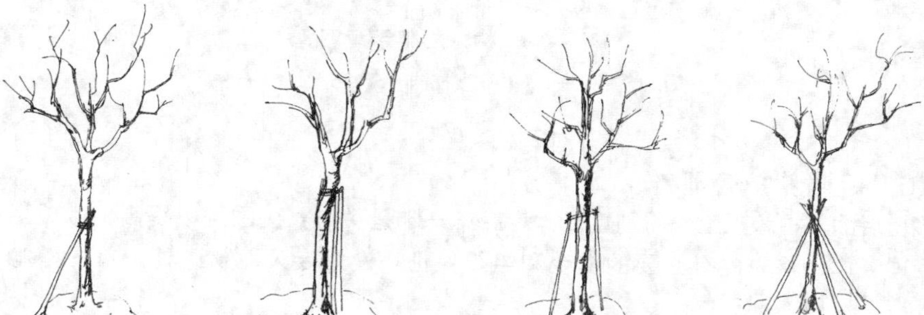

图6-28　支柱的方法

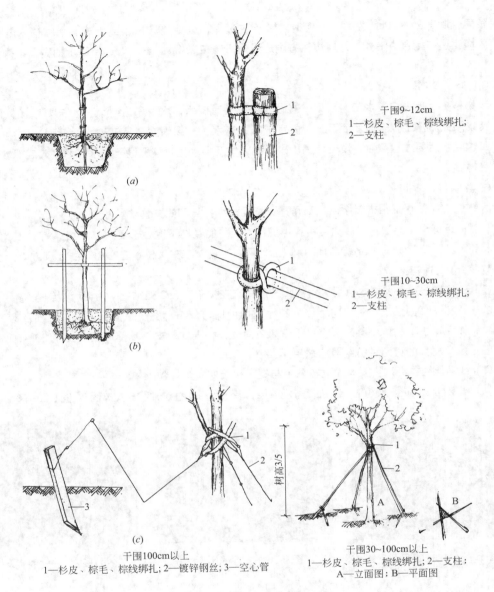

干围9~12cm
1—杉皮、棕毛、棕线绑扎；
2—支柱

干围10~30cm
1—杉皮、棕毛、棕线绑扎；
2—支柱

干围100cm以上
1—杉皮、棕毛、棕线绑扎；2—镀锌钢丝；3—空心管

干围30~100cm以上
1—杉皮、棕毛、棕线绑扎；2—支柱；
A—立面图；B—平面图

图6-29　树木支架示意图

(a)单支柱法；(b)双支柱法；(c)三点拉线法

6.4.10　后期养护管理

大树移植后的养护管理工作特别重要，栽后第一年是关键，应围绕以提高树木成活率为中心的全面养护管理工作，首先应有必要的资金和组织保证。设立专人，制订具体养护措施，进行养护管理。

1. 树干的捆绑

定植后，用草绳、蒲包、苔藓等材料严密包裹树干和比较粗壮的分枝，上述包扎物具有一定的保湿性和保温性。经包干处理后，一可贮存一定量的水分，使枝干经常保持湿润；二可避免强光直射和干风吹袭，减少树干、树枝的水分蒸发；三可调节枝干温度，减少高温和低温对枝干的伤害，效果较好。目前，有些地方采用塑料薄膜包干，此法在树体休眠阶段效果是好的，但在树体萌芽前应及时撤换。因为，塑料薄膜透气性能差，不利于被包裹枝干的呼吸作用，尤其是高温季节，内部热量难以及时散发会引起高温，灼伤枝干、嫩芽或隐芽，对树体造成伤害。

2. 定期浇水和喷水

一般春季植树后，每隔5～7天灌1次透水，连续浇水5～7次；生长季栽植大树应每隔3～5天灌1次透水，连续浇水7～10次。如遇干旱天气，应增加浇水次数和浇水量。入冬之前浇防冻水或设防风障，提高树体的抗冻能力。

树体地上部分(特别是叶面)因蒸腾作用而易失水，必须及时喷水保湿。每天早晚各喷1次清水，这样可保持树干湿润。喷水要求细而均匀，喷及地上各个部位和周围空间，为树体提供湿润的小气候环境。夏季，也可在树南面架设三角支架，安装一个高于树1m的喷灌装置，可采用高压水枪喷雾，或将供水管安装在树冠上方，根据树冠大小安装一个或若干个细孔喷头进行喷雾，效果较好，但较费工费料。

3. 树体注射

在树干的不同方位分别悬挂3个输液瓶，内盛清水，在距地30～40cm处，用针头扎入木质部，针头每分钟滴水18～20滴左右，上、下午各1瓶，这样可以给树木及时补充水分，保证其对水分的需求，促进大树迅速生根成活。但喷水不够均匀，水量较难控制。一般用于去冠移植的树体，在抽枝发叶后，仍需喷水保湿。

4. 生长季节遮荫

在大树移植初期或高温干燥季节，要根据树种情况采取相应的遮荫或使用抗蒸腾剂等措施，以降低棚内温度，减少树体的水分蒸发。尤其在夏季(6～9月)，大部分时间气温在28℃以上，空气湿度小、干旱。管理不当造成根、干缺水、树皮龟裂，会导致树木死亡。防治措施：可以在树冠外围盖遮阳网，这样能较好地挡住太阳的直射光，使树叶、树干免遭灼伤。在成行、成片栽植，密度较大的区域，宜搭制大棚，省材又方便管理，孤植树宜按株搭制。要求全冠遮荫，荫棚上方及四周与树冠保持50cm左右距离，以保证棚内有一定的空气流动空间，防止树冠日灼危害。遮荫度为70%左右，让树体接受一定的散射光，以保证树体光合作用的进行。以后视树木生长情况和季节变化，逐步去掉遮荫物。

5. 注意排水防涝

新移植大树，根系吸水功能减弱，对土壤水分需求量较小。因此，只要保持土壤适当湿润即可。土壤含水量过大，反而会影响土壤的透气性能，抑制根系的呼吸，对发根不利，严重的会导致烂根死亡。为此，一方面，我们要严格控制土壤浇水量。移植时第一次浇透水，以后应视天气情况、土壤质地，检查分析，谨慎浇水。同时要慎防喷水时过多水滴入根系区域。第二方面，要防止树池积水。栽植时留下的浇水穴，在第一次浇透水后即应填平或略高于周围地面，以防下雨或浇水时积水。同时，在地势低洼易积水处，要开排水沟，保证雨天能及时排水。第三方面，要保持适宜的地下水位高度(一般要求－1.5m以下)。在地下水位较高处，要做网沟排水，汛期水位上涨时，可在根系外围挖深井，用水泵将地下水排至场外，严防淹根。

用取土器定期在树体的不同部位，分别取出自地表向下至 1m 处的土样，观察此处的土壤含水量和土壤状况。若土壤含水量过高，超过田间最大持水量的 80% 时，则要及时翻土晾晒；或在其附近挖沟，沟内放入砂子和炉渣，将树下多余的水分引流到别处，防止发生涝害。雨季也可用潜水泵逐个抽干栽植穴内的水，避免树木被水浸泡。

6. 对大树进行桥接

选择与本大树亲和力较强且适应性较强、生长旺盛的树木进行桥接，成活后可及时给大树补充养分和水分，利于大树的成活和复壮。另外，对树皮大面积损伤的大树，也可用桥接法进行补救。

7. 保护新芽

新芽萌发，是新植大树进行生理活动的标志，是大树成活的希望。更重要的是，树体地上部分的萌发，对根系具有自然而有效的刺激作用，能促进根系的萌发。因此，对在移植初期，特别是移植时进行重修剪的树体所萌发的芽要加以保护，让其抽枝发叶，待树体成活后再行修剪整形。同时，在树体萌芽后，要特别加强喷水、遮荫、防病治虫等养护工作，保证嫩芽与嫩梢的正常生长。

8. 适时增施肥料

施肥有利于恢复树势。大树移植初期，由于树木移植损伤大，根系吸肥力低，宜采用根外追肥，一般半个月左右一次。用尿素、硫酸铵、磷酸二氢钾等速效性肥料配制成浓度为 0.5%～1% 的液肥，选早晚或阴天进行叶面喷洒，遇降雨应重喷一次。第 2 年根据树的生长情况施农家肥或叶面喷肥。生长季节可通过叶面追肥，补充一些速效的无机化肥，如 0.3%～0.5% 的尿素、0.3%～0.5% 的磷酸二氢钾等；秋季结合耕翻施入充分腐熟的基肥，如厩肥、粪肥等。

9. 防治病虫害

由于移植大大损伤树势，树体的抵抗力弱，刚萌芽的枝叶嫩，容易遭受病害、虫害，需要及时采取有效的措施进行防治。可用多菌灵或托布津、敌杀死等农药混合喷施。分 4 月、7 月、9 月 3 个阶段，每个阶段连续喷 4 次药，每周 1 次，正常情况下可达到防治的目的。

10. 防冻

新植大树的枝梢、根系萌发迟，年生长周期短，积累的养分少，因而组织不充实，易受低温危害，应做好防冻保温工作。一方面，入秋后，要控制氮肥，增施磷、钾肥，并逐步延长光照时间，提高光照强度，以提高树体的木质化程度，提高自身抗寒能力。第二，在入冬寒潮来临之前，做好树体保温工作。可采取覆土、地面覆盖、设立风障、搭制塑料大棚等方法加以保护。

11. 看管围护、增加养护

在人流量较大、易遭人为伤害的地方，对新栽大树应架设围栏，加强看管，增加养护经费的投入，增强责任心，切忌重栽轻护。

园林树木种类繁多，各种乔木都有其本身移栽的特点。总之，只有做好大树移植前的准备和处理工作，重视大树移植的技术措施，并抓好栽植后的养护管理工作，才能提高大树移植的成活率，既不浪费资源，又能在短时间内改善人居环境，提升城市景观。

6.5　草坪栽植工程

6.5.1　草种选择

园林中可用的草坪植物种类很多，可达数百种，其中重要而常见的草坪植物有 20～30 种，选种的原则是"适地适种"，在选用时要根据当地的使用环境、使用目的及草本身的生态习性选取适宜草种，从而充分发挥其功能效益。

冷季型草适合于我国北方地区栽培，其中也有一部分品种，由于适应性较强，亦可在我国中南及西南地区栽培，如各类剪股颖、草地早熟禾和黑麦草。冷季型草用于要求绿色期长、管理水平较高的草坪上。暖季型草适合于黄河流域以南的华中、华东、华南、西南广大地区。也有少数几种只适应于华南地区栽培，如地毯草、竹节草等。暖季型草种中的野牛草，性状类似于冷季型草，在华中以南地区栽培，不耐炎热，在北方栽培生长良好，抗寒能力为－39℃。暖季型草用于对绿色期要求不严、管理较粗放的草坪。

理想的草坪植物应满足以下条件：

（1）外观形态：茎叶密集，叶色美观，色泽一致，绿期长。

（2）草姿美：草姿整齐美观，株矮叶细，形成的草坪似地毯。

（3）有旺盛的生命力：多年生与杂草竞争能力强，繁殖力强，生长蔓延速度快，成坪快。

（4）良好的适应性：抗逆性好，抗寒性、抗旱性、再生力和侵占能力强，能耐修剪，耐磨能力强。

（5）适应当地的环境条件，尤其注意适应栽植地段的小环境。

（6）适应使用目的及养护管理条件。有条件的可选用需精细管理的草种，而在环境条件较差的地区，则应选用抗性强的草种。

6.5.2　草种混播

由于单一草种的抗逆性差，病虫害严重，一般多选用2～3个品种进行混播。多个品种间要优势互补，抗逆性良好，叶片色泽尽量保持一致，生长量均衡。混种时目的性强，适应性广的草种占总播量的60%～80%，起辅助作用的草种占20%～40%。也根据最终目的与最终草种混入适当比例的"先锋"草种，即萌发速度快的草种可用作"先锋"草种。还可根据草坪建造目的有意识地加入少量生长低矮而不影响主栽草生长的植物种类。草坪中自然生长的、可起"缀花"作用的野生种类可根据需要适量保留，形成"缀花"草坪。

1. 草种混播的类型

（1）品种间的混合：若同一个草种内的不同品种各有特殊的优点或所施工的草坪小环境变化多端时，可以用混合品种，各品种比例根据具体情况（环境与品种特性）而定。

（2）冷季型草与暖季型草的混合应用：草地早熟禾与结缕草的混合可用于对绿色期要求长而管理水平较低的草坪中。野牛草与大羊胡子、小羊胡子的自然混合应"因势利导"或趋向某一纯种或任其竞争。

2. 混播草种的选择和组合

混播草种的选择和组合，决定于建设者的目的和草坪草的特性，下面根据几种不同的草坪说明混播应注意的问题。同时介绍一些组合比例，以供参考。

1）优质草坪

宜选茎叶细、柔软、耐刈割、生长发育整齐、颜色一致的两个或两个以上的种或品种组成。适当的配合比例如下：

(1) 韧叶紫羊茅 70%，细弱剪股颖 30%。

(2) 韧叶紫羊茅 50%，细弱剪股颖 30%，紫羊茅 20%。

(3) 在土湿时可用韧叶紫羊茅 80%，细弱剪股颖 20%。

2）观赏草坪

草种和品种宜增加，减少每种草所占的比例，如：

(1) 韧叶紫羊茅 45%，紫羊茅 35%，普通早熟禾 10%，细弱剪股颖 10%。

(2) 硬叶紫羊茅 40%，紫羊茅 30%，韧叶紫羊茅 20%，细弱剪股颖 10%。

(3) 多年生黑麦草 30%，紫羊茅 30%，韧叶紫羊茅 25%，细弱剪股颖 15%。

3）运动场草坪

运动场要能忍耐践踏和磨损，并要耐刈割，根系发达。组合比例如下：

(1) 韧叶紫羊茅 75%，洋狗尾草 15%，细弱剪股颖 10%。

(2) 韧叶紫羊茅 45%，多年生黑麦草 40%，细弱剪股颖 15%。

(3) 韧叶紫羊茅 60%，洋狗尾草 20%，细弱剪股颖 20%。

4）冬季运动场

用在潮湿、寒冷气候中能生长的草类，耐践踏，根系发达，形成深厚的草皮，具快速恢复生长的能力。其组合如下：

(1) 多年生黑麦草 50%，紫羊茅 25%，韧叶紫羊茅 15%，梯牧草 10%。

(2) 多年生黑麦草 30%，韧叶紫羊茅 20%，硬叶紫羊茅 20%，紫羊茅 10%，细弱剪股颖 10%，洋狗尾草 5%，普通早熟禾 5%。

6.5.3 场地与坪床准备

1. 土壤测试

进行包括土壤结构、土壤酸碱度和土壤肥力状况为内容的土壤测试分析，这不仅是为了草坪的成功建植，更重要的是为日后长期的草坪养护管理，提供必要的基础资料储备。

(1) 土壤结构：壤土和砂壤土是草坪建植最理想的土壤类型。践踏频率较高的草坪（如运动场草坪等），建植时还需按一定比例掺合不同粒径的砂子，以使草坪地有适宜的通透性。

(2) 土壤酸碱性：须根据具体草坪草种的种性要求，调节土壤 pH 值到适宜生长的水平。通常，草坪草能适应较大范围的 pH 值水平，然而最适宜的 pH 值是中性到弱酸性(6.0～7.0)。

(3) 土壤营养：土壤颗粒，尤其是黏性土壤能有效地提供植物生长所需要的矿物营养。可通过土壤分析了解土壤中钙、磷、钾、镁及其他矿物元素的含量水平，据此制订合理的施肥计划。

2. 场地清理与平整

不管是采用哪种方式建植草坪，对坪床的要求都是一样的。良好的坪床是获得理想草坪的基础，坪床土壤适宜、作业精细、排水系统实用得当也将为成坪后的日常管护奠定良好的基础。

(1) 清理现场：对于妨碍建植的各种杂物都需清除，如不清除或处理不善，不仅影响建植作业和机器运行，而且建成之后可能出现垮崩或形成洼地，破坏草坪地被的一致性。地面下 60cm 深度以内的岩石必须清除，并用土填平，不然会影响水分的均匀供给。地表 20cm 深度内的小石块也要清除，有利于建植作业的顺利进行，也有利于草坪地被植物根系的发育和优质草坪地被的形成。

(2) 杂草控制：杂草的滋生会降低草坪的均匀度，影响草坪的整体美感，也会给草坪草在光照、营养、生长空间等方面带来强大的竞争压力，尤其是宿根性的多年生杂草，危害更为严重。杂草的种子、根茎或匍匐茎清除是困难的。在已建成的草坪和地被中清除杂草也是非常麻烦和困难的，因此必须在栽种之前进行清除。可用人工、机械、化学除莠和熏杀剂等方法清除杂草。较有效的方法是用非选择性的内吸除莠剂和熏杀剂法。具体方法参见相关的内容。

(3) 土壤选择：土壤选择是坪床整理过程中最重要的内容之一。坪床整理时，常需要对 10～15cm 深的根系层土壤进行科学配比。根据土壤测试结果，或加入适量的砂子以增加该层土壤的通透性；或加施改良剂来调节土壤的 pH 值；或施入一定量的基肥，保证幼苗生长和草皮根系着生的营养需要。坪床作业开始之前，应对场地表层土壤取样分析测定土壤的酸碱度（即 pH 值）。如果土壤适宜，则将其保留，否则，应考虑更换土壤或使用土壤改良剂。通常中性和微酸性（pH 值 6～7）的土壤，对多数草坪与地被植物生长有利，如测定后发现偏碱（pH 值 7.5 以上），最常用的改土方法是施用硫酸铅，要使 pH 值从 7.5 降到 6.5，可增施硫酸铅 1～2kg/100m²，或者施硫酸亚铁，施用量亦为 1～2kg/100m²。

在我国北方部分地区，使用矾肥来改善碱性土质。矾肥水的配方是：黑矾（即硫酸亚铁）4～6kg，人粪尿 20～30kg，水 400～500kg，混合后置于阳光下曝晒 20 天，待全部腐熟后，取出一部分肥水，稀释后施入碱性表土层中，则能迅速有效地降低 pH 值。在我国南方地区，亦有施用硫磺粉或可湿性硫磺粉等来降低土壤的含碱成分的，其效能持久。

如为强酸性，需要施用石灰调整酸度时，宜在建植之前施入土中，以便在植物根系分布范围内的土壤与石灰充分混合，以达到有效地调整土壤酸碱度的目的。至于施用石灰种类、施用方法等，可参考有关资料。石灰应该在苗床施肥之前尽可能早的时候施用，以避免磷在无形中被固定。

(4) 粗平：是对草坪建植更为重要的一环，其主要任务在于对坪床进行处理。方法是挖（铲）除突起部分，填平低洼部分。作业时应把标桩钉在固定的坡度水平之内，整个坪床应设一个理想的水平面。填方应考虑沉陷问题。填方较深的地方除加大填土量以外，尚须适当填压，以加速沉降，尽快形成平整的坪床。

(5) 排除积水：新建草坪的坪床的床面中心地带不能形成低洼地，不然容易积水。此外，地面不宜做成水平，因为水平地面给人以单调的感觉，缺乏艺术性，而且也不利于排除积水，降雨时易导致地面积水或过分潮湿。最好使坪床中心略微高一点，做成 2% 左右的排水坡度。如果是临近建筑的新建草坪，最好从屋基向外倾斜，直到草坪边缘。有些情况下，需要根据建坪场地的地形特点，进行造型设计，创造出起伏变化的空间艺术效果。此时，应充分考虑场地内每一处的地面排水，避免低洼积水现象。整体坡降应控制在 25° 以下，建议采用平缓的坪床面坡度。坡度过大，修剪管护不方便，甚至会造成草皮的剥离。如果场地起伏变化过大，可考虑采用梯田方式缓解坡度。

(6) 基肥的施用：在我国目前的条件下，有机肥（人粪、畜粪尿、厩肥与堆肥等）作基肥施用能取得较好的效果。但不要施入未经腐熟的牛羊厩肥，否则会带进大量恶性杂草，极大地增加幼坪期的除草难度，其气味也常常令人难以忍受。因此，土壤施肥时，应选用腐熟的有机肥或施用化肥，其中尤以氮磷钾复合肥为最好。应用腐熟的有机肥可分层施用，深施多种混合肥料，并和土壤充分混合。秋施可改善土壤物理性状，促进微生物的活动和繁殖，减少肥料中磷、氮等的损失。每公顷可施 133.3～266.7kg 有机肥。

有些土壤极端缺磷或缺钾，或两者均缺，只有通过土壤测试才能得出这些营养元素的施用量，许多情况下，每 1000m² 各施用 4.89～9.78kg 的氮、磷、钾是适宜的。磷的足够含量特别重要，因为它是禾草幼苗形成过程中必需的重要营养元素之一。肥料施用后，必须迅速与土表 7～10cm 厚的上层充分混合；为了不致加速杂草的生长，应在播种前施肥，而不应在几周前施肥，因为早施肥有利于杂草生长。

(7) 翻耕松土：此项作业的目的在于充分改善土壤的通透性，提高持水能力，减少根系入土的阻力，为草坪草种子萌发、幼苗生长和草坪发育创造良好的条件。耕翻深度一般不应低于 20～25cm。对于废旧停车场、建筑工地等土壤紧实的场地，必须进行翻耕，以疏松土壤。

3. 排灌系统的设置

草坪要求恰当的土壤湿度，为保证植物能正常生长发育和草坪处于良好状态，建坪场地基础整平后，对结构紧实的黏性土壤、多雨地区应酌情考虑设置排水系统，干旱区，还需要安装喷灌系统。最好是采用地埋式，以增加草坪的整体效果。排水和喷灌系统的设置方法很多，材料各异，涉及的内容专业技术性强。

(1) 浇水设施：一般采用固定或活动的喷灌系统。在建喷灌系统有困难的地方，也可采用活动胶管灌溉。草坪一般不采用渠系灌溉，因为大小渠道要占地面，也不美观。

(2) 排水系统：对排水系统必须给予应有的重视，特别是南方雨水多的地区和低湿环境。排水设施一般有暗管排水和鼠道排水两种。

暗管式排水系统：面积不大的草坪和地被，沿对角线埋设主排水管，在其两边斜埋副排水管。副管接入主管宜成 45°的夹角，高差坡度 2%～1.33%，即构成所谓肋骨状的排水系统。草坪面积大时，排水管应平行排列，主管和支管均如此。主管管径一般可用 10、15、20cm 的陶土管；副管用管径为 6.5cm 或 8cm 的陶土管。管的埋设以埋入底土为好，即把表土铲起，放置一边，将管道埋入底土后，再将表土覆于其上。

鼠道式排水系统：在铺建草坪地被之前，用钢质弹筒状的顶管，管端装有犁刀式的挖土机具，在地面上与动力机具相联，动力机开动后，顶管钻入土中，在地下运行，压缩土壤而形成管状隧道，如老鼠打的洞一样，故称之为鼠道排水系统。这种排水系统通常是在黏土无砾石的条件下设置。鼠道不像陶土管那样持久，据称可使用 5～12 年。大面积的草坪如高尔夫球场，一般采用平行管道排水，在适当的地方再设排水管道(按地形设置)。

4. 安装草坪灯

在资金允许的情况下，可考虑在设置喷灌系统的同时，铺设地下电缆，安装室外草坪灯，增加整体美感，营造出高品位的草坪环境。

5. 苗床细平

理想的播种土壤为湿润的、粒状的、坚实的，无大土块、无石头及其他碎石。苗床细平的目的在于平滑土表，直接为种子萌发和根系生长创造良好的条件。为确保坪床面的整体性，细平之前需镇压两遍或灌一次透水。小面积坪床可用细齿耙作业，大面积的平整则需要借助专用设备进行。遇到回填土壤的场地，应考虑填方沉陷问题。细平作业应放在播种前进行，保持土壤湿度，以防表土板结。最后的耕作操作要尽可能在播种前 24h 内完成，表土必须打碎(1～5mm)，但不能弄成灰尘状。

场地与坪床经过了上述几道工序的作业之后，便可着手开始播种或铺植草坪。

6.5.4 草坪的栽植方法

草坪的建植方法通常有铺栽、播种、铺植生带、分株栽植和喷播等。

1. 铺栽

铺草皮卷和草块是我国各地最常用的铺设草坪方法。即将圃地生长的优良健壮草坪，按照一定的大小规格用平板铲铲起，装车运至铺设地，在整平的场地上重新铺设，使之迅速形成新草坪。用于投资较大、需要立即见效的草坪工程中。具体操作如下：

(1) 铺种草块的时间：方块草坪铺设，不论是冷季型、暖季型草种，自春至秋均可进行，忌在冬季进行。因为草在冬季大部分停止生长或者休眠，铺后容易遭干冻。入春后新萌发的嫩芽，移栽后，亦影响其正常生长。为及早形成草坪，一般栽植时间宜早不宜迟。最适宜的草块铺移时间是春末夏初，或者秋季进行，如果因客户需要在夏季进行，则必须增加灌溉次数。

(2) 选定草源：覆盖度95%以上，无杂草，草色纯正，根系密接，草皮或草块周边平直、整齐。

(3) 铲运草块：人工铲草，先把草皮切成平行条状，然后按需要横切成块，一般为30cm×30cm、45cm×30cm、60cm×30cm的方块状。使用薄形平板状的钢质铲，先向下垂直切3cm深，然后再用铲横切。草块的厚度约3cm深，整块必须均匀一致，这样就可以一块又一块地连泥带草根重叠堆起，并可随时装车运出。机器铲草，即用起草皮机起草，一般宽度30cm，厚度为2～3cm，长度随意，1～2m或更长，呈长条状草皮，像蛋卷似的，成卷铲起运走。

(4) 草块铺栽：草块搬运至铺设场地后，应立即进行栽植。铺设草块前，应先进行排水坡度的整理，面积大的场地，为了达到2‰～3‰的斜坡排水，最好使用水平仪器测定。草块铺前，场地再次拉平，并增加1～2次压平，以免铺后出现泥土下陷所带来的不平整或者积水等不良现象。铺栽草块时，块与块之间，应保留0.5～1cm的间隙，以防在搬运途中干缩的草块，遇水浸泡后膨胀，形成边缘重叠。块与块间的隙缝应填入细土，然后滚压，并进行浇水，要求灌透。一般浇水后2～3天再次滚压，则能促进块与块之间的平整。

一般说来，新设的块状草坪，压滚一两次是压不平的，以后每隔一周浇水滚压一次，直到草坪完全平整为止。在滚压过程中，如发现草块部分下沉不平，应把低凹下沉部分的草块掀起来，用土填平，重新铺平。

(5) 草块铺设后的护理：新铺草块必须加强护理，防止人畜车辆入内，靠近道路、路口的应设置临时性指示牌，减少和防止人为破坏所造成的损失。新铺的草坪返青后，可增施一次尿素氮肥，每公顷施用量120～150kg左右。当年的冬季可适当增施堆肥土或土屑土等疏松肥料，则能迅速促进新铺草坪的平整(图6-30)。

2. 播种

种子来源充足，出苗容易，小苗生长速度快的草种可用此方法。

图6-30 草块铺设

1）播种时期

冷季型草为秋播，暖季型草为春播，可在春末夏初播种。

2）播种量

草坪种子播种量越大，见效越快，播后管理越省工。种子有单播和2～3种混播的。单播时，应根据草种、种子发芽率等而定，一般用量为10～20g/m²。如草地早熟禾5～15g/m²，高羊茅20～35g/m²，黑麦草20～30g/m²，匍匐剪股颖3～7g/m²，结缕草10～25g/m²。混播则是在依靠基本种子形成草坪以前的期间内，混种一些具有与之互补的其他优势种子。例如，早熟禾85％～90％与剪股颖15％～10％。

3）种子质量要求

80％以上发芽率，杂草种子含量低于0.1％。

4）播种质量要求

种子分布要均匀，覆土厚度要一致(3～5mm)，播后压实，及时浇水，出苗前后及小苗生长阶段都应始终保持地面湿润，局部地段发现缺苗时需查找原因，并及时补播。

5）种子催芽法

色泽正常的新鲜种子，可直接播种。发芽难的种子，如暖季型草坪草种子，可进行催芽处理。常用的催芽法有：

(1) 冷水浸种法：播前用冷水浸泡数小时，捞出晾干再播，如白颖苔草等。

(2) 机械处理法：可用搓揉法提高种子发芽率，如羊胡子草。

(3) 层积催芽法：如结缕草籽，可用积砂催芽。即将种子装入纱布袋内，置于冷水中浸泡48～72h；然后再用两倍于种子的泥炭或河砂拌匀，再将它装入铺有8cm厚度砂的大口径花盆内摊平；最后在盆口上覆盖8cm厚的湿河砂，装好移至室外用草帘覆盖，经5天后再移入室内加温到24℃。掺有河砂的种子湿度始终保持在70％左右。大约经12～30天，种子开始裂口出芽，此时即可播种。

(4) 化学药物催芽法：结缕草种子的外皮具有一层附属物，水分与空气不易进入，发芽极为困难。可在100kg水中放入5kg氢氧化钠，浸种时将结缕草种子分数批倒入已配好的氢氧化钠溶液中浸泡24h。浸泡过程中用木棍拌合。泡后再用水冲洗干净，再在清水中浸泡6～10h，捞出略晾干即可播种。在上述溶液中加入少量的双氧水浸泡种子，也能收到很好的效果。

(5) 高温催芽法：将种子保持70％的湿度，放入40℃的高温下湿处理几小时，或用40℃的高温与5℃的低温进行变温处理4～5天，可提高发芽率一倍以上。

6）播种深度及覆土

多数草坪草的种子都非常小，必须播于十分浅的土层中，一般栽植深度为表土下0.5～1cm，才有利于迅速萌发。大粒种子可播得深一点。草坪草种子播得太深会影响出苗，并导致植被的贫乏。当播种深度增加0.5cm时，会使幼苗出苗率降低。当种子播种于土表时更容易发生植被稀疏的现象。

覆土应即时进行，可用滚压，也可用细齿耙耙土覆盖。为了播匀种子，可把土地分成几份，并掺砂和细土拌合均匀，按片分撒，才易撒匀。

7）播种的方法

有条播及撒播。条播有利于播后管理，撒播可及早达到草坪均匀的目的。条播是在整好的场地上开沟，深5～10cm，沟距15cm，用等量的细土或砂与种子拌匀撒入沟内。不开沟为撒播，播种人应作回纹式或纵横向后退式撒播(图 6-31),播种后轻轻耙土镇压使种子入土 0.2~1cm。播前浇水有利于种子的萌发。

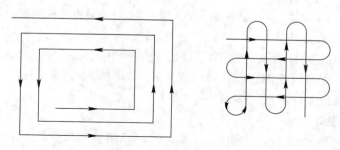

图 6-31　撒播的方法

3. 草坪植生带

草坪植生带是在两层"无纺布"之间撒上草籽,混入一定量的肥料,经过复合定位工序,制成的地毯式的草坪草栽植带。"无纺布"在我国用再生棉制成,现在有用吸水纸或其他纸张代替的。经过若干天后,"无纺布"逐渐腐烂在泥土中,草籽在土里萌发,长出一片幼苗,逐渐发育形成草坪。这种方法具有灵活、建坪快(4~7 天萌发、1 个月形成草坪)、杂草少、成本低、适用于坡地等优点。

1) 植生带草籽的选用

为了适应不同地区、不同气候、不同立地环境及不同用途,应选择相应的草种和地被植物种子。生产植生带用的草籽,国外常用狗牙根、紫羊茅、小糠草、草地禾等,我国用过黑麦草、草地禾,也有用地被植物白三叶草等的。要求草籽要经过种子检验,发芽率高,无杂草种子。一般不需要迅速形成草坪的,种子量可少一些,如要求迅速形成草坪的,不同品种的种子用量是:黑麦草 20g/m^2,早熟禾与黑麦草混合 16g/m^2,草地早熟禾 12g/m^2,白三叶草 6g/m^2。

2) 植生带铺设时间

春、秋两季均可。冷季型草种以秋季为佳,因此时杂草即将枯萎,翌年当杂草滋生时,新草坪已形成,可以抑制杂草生长;如在盛夏、秋末铺设,则应注意遮荫、浇水、防旱。

3) 植生带铺设技术

使用植生带铺设草坪有较高的铺草技术要求,除一般的翻地、施肥、整平场地外,还应掌握以下要点:

(1)栽植时,把"无纺布"覆盖在地面上,在上面喷施复合肥料(含氮、磷、钾三种主要元素),再均匀地撒上草坪草种子,再在上面覆盖一层"无纺布",草籽夹在两层"无纺布"之间。

(2)用 A80 型刺针进行针刺以固定草籽(有时结合加压),这样就形成了草坪植生带。

(3)植生带铺好后,要充分压平,使植生带与土壤紧密结合。

(4)如果在有自动化喷灌装置的地区或在雨季铺设,只要能保持植生带湿润,可以不覆盖土壤,用 8 号镀锌钢丝做成"冂"形钉子,按一定距离扎入土中,以植生带不让风刮起为佳。但在坡地面铺设,为防止暴雨冲刷"冂"形钉需要打入土壤 15cm 为好。

(5)覆盖土必须用无杂草根、茎和种子的心土,一般可选用表层 15cm 深度以下的土壤,最好打碎过筛后使用。覆盖土以砂壤土为好,忌用黏土,以防在浇水后覆盖土板结,影响幼苗出土。

(6)浇水每天早晚各 1 次,根据天气情况可适当增减,以保持土壤湿润为原则,雨季铺草可以不浇水。铺植生带后，在未出苗前可用皮管浇水，但不应冲走覆盖土，当小苗出土后，应改为喷灌浇水，切忌因浇水而把幼苗冲倒。

(7) 进入盛夏前不能修剪，以防止土壤水分大量蒸发，土壤温度升高，而影响冷季型草种越夏。

4. 分株栽植

种子繁殖较困难的草种或匍匐茎、根状茎较发达的种类用此方法。用植株繁殖较简单，能大量节省草源，一般 1m² 的草块可以栽成 5～10m² 或更多一些。与播种法相比，此法管理比较方便，因此已成为我国北方地区匍匐性强的草种栽植的主要方法。

1) 分栽草源质量要求

所用草源覆盖度高，无杂草，叶色纯正，尽量缩短从起苗至栽植后浇水的间隔时间，以浇第一次水时 80% 以上的叶片生长正常为标准。

2) 栽植时间

全年的生长季均可进行。但栽植时间过晚，当年就不能覆满地面。最佳的栽植时间是生长季中期。

3) 栽植方法

分株栽植可采用两种方法：条栽与穴栽。草源丰富时可以用条栽，在平整好的地面以 20～40cm 为行距，开 5cm 深的沟，把撕开的草块成排放入沟中，然后填土、踩实。同样，以 20～40cm 为株行距穴栽也是可以的。每穴或每条的草量视草源及达到全面覆盖日期的长短而定。草源充足、要求见效快的草量需多，反之则少。

4) 分栽步骤

分栽坪床要彻底清除石块、草根等杂物，施基肥并进行土壤消毒，然后深翻 30～40cm，耧平，坪床要平缓、整齐。然后将草坯分成大小均匀、根系完整的草块，按一定的株行距栽植。注意草块要与土壤紧密结合，防止浇水时被冲起。栽后立即浇水，一周内连浇 2～3 次，然后平整地面，使因栽植或浇水造成的不平整的地表达到平整的要求。

5) 提高栽植效果的措施

为了提高成活率，缩短缓苗期，移栽过程中要注意两点：一是栽植的草要带适量的护根土(心土)。二是尽可能缩短掘草到栽草的时间，最好是当天起当天种。

5. 喷播

用于坡度较大的地段，要求喷洒均匀。

它利用装有空气压缩机的喷浆机组通过强大的压力，将混合有草籽、黏着剂、肥料、保湿剂、除草剂、绿色颜料以及松软的适量有机物质及水等配制而成的黏性泥浆，直接喷送至已经整平的场地或陡坡上。由于喷下的草籽浆具有良好的附着力及明显的颜色，所以它能不遗漏、不重复，均匀地将草籽喷播到目的地区。因此，有人又称它为"草坪喷浆播种法"。它的最大特点是机械化程度高。能够通过皮管及强大的压力，很容易完成陡坡及斜坡处的草坪播种工作，且种子不会流失。因此，此法是解决公路、铁路路基、江、河、水库护坡岸以及飞机场等大面积施工的好办法。

6.5.5 草坪的养护管理

草坪的养护工作需在了解各草种生长习性的基础上进行。根据立地条件、草坪的功能进行不同精细程度的管理工作。草坪养护最基本的指标是草坪植物的全面覆盖。

1. 浇水

人工草坪原则上都需要人工灌溉，尤其是土壤保水性能差的草坪更需人工浇水。

(1) 浇水时期：除土壤封冻期外，草坪土壤应始终保持湿润，暖季型草主要浇水时期为 4～5 月、8～10 月；冷季型草为 3～6 月、8～11 月；苔草类主要为 3～5 月、9～10 月。

(2) 浇水质量：每次浇水以达到 30cm 土层内水分饱和为原则，不能漏浇。因土质差异容易造成干旱的范围内应增加浇水次数。漫灌方式浇水时，要勤移出水口，避免局部水量不足或局部地段水分过多或"跑水"。用喷灌方式浇水要注意是否有"死角"，若因喷头设置问题，局部地段无法喷到时，应人工加以浇灌。

(3) 水源：用河水、井水等水源时应注意水质是否已污染，或是否有影响草坪草生长的物质存在。

(4) 排水：冷季型草草坪应注意排水，地势低洼雨季有可能造成积水的草坪应有排水措施。

2. 施肥

高质量草坪初建时除应施入基肥外，每年还必须追施一定数量的化肥或有机肥。

(1) 施肥试验：因土质等立地条件不同、前期管理水平不同，因此施肥前应作小面积不同施肥量试验，根据试验结果确定合适的施肥量，避免浪费或不足。

(2) 施肥时期与施肥量：高质量草坪在返青前施腐熟粉碎的麻渣等有机肥，施肥量 50～200g/m²。修剪次数多的野牛草草坪，当出现草色稍浅时应施氮肥，以尿素为例，每平方米约 10～15g，8 月下旬修剪后应普遍追氮肥一次。冷季型草的主要施肥时期为 9、10 月，以氮肥为主，3、4 月份视草坪生长状况决定施肥与否，5～8 月非特殊衰弱草坪一般不必施肥。

(3) 施肥方式：无论用手撒或用机器撒都必须撒匀，为此可把总施肥量分成两份，分别以互相垂直方向分两次分撒。注意：切不可有大小肥块落于叶面或地面。避免叶面潮湿时撒肥，撒肥后必须及时浇水。草坪全生长季都可用叶面喷肥法施肥，根据肥料种类不同，溶液浓度约为 0.1～0.3%，喷洒应均匀。

(4) 补肥：草坪中某些局部长势明显弱于周边时应及时增施肥料或称作补肥。补肥种类以氮肥和复合化肥为主，补肥量依"草情"而定，通过补肥，使衰弱的局部与整体的生长势达到一致。

3. 剪草

人工草坪必须剪草，特别是高质量草坪更需多次剪草。

(1) 剪草的时间及次数：需在无露水的时间内进行，剪草次数应根据不同的草种、不同的管理水平及不同的环境条件来确定。

野牛草：全年剪 2～4 次，自 5 月至 8 月，最后一次修剪不晚于 8 月下旬。

结缕草：全年剪 2～10 次，自 5 月中至 8 月，高质量结缕草一周剪一次。

大羊胡子草：以覆盖裸露地面为目的，基本上可以不修剪，为提高观赏效果可剪 2～3 次。

冷季型草：以剪除部分叶面积不超过总叶面积的 1/3 确定修剪次数。粗放管理的草坪最少在抽穗前应剪两次，达到无穗状态；精细管理的高质量冷季型草以草高不超过 15cm 为原则。

(2) 剪草方法：剪草前需彻底清除地表石块，尤其是坚硬的物质。检查剪草机各部位是否正常，刀片是否锋利。剪下的草屑需及时彻底从草坪上清除。剪草时需一行压一行进行，不能遗漏。某些剪草机无法剪到的角落需人工补充修剪。

(3) 剪草高度：剪草高度因草种、季节、环境等因素而定(表6-12)。

剪 草 高 度 表 表6-12

草种	剪留高度(cm)，全光照	树荫下
野牛草	4～6	6～7
结缕草	3～5	8～10
高羊茅	5～7	8～10
黑麦草	4～6	7～9
匍匐剪股颖	3～5	8～10
草地早熟禾	4～5	8～10
小羊胡子	(3、4、5、9、10、11月)8～10	8～10
大羊胡子	(6、7、8月)8～10	8～10

4. 病虫害防治

病虫害防治在草坪管理中是一项很重要的工作，在草坪生长季节尤为重要。药物防治要根据不同的草种在不同的生长期根据病虫害种类的生长发育期选用不同的农药，使用不同的浓度和不同的施用方法(表6-13、表6-14)。

草坪病害防治方法 表6-13

名称	发生期及症状	防治
褐斑病	持续高温高湿易发生	注意排水
锈病	7～8月茎叶上有橘黄色状斑点	石硫合剂、代森锌、百菌清、150倍波尔多液、多菌灵400倍液
幼苗猝倒病	新植草坪幼芽叶部出现斑点	150倍波尔多液，注意排水

草坪虫害防治方法 表6-14

名称	发生期及症状	防治方法
蛴螬	春季开始活动，冬季在土层中越冬	90%敌百虫1000倍液
蚜虫	危害叶片	40%乐果乳
	春至秋初	800～1000倍液
螨类	春至秋初	40%三氯杀螨醇
	危害叶片	—

5. 除杂草

草坪的杂草应按照除早、除小、除净的原则清除。加强肥水管理，促进目的草旺盛生长，是抑制杂草滋生与蔓延的手段。野牛草、羊胡子草草坪根据"草情"适当控制水分来抑制杂草生长。用剪草手段可控制某些双子叶杂草的旺盛生长。生长迅速、蔓延能力强的杂草如牛筋草、马唐、萹草、灰菜、蒺藜等必须人工及时拔除，以减少其危害。

6. 清理

各类草坪均需随时保持地表无杂物。早春需彻底清理枯叶,暖季型草与羊胡子草草坪应于2月中旬前清理完毕,暖季型草于3月上旬前清理完毕。

7. 复壮与更新

当草坪中以杂草为主或目的草覆盖度低于50%时应及时采取复壮措施;若目的草覆盖度低于30%时应考虑更新。草坪复壮的主要手段是剔除杂草、增加浇水、增施肥料。覆盖度低的局部地段应补播或补种。草坪更新的关键措施是多年恶性杂草的清除(若更换草种则应将前茬的草种视作恶性杂草)。为达到清除目的可使用灭生性除草剂。

6.6 花卉的栽植施工

花卉的栽植施工因需要和条件等因素,也相当丰富多样、有简有繁。简单的可以用种子直播,或定植一些管理粗放的宿根花卉,任其自由生长,宿根花卉在当地有的可能冬季要掘起收藏越冬,有的冬季也不必掘起,来年仍能自长开花。另有用砖、木等材料,构筑成造型美丽的花篮、花瓶等式样,栽上适当的花卉。或以花卉为主,配置一些有故事内容的工艺美术品,形成立体花坛。

6.6.1 花卉栽植的一般要求

1. 花卉的栽植土

在进行栽植床的整理时应清除土中杂物,新床需要把床内土壤过筛。若土质太差应换土,或加入适量腐叶土、泥炭土改良土质,有条件时最好进行土壤消毒,并施基肥。花卉栽植表土层(30cm)必须采用疏松、肥沃、富含有机质的培养土。翻土深度内的土壤中必须清除杂草根、碎砖、石块等杂物,严禁含有有害物质和大于1cm以上的石子等杂物。对不利花卉生长的土壤必须用富含有机物质的培养土加以更换改良。土壤改良时,必须采用充分发酵的有机物质。土壤必须经过消毒,严禁含有病菌或对植物、人、动物有害的有毒物质。花坛土壤必须提前将土壤样品送到指定的土壤测试中心进行测试,并在栽植花卉前取得符合要求的测试结果。土壤的主要理化性状必须符合表6-15的规定。

花坛、花境土壤的主要理化性状要求 　　　　　　　　　　表6-15

一	一级花坛	二级花坛	一级花境	二、三级花境	备注
土壤的 pH 值	6.0~7.0	6.6~7.5	6.5~7.5	7.1~7.5	酸性花卉 5~7
土壤的密度(g/cm)	≤1.0	≤1.2	≤1.25	≤1.30	
有机质含量(%)	≥3.0	≥2.5	≥2.5	≥2.0	
通气孔隙度(%)	≥15	≥10	≥10	≥5	

2. 花卉材料的准备

(1) 花坛栽植的花卉应符合下列质量要求:

花卉的主干矮,具有粗壮的茎秆;基部分枝强健,分蘖者必须有3~4个分叉;花蕾露色。

花卉根系完好,生长旺盛,无根部病虫害。

开花及时，用于绿地时能体现最佳效果。

花卉植株的类型标准化，如花色、株高、花期等的一致性。

植株应无病虫害和机械损伤。

观赏期长，在绿地中有效观赏期应保持45天以上。

花卉苗木的运输过程及运到栽植地后必须有有效措施保证其湿润状态。

（2）花境栽植的花卉应符合下列质量要求：

花境花卉应采用宿根花卉，部分球根花卉，配以一、二年生花卉和其他温室育苗草本花卉类。

宿根花卉，根系发育良好，并有3～4个芽；绿叶期长；无病虫害和机械损伤。

具根茎或球根性多年生草本花卉宜采用休眠期不需挖掘地下部分养护的种类；苗木健壮，生长点多。

观叶植物必须是移植或盆栽苗，叶色鲜艳，观赏期长。

一、二年生花卉应符合花坛栽植花卉的质量要求。

3. 花卉的栽植

有些一、二年生花卉可直播，将种子直接播在开好的沟内，覆土浇水，不用移植，但长势不如移植苗，故一般多选用移植花苗的方法进行花卉的栽植。

1）播种花卉

一年生花卉在北方宜4月上中旬播种，二年生花卉则在9月上旬至中旬进行秋播，秋播后即在休眠时越冬，经冬春低温完成春化阶段，第二年春暖后生长开花。

播种前，应先准备好播种床，应排水良好，将细培养土铺在床内，用细喷壶喷湿。播种采用撒播方法把种子撒在土上，播种应均匀，然后用细土覆盖，厚度为种子直径的1～2.5倍，能盖上种子即可，并应立即浇水，再用塑料薄膜盖在播种床上，以保温保湿，促进种子发芽。经5～7天种子发芽后，白天可去掉塑料薄膜，以使幼苗通风透光促进生长。待幼苗长至5cm左右时，即可间苗，即拔除病苗、弱苗、徒长苗，同时清除杂草和其他苗。当幼苗长出3～4片真叶时即可移植。移植幼苗可裸根，也可带土进行。经1～2次移植后，幼苗已得到充分生长并含蕾待放，这时便可在花坛、花带中定植，进行日常管理。

2）移植花苗

花卉用苗应选用经过1～2次移植，根系发育良好的植株。

起苗应符合下列规定：①裸根苗，应随起苗随栽植。②带土球苗，应在圃地浇水渗透后起苗，保持土球完整不散。③盆育花苗去盆时，应保持盆土不散。④起苗后栽植前，应注意保鲜，保持其湿润状态，花苗不得萎蔫。

各类花卉栽植时，在晴朗天气、春秋季节、最高气温25℃以下时可全天栽植；当气温高于25℃时，应避开中午高温时间，应在早晨、傍晚或阴天进行。

栽植花苗的株行距，应按植株高低、分蘖多少、冠丛大小决定。以成苗后不露出地面为宜。花苗栽植深度宜为原栽植深度，栽植时不得揉搓和折曲花苗根部及茎叶，并保持根系完整。球茎花卉栽植深度宜为球茎的1～2倍。块根、块茎、根茎类可覆土3cm。栽植后应充分压实，覆土平整。

在花苗栽植后的4～5天内，应每天早晨或傍晚用喷壶在根际浇水，土壤不得沾污植株。在第二、三次浇水后，花坛上应盖以厚2～3cm的过筛腐殖细土。

6.6.2　花坛施工

1. 平面花坛的施工

所谓"平面花坛"，系指从表面观赏其图案与花色者。花坛本身除呈简单的几何形式外，一般不修饰成具体的形体。

1）栽植床的整理

花坛栽植床应处理成一定的坡度，为便于观赏和有利排水，可根据花坛所在位置，决定坡的形状。一般花坛，从四面观赏，其中央部分填土应该稍高，边缘部分填土应低一些，可处理成尖顶状、台阶状、圆丘状等形式；单面观赏的花坛，前边填土应低些，后边填土应高些，处理成一面坡的形式。花坛土面应做成坡度为 5%～10% 的坡面。在花坛边缘地带，土面高度应填至边缘石顶面以下 2～3 cm；以后经过自然沉降，土面即降到比边缘石顶面低 7～10cm 之处，这就是边缘土面的合适高度。填土达到要求后，要把土面的土粒整细、耙平，以备栽种花卉植物。

2）花坛图案放样

花坛图案、纹样，要按照设计图放大到花坛土面上。栽花前，按照设计图，先在地面上准确地划出花坛位置和范围的轮廓线，放线方法可灵活多样。现简单介绍几种常用的放线方法。

(1) 图案简单的规划式花坛

根据设计图纸，直接用皮尺量好实际距离，并用灰点、灰线作出明显标记，如果花坛面积较大，可用方格法放线，即在设计图纸上画好方格，按比例相应地放大到地面上即可。

(2) 模纹花坛

图形整齐、图案复杂、线条规则的花坛，称模纹花坛。布置模纹花坛的材料一般以五色草为主，再配置一些其他花木。

模纹花坛要求图案、线条准确无误，故对放线要求极为严格，可以用较粗的镀锌钢丝，按设计图纸的式样，编好图案轮廓模型，检查无误后，在花坛地面上轻轻压出清楚的线条痕迹或线条处留一定宽度撒灰线。

(3) 有连续和重复图案的花坛

有些模纹花坛的图案，是互相连续和重复布置的，为保证图案的准确性，可以用较厚的纸张(硬板纸等)，按设计图剪好图案模型，在地面上连续描画出来。放样时，若要等分花坛表面，可从花坛中心桩牵出几条细线，分别拉到花坛边缘各处，用量角器确定各线之间的角度，就能够将花坛表面等分成若干份。以这些等分线为基准，比较容易放出花坛面上对称、重复的图案纹样。

总之，放线方法多种多样，可以根据具体情况灵活采用。此外，放线要考虑先后顺序，避免踩乱已放印好的线条。画线工具可用绳子、木制直尺、皮尺、木桩及木圆规。拉线或画线后用干砂或白灰、木屑等作标志。最好订好木桩或划出痕迹，撒灰踏实，以防突如其来的雨水将线冲刷掉。

3）起苗

(1) 裸根苗：应随栽随起，尽量保持根系完整。

(2) 带土球苗：如果花圃土地干燥，应事先灌水。起苗时要保持土球完整，根系丰满；如果土壤过于松散，可用手轻轻提实。起苗后，最好于荫凉处囤放一两天，再运苗栽植。这样，可以保证土壤不松散，又可以缓缓苗，有利于成活。依运输距离长短，采取不同的保护措施，如搭遮荫网避开中午阳光照射等。

(3) 盆育花苗：盆栽育苗一般提前浇水，运到现场后再扣出。栽时最好将盆退去，但应保证盆土不散，也可以连盆栽入花坛。

4）花苗栽入花坛的基本方式

(1) 一般花坛：如果小花苗就具有一定的观赏价值，可以将幼苗直接定植，但应保持合理的株行距；甚至还可以直接在花坛内播花籽，出苗后及时间苗管理。这种方式既省人力、物力，而且也有利于花卉的生长。

(2) 重点花坛：一般应事先在花圃内育苗。待花苗基本长成后，于适当时期，选择符合要求的花苗，栽入花坛内。这种方法比较复杂，各方面的花费也较多，但可以及时发挥效果。

宿根花卉和一部分盆花，也可以按上述方法处理。

5）栽植方法

花卉的栽植，在春、夏、秋三季基本都可进行，在阴天或傍晚进行较为理想。花苗运到后应及时栽种。栽花前几天，花坛内应充分灌水渗透，待土壤干湿合适后，再栽。运来之花苗应存放在荫凉处。带土球的花苗，应保持土球完整；裸根花苗在栽前可将须根切断一些，以促使新根速生。栽苗中需选择植物，并不断调整，使植物栽种密集。为准确地表达图案纹样，矮棵的苗应浅栽，高棵的苗应深栽，使其高矮一致。栽植穴(搂)要挖大一些，保证苗根舒展，栽入后用手压实土壤，并随手将余土耙(搂)平。栽好后及时灌水。

用五色草栽植模纹花坛时，应根据圃地记录，将不同品种的五色草区分开。因红草和黑草春季差别很小，要到秋季才能分出各自的颜色，所以特别注意不要弄乱。为使图案线条明显，一般都用白草镶作轮廓线。白草性喜干燥，耐寒性也比较强，所以在栽植白草的地方，最好垫高一些，以免积水受涝。模纹花坛应经常修剪整齐，以提高观赏效果。

6）栽植顺序

(1) 单个的独立花坛，应由中心向外的顺序退栽。

(2) 一面坡式的花坛，应由上向下栽。

(3) 高、低不同品种的花苗混栽者，应先栽高的，后栽低矮的。

(4) 宿根、球根花卉与一、二年生花卉混栽者，应先栽宿根花卉，后栽一、二年生花卉。

(5) 模纹式花坛，应先栽好图案的各条轮廓线，然后再栽内部填充部分。

(6) 大型花坛，可分区、分块栽植。

7）栽植距离

花苗的栽植间距，要以植株的高低、分蘖的多少、冠丛的大小而定，以栽后不露地面为原则；也就是说，其距离以相邻的两株(棵)花苗冠丛半径之和来决定。当然，栽植尚未长成的小苗，应留出适当的空间。

模纹式花坛，植株间距应适当小些。

规则式花坛，花卉植株间最好错开，栽成梅花状(或叫三角形栽植)排列。

8）栽植的深度

栽植的深度，对花苗的生长发育有很大的影响，栽植过深，花苗根系生长不良，甚至会腐烂死亡；栽植过浅，则不耐干旱，而且容易倒伏，一般栽植深度，以所埋之土刚好与根茎处相齐为最好。

球根类花卉的栽植深度，应更加严格掌握，一般覆土厚度应为球根高度的 1～2 倍。

2. 立体花坛的施工

所谓立体花坛，就是用砖、木作结构，将花坛的外形布置成花瓶、花篮及鸟、兽等形状。有些除栽有花卉外，配置一些有故事内容的工艺美术品（如"天女散花"等）所构成的花坛，也属于立体花坛。

1）结构造型

立体花坛，一般应有一个特定的外形。为使外形能较长时间地固定，就必须有坚固的结构。外形结构的做法是多样的，可以根据花坛设计图，先用砖堆砌出大体相似的外形，外边包泥，并用蒲包或棕皮将泥土固定，也可先将要制作的形象，用木棍作中柱，固定在地上，再用竹条或镀锌钢丝编制外形，外边用蒲包垫好，中心填土夯实。所用土壤中最好加一些碎稻草，为减少土方对四周的压力可在中柱四周砌砖，并间隔放置木板。外形做好后，一定要用蒲包等材料包严，防止漏土。

2）栽花

立体花坛的主体植物材料，一般用五色草。所栽植的小草由蒲包等材料的缝隙中插进去。插入之前，先用铁钎子钻一小孔，插入时注意穗苗根要舒展。然后用土填严，并用手压实。栽植的顺序一般应由下部开始，顺序向上栽植。栽植密度应稍大一些，为克服植株（茎的背地性所引起的）的向上弯曲生长现象，应及时修剪，并经常整理外形。

花瓶式的瓶口或花篮式的篮口，可以布置一些开放的鲜花，立体花坛基座四周，应布置花草或布置成模纹式花坛。

立体花坛布置好后，每天都应喷水，一般一天喷两次；天气炎热、干旱时，应多喷几次。所喷之水，要求水呈雾状，避免冲刷。

（1）五色草造型花坛

根据设计造型，先用石膏或泥做成小样，找好比例关系，制出模型。依模型比例，放大尺寸做成设计要求的造型骨架。过于高大、过重的骨架，为施工运输方便，可制成拼合式在现场组装。在钢筋骨架上固定密接的木板，板上钉钉子，要使钉子在木板表面均匀分布。造型的曲顶可固定小木板，钉钉子密些。如果造型物高大，施工不便，可在周围搭脚手架，然后用稻草和泥，摔到木板上，泥厚度要求 5～10cm。找出造型要求的面，用蒲席或麻包包在外部，用钢丝扎牢。再用竹片打孔，栽植五色草苗。先种花纹的边缘线，轮廓勾出后再填种内部花苗。在具体施工中注意勿把花纹踩压，可用周转箱倒扣在栽种过的图案部分，供施工人员踩踏。

栽植后的管理对五色草花坛尤为重要，栽种后要修剪。一方面，修剪的目的是促进植物分枝；另一方面，修剪的轻重和方法也是体现图案花纹最重要的技巧。修剪要适度，过重时下部枝叶易稀疏，土壤裸露，过轻又不易使花纹清楚，影响观赏。栽后第一次不宜重剪，第二次修剪可重些，在两种草交界处，各向草体中心斜向修剪，使交界处成凹状，易产生立体感。施工完毕，浇一次透水，以后要保持适度浇水，并根据具体情况采取其他管理措施。部分纹样上花苗死亡后要及时更换，还要及时剔除杂草，对观赏期较长的花坛用花可追施尿素。

除常选用五色草做植物造型外，也有用花期较长、开花繁密的其他材料的，如用小菊。小菊的布置手法、施工程序基本同五色草，只是把小菊扣盆，用蒲席绑扎后直接固定在钢筋骨架上，不修剪，要求植物开花期一致（图 6-32～图 6-34）。

图 6-32　五色草花坛实景 1

图 6-33　五色草花坛内部

（2）标牌花坛

标牌式花坛多用五色草类植物制成。把塑料箱装好培养土，依次放置在平面上，形成一整体植床，在上面按设计纹样放线（方法同平面花坛），标出纹样上的植物种类。然后按纹样要求分箱栽入五色草苗（每箱要有统一编号，以记录其在花坛中的位置），多为直接插于培养土上，约养护 10～15 天，经过轻度修剪即可应用。用钢棍、钢管搭成竖立的骨架，依情况在钢架上固定木板或直接绑扎塑料箱。把编号的塑料箱依次序安装在立架上，显现整体纹样。固定方法多

图 6-34　五色草花坛实景 2

样，一般是从架子下部开始，用细钢丝从塑料箱表面拉过，固定于箱下的钢管上或木板的钉子上。日常管理主要是浇水。

阶式花坛多用盛花材料制成，用花盆育苗。用砖及木板搭成架子，或使用现成的阶梯架，把盆花按设计纹样摆放在架子上，注意调整植株高矮，使纹样清晰。也可扣盆后把花苗栽于阶式栽植槽中。

3. 花境施工及养护

1）整床

花境施工完成后要多年应用，因此需有良好的土壤。对土质差的地段应换土，但应注意表层肥土及生土要分别放置，然后依次恢复原状。通常混合式花境土壤需深翻 60cm 左右，筛出石块，距床面 40cm 处混入腐熟的堆肥，再把表土填回，然后整平床面，稍加填压。

2）放线

按平面图纸用白粉或砂在植床内放线，对有特殊土壤要求的植物，可在其栽植区采用局部换土措施。要求排水好的植物可在栽植区土壤下层添加石砾。对某些根蘖性过强，易侵扰其他花卉的植物，可在栽植区边界挖沟，埋入石头、瓦砾、金属条等进行隔离。

3）栽植

通常按设计方案进行育苗，然后栽入花境。栽植密度以植株覆盖床面为限。若栽种小苗，则可栽植密些，花前再适当疏苗；若栽植成苗，则应按设计密度栽好。栽后保持土壤湿度，直至成活。

4）养护管理

花境栽植后，随时间推移会出现局部生长过密或稀疏的现象，需及时调整，以保证其景观效果。早春或晚秋可栽植新植物（如分株或补栽），并把秋末覆平地面的落叶及经腐熟的堆肥施入土壤。管理中注意灌溉和中耕除草。混合式花境中花灌木应及时修剪，花期过后及时去除残花等。

6.6.3 园林应用中花卉的养护

花卉在园林应用中必须有科学的养护管理，才能生长良好和充分发挥其观赏效果。主要归纳为下列几项工作。

1. 花卉的更换

作为重点美化而布置的一、二年生花卉，全年需进行多次栽植与更换，才可保持其鲜艳夺目的色彩，必须事先根据设计要求进行育苗，至含蕾待放时移栽花坛，花后给予清除更换。华北地区的园林，花坛布置至少应于 4～10 月间保持良好的观赏效果，为此需要更换花卉 4～5 次；如采用观赏期较长的花卉，至少要更换 3 次。有些蔓性或植株铺散的花卉，因苗株长大后难移栽，另有一些是需直播的花卉，都应先盆栽培育，至可供观赏时脱盆植于花坛。

球根花卉按种类不同，分别于春季或秋季栽植。由于球根花卉不宜在成长后移植或花落后即掘起，所以对栽植初期植物幼小或枝叶稀少种类的株行间，配植一、二年生花卉，用以覆盖土面并以其枝叶或花朵来衬托球根花卉，是相互有益的。适应性较强的球根花卉在自然式布置中栽植时，不需每年采收。郁金香可隔 2 年、水仙隔 3 年、石蒜类及百合类隔 3～4 年掘起分栽一次。在作规则式布置时可每年掘起更新。

宿根花卉包括大多数岩生及水生花卉，常在春或秋季分株栽植，可 2～3 年或 5～6 年分栽一次。

地床花坛为求简便或新床未更换土壤，用花盆育苗，然后把花盆坐入床内。若花坛作季节交替换苗，一般是先起出开过的花植株，整平这部分地床土壤，然后换新苗，若花坛花期较长，也可追液肥，满足花卉生长开花的需要。

2. 土壤要求与施肥

普通园土适合多数花卉生长，对过劣或工业污染的土壤（及有特殊要求的花卉），需要换入新土（客土）或施肥改良。对于多年生花卉的施肥，通常是在分株栽植时作基肥施入；一、二年生花卉主要在圃地培育时施肥，移至花坛仅供短期观赏，一般不再施肥；只对花期长者于花坛中追液肥 1～2 次。

3. 修剪与整理

在圃地培育的草花，一般很少进行修剪，而在园林布置时，要使花容整洁，花色清新，修剪是一项不可忽视的工作。要经常将残花、果实（观赏者如不使其结实，往往可显著延长花期）及枯枝黄叶剪除；毛毡花坛需要经常修剪，才能保持清晰的图案与适宜的高度；对易倒的花卉需设支柱；其他宿根花卉、地被植物在秋冬茎叶枯黄后要及时清理或刈除；需要防寒覆盖的可利用这些干枝叶覆盖，但应防止病虫害藏匿及注意田园卫生。

4. 浇水

一般初栽后浇透水，隔一天再浇1次，连浇3次水。园林花卉应用后浇水主要根据气候情况及其应用形式决定，如用五色草组成的立体花坛，必须保证一天之内2次喷水，一些花丛或花坛根据应用的位置和方式而采用不同的浇水次数。

6.7 水生植物的栽植工程

水生植物应根据不同种类及品种的习性进行栽植。

6.7.1 栽植水生植物的最适水深

主要水生花卉的最适水深，应符合表6-16的规定。

水生花卉最适水深 表6-16

类别	代表品种	最适水深(cm)	备注
沿生类	菖蒲、千屈菜	0.5～10	千屈菜可盆栽
挺水类	荷、宽叶香蒲	100以内	—
浮水类	芡实、睡莲	50～300	睡莲可水中盆栽
漂浮类	浮萍、凤眼莲	浮于水面	根不生于泥土中

6.7.2 栽植水生植物的技术途径

在园林施工时，栽植水生植物有两种不同的技术途径：

一种方法是为适合水深的要求，可在池底或不同高度的每层平面上砌筑栽植槽或用缸盆架设水中，铺上至少15cm厚、腐殖质多的培养土，将水生植物植入土中。栽植时应牢固埋入泥中，防止浮起。其优点是根部的发育生长有较大的空间，冬季由它在土中越冬，管理省工，缺点是施肥换土都不容易，不耐寒的植物冬季不便处理，年年的景观无大变化，水不易清澈见底等，如图6-35所示。

另一种方法是在水中砌砖石方台，将容器放在方台的顶托上，使其稳妥可靠或将水生植物种在容器中，栽植器一般选用木箱、竹篮、柳条筐等，1年之内不致腐烂。选用时应注意装土栽种以后，在水中不致倾倒或被风浪吹翻。一般不用有孔的容器，因为培养土及其肥效很容易流失到水里，甚至污染水质。用2根耐水的绳索捆住容器，分别放在不同深度的层次上，甚至可以用绳索悬在水中，然后将绳索固定在岸边，压在石下。如水位距岸边很近，岸上又有假山石散点，则要将绳索隐蔽起来，否则会影响景观效果。这种办法的优点是植物种类便于更换调整，移动方便，施肥换土及死亡淘汰比较方便，同时保持池水的清澈，清理池底和换水也较方便。但容器有限，根部只能在盆内盘环，如荷花与睡莲，宜失去原有的形态，发育不良，如图6-36所示。

图 6-35　水生植物栽植槽

盆栽的水生植物放在以墩上

图 6-36　方台上放置容器栽种水生植物

6.7.3　放水

正规的水生植物池在放水之前要具备几件重要的设施。一是入水口，有截门井在附近以便控制入水量；二是排水口，设在池底，在清洗池底或冬季防寒时放掉池水，也常有截门控制；三是溢水口，常设在理想的水位处，目的是能在雨水多的季节或地表径流可能流入的情况下，超过既定的水位即自溢水口流出。这个口常与排水管连通。

无论是否栽在容器内，春季栽植工作安排妥善后才放水，为避免入水冲起土壤，引起浑浊，时常将水口引到一片席子、蒲包或塑料布上。水面缓缓上升达到溢水口为止，才算放水完成。

关于放水也有几点须注意：

(1) 用水泥铺设的新水池，要有 5 天左右的湿养护，即加盖湿的草帘或湿麻袋，夏天要经常喷水。放水后水泥中有残余的碱性石灰质，慢慢溶在水中对植物及金鱼都不利，经过 6 个月全部溶解完毕，将水放掉重新注水才比较保险，但时间太长。急于求成时可用过锰酸钾溶液洗涤全池，要洗 6 次才比较安全，但投资太多。比较理想的方法是放水浸泡全池 7～10 天之后，将水放光再换新水，然后加中和剂将水中残余的氢氧化物变成可以沉淀的盐类(如矽盐、钙盐之类)，并能将水泥表面的小缝隙填充起来。

(2) 如果用城市的饮用自来水，其中常含有来自消毒剂漂白粉的氯气味，也对池中动植物不利，常放水数日后才能逸去。应事先加以注意。

6.7.4　土壤

可用干净的园土细细筛过，去掉土中的小树枝、杂草、枯叶等，尽量避免用塘里的稀泥，以免掺入水生杂草的种子或其他有害生物菌。以此为主要材料，再加入少量粗骨粉及一些缓释性氮肥。

6.7.5　管理

1. 水的清洁管理

池底或池水过于污浊时要换水或彻底清理，不仅保持水的清澈，还要维持水中的生物健康生长。

(1) 经常性地用细孔网捞出水中的枯叶、落叶、死叶、花瓣、落果等，免于腐烂和混浊。

(2) 水中投放少量金鱼，可防止绿色藻类的生长，鱼可以吃掉藻类孢子。至于杀死藻类的药剂，虽有多种商品上市，但对水中动植物均不利，要慎重使用。

(3) 冬季要彻底清洗一次池底，其他季节尤其 3～6 月之间不能放水清洗，以免导致生物生长不良。

2. 水池的冬季管理

冬季水面结冰的地区，最好将水放光，清洗后不再放水，动植物全部取出冬藏，从而避免解冻时因物理现象使岸边开裂或冰层与冰下水面之间发生氧气不足的现象，应在池边打开一条裂口，水中要将冻层打开几个洞口通气，以免冻坏岸边。

3. 池底及池岸的维修、检查

无论何种铺装材料，均可能发生裂隙和漏水，冬季放水之后或翌年放水之前，要仔细检查防漏，并将裂缝补修。

4. 植物冬季管理

在池中越冬的植物，多半是池中有泥底可供其生根，冬季不能放水清理，只能在枯水季节加土、施肥或疏散过密的植物，这是比较艰辛的作业。在北方寒冷地区宜用容器栽植，可以任意加工调整，既便于防寒，又便于清洗池底，好处很多。南方不结冰地区则泥底池塘很多，只粗放管理即可。

5. 控制植物过分蔓延

水生植物大多有做地下茎，自行伸延的能力很强。可用废旧玻璃纤维及塑料膜编织的口袋，装满土壤做起一道围坝，先将池底深挖 60cm 的一条沟，土袋排入沟内，高达泥土表面以上 20cm，放水后水面看不见坝，但植物地下根茎不再穿越向外发展；也可定期分株，以此控制植物过分蔓延。

6.8 垂直绿化栽植工程

6.8.1 准备

1. 资料的了解

垂直绿化施工前应实地了解水源、土质、攀缘依附物等情况，并应了解施工依据，包括技术设计、施工图纸、工程预算及与市政配合的准确栽植位置。大部分木本攀缘植物应在春季栽植，并宜于萌芽前栽完。为满足特殊需要，雨季可以少量栽植，应采取先装盆或者强修剪、起土球、阴雨天栽植等措施。

2. 苗木准备

作为攀缘植物的苗木，要求冠幅完整、匀称，合乎规格；土球完整，无破裂或松散；无病虫害。木本攀缘植物宜栽植三年生以上的苗木，应选择生长健壮、根系发达的植株。从外地引入的苗木应仔细检疫后再用。草本攀缘植物应备足优良种苗。用于墙面贴植的植物应选择有 3～4 根主分枝，枝叶丰满，可塑性强的植株。选择特殊形态苗木时要符合设计要求。

3. 土壤要求

栽植前应整地。翻地深度不得少于 40cm，石块、砖头、瓦片、灰渣过多的土壤，应过筛后再补足栽植土。如遇含灰渣量很大的土壤（如建筑垃圾等），筛后不能使用时，要清除 40～50cm 深、50cm 宽的原土，换成好土。在墙、围栏、桥体及其他构筑物或绿地边栽植攀缘植物时，栽植池宽度不得小于 40cm。当栽植池宽度在 40～50cm 时，其中不可再栽植其他植物。如地形起伏时，应分段整平，以利浇水。

4. 辅助设施

若依附物表面光滑，植物不能爬附墙面，应在墙面上均匀地钉上水泥钉或膨胀螺钉，用钢丝贴着墙面拉成网或设牵引镀锌钢丝，供植物攀附。在人工叠砌的种植池种植攀缘植物时，种植池的高度不得低于 45cm，内沿宽度应大于 40cm，并应预留排水孔。

6.8.2　栽植

1. 定点放线

垂直绿化的定点可以以攀缘物为参照线，用皮尺、测绳等按设计的株距，每隔 5 株钉一木桩作为定点和栽植的依据。定点时如遇电线杆、管道、涵洞、变压器等障碍物必须避让，并符合有关技术规程要求。

2. 栽植槽、穴的准备

垂直绿化宜开沟栽植。沟槽的大小依土球规格及根系情况而定。应按照栽植设计所确定的位置，定点挖坑(沟)，坑(沟)穴应四壁垂直。坑(沟)底应垫一层基肥并覆盖一层壤土，然后才栽植植物。禁止采用一锹挖一个小窝，将苗木根系外露的栽植方法。

在花架边栽植藤本植物或攀缘灌木时，栽植穴应当确定在花架柱子的外侧。也可不挖栽植穴，而在花架边沿用砖砌槽填土，作为植物的栽植槽，栽植槽净宽度在 40～100 cm，深度不限，但槽顶与槽外地坪之间的高度应控制在 30～70cm，净高应控制在 30-50cm 为好，低平、坑径(或沟宽)应大于根径 10～20cm。栽植槽内所填的土壤，一定是肥沃的栽培土。

3. 施基肥

栽植前，在有条件时，可结合整地，向土壤中施基肥。肥料宜选择腐熟的有机肥，每穴应施0.5～1.0kg。将肥料与土拌匀，施入坑内。

4. 起苗

1) 起苗时间

起苗时间宜选在苗木休眠期，若在其他时间应采取一些防护措施。并保证栽植时间与起苗时间紧密配合，做到随起随栽。

2) 起苗方法

起苗前 1～3 天应当淋水使泥土松软，起苗要保证苗木根系完整。裸根起苗应尽量多保留根系并留宿土；带土球苗木起苗应根据气候及土壤条件决定土球规格，土球应严密包装，打紧草绳，确保土球不松散，底部不漏土。

5. 修剪、运输、假植

1) 苗木修剪

垂直绿化植物栽植前，应对苗木进行修剪。对苗木的修剪程度应视栽植时间的早晚来确定。栽植早宜留蔓长，栽植晚宜留蔓短。修剪时应遵循各栽植物自然形态的特点和生物学特性，在保持基本形态的条件下剪去病弱枝、徒长枝、重叠或过密的枝条，并适当剪摘去部分叶片。对于断根、劈裂根、病虫根和过长的根，也应进行适当修剪。剪口均应平滑，并及时涂抹防腐剂以防止过分蒸发、干旱及病虫害。

2）苗木运输

运苗前应先验收苗木，对太小、干枯、根部腐烂等植株不得验收装运。苗木的装车、运输、卸车等各项工序，应保证垂直绿化植物的根系、土球完好，不应折断树枝、擦伤苗皮或误伤根系。

3）苗木假植

栽植工序应紧密衔接，做到随挖、随运、随种、随灌，裸根苗不得长时间曝晒和长时间脱水。苗木运到栽植现场，若不及时栽植，应进行假植。裸根苗木可平放地面，覆土或盖湿草；也可事先挖好宽 1.5～2m、深 0.4m 的假植沟，将苗木排放整齐，逐层覆土。带土球苗木应尽量集中，将土球垫稳、码严，周围用土培好。若假植时间过长，则应适量浇水，保持土壤湿润，同时注意防治病虫害。

6. 栽植方法

1）栽植季节

大部分落叶攀缘植物的栽植，应在春季解冻后，发芽前或在秋季落叶后，冰冻前进行；常绿植物的栽植应在春季解冻后，发芽前或在秋季新梢停止生长后，降霜前进行。非季节性栽植应用容器苗，栽植前或栽植后都应进行疏叶。为满足特殊需要，雨季可以少量栽植，应采取先装盆或者强修剪、起土球、阴雨天栽植等措施。

2）栽植间距

藤本植物的栽植间距应根据苗木品种、大小及要求见效的时间长短而定，宜为 40～50cm。墙面贴植，栽植间距宜为 80～100cm。垂直绿化材料宜靠近建筑物和构筑物的基部栽植。

3）栽植方法

在草坪地栽植攀缘植物时，应先起出草坪。

（1）排放苗木

将苗木排放到沟内，土球较小的苗木应拆除包装材料再放入沟内；土球较大的苗木，宜先排放沟内，把生长姿势好的一面朝外，竖直看齐后垫土固定土球，再剪除包装材料。苗木摆放立面应将较多的分枝均匀地与墙面平行放置。

（2）回填底肥和少量栽植土

以拌有有机肥的土为底部栽植土，回填后在接触根部的地方铺放一层没有拌底肥的栽植土，使沟深与土球高度相符。

（3）填土夯实

填入好土至树穴的一半时，用木棍将土球四周的松土夯实，然后继续用土填满栽植沟并夯实。苗木栽植的深度应以覆土至根茎为准，根际周围应夯实。栽植时的埋土深度应比原土痕深 2cm 左右。埋土时应舒展植株根系，并分层踏实。

（4）做树堰

栽植后应做树堰。树堰应坚固，用脚踏实土埂，以防跑水。

（5）浇定根水

苗木栽植后 24h 内必须浇足第一遍水。第二遍水应在 2～3 天后浇灌，两次水均应浇透。第二次浇水后应进行根际培土，做到土面平整、疏松。第三遍水隔5～7天后进行。浇水时如遇跑水、下沉等情况，应随时填土补浇。

6.8.3 枝条固定

藤本、攀缘植物栽植后应根据植物生长的需要进行绑扎或牵引，藤本植物的绑扎和牵引，应先把枝条搁在固定的支撑物上，然后用细绳索呈"8"字形结扎。支撑植物用的竹竿、架子、棚架和墙上的固结物等，应根据植物的特点而设置。对具有吸盘、气生根，能贴附墙面的攀缘植物，可于定植后用细竹竿斜倚于墙面，引导其枝蔓伸向墙面；也可用胶布把枝蔓粘贴于墙面，帮助依附。对具有卷须或缠绕的攀缘植物，可以在墙面横向排列一些铁钉，伸出墙面30cm，拉紧钢丝，让攀缘植物的卷须与缠绕茎攀缘于钢丝上；对具钩刺或很多蔓条的攀缘植物如木香、蔓性蔷薇等，可在墙上钉上"U"字形的槽钉，把其枝蔓固定于墙面。

栽植无吸盘的绿化材料，应予牵引和固定。固定可按下列方法：

(1)植株枝条应根据长势分散固定；

(2)固定点的设置，可根据植物枝条的长度、硬度而定；

(3)墙面贴植应剪去内向、外向的枝条，保存可填补空档的枝叶，按主干、主枝、小枝的顺序进行固定，固定好后应修剪平整(图6-37)。

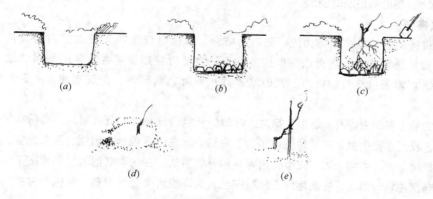

图6-37 栽植程序

(a)挖穴；(b)施基肥；(c)栽苗；(d)浇水；(e)立支架

6.8.4 日常养护管理

1. 浇水

水是攀缘植物生长的关键，在春季干旱天气时，直接影响到植株的成活。新植和近期移植的各类攀缘植物，应连续浇水，直至植株不浇水也能正常生长为止。要掌握好3～7月份植物生长关键时期的浇水量。做好冬初冻水的浇灌，以有利于防寒越冬。由于攀缘植物根系浅、占地面积少，因此在土壤保水力差或天气干旱季节应适当增加浇水次数和浇水量。

2. 牵引

牵引的目的是使攀缘植物的枝条沿依附物不断伸长生长。特别要注意栽植初期的牵引。新植苗木发芽后应做好植株生长的引导工作，使其向指定方向生长。

对攀缘植物的牵引应设专人负责，从植株栽后至植株本身能独立沿依附物攀缘为止。

3. 施肥

(1) 施肥的目的是供给攀缘植物养分，改良土壤，增强植株的生长势。新栽苗在栽植后两年内宜根据生长势进行追肥。生长较差、恢复较慢的新栽苗或要促使快长的植物可用生长激素或根外追肥等措施。

(2) 施肥的时间：施基肥，应于秋季植株落叶后或春季发芽前进行；施用追肥，应在春季萌芽后至当年秋季进行，特别是 6～8 月雨水勤或浇水足时，应及时补充肥力。

(3) 基肥应使用有机肥，施用量宜为每延长米 0.5～1.0kg。

(4) 追肥可分为根部追肥和叶面追肥两种。

① 根部施肥可分为密施和沟施两种。每两周一次，每次施混合肥为每延长米 100g，施化肥为每延长米 50g。

② 叶面喷肥宜在早晨或傍晚进行，也可结合喷药一并喷施。叶面施肥时，对以观叶为主的攀缘植物可以喷浓度为 5% 的氮肥尿素，对以观花为主的攀缘植物喷浓度为 1% 的磷酸二氢钾。叶面喷肥宜每半月一次，一般每年喷 4～5 次。

(5) 使用有机肥时必须经过腐熟，使用化肥必须粉碎、施匀；施用有机肥不应浅于 40cm，化肥不应浅于 10cm；施肥后应及时浇水。

4. 病虫害防治

病害和虫害的防治均应以防为主，防、治结合。栽植时应选择无病虫害的健壮苗，勿栽植过密，保持植株通风透光，防止或减少病虫发生。栽植后应加强攀缘植物的肥水管理，促使植株生长健壮，以增强抗病虫的能力。及时清理病虫落叶、杂草等，消灭病源、虫源，防止病虫扩散、蔓延。

攀缘植物的主要病虫害有：蚜虫、螨类、叶蝉、天蛾、虎夜蛾、斑衣蜡蝉、白粉病等。加强病虫情况检查，发现主要病虫害应及时进行防治。在防治方法上要因地、因树、因虫制宜，采用人工防治、物理机械防治、生物防治、化学防治等各种有效方法。在化学防治时，要根据不同病虫对症下药。喷布药剂应均匀周到，应选用对天敌较安全，对环境污染轻的农药，既控制住主要病虫的危害，又注意保护天敌和环境。

5. 理藤、修剪与间移

(1) 理藤：理藤牵引是保证藤蔓合理有序地生长，达到最佳墙面覆盖效果的一项工作。栽植后当年的生长季节应进行理藤、造型，以逐步达到满铺的效果。对藤枝分布不均匀的，要做人工牵引，使其排布均匀。理藤时应将新生枝条进行固定。

(2) 修剪：修剪是促进枝叶萌发，控制生长和复壮更新的重要手段。修剪可以在植株秋季落叶后和春季发芽前进行。剪掉多余枝条，减轻植株下垂的重量；为了整齐美观也可在任何季节随时修剪，但主要用于观花的种类，要在落花之后进行。

修剪可按下列方法进行：

① 对枝叶稀少的可摘心或抑制部分徒长枝的生长。

② 在藤蔓枝条生长过程中，要随时抹去花架顶面以下主藤茎上的新芽，剪掉其上萌生的新枝，

促使藤条长得更长，藤端分枝更多。通过修剪，使其厚度控制在 15～30cm。

③ 栽植 2 年以上的植株应对上部枝叶进行疏枝以减少枝条重叠，并适当疏剪下部枝叶。

④ 对生长势衰弱的植株应进行重剪，促进萌发。

(3) 间移：攀缘植物间移的目的是使植株正常生长，减少修剪量，充分发挥植株的作用。间移应在休眠期进行。

参 考 文 献

［1］ 孟兆祯，毛培琳等. 园林工程［M］. 北京：中国林业出版社，1996.

［2］ 陈科东. 园林工程［M］. 北京：高等教育出版社，2006.

［3］ 赵冰. 园林工程学［M］. 南京：东南大学出版社，2003.

［4］ 测量学［M］.

［5］ 叶振启，许大为. 园林设计［M］. 哈尔滨：东北林业大学出版社，2000.

［6］ 赵晓光，党春红等. 民用建筑场地设计［M］. 北京：中国建筑工业出版社，2004.

［7］ 吴为廉. 景园建筑工程规划与设计［M］. 北京：同济大学出版社，1996.

［8］ 陈从周. 园韵［M］. 上海：上海文化出版社，1999.

［9］ 陈志华. 外国造园艺术［M］. 北京：中国建筑工业出版社，1989.

［10］ 许自力. 中西造园水法浅比［J］. 中国园林，2001(5).

［11］ (美)风景园林设计要素［M］. 北京：中国林业出版社，1989.

［12］ 闫宝兴，程炜. 水景工程［M］. 北京：中国建筑工业出版社，2005.

［13］ 刘祖文. 水景与水景工程［M］. 哈尔滨：哈尔滨工业大学出版社，2009.

［14］ 金涛，杨永胜. 现代城市水景设计与营造［M］. 北京：中国城市出版社，2003.

［15］ 毛培琳，朱志红. 中国园林假山［M］. 北京：中国建筑工业出版社，2004.

［16］ 深圳北林苑景观及建筑规划设计院. 图解园林施工图系列［M］. 北京：中国建筑工业出版社，2011.